유전자 개념의 역사

나남
nanam

한국연구재단 학술명저번역총서
서양편 302

유전자 개념의 역사

2010년 12월 15일 발행
2011년 10월 10일 2쇄

지은이_ 앙드레 피쇼
옮긴이_ 이정희
발행자_ 趙相浩
발행처_ (주) 나남
주소_ 413-756 경기도 파주시 교하읍
       출판도시 518-4
전화_ (031) 955-4600 (代)
FAX_ (031) 955-4555
등록_ 제 1-71호(1979.5.12)
홈페이지_ http://www.nanam.net
전자우편_ post@nanam.net
인쇄인_ 유성근 (삼화인쇄주식회사)

ISBN 978-89-300-8514-4
ISBN 978-89-300-8215-0 (세트)
책값은 뒤표지에 있습니다.

'한국연구재단 학술명저번역총서'는 우리 시대 기초학문의 부흥을 위해
한국연구재단과 (주)나남이 공동으로 펼치는 서양명저 번역간행사업입니다.

유전자 개념의 역사

앙드레 피쇼 지음 | 이정희 옮김

나남
nanam

20세기 초 유전적 질병들은 엄청나게 증가했다. 인류의 건강이 전반적으로 갑자기 악화된 것은 분명 아니었으리라. 유전적이라 간주된 질병의 수가 늘어났을 따름이었다. 분자유전학이 생물학의 중심적 지위를 점유하던 20세기 후반 무렵, 매체에서는 연일 앞다퉈 대중의 호기심과 관심을 자극할 만한 갖가지 유전자를 발견한 과학자 이야기를 핫이슈로 내놓곤 했다. 과학자들은 질병이 유전적이라는 설명을 넘어서서 아예 유전자 자체에 질병의 딱지를 붙여놓았고, 발암 유전자, 항암 유전자, 노화 유전자, 지능 유전자 등 인간의 여러 형질에 대응하는 실체로서의 유전자들이 속속 발견되었다. 하지만 이를 발견이라고 말할 수 있을까? 차라리 발명이라고 해두자. 이것이 발견이었든 발명이었든 매체의 그러한 메시지들은 다양한 생명현상을 주재하는 실체로서의 유전자 개념에 대한 대중적 신앙이 뿌리내리는 데 크게 기여했다.

21세기에 접어든 오늘날에도 여전히 많은 사람들이 이 신앙을 간직하고 있다. 피쇼는 이 책에서 유전자를 둘러싼 인식론적 지형이 역사적으로 변화되어 온 과정을 면밀히 분석하고 재구성함으로써, 반세기 이상 유전자에 대해 지녀왔던 우리의 신앙과 열광이 언제부터, 어떻게, 왜, 왜곡되어 나타났는지를 깨닫게 해준다. 20세기를 거치며 유전자 개념을 포함해서 유전학 연구의 일부 핵심 개념들은 변형을 겪어왔다. 각 분야들 간에 합의되지 않는 유전자 개념의 모호함은 이론의 부재로 이어졌다. 개념이 모호하고 이론이 부재한다고 해서 효율적인 실험 연구에 장애가 되지는 않는다. 오히려 이론적 부재를 은폐하기 위해 다양한 형태의 "주석달기"와 응용적 실험이 진행되었고, 이는 대중의 신앙과 열광을 부추겨왔다. 유전학의 이론과 실천 사이의 이러한 불균형과 간극을 선명하게 드러내 보여준 이 책이 생명, 유전, 진화에 대한 우리 사유의 지평에 잔잔하게나마 변화를 일으키는 계기로 작용하기를 기대해본다.

일일이 열거할 수 없지만 이 책이 나오기까지 여러 크고 작은 도움을 주신 많은 분들께 깊이 감사드립니다.

2010년 11월

이 정 희

$\overset{\bullet\ \bullet\ \bullet}{\text{머리말}}$

유전자 개념은 현대 생물학 어디에나 따라다니지만 생물학 분야의 여러 개념 가운데 가장 정의내리기 어려운 개념 중의 하나이다. 게다가 이 개념은 정의하기가 모호한 까닭에 심각하게 남용되고 있다. 유전 개념과 마찬가지로 이 유전자 개념은 사람들이 편리하게 사용하고 또 남용하지만 그리 명확하고 분명한 개념이 아니다.

이는 어제오늘의 문제가 아니다. 이 점은 프랑수아 자콥(François Jacob)의 《생명의 논리》(*La logique du vivant*)를 살펴보면 금방 이해된다. 이 책에서 "유전자"라는 제목의 제 4장은 유전자에 관한 많은 내용을 다루고 있지만, 유전자의 정의나 역사에 관한 내용은 찾아볼 수 없다.[1] 자콥의 이 책은 《유전의 역사》(*Une histoire de l'hérédité*)라는 부제가 달려 있지만 이 책이 다루고 있는 시기는 유전자 개념이 궁극적으로 정의되었다고 여겨지던 짧은 시기에 국한되어 있다.

사실 유전자는 어떻게 보면 유전학에 있어서 아를르의 여인이다. 사람들은 끊임없이 유전자에 관해 이야기하지만 아무도 결코 유전자를 본 적

---

[1] F. Jacob, *La Logique du vivant*, Gallimard, Paris, 1970, pp.196~266.
　〔역주〕 한국어 번역본은 이정우 옮김, 《생명의 논리》, 민음사, 1994.

이 없다. 이렇게 말한다면 어떤 이들(이들은 독설가이지만 흔히 혜안을 지
니고 있다)은 유전학자들이 현재 하고 있는 이런저런 이야기들이 바로 그
러한 공백을 메우려는 열정적인 노력으로 여겨질 수 있지 않겠는가 하는
반론을 제기할 수도 있다. 유전자를 정의하기가 어려운 이유는 이 유전
자가 다양한 의미로 사용되기 때문이다(이런저런 분야들마다 유전자의 의
미를 다르게 정의하고, 그 다양한 정의를 온갖 목적으로 사용하고 있다). 이
렇게 무분별한 사용이 계속된다면, 개념을 정초하기는커녕 혼란스럽고
무의미한 논란만 쌓여갈 것이다. 그렇다면 과거에는 어떠했을까?

유전자 개념의 유래를 추적해 내기란 쉬운 일이 아니다. 초기의 저술
들은 맥이 빠질 만큼 장황했다[예를 들어 드브리스의 《돌연변이설》(Die
Mutationstheorie) 영역본은 분량이 거의 1,300페이지에 달하며,[2] 바이스만
의 《생식질》(Das Keimplasma) 영역본은 글자 크기도 매우 작은데다가 거의
500페이지 분량이다[3]]. 또한 후대에 영향을 미친 그 저술들의 일부 내용
은 숱한 논쟁들이 진행되는 과정을 거쳐 오늘날에는 의미를 잃고 폐기되

[2] Hugo de Vries, *Die Mutationstheorie, Versuche und Beobachtungen über die
Entstehung von Arten im Pflanzenreich*(《돌연변이설》: 식물계에 있어서 종의 기
원에 관한 실험과 관찰), Leipzig, Viet & Co., 2 vol., 1901~1903. 영역본은 J.
B. Farmer와 A. D. Darbishire 옮김, *The Mutation Theory. Experiments and
Observations on the Origin of Species in the Vegetable Kingdom*, London, Kegan
Paul, Trench, Trübner & Co., Ltd. (2 vol., 1910~1911), Kraus, Reprint
Co., New York, 1969.
[역주] 이 책에서 드브리스는 자연선택과 무관한 돌발적 변이에 의한 도약 진화설
*Théorie de l'évolution saltationnelle*이라는 새로운 이론을 전개했다. 이에 관해서는
G. E. Allen, "Hugo de Vries and the reception of the Mutation Theory", in
Journal of the History of Biology, vol. 2, n. 1, 1969, pp.55~87을 참조하라.
[3] A. F. L. Weismann, *Das Keimplasma. Eine Theorie der Vererbung*(《생식질, 유
전이론》), Iéna, Gustav Fischer, 1892. 영역본은 W. N. Parker, H. Rönnfeldt
옮김, *The germ-plasm, A theory of heredity*, The Contemporary Science Series, ed.
Havelock Ellis, London, Walter Scott, Ltd, 1893.

어 버렸다. 그 책들을 읽는 데는 어려움이 따른다. 우선 접근한 문제들의 성격이 그렇고(오늘날 누가 드브리스의 저술에 나오는 셀 수 없이 많은 식물학적 논거들을 섭렵하겠는가?), 다른 한편, 다양한 논제들이 서로 겹치거나 혹은 상호 모순되는 경우가 많기 때문이다. 〔드브리스는 자신이 판젠(*pangène*)이라 칭하는 것이 ─ 이후 요한센에 의해 유전자(*gène*)로 약칭되었다 ─ 독일어로 미크로플라스테(*Mikroplaste*), 아르키플라스테(*Archiplaste*), 비오몰레퀼레(*Biomolecüle*), 프로토비온텐(*Protobionten*), 비오플라스테(*Bioplaste*), 엘레멘토르가니즈멘(*Elementorganismen*), 플라조메(*Plasome*), 푼크치온스트래거(*Funktionsträger*), 또는 이디오블라스테(*Idioblaste*) 등으로 불리기도 했다는 사실을 언급했다. 4) 더불어 엘스버그와 해켈의 플라스티듈(*plastidules*), 5) 네겔리의 미셀(*micelles*), 6) 바이스만의 비오포어(*biophores*), 케노의 생식입자(*particules*

---

4) H. De Vries, *The Mutation Theory, op cit.*, t. II, p.641, note 2.

5) 〔역주〕 해켈(Ernst Heinrich Philipp August Haeckel; 1834~1919)은 독일의 생물학자이자 자연학자, 철학자, 의사, 예술가이며, 다윈주의자로 널리 알려져 있다. 엘스버그(Louis Elsberg; 1836~1885)는 프로이센 이셀론(Iserlohn) 태생의 의사로 "Laryngoscopical Surgery, illustrated in the Treatment of Morbid Growths within the Larynx", "Archives of Laryngology", "A Complete Manual of Throat Diseases"를 비롯한 의학 논문뿐만 아니라 음악, 문학, 과학 등 전반에 걸쳐 많은 글을 저술했다. "Discovery of a New Kind of Resultant Tones," "Explanation of Musical Harmony" "The Preservation of Organic Molecules", "The Plastidule Hypothesis" 등이 대표적이다. 해켈은 자신의 일원론적 관점에 적합한 유전 개념으로 "플라스티듈의 기억"이라는 개념을 제안했고 1874년 엘스버그는 이 개념을 발전시켰다.

6) 〔역주〕 스위스 식물학자 네겔리(Nägeli, Karl Wilhelm von; 1817~1891)는 생명의 기본 단위는 세포가 아니라 더 작은 결정 단위인 미셀(*micell*)이라고 주장했다. 그는 1858년 녹말과 셀룰로오스 등 식물체가 복굴절을 나타낸다는 사실을 발견했는데, 이들이 현미경으로 관찰 불가능한 미세 입자로 이루어져 있다고 여겨 라틴어로 미세하다는 의미를 지닌 *mica*라는 단어를 사용하여 미셀이라 명명했다. 오늘날에는 네겔리가 제안한 생명의 기본단위로서의 미셀 개념은 수용되고 있지 않지만, 녹말이나 셀룰로오스 등 고분자물질이 만들어내는 결정성 고체를 미셀이라 칭한다.

représentatives）, 그리고 스펜서의 생리적 단위체（*unités physiologiques*) 등은 동일한 논제에 관한 각기 다양한 변형들에 부합하는 단어들이다].

초기 저술들은 생물학에 근대성의 토대를 마련한 고전들로 간주되지만 더 이상 아무도 그 책들을 읽지 않는다. 사람들은 자신이 숭배하는 막연한 신에게 주문을 외는 것처럼 그 책들을 거론할 따름이다. 그 저술들 대부분은 저자의 편집증적인 측면들을 약간씩 담고 있다. 즉 저자들은 이론을 구성해 나가는 데 있어 자신들의 의도를 강화시켜 줄 수 있는 논리로 설득하기보다는 확고하지 못한 논거의 불충분함을 메우기 위해 다양한 일화들을 열거하고 있다. 그나마 드브리스와 바이스만의 논제들은 관찰이나 실험이 아닌 순수 사변으로 이루어진 이론치고는 19세기 말에 등장했던 무수한 생물학 이론들에 비해 훨씬 탁월했다. 7)

사실상 이 시기는 생명체를 화학에 힘입어 설명하고자 했던 시기이다 (19세기에 화학은 괄목할 만한 성장을 이루었다). 예컨대, 클로드 베르나르 생리학의 모델을 토대로 대사 작용과 조절 작용들을 기술함에 있어서뿐만 아니라 또한 (특히 독일어권에서는) 흔히 유전에 관여하는 중요한 부위를 포함하는 것으로 이해된 거대하고 막연한 구조로서의 생명 자체를 "화학적"으로 이론화하는 데 있어서도 화학이 큰 역할을 했다. 그와 마찬가지로 드브리스의 판젠과 바이스만의 비오포어 (현대 유전자의 "시조") 는 단지 유전형질의 전달 이외에도 많은 중요한 기능을 지니고 있었다. 이 이론들의 근저에는 "화학적 생물학의"（*chimico-biologiques*) 사고가 수태되어 있었는데, 여기에는 현대 유전학에서 유전자가 지니는 의미와는 전혀 다른 의미가 내포되어 있었다. 이들을 현대의 유전자와 같은 맥락으로 이해하는 것은 시대착오적 발상이다.

---

7) 이 이론들은 Y. Delage, *L'Hérédité et les grands problèmes de la biologie générale*, Schleicher et Cie, Paris, 1909 (2e édition) 에 제시되어 있다.

　이 초안자들의 텍스트에 뒤이어 등장한 20세기 초의 저술들은 "모호함"
이나 특히 환영적인 성격이 덜하다. 이들은 체계화되고 다소 명확해졌
다. 그럼에도 초기 이론들을 근거로 형성된 20세기 초 저술들은 모호한
초기 이론들을 이용하고 남용했다. 초기 이론들의 불충분하고 사변적인
성격을 바로잡기보다는 이들을 재해석했던 것이다. 이러한 재해석 작업
은 흔히 실험적인 외양으로 나타났지만, 여기서 실험과 관찰은 가설들을
뒷받침하는 데 이용되기보다는, 낡은 이론들을 폐기시킨 새로운 자료들
에 구시대 이론을 피상적으로 끼워 맞추는 데 더 크게 기여했다. 따라서
원래의 설명 체계는 그 자체로 거의 변함없이 보존되었고, 단지 새로운
이론이 첨부될 때마다 새로운 의미가 더해졌다.

　예를 들어 우리는 바이스만의 생식질과 현대의 유전체를 매우 흡사한
것으로 여긴다. 사람들은 때로 19세기에서 20세기로 넘어오면서 유전학
이 이룬 진보가 무엇이었는지 의혹을 제기할 정도이다. 그러나 실제로
이들은 각기 서로 비교조차 안 되는 전혀 다른 과학에 속해있다. 바이스
만의 생식질과 현대의 유전체는 동일한 설명 체계에 근거한다는 점에서
유사성을 지니지만, 바이스만의 생식질 개념에서 현대의 유전체 개념에
이르는 사이에 그 체계는 여섯 차례나(매번 전혀 다른 의미로) 수정되었
다. 그럼에도 바이스만의 생식질 개념은 현대 유전체와 동일한 체계를
지닌다는 점에 힘입어 아무런 문제가 제기되지 않은 채 지속적으로 발전
하는 유전학의 중심부에서 거의 변함없이 지속될 수 있었다. 이처럼 유
전학은 늘 다른 존재이면서 동일한 체계로 머물러 있었고, 따라서 제자
리걸음을 하면서도 많은 진보를 이루어왔다. 유전학은 실험을 통해 가설
을 유효하게 만들고 차츰차츰 이론을 완성해가는 실험과학이라기보다
는, 점차로 판독하기 어렵게 된 초기 텍스트들을 끊임없이 재해석하는
작업이었으며 지금도 여전히 그 상태로 머물러 있다.

　우리는 유전학의 역사를 잇는 이 놀라운 재해석 작업을 한 걸음 한 걸음 추적해볼 것이다. 여기서 나타나는 텍스트의 장황함, 근거의 불충분함, 그리고 경쟁적 이론들의 다양함에는 어떤 유전자 개념을 완성해 내는 데 따랐을 어려움의 증후들이 그대로 반영되어 있다. 실제로 유전자 개념은 옳고 그름이 차츰차츰 명확해질 것이며, 이론화되거나 정의되기에는 적합하지 않은 여기저기서 조금씩 긁어모은 엉성한 구조가 혼합된 양상으로 계속해서 유지될 것이다. 이 책에서 서술하게 될 유전자 개념의 역사는 단선적이지 않으며 잡다하게 얽힌 주제들이 혼재되어 있다. 이는 유전학의 역사 자체가 그렇기 때문이다.

유전자 개념의 역사

차 례

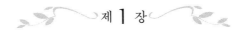

제 1 장

판제네틱 이론들

유전은 처음에는 소박한 형태로 이해되었다. 개는 개를 낳고 고양이는 고양이를 낳는다는 식이었다. 오랜 기간 동안 사람들은 갖가지 종류의 특이한 생물을 낳는 이종 교배가 가능하다는 사실을 받아들이지 못했기 때문에 유전이 종의 불변성을 보장해주리라고 말할 수 있었을 것이다. 종은 불변적이었지만 유전은 그렇지 않았다. 유전은 제대로 정의되지 못했다.

유전이 제대로 정의되지 않았으니 그로부터 파생된 개념들도 나을 것이 없었다. 특히 유전된(*hérité*)과 유전될 수 있는(*héritable*)을 동시에 아우르는 유전적(*héréditaire*)이라는 개념이 그렇다. 오늘날 유전적이라는 단어는 원칙적으로 비유전적(*non-héréditaire*)에 반대되는 의미로 정의된다. 예전에는 그와 달리 유전적이라는 단어는 사실의 확인을 통해서만 정의되었다. 19세기 말까지는 개체에 유전된 형질들과 개체 스스로가 획득한 형질이 구분되었다. 획득된 형질과 달리 유전된 형질은 그들의 부모에 이미 나타나 있었던 형질을 의미했다. 사람들은 한 형질이 수 세대를 거치는 동안 사라질 수 있고 이어서 다시 나타날 수 있다는 사실을 알고 있었으며 이를 **격세유전**(*atavisme*) 1) 이라 불렀다. 여기서 약간의 혼돈이 나타났다. 왜냐하면 유전된 형질이란 부모에게는 나타나지 않고 조부모에게만 나타난 것일 수도 있기 때문이다. 하지만 사람들은 획득된 형질과 유전적인 형질(오늘날 이 단어에 부여되는 의미로) 사이의 대립이 아닌, 획득된 형질과 유전된 형질(부모나 조부모, 혹은 더 먼 조상에서 유전되었을 수 있다) 사이의 대립을 상정했던 것이다. 한 개체 내에 유전된 형질과 획득된 형질이 섞이면 전달 가능성에서 다소간의 차이는 있지만 때로 한두 세대를 건너 어쨌든 후세에 전달될 수 있다. 따라서 이 형질들은 유전된(*hérités*) 형질이 아니라 유전될 수 있는(*héritables*) 형질이다.

이와 같이 19세기 말까지 획득형질의 유전2) 은 매우 일반적으로 수용되고 있었다. 그러나 획득형질의 유전은 딱히 특정한 명칭을 붙여 따로 구별할 만한 것이 아니었는데, 왜냐하면 획득형질의 유전은 정상적인 경우

---

1) 〔역주〕유전학이 등장하기 이전까지 격세유전은 일정 세대 동안 나타나지 않던 형질이 어떤 개체에 돌연히 발현되는 현상을 설명하는 데 이용되었다. 이 용어는 주로 원시적 형질이 개체에 예기치 않게 출현하는 경우에 사용되었다. 현대적 유전학 이전의 격세유전은 다음과 같이 세 범주로 이해되었다. 1) 어떤 과(*famille*)에서 일정 세대 동안 나타나지 않던 개별적 형질이 전달되어 갑자기 출현하는 '과의 격세유전', 2) 교배를 통해 형성된 1세대의 어떤 속(*race*)에서는 정상에 속하는 형질이 이웃의 다른 속에서는 다소 불규칙하게 출현하는 '속의 격세유전', 3) 1세대보다 선조로 추정되는 속(*race*)에서는 정상인 형질이 어떤 속에서는 기형으로 나타나는 '형질의 예외적 출현'이 그것이다. 오늘날에는 1)과 2)에서 형질 전달, 유전, 열성, 반 우성 등이 알려져 있으며, 3)이 유일하게 일반적인 의미의 격세유전으로 사용된다. 격세유전이라는 용어가 처음 등장하는 것은 《딸기나무의 자연학》의 저자 뒤셴(Antoine-Nicolas Duchesne)에서다. 이후 뷔퐁, 모페르튀, 조프루아 생틸레르의 이론과 다윈의 범생설에서 격세유전이 설명되었다.
2) 〔역주〕피쇼는 획득형질의 유전이론이 라마르크가 아닌 다윈에 의해 제련된 이론이며, 일반적으로 획득형질의 유전을 라마르크주의 유전으로 간주하는 데 대해 부당함을 표명한다. 획득형질의 유전이 라마르크주의로 여겨지게 된 것은 19세기 후반 신라마르크주의자를 자처한 지아르(A. M. Giard), 르당텍(F. Le Dantec), 라보(E. Rabaud) 등의 학자들이 획득형질의 비유전론을 주장한 바이스만 등의 신다윈주의자들에 맞서 획득형질의 유전이론을 강력히 옹호한 데서 비롯되었다. 신라마르크주의자들은 획득된 형질 대 유전된 형질 사이의 대립이 잘못된 것이며 이를 획득된 형질 대 유전될 수 있는 형질로 바꾸어야 한다고 제안했다.

획득된 것이 아닌 형질(일반적으로 유전적인 형질)에만 관련이 있는 유전
의 특별한 경우로 간주되지 않았기 때문이다. 획득형질의 유전은 당시
통용되던 이론들이 으레 내리는 상투적인 결론에 불과했다.3)

　우리에게 전해져 내려온 이론들 가운데 가장 오래된 이론은 히포크라
테스4) 이론이다. 이 이론에 주목하려는 것은 단지 역사적 호기심에서가
아니라, 이 이론은 그로부터 유전에 대한 후속적 설명들이 훌륭하게 축
조되었던 원형이며, 또한 그 계보와 변형이 현대적 개념들로까지 이어질
수 있었기 때문이다.
　히포크라테스에 따르면 신체의 다양한 부위들은 종자를 형성하는 생
식기를 만들어내는 체액을 분비한다. 종자는 그와 같이 모든 유기체를
대표하는 일종의 "상징적 표본"이며, 따라서 수정되어 새롭게 조직화되
는 기본 구성체로부터 매우 작은 새로운 개체를 형성해내는 것이 가능하
다.5) 만일 부모 중 한쪽 신체의 일부가 변형된다면(예를 들어 손상된다
면), 그 변형 부위에서 생식기로 보내진 체액이 반향을 일으켜 종자의 조
성이 변질될 수 있다. 변질된 종자로 조성된 아이 또한 그 부모의 신체에

---

3) 〔역주〕획득형질의 유전이론은 19세기 말까지 대부분의 생물학자들이 수용하고
　있었던 이론이었으며, 1892년이 되면서 바이스만이 제시한 생식질 이론에 의해
　도전을 받기 시작했다. 바이스만은 예거(G. Jäger)에 의해 1878년 전개되었던
　다세포생물(*Métazoaires*)에 있어서의 유기적 이중성 이론의 영향으로 자신의 생
　식질 이론을 제시했다. 이 이론에 따르면 모든 다세포생물은 체세포(*soma*)와 생
　식세포(*germen*)로 이루어져 있는데, 체세포는 성세포를 제외한 모든 세포를 의
　미하는 것으로 개체생명과 더불어 죽음에 이르며, 생식세포는 성세포에서 유래되
　어 개체의 죽음과 무관하게 다음 세대로 전달되므로 죽지 않는 세포이다. 바이스
　만은 선조의 세포들 가운데 환경에 의해 형성되는 체세포들은 유전되지 않는 반면
　생식세포들만이 세대를 거쳐 전달된다고 설명함으로써 획득형질의 유전이론을
　부인하기에 이른다.
4) 〔역주〕히포크라테스(Hippocrates)(약 BC. 460~377)는 그리스 시대의 의사로,
　건강의 조건으로서 체액의 항상성 이론을 제시했다. 윌리엄 오글(William Ogle)
　에 의해 판제네시스 가설의 선구자로 알려지게 되었다.
5) Hippocrate, *De la génération*, in *Œuvres complètes*, traduction Émile Littré,
　Baillière, Paris, 1839~1861, t. VII, pp. 471 et 475.

일어난 변형이 재현될 것이다. 6) 이 이론은 획득된 것이 아닌 형질의 유전은 물론 우리가 오늘날 획득형질의 유전이라 부르는 현상 또한 잘 설명해 주고 있다. 획득형질과 획득된 것이 아닌 형질을 구별하지 않았던 이 이론은 1880년 바이스만(August Weismann; 1834~1914) 이전 시대까지 수용되었다.

18세기에 모페르튀(Pierre-Louis Moreau de Maupertuis; 1698~1759) 7)는 당시의 화학에 히포크라테스 논제를 접목시켰는데, 이는 매우 독특한 화학이었다. 신체의 다양한 부위들은 체액을 제공하는 것이 아니라 종자를 형성하게 될 입자들을 제공한다. 수정 후 혼합된 정자와 난자 입자들은 위치에 대한 일종의 기억작용을 통해 적절한 질서에 따라 집결하여 부모의 특성이 결합된 아이를 생성해낸다. 이 특성은 부모가 본래 지녔던 특성을 물려받았을 수도 있고 혹은 그들 스스로 획득했을 수도 있다. 8)

동시대에 뷔퐁(Georges Louis Leclerc de Buffon; 1707~1788) 9)은 원리 면에서 모페르튀 이론과는 비교되는 다른 이론을 제시했다. 종자를 형성하게 될 입자들은 영양과잉 상태이기 때문에(이 부위들은 신체의 성장에 더 이상 필요가 없다) 신체 부위들에서 생식기관으로 보내진 "유기 분자들"(*molécules organiques*) 10)이라는 것이다. 11) 새로운 존재가 형성될

---

6) *Ibid.*, p. 485.

7) 〔역주〕모페르튀는 프랑스 수학자이자 철학자로서 과학 아카데미와 런던 왕립학회 회원이었고, 프리드리히 2세 하의 베를린 아카데미 개혁자이기도 했다. 뉴턴의 물리학 이론에서 영향을 받아 생명체의 유전이론에 친화력 개념을 도입했으며, 다지증의 연구를 통해 점진적 진화론(*transformisme*)의 선구자로 알려졌다.

8) Maupertuis, *Vénus physique* (1752), Aubier-Montaigne, Paris, 1980, pp. 139~140; *Système de la nature* (1756), Vrin, Paris, 1984, p. 158.

9) 〔역주〕뷔퐁은 프랑스 자연학자이자 진화학자(*transformist*)로 과학 아카데미와 왕립학회 회원이었다. 그는 히포크라테스의 종자 혼합 이론(*théorie du mélange des semences*)을 계승하여 입자들이 친화적으로 조합되는 입자의 발현(*représentation corpusculaire*)으로 설명함으로써 종자 혼합 이론을 완성한 인물로 평가된다.

10) 18세기에 "유기 분자들"은 이 용어의 현대적 의미로 사용된 분자들이 아니었다. 뷔퐁에게 있어 이 분자들은 생명체 물질의 기본 입자들이었다. 동물이나 식물은 이 "분자들"의 유기적 결합이다. 이 분자들은 생명체의 죽음과 더불어 분해되지

때 이 정자의 "유기 분자들"은 더 이상 "위치의 기억"(*mémoire de position*)
에 의해서가 아니라 "내부 주형"(*moule intérieur*)이라 일컬어지는 친화력
에 의해 재배치된다. 또한 친화력은 이 유기분자들의 결합을 제어하면서
"내부의"(*de l'intérieur*) 신체를 만들어낸다. 12)

모페르튀는 유전을 완전한 것으로 설명하지 않는다. 그에 따르면 정자
의 입자들이 재결합하는 과정에서 때로 오류가 발생하고, 따라서 자손에
변이가 나타나기 때문이다. 이러한 변이의 축적은, 특히 사육자의 선택에
의해 유도되는 경우 새로운 종을 만들어낸다. 13) 직접 인용하지는 않았지
만 다윈도 틀림없이 모페르튀의 이론을 알고 있었을 것이다. 14) 다윈이 제

만, 분자 자체는 변성되지 않고 따라서 새로운 개체의 구성으로 편입된다. 모페
르튀는 자신의 이론에서 이 개념을 정교하게 설명하지 못했고 "유기 분자"라는 표
현을 사용하는 대신 단순히 "요소들"(*éléments*) 혹은 "물질 부위"(*parties de la
matière*)라는 언어를 사용했다〔어원적으로 분자(*molécule*)는 소집단―어원적으
로는 라틴어로 허구적 집단을 의미하는 *molecula*의 약칭인 *moles*―을 의미하며,
17세기와 18세기에 이 단어는 일반적으로 물질의 소 부위, 나아가 물질의 기본 부
위를 지칭했고 19세기 초가 되어서야 현대적 의미를 획득했다〕.

11) 종자들이 영양과잉이라는 논제(일종의 영양 배출구로서, 에너지 이론이 정립되
기 이전까지는 성장이 종식될 때 잉여영양의 역할이 더 이상 이해되지 못했을 것
이다)는 아리스토텔레스로부터 유래했다. 아리스토텔레스에게 있어 이 논제는
또한 성장이 완성된 성체만이 생식 가능하다는 사실을 설명해주었다(Aristote,
De la génération des animaux, I, 18, 718b; I, 18, 725b, et *passim*).

12) Buffon, *Histoire des animaux*(chapitre IV)(1749), in *Œuvres complètes*, t.
V(pp. 25~35), Imprimerie et Librairie générale de France, Paris, s. d.
(1860년경일 개연성이 높다).

13) Maupertus, *Vénus physique*, *op.cit.*, pp. 133~145; *Système de la nature*,
op.cit., p. 164.

14) 다윈은 당연히 모페르튀의 글을 전혀 읽지 않았을 것이지만, 1826~1827년 사이
에든버러 대학에서 자신을 지도한 그랜트(R. J. Grant) 교수를 통해 모페르튀의
이론을 이해했을 것이다. 사실 그랜트는 라마르크 진화론(*transformisme*)의 지지
자였고, 따라서 진화론의 역사에서 모페르튀가 점하는 위치를 무시할 수는 없다
〔《종의 기원》제2판 서두의 역사적 개요에서 다윈은 진화론(*transformisme*)의
"선구자"로서 뷔퐁, 라마르크, 조프루아 생틸레르, 그리고 기타 20여 명의 학자들
과 더불어 그랜트를 언급했지만 모페르튀는 언급하지 않았다〕.

시한 유전이론에서 모페르튀의 영향을 찾아낼 수 있기 때문이다. 15)

바이스만과 드브리스(Hugo De Vries; 1848~1935) 이전의 유전에 대한 훌륭한 설명들 가운데 최상은 사실 다윈의 설명이라고 할 수 있는데, 이는 세포설에 모페르튀의 이론을 접맥시킨 설명이다. 모페르튀의 이론에서는 신체의 다양한 부위들이 정자와 난자를 제공하기 위해 "분자들"(*molécules*)을 공급하지만, 다윈의 이론에서는 세포들이 "제뮬"(*gemmules*)이라 불리는 아주 미세한 입자들을 방출한다. 배아(*bourgeon*)를 의미하는 라틴어 제마(*gemma*)라는 어원이 말해주듯이, 이 제뮬은 세포를 통해 방출된 배아(*bourgeons*)이다. 이는 그와 같이 생식되거나 혹은 다양한 배아, 흡지(吸枝) 및 그 밖에 꺾꽂이를 통해 생식되는 생물들(식물과 하등동물)의 모델에 근거한다. 다윈은 이들 사이의 무성생식과 유성생식, 재생의 과정들을 비교하고, 분열번식에 의한 생식뿐 아니라 제뮬들이 방출되면서 생식되는 세포들에도 "발아"(*bourgeonnement*) 현상을 확장시켜 설명한다(이는 그리 좋은 생각은 아니었다. 왜냐하면 이미 알려져 있던 세포설에 따르면 모든 세포는 하나의 제뮬로부터가 아니라 하나의 세포로부터 생성되기 때문이다).

신체의 모든 세포들로부터 형성되어 세포 바깥 주변으로 방출된 제뮬들은 전신에 유포되어 일종의 친화력에 의해 서로 결합된다. 생식기관에서 형성된 난자와 정자는 그와 같이 집합체를 형성한다. 이것이 기본 세포 배아의 결합체로 구성된 "배아집합체"(*polybourgeons*)이다. 적절한 조건(유성생식인가 혹은 단성생식인가에 따라 수정되었거나 혹은 수정되지 않

---

15) 〔역주〕 다윈이 모페르튀를 직접적으로 인용한 사례는 아래 책의 서문에서 생명체의 형태가 기원적으로 적은 수이거나 혹은 유일의 형태로부터 창조되었다는 가설을 뒷받침하는 최소 작용의 물리-철학적 원리에 관한 것뿐이었다. C. Darwin, *The Variation of Animals and Plants under Domestication*(《사육되는 동물과 식물의 변이에 대하여》), London, John Murray, 2 vol., 1868(2ᵉ ed. 1875). 미국판은 Asa Gray의 서문 첨부, New York, Orange Judd & Co., 2 vol., 1868(2ᵉ ed. Appelton, 1876). 독일어판(J. V. Carus 옮김, 1868), 불어판(J.-J. Moulinié 옮김, C. Vogt 서문 첨부, 1868), 그 외에 헝가리, 이탈리아, 폴란드, 루마니아, 러시아판도 번역 출간되어 있다.

은 조건) 하에서 집성된 제뮬들은 이들을 방출했던 세포들과 유사한 세포
들을 다시 만들어내고, 이런 식으로 새로운 개체를 형성한다. 이는 히포
크라테스나 모페르튀가 설명했던 유전 원리와 동일하다. 16)

다윈은 제뮬을 통해 모든 종류의 생물학적 과정을 설명할 수 있었다.
예를 들어 다윈은 제뮬을 유성생식과 관련시키는 데 머물지 않고, 제뮬
이 신체 구석구석을 순환한다고 여겼고, 필요할 경우 적절한 장소에 고
정되어 부족한 세포들을 다시 만들어내면서 절단된 일부를 재생시킬 수
있다고 보았다. 17)

이 이론은 제뮬이 제뮬을 방출하는 세포들의 기본 구성체가 아니라는
점에서 특히 참신하다(히포크라테스, 모페르튀 혹은 뷔퐁에 있어서 체액이
나 "유기 분자" 들은 신체의 부위들이었다). 배아(*bourgeons*)로 가정된 제뮬
들은 어떤 면에서 세포들을 발현시키고 세포 특이성의 표지를 담고 있어
야 했다. 사람들이 제뮬에서 유전체의 예시(豫示)를 보고 싶어 했다. 사
람들은 실제로 유전체라는 개념이 나타나기도 전에 다윈이 생물학적 형
질이라는 표현을 통해 유전의 원리를 발명한 것으로 간주하기도 했다(드브
리스와 바이스만 역시 그랬다). 그러나 다윈은 제뮬이 세포들을 "발현시키
는"(*représenteraient*) 방식에 대해서는 전혀 언급하지 않았다(이해할 수 있는
일이다). 다윈은 자신의 이론이 그러한 "발현"(*représentation*)을 필요로 한
다는 사실을 깨닫지조차 못한 것으로 보인다. 그는 세포들에 발아생식을
적용하고(식물과 하등동물에서 알려져 있었지만 그 메커니즘은 설명되지 못
했다), 이어서 모페르튀 이론을 어설프게 확장시킨 생식이론을 세포들에

---

16) Ch. Darwin, *De la variation des animaux et des plants sous l'action de la
domestication*, traduction française par J. -J. Mouliné, Reinwald, Paris,
1868, t. III, pp. 398~431. 위의 책 399쪽 하단의 각주에서 다윈은 또 다른 학자
들이 이와 비견되는 개념을 제시했다고 기술하면서 보네와 뷔퐁을 언급하지만
(다윈이 강조하듯이 이들의 이론은 사실 다윈의 이론과 차이가 있다), 모페르튀
는 제외시켰다(모페르튀의 논제는 정확히 다윈과 일치함에도).

17) 이 점에서 다윈은 분명 보네의 영향을 받았다. Ch. Bonnet, *Considérations sur
les corps organisés* (1762), Fayard, Paris, 1985, pp. 39~41.

적용하는 데 만족했다. 그는 생식세포들을 제뮬이 모여 형성된 "배아집합체"(*polybourgeons*)로 바꾸면서, 유성생식을 설명하는 데 이 세포 발아 가설을 이용했다(그는 세포 집합체로 구성된 신체를 상상했다).

유성생식은 이와 같이 발아생식으로 환원되었고, 발아 자체는 설명되지 않거나 혹은 발아생식이 이루어지는 식물과 하등동물에서 가정된 사실, 즉 배아들 역시 발아설에 모델을 제공한 이 제뮬들을 포함하고 있다는 식으로 설명되었다. 모페르튀의 견해는 적어도 순환적이지는 않다는 장점이 있었다. 모페르튀의 이론에서 종자는 기본 구성체들의 견본이기 때문에 신체를 발현시키는 존재이다. 반면 다윈의 경우, 생식세포가 그 세포들을 발현시키는 생식적 제뮬들로 구성되어있기 때문에 신체를 발현시킨다고 하는 설명은 동어반복이다. 생식세포로부터 유기체가 발현된다는 문제는 따라서 위치가 뒤바뀐 것에 불과할 따름이며, 그것은 상상적 제뮬(결코 관찰된 적도 없고 실험에도 부합하지 않을뿐더러 세포설과도 일치하지 않는다)에 의한 다양한 세포들의 발현이라고 하는 — 다윈이 제기한 내용과 동일하지 않은 — 문제로 전이되었다.

최상의 이론으로서 다윈 이론이 지니는 보다 흥미로운 또 다른 독창성은 제뮬이 "휴면"(*dormantes*) 상태일 수 있다는 점이다(단순한 기본 구성체라면 이는 불가능하다). 예를 들면 제뮬은 자신들이 순환하는 신체 내에서 재생을 요할 만큼 손상을 입은 경우에만 활동하여 세포들을 회생시키며, 그렇지 않을 때에는 휴면상태이다. 휴면은 또한 격세유전을 설명해준다. 제뮬들은 여러 세대를 거치면서 휴면을 유지하며 전달되다가 부모, 심지어 조부모에서도 (발현되지 않고) 잠재적으로 머물러 있던 특성을 어느 순간 개체에 전하면서 갑자기 깨어난다.

다윈은 자신의 유전이론을 "범생설"(*hypothèse de la pangénese*)이라 불렀다〔어원상으로 전체에 의한 탄생(*engendrement par le tout*), 그리스어로 전체(*tout*)를 의미하는 πάν, 생식(*génération*)을 의미하는 γένεσις에서 왔다〕. 왜냐하면 제뮬을 거쳐(*via*) 생식에 참여하는 주체는 바로 신체 전부이기 때문이다. 이 점은 히포크라테스나 모페르튀의 이론과 동일하다.

　범생설에서 유전형질과 획득형질은 이전의 설명들과는 달리 더 이상 구분되는 것이 아니다. 다윈은 우리가 "획득형질의 유전"이라 부르는 과정을 받아들였을 뿐 아니라 이를 설명하고자 시도했다(그 이론의 기원을 제공했던 많은 학자들을 언급하지는 않았지만, 히포크라테스에서 다윈에 이르기까지 그와 같이 설명한 학자들은 90명에 달한다). 18)

　전설적으로 알려진 바와는 달리, 라마르크(1744~1829)는 유전이론을 제시한 적이 결코 없었다. 라마르크는 당시의 모든 사람들이 그랬듯이 "획득형질의 유전"을 믿었고(그는 필경 모페르튀의 이론이나 뷔퐁의 이론, 혹은 둘의 혼합을 받아들였을 것이다), 다윈이 진화론에 이 이론을 수용했듯이 라마르크 역시 그의 진화론에 "획득형질의 유전"을 수용했다. 따라서 그 유명한 라마르크주의 유전이라든가 라마르크 대 다윈의 대립은 19세기 말 바이스만과 신 라마르크주의자들 사이의 대립을 통해 만들어진 일종의 전설이다.

　이러한 전설과는 달리, 1880년대에 이르기까지 사람들은 유전이 "범생설"로 설명된다고 못 박아 두었다. 유기체의 다양한 부위들로부터 일종의 생식적 표본인 종자가 형성되며, 그 표본을 통해 보다 새로운 작은 유기체가 다시 만들어질 수 있다는 것이었다.

　그러나 이는 생물학의 전 역사를 관통하여 전개된 유일한 설명은 아니다. 매우 많은 경쟁적인 이론들이 다양하게 존재하고 있었다.

　여기서 신체를 제어하는 영혼의 전달로서 유전을 설명한 아리스토텔레스 유형의 물활론들을 다루지는 않겠지만 그래도 지적해두고 싶은 것이 있다. 이 이론들 가운데 지극히 일부만이(전부가 아니라) 획득형질의 유전이론을 거부했으며(실제로 부모는 아이에게 전달하는 영혼을 통해 그의 형상을 아이에게 부여하며, 영혼은 신체에 일어난 변형을 통해 영향을 받

---

18) C. Zirkle, "The Early History of the Idea of the Inheritance of Acquired Characters and of Pangenesis", *Transactions of the American Philosophical Society*, 1946, N. S. 35, pp. 91~151; cité par E. Mayr, *Histoire de la biologie*, traduction de Marcel Blanc, Fayard, Paris, 1989, p. 642.

지 않는다), 이 이론들은 임신한 여자의 정신이 그녀의 특성을 아이에게 전달한다고 기꺼이 믿었다는 점이다(모체의 영혼은 아이의 신체에 직접적으로 작용하기도 하고, 아이의 신체가 만들어지는 데 영향을 미치는 아이의 영혼에 모체의 정신이 전달되기도 하는 것으로 여겨졌다). 이 이론들은 18세기 과학에서 자취를 감추었다.

반면 현대 유전학의 또 다른 원류인 전성설(*théorie de la préformation*) 19) 을 상기해야 할 것이다. 비록 이 이론들이 유전과는 거의 반대된다는 모순을 안고 있기는 하지만 말이다.

---

19) 〔역주〕 발생과정의 해부학적 관찰을 토대로 전성설이 등장한 것은 1667년 덴마크인 스테노(Nicolas Sténon)의 난자론(*Ovisme*)으로 거슬러 올라간다. 그는 작은 상어 암컷의 난소에서 알을 발견하여 그 알 속에 있는 생식물질에 새끼의 모든 신체가 들어있다고 주장했으며, 이 발견을 전반적인 모든 태생동물에 확장 적용했다. 1672년 네덜란드의 드 그라프(Régnier De Graaf)는 토끼의 모체 알 속에 새끼를 만들어내는 배아가 형성되어 있다고 주장했다. 이러한 난자론에 따르면 생명체를 만들어내는 데 모체가 중요한 역할을 하는 것으로 설명되는데, 이것이 전성설의 기원이다. 이 이론은 말브랑슈(Malebranche)에 의해 증명되어 그 당시 큰 성공을 거두게 되었으며, 비슷한 무렵 말피기(Marcello Malpighi)도 닭의 발생 연구를 통해 전성설을 주장했다. 1677년 말경에는 뢰벤후크(Antoine de Leeuwenhoek)와 하르트쇠커(Nicolas Hartsoeker)가 난자론에 반기를 들어 정자의 중요성을 강조한 정자론(*animalculisme*)을 주장했으며, 정자론은 난자론과 더불어 전성설의 한 축을 이루게 된다. 1714년, 정자론자였던 앙드리(Nicilas Andry)는 난자 속에 정자가 존재하고 있다고 가정하면서, 정자론과 난자론이 혼합된 이론 체계를 주장하기도 했다. 이 이론에 반하여 당시 대립을 이루고 있던 후성설은 1651년 하비(William Harey)에 의해 전개된 이론으로, 이 이론에서 태아는 미리 형성된 것이 아니라 점진적인 방식으로 구성되며 원초적인 덩어리로부터 분화된 것으로 설명되었다. 데카르트(R. Descartes) 역시 이 후성설을 주장했지만, 당시에는 구체적인 화학적 지식이 없었기 때문에 형이상학적인 설명에 그쳤으며, 라마르크에 이르러 보다 구체적으로 설명되었다.

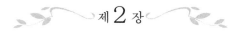

제 2 장
전성설과 배아조립체설

전성설과 배아조립체설(*théorie de l'emboîtement des germes*)은 17세기 데카르트 생물학으로부터 탄생했다. 데카르트 생물학에는 서로 전혀 부합되지 않는 생리학과 발생학이 이원적으로 존재하고 있다.[1]

데카르트의 생리학은 그 유명한 동물-기계(*animal-machine*) 이론이다. 사람들은 이를 기계론(*mecanisme*)으로 오인하지만, 사실 데카르트 생리학의 기계론이란 단지 예전의 갈레노스 생리학을 일부 지엽적으로 기계화하여 되풀이한 기계주의(*machinisme*)에 불과하다. 구체적으로 말해서 동물-기계론은 갈레노스가 《인간 신체 부위들의 유용성에 관하여》(*De l'utilité des parties du corps humain*)라는 개설서에서 제시한 "기관-기능"(*organ-fonction*) 원리를 되풀이한 것이다. 이 원리에 따르면 신체는 신의 섭리에 의해 "자연의 능력"에 따라 기관의 기능이 수행되도록 의도

---

1) Descartes, *Traité de l'Homme et Description du corps humain*, dans *Œuvres complètes*, édition Adam-Tannery, t. XI, Vrin, Paris, 1984; *Premières Pensées sur la génération des animaux*, traduit du latin par Victor Cousin, dans *Œuvres de Descartes*, t. XI, Levrault, Paris-Strasbourg, 1824~1826.

된 일종의 기계로 간주된다. 2) 데카르트는 흔히 "불가사의한" 것으로 여겨진 이 자연의 능력을 훨씬 명쾌한 기계적 작용들로 대체했다. 일반적으로 원자론을 표방하는 의사들이 이 원리를 수용했으며, 그로 인해 이들은 갈레노스의 비판을 받았다. 이와 같이 데카르트는 생리학을 부분적으로 기계화했지만 일반 원리는 계속 유지시켰고, 모호한 자연의 능력에 의해 기능하는 기계 대신 역학적으로 기능하는 기계로 바꾸었을 따름이었다.

이 역학적 작용은 갈레노스가 제시한 것과는 비교도 안 될 만큼 훨씬 명쾌하고 분명하다. 특히 그는 당시 잘 알려져 있던 물리학 법칙들만을 사용했다. 따라서 이 이론은 성공을 거두었고, 가장 단순하고 가장 분명한 물질의 역학을 생명체에 적용함으로써 (이는 "기관-기능" 원리가 유지된 것이다) 신속히 기계론적 생물학의 패러다임을 형성하게 되었다. 어쨌든 생명 기계의 기능을 역학적 법칙으로 설명하긴 했지만, 데카르트 역시 이 생명 기계가 어떻게 만들어졌는지는 설명할 수 없었다.

《인간론》(*Traité de l'homme*) 에서 데카르트는 신체를 일종의 자동인형 (흔히 신이 만들었다고 가정된) 으로 간주했지만, 《방법서설》(*Discours de la méthode*) 에서는 이 자동인형 개념을 임시변통으로 취해진 개념으로 치부하면서, 이 개념은 우주발생론에 근거한 세계의 구조를 검토하여 얻은 지식을 생명체 구조의 연구를 위한 필연적 지식으로 잘못 적용한 것임을 밝혔다. 3) 데카르트의 텍스트에 나타나는 의도를 감안한다면 동물-기계론은 불완전한 기계론적 생리학에 지나지 않는다.

2) Galien, *De l'utilité des parties du corps humain*, dans *Œuvres médicales choisies*, t. I, présentation et note par A. Pichot, Gallimard, Paris, 1994.
3) Descartes, *Discours de la méthode, dans Œuvres complètes*, édition Adam-Tannery, t. VI, Vrin, Paris, 1984, pp. 45~46.
〔역주〕 한국어 번역본으로 최명관 옮김, 서광사, 1983; 을유문화사, 1995; 박영사, 1997; 권오석 옮김, 홍신문화사, 1997; 문예출판사, 1997; 삼성출판사, 1998; 김진욱 옮김, 범우사, 2002; 최명관 옮김, 훈복문화사, 2005; 소두영 옮김, 동서문화동판주식회사, 2007; 고광식 옮김, 다락원, 2009 등이 있다.

실제로 잘 알려져 있지 않은 데카르트의 발생학이야말로 비록 초안에 불과하기는 하지만 진정한 기계론적 생물학이다. 생명체는 "작동할" 준비가 되어 있는 기계라기보다는 부모가 만든 배아 입자들을 교란시키는 열에 의해 차츰차츰 형성된다는 이론이 바로 데카르트에 의해 시작된 것이다. 이 이론에 따르면, 배아 입자들은 열에 의해 교란되는 가운데, 그들 자신의 물리적 특성에 따라 기능함으로써 스스로 조직화한다. 이 발생학은 기계론적 우주발생론에서 하늘, 별, 천체들이 형성되도록 조직화하는 입자들의 소용돌이에 정확히 비견된다.

동물-기계론이 큰 성공을 거두었던 반면 데카르트의 발생학은 잊혀졌다. 기계론적 패러다임 안에 "위대한 시계공이 만든 '시계로서의 세계'라는 사상"(l'idée d'un monde-horloge)이 정립되면서 동시에 데카르트의 우주발생론은 사장되었다. 하지만 17세기와 18세기의 "기계론"에서 입자들의 교란이 생명체만큼이나 복잡하고 완벽하게 조직화된 어떤 것을 만들어낼 능력은 없었다. 현미경의 덕택으로 정자가 발견되고 포유동물의 난자[4]가 발견됨에 따라 "기계론자들"은 배아 속에 동물-기계가 전성되어 있다고 상상함으로써 발생학적 문제를 해결하였다〔난자론자들(ovistes)은 난자 속에, 정자론자들(animalculistes)은 정자 속에 동물-기계가 미리 형성되어 있다고 각기 믿었다〕. 따라서 생명체의 조직화는 출발부터 부여된 상태이며, 이들이 단지 성장할 따름이라는 것이다.

이 전성설은 여러 학자에 의해 동시에 전개되었다. 생명 존재가 정자 내에 이미 형성되어 있다고 여기는 정자론자들은 난자의 존재를 부인하거나 혹은 단순한 영양공급처 정도로 간주했다. 반대로 난자론자들은 이 영양공급의 역할을 부계의 정자에 부여하거나 혹은 정자의 역할에 대해 난자에 잠들어 있는 존재를 자극하여 발생을 가동시키는 것에 불과하다고 주장했다. 정자란 정액이 분해된 산물에 지나지 않는다는 것이었다. 이 이론들은 큰 성공을 거두었고 열광적일 만큼 여러모로 다양하게 수용

---

4) 사실은 난소의 여포였다.

되었다. 약간 소박한 양태이긴 했지만 이 이론들은 동물-기계 생리학을 보완하면서 일부 논리적 어려움을 해결해 나갔다(기계는 스스로 구성되는 것이 아니라, 부여된 구조에 따라 기능한다).

이 이론들은 가-기계론적(pseudo-mécaniste) 생물학을 완성한 배아조 립체설에 의해 완성되었다. 배아조립체설에 따르면, 전성된 미소 동물-기계의 생식선은 생식세포를 포함하고, 이 생식세포는 전성된 미소생명체를 포함하며, 이 미소생명체는 생식세포가 들어 있는 생식선을 포함하는 식으로 계속된다. 이와 같은 방식으로 우리는 러시아 인형처럼 하나가 다른 하나를 담은 완성된 생명체가 신에 의해 창조되었던 이 세계의 기원으로 거슬러 갈 수 있다. 생명체가 어떻게 형성되는가의 문제는 이와 같은 방식으로 해결될 수 있었다.[5]

이 전성설과 배아조립체설들의 공통적인 원리는 생식을 위해 양쪽 부모가 필요하다는 것이고 — 또한 아이는 흔히 양쪽 부모를 닮는다 —, 그럼에도 부모 중 한쪽만이 배아를 이룬다는 것이지만, 이 이론들은 무수히 다양한 형태로 나타난다. 이러한 난점들 — 다소 타당성 있는 해결책을 찾았다지만 난점들이 존재했다 — 에도 불구하고, 또한 1759년 볼프의 관찰에서처럼 발생학적 관찰들이 이 전성설들이 설명할 수 없는 현상들을 보여주고 있음에도 불구하고, 이 이론들은 19세기 초까지 이어졌다. 이는 전성설 이론들이 동물-기계론과 더불어 오래된 갈레노스 생리학의 "기관-기능설"을 동시에 계승하면서 나름대로 논리적 필연성을 지니고 있었을 뿐만 아니라, 이 이론이 발전해 나가는 데 유용한 철학적 신학적 배경을 또한 갖추고 있었기 때문이다.

인간이 신의 섭리에 따라 의도된 기관들로 이루어졌다고 보는 갈레노스 생리학은 근본적으로 스토아철학에 기초한 이론이었다(갈레노스는 후기 스토아학파를 대표하는 아우렐리우스 황제의 의사였다). 전성설과 배아조립체

5) J. Roger, *Les Sciences de la vie dans la pensée française du XVIIIe siècle. La géné-ration des animaux de Descartes à l'Encyclopédie*, Albin Michel, Paris, 1993 (3e édition).

설은 동일한 일반 체계를 취했으며, 이들은 17세기에 다시 새롭게 나타나
는 스토아철학의 맥락에서 이해되어야 한다. 사람들은 이 이론들을 전성
설 지지자였던 말브랑슈나 라이프니츠의 철학과도 결합시킬 수 있었다(말
브랑슈는 전성설과 배아조립체설의 원형이라고 할 만한 틀을 제공했으며,6) 라
이프니츠는 갈레노스가 이야기하는 섭리주의적 목적론을 찬양했다7)).

17세기 신학은 프로테스탄티즘과 얀세니즘이 소생시킨 아우구스티누
스의 명제들(특히 신의 창조라는 명제)을 배경으로 구축되어 있었다[전성
설은 예정설(*prédestination*)의 생물학적 버전이다]. 17세기에는 자연의 경
이로움이 신의 영광, 지혜, 호의를 증명해줌으로써 신의 존재를 뒷받침
한다는 자연신학이 추구되었다.8) 목적에 따라 완성된 조직화를 이루는
동물-기계는 우주-시계와 비교할 때 훨씬 단순하며, 생명체와 별이 총총
한 하늘을 비롯하여 만물을 창조해낸 위대한 시계공의 필요성을 정당화
하기 위해 선택된 논거이다.

철학적 신학적 논거들이 이와 같이 과학적 근거들과 함께하면서(동물-
기계 생리학을 계승하고 완성하는 것은 기계론의 가장 직접적인 생물학적 적
용이다), 오늘날 같으면 수긍하기 힘든 이론들이 지속될 수 있었다.

---

6) Malebranche, *La Recherche de la vérité* (1674), dans *Œuvres I*, édition établie par G. Rodis-Lewis et G. Malbreil, La Pléiade, Gallimard, Paris, 1979, livre I, chapitre VI, pp. 54~62.

7) Leibniz, *Tentamen Anagogicum*, *Essai analogique sur la recherche des causes* (1697), dans *Système nouveau de la nature et de la communication des substances et autres textes*, GF-Flammarion, Paris, 1994, p. 97.

8) 18세기의 무수한 자연신학을 보라. Derham의 *Théologie physique* et *Théologie astronomique*, Fabricius의 *Théologie de l'eau*, Lesser의 *Théologie des insectes* 등과 같은 "특화된" 신학과, 예를 들어 B. Nieuwentyt, *L'Existence de Dieu démontrée par les merveilles de la nature, en trois parties où l'on traite de la structure du corps de l'homme, des éléments des astres et de leurs divers effets*, Vincent, Paris, 1725; N.-A. Pluche, *Le Spectacle de la nature* (9 vol.), Les Frères Estienne, Paris, 1732~1750; W. Paley, *Natural Theology, Or Evidences of the Existence and Attributes of the Deity, Collected from the Appearances of Nature*, R. Fauldner, Londres, 1802 (*Théologie naturelle*, traduction de Ch. Pictet, Genève, 1804) 와 같은 일반적 신학이 자연학과 공생하고 있었다.

여기서 보다 각별히 우리의 흥미를 끄는 것은 전성설과 배아조립체설이 유전과는 거의 반대된다는 점이다. 이 이론들에서 부모는 자식에게 아무것도 전해주지 않기 때문이다. 자식을 만들어내는 것은 부모가 아니라 바로 신이다. 신은 "부모"를 비롯하여 모든 존재를 만들어냈듯이 그 자식들을 또한 만들어낸다. 이러한 사실에도 불구하고 전성설은 바이스만의 생식질 개념을 통해 다시 유전이론 속에 등장하게 되며, 현대 생물학으로 이어진다(현대생물학이 유전학에 온통 기울어질 무렵 전성설은 그 모습을 드러내게 된다).

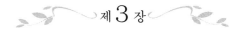

제 3 장

멘 델

하지만 이 모두는 유전자 개념이 등장하기 이전의 일이다. 현대적인 의미의 유전자 개념의 실제적 근거들은 바이스만과 드브리스의 저술들에 나타나 있고, 모건(Thomas Hunt Morgan; 1866~1945)이 이를 종합했다. 하지만 이들이 등장하기 이전 멘델의 작업을 언급해야 할 것이다. 멘델의 법칙(1866)은 1900년 드브리스, 코렌스(Carl Correns; 1864~1933), 그리고 체르마크(Erlich Tschermak von Seysenegg; 1871~1962)에 의해 재발견되었다. 1)

1) H. De Vries, "Sur la loi de disjonction des hybrides", *Comptes rendus hebdomadaires des séances de l'Académie des Sciences*, 1900, 130, pp. 845~847 (Ch. Lenay, *La Découverte des lois de l'hérédité*, Presses Pocket, Paris, 1990, pp. 243~246에 재수록); "Das Spaltungsgesetz der Bastarde", *Berichte der Deutschen Botanischen Gesellschaft*, 1900, 18, pp. 83~90; "Sur les unités des caractères spécifiques, et leur application à l'étude des hybrides", *Revue générale de botanique*, 1900, 12, pp. 259~271 (Ch. Lenay, *La Découverte des lois de l'hérédité*, *op.cit.*, pp. 247~263에 재수록). C. Correns, "G. Mendel's Regel über das Verhalten der Nachkommenschaft der Rassenbastarde", *Berichte der Deutschen Botanischen Gesellschaft*, 1900, 18, pp. 158~168. E. Tschermark von Seysenegg, "Über künstliche Kreuzung bei Pisum sativum", *Berichte der*

멘델의 법칙은 다양한 식물들, 특히 콩의 잡종 교배 연구의 결과로 성립되었다. 박스 1에 멘델의 실험과 그 주요 결과들이 간략하게 소개되어 있다.[2]

1. 멘델의 법칙

초기에 멘델은 식물 계보들을 수립하고 이를 "불변적 형태"(*formes constantes*)라고 불렀다(개체의 교배나 자가수정은 부모들과 동일한 자손을 만들어내기 때문에 이들을 순계의 동형접합체라 칭할 수 있을 것이다). 멘델은 우선 한 형질만이 다른(예를 들면 매끈한 종자의 콩과 주름진 종자의 콩) "불변형질"로 된 식물들의 한쪽 난세포와 다른 쪽 꽃가루를 수정시키고 또 그 반대로 교차 수정시켰다. 수정된 결과 나타난 종자들(매끈하거나 주름진 형질의 이형접합체로 규정할 수 있는 잡종들)은 모두 단일한 형질을 보여주었다(매끈한 종자). 이를 통해 멘델은 우성형질(매끈한 종자)과 열성형질(주름진 종자)의 개념을 정의할 수 있었다. 한 형질은 그 자체로 우성이거나 열성이며, 부모의 어느 편에서 제공되었는지는 문제가 되지 않는다.

1세대 :   매끈한 종자 - 주름진 종자 (불변형질)

↓ (교차수정)

2세대 :   매끈한 종자 (잡종)

멘델은 이어 이들 사이의 잡종을 교배시켜 그 후손의 일부에서 열성형질이 다시 발현됨을 관찰했다. 보다 정확히 말해서, 매끈한 잡종 종자(2세

Deutschen Botanischen Gesellschaft, 1900, 18, pp. 232~239.

2) G. Mendel, "Versuche über Pflanzen-Hybriden", *Verhandlungen des naturforschenden Vereins in Brünn*, 1866, IV, pp. 3~47 ("Recherches sur des hybrides végétaux", traduction de A. Chappellier, *Bulletin scientifique de la France et de la Belgique*, 1907, 41, pp. 371~419; Ch. Lenay, *La découverte des lois de l'hérédité, une analogie*, *op.cit.*, pp. 51~102에 재수록).

대) 로부터 만들어진 식물의 꽃은 자가수정된 것이었다 (이는 같은 유형의 한 식물에서 수정된 것으로 간주할 수 있다). 이들은 또한 매끈한 종자뿐 아니라 얼마만큼의 주름진 종자도 만들어낸다 (3세대). 이 현상은 잘 알려져 있었는데, 사람들은 이 현상을 2세대가 되면서 조상 유형으로 회귀되는 것으로 간주하고 있었다. 멘델은 이 현상에 대해 잡종 교배로부터 만들어진 종자는 주름진 종자 (열성형질) 1 대 매끈한 종자 (우성형질) 3의 비율로 나타난다고 설명한다.

    2세대 :   매끈한 종자 - 매끈한 종자 (잡종)
                        ↓ (자가수정)
    3세대 :   주름진 종자 1 + 매끈한 종자 3

그는 이어서 새로운 종자 (3세대) 로부터 나온 식물로 실험을 계속하여 같은 통계적 방식의 결과들을 다음과 같이 분석했다.

3세대 :	주름진 종자	매끈한 종자	매끈한 종자	매끈한 종자
	(불변형질)	(잡종)	(잡종)	(불변형질)
(자가수정) ↓	↓	↓	↓	↓
4세대 :	주름	주름1+매끈3	주름1+매끈3	매끈

주름진 종자 (열성형질) 로부터 만들어진 식물의 자가수정은 주름진 종자만을 생성해낸다 (이 식물들은 따라서 초기의 주름진 종자 "불변형질", 즉 열성의 동형접합체로 되돌아간 것이다).

매끈한 종자 (우성형질) 로부터 만들어진 식물의 자가수정은 때로는 매끈한 종자만 만들어내고 (처음의 매끈한 종자 "불변형질", 즉 우성의 동형접합체로 되돌아간 것이다), 때로는 매끈한 종자 3과 주름진 종자 1의 비율로 혼합되어 나타나는데 (잡종형태에 부합), 그 비율은 "불변형질" (우성인 동형접합체) 1대 잡종 (이형접합체) 2가 된다.

멘델은 이 결과에 대해 2세대의 잡종이 자가수정하여 3세대 종자를 형성할 때 절반은 잡종, 4분의 1은 우성 불변형질, 그리고 나머지 4분의 1은 열성 불변형질을 만들어낸다고 설명한다. 또한 이어지는 세대에서도 마찬가지로 계속된다. 다시 나타난 불변형질은 언제나 그들 사이에서 교차하여 (혹은 자가수정에 의해) 불변형질을 만들어내고, 여기서 만들어진 불변형질들 사이에서 교차한(혹은 자가수정에 의한) 잡종은 처음의 불변형질들과 새로운 잡종을 1:1:2 의 비율로 다시 만들어낸다.

멘델은 이어서 두 가지 형질의 차이를 보이는 식물들(예를 들면 식물의 매끈하거나 주름진 형태와 초록색이거나 노란색) 잡종 교배를 연구하는데, 시작은 늘 "불변형질"(즉 각 형질들의 동형접합체)에서 출발한다. 이 형질들은 그가 수립한 법칙에 따라 반드시 유전되었지만, 제각각 통계적으로 서로 독립적이었다. "노란색 혹은 초록색" 형질은 "매끈하거나 주름진 형질"과는 독립적인 방식으로 유전되었다. 또한 초록색(혹은 노란색)은 다음 세대에서 매끈하거나 주름진 형태와 통계적으로 유의미하게 연관되지 않은 채 때로는 매끈하고 때로는 주름진 형태로 나타났다.

멘델은 서로 다른 실험결과로부터 배우체(난세포와 꽃가루)와 연관된 결론을 도출해냈다. 두 잡종의 교배가 초기의 "불변형태"를 다시 만들어낼 수 있다는 점에서 멘델은 두 형태에 부합하는 배우체를 형성한다(Aa잡종은 A형 배우체와 a형 배우체를 만들어낸다)고 추론했다. 따라서 그는 다양하게 잡종 교배시켜 만들어진 식물들을 서로 다른 배우체들의 우연한 결합의 결과로 해석했다.

그와 같이 불변형질 A(매끈한 종자)는 A형 배우체(난세포와 꽃가루)만을 제공하며, 불변형질 a(주름진 종자)는 a형 배우체만을 제공한다. 잡종 Aa(매끈한 종자 - 주름진 종자)는 A형 배우체와 a형 배우체를 동일한 비율로 형성한다. 이 배우체들은 우연한 만남으로 아래의 도표와 같이 다음 세대를 만들어낸다. 이는 멘델의 논문에서 그의 표현양식과 상징기호를 그대로 옮긴 것이다.

현대 유전학에서 이 기호가 유지되고는 있지만 여기서 철자들은 대립유전자를 지칭하는 반면, 멘델에 있어서 이 철자들은 형질과는 무관하게 식물의 유형 혹은 식물들이 만들어낸 배우체의 유형을 지칭한다(따라서 멘델은 잡종을 Aa로 표기하지만 우성을 대문자로 열성을 소문자로 연관지어 표기한 것은 아니었다. 그는 우리가 AA와 aa로 표기하는 불변형태를 A와 a 로 표기했고, 마찬가지로 A와 a라는 기호를 불변형태나 잡종에 의해 생성된 난세포와 꽃가루를 지칭하는 데도 사용했다. 이 모두는 그가 유전이론을 만들지 못했고 유전자와 대립인자의 개념을 알지 못했기 때문이다).

꽃가루 유형	A	A	a	a
	$\mid$	$\mid$ ×	$\mid$	$\mid$
난세포 유형	A	A	a	a
	$\downarrow$	$\downarrow$	$\downarrow$	$\downarrow$
산출된 종자	$\dfrac{A}{A}$	$\dfrac{a}{A}$	$\dfrac{A}{a}$	$\dfrac{a}{a}$
	(우성 불변형태)	(잡종)	(잡종)	(열성 불변형태)
	1/4	1/2		1/4

이 잡종 교배 실험은 멘델 시대에는 물론이고 그보다 오래전부터 이미 유행하고 있었다. 수확을 개량하고자 하는 원예가와 사육가뿐만 아니라 생식과정을 이해하고자 하는 과학자들도 이러한 실험을 했다〔예를 들어 게르트너(Karl Friedrich von Gärtner)와 노댕(Charles Naudin)〕.[3] 멘델의 결과들은 대부분 이미 내용상으로 어느 정도 알려져 있었다. 따라서 잡종 2세대에서 열성 형태의 재발현은 첫 번째 잡종 교배에서 사라졌던 과거 유형의 형태로 회귀되는 것으로 간주하고 있었다. 그와 마찬가지로

---

3) C. F. von Gärtner, *Versuche und Beobachtungen über die Bastarderzeugung im Pflanzenreich*, Hering, Stuttgart, 1849, C. Naudin, "Nouvelles recherches sur l'hybridité des végétaux", *Annales des sciences naturelles, Botanique*, 1863, 4e série, 19 (Ch. Lenay, *La Découvertedes lois de l'hérédité, op.cit.*, pp. 24~49 에 재수록). H. F. Roberts, *Plant Hybridization before Mendel*, Princeton University Press, 1929, R. C. Olby, *Origins of Mendelism*, Constable, London, 1966.

이미 일부 형질 유전의 독립성이라든가 다른 일부 형질과의 연계성이 이들 사이의 생리학적 관계는 배제된 채 역시 언급되고 있었다(1859년 《종의 기원》에서 다윈은 푸른색 눈을 가진 흰색 고양이가 수컷일 경우 귀머거리인 사례를 언급한다. 즉 "흰색 털", "푸른색 눈", 그리고 "귀머거리" 형질들 사이의 연관과 **수컷** 성의 연관이 존재한다는 것이다). [4]

멘델의 독창성은 무엇보다도 배우체들의 "길항적인"(antagonistes) 형질들이 분리된다는 결론을 도출해낸 데서 찾을 수 있다(잡종 Aa는 A형과 a형의 전달자인 배우체를 형성한다). 대부분의 독립 형질들이 여기에 속한다. 멘델은 다음과 같이 말한다.

> 콩의 잡종은 수정에 의해 결합한 형질 조합으로부터 유래한 모든 불변 형태의 배아세포와 꽃가루 세포를 특성마다 동일한 수로 만들어낸다. [5]

드브리스는 이 법칙을 재발견하여 보다 명확히 설명했다.

> 단성잡종의 꽃가루와 난세포는 이들 자체가 잡종이 아니다. 이들은 길항적인 두 성질 가운데 오직 한 성질의 물질적 토대만을 포함하므로 순종 꽃가루나 난세포와 마찬가지이다. [⋯] 꽃가루 절반과 난세포 절반은 우성형질을 지닐 것이고 나머지 절반은 열성형질만을 포함하게 될 것이다. [6]

이는 나중에 "배우체 순계의 법칙"(loi de pureté des gamètes)으로 불리게 된다.

---

4) Ch. Darwin, *L'Origin des espèces au moyen de la sélection naturelle ou la lutte pour l'existance dans la nature*, traduction de l'édition anglaise définitive par E. Barbier, Reinwald, Paris, 1882, p. 12.

5) G. Mendel, "Recherches sur des hybrides végétaux", dans Ch. Lenay, *La Découverte des lois de l'hérédité*, *op.cit.*, p. 83.

6) H. De Vries, "Sur les unités des caractères spécifiques et leur application à l'étude des hybrides", dans Ch. Lenay, *La Découverte des lois de l'hérédité*, *op.cit.*, p. 253.

멘델의 독창성은 또한 잡종연구를 수량화했다는 데서도 찾을 수 있다. 멘델의 법칙은 바로 이 수량화에 의해서 만들어졌다. 유전 연구에 우연성이 도입된 것 또한 필연적으로 통계적인 이 수량화에 의해서였다.

멘델의 접근은 전적으로 "현상적"이다. 멘델은 현상적 형질〔오늘날 "표현형"(phéotype)이라 불리는 형질〕에 주목했고, 이를 통계적 방식으로 수량화했다. 그는 유전의 물리적 설명을 시도한 것이 아니라 잡종형성을 연구했다. 따라서 그는 한 형질의 유전을 배우체에 존재할 물질적 입자의 전달과 명확하게 연결하지 못하고, 그 방식은 모른 채 앞서 말한 현상적 형질을 "내세웠다"(porterait). 멘델은 어떤 종류의 어떤 식물이 (오늘날에는 어떤 "표현형"이라 말할 것이다) 어떤 종류의 식물을 낳게 될 배우체를 만들어낸다고 기술하는 데 그쳤다. "멘델 인자"(배우체 내에서 특성을 전달한다고 간주한 입자들)라는 용어는 멘델의 텍스트에는 존재하지 않으며, 주해자들에 의해 발명된 용어이다. 멘델은 이런저런 형질에 부합하는 배우체, 난세포, 꽃가루라는 용어로 표현했다. 기껏해야 결론에서, 그것도 가설로서 부모 배우체의 "차등 요소"(éléments différentiels)를 간단히 언급했을 따름이다. 여기서 차등 요소는 수정 시 결합하여 "상쇄"(compensent)되거나, 혹은 반대로 상쇄되지 않은 채 "새 배우체가 형성되는 순간에 결합으로부터 빠져나간다."[7] 형질이 물질적 실재와 명확히 결부됨으로써 "판젠"이라 불리게 되는 것은 멘델 연구가 재발견되고 나서 거의 40년이 지난 뒤이다〔전술한 "성질의 물질적 토대"(substratum matériel des qualités)를 설명한 드브리스의 언급 참조〕.

이 현상적이고 통계적인 관점은 분명 멘델법칙이 "잊혀진" 이유 중 하나였을 것이다. 사실 한편으로, 1860년에서 1900년 사이에 발전한 주요 유전이론들은 매우 불확실한 물리-화학적 메커니즘을 가정하면서 질적인 설명이 추구되고 있었다.[8] 다른 한편으로, 그 "물리-화학적" 유전이

---

7) G. Mendel, "Recherches sur des hybrides végétaux", dans Ch. Lenay, *La Découverte des lois de l'hérédité, op.cit.*, p. 97.

38

론들은 법칙들을 통합할 만큼의 체계를 갖추지 못하고 있었다〔예를 들면, 제 4장 박스 5의 네겔리(Karl Wilhelm von Nägeli; 1817~1891)가 제안한 유전이론을 보라. 이 위대한 스위스 생물학자와 멘델은 서로 편지교환을 하던 사이였다〕. 멘델의 실험결과들이 의미를 획득하기 시작한 것은 바이스만 과 특히 드브리스의 연구가 나오면서부터다.

멘델법칙에 대한 "망각"과 재발견을 보다 구체적으로 이해하기 위해 몇 가지 경위와 그 연대를 검토해보자.

1850년대 초반 조지 뉴포트(George Newport; 1803~1854)는 양서류 에서 수정이 배우체들과 체액 사이의 단순한 접촉에 의해서가 아니라 정 자가 난자 안으로 통과하여 이루어진다는 사실을 관찰했다. 9) 이후 오스 카 헤르트비히(Oscar Hertwig; 1849~1922)가 성게에서 정자가 난자에 침투하여 정자와 난자의 핵이 융합(양성혼합)된다는 사실을 통해 이 관 찰을 구체화하고 확립한 것은 1876년(멘델의 작업 이후 10년이 지난 해)에 이르러서였다. 10)

1870년대 말과 1880년대 초에는 에두아르트 슈트라스부르거(Eduard Strasburger; 1844~1912)에 의해 식물에서, 그리고 발터 플레밍(Walter Flemming; 1843~1905)에 의해 동물에서 세포분열이 연구되었다〔세포분열 에 유사분열(*mitosis*)이라는 명칭을 부여한 사람이 플레밍이며, 슈트라스부르 거는 "세포질"(*cytoplasm*), "핵질"(*nucléoplasm*), 그리고 "반수체"(*haploïd*),

---

8) 이 시기에 발전된 이론 가운데 유일하게 유전을 현상론적이고 통계적으로 연구한 이론은 골턴의 생물통계학이었다. 그런데 골턴의 생물통계학은 멘델주의와 양립 불가능했고, 1900년 멘델 이론이 재발견되었을 무렵 멘델 이론의 가장 강력한 적 수가 되었다.

9) G. Newport, "On the Impregnation of the Ovum in the Amphibia"; "On the Impregnation of the Ovum in the Amphibia, and on the Direct Agency of the Spermatozoon"; "Researches on the Impregnation of the Ovum in Amphibia, and on the Early Stages of Development of the Embryo", *Philosophical Transactions of The Royal Society*, 1851, p. 141, pp. 169~242; 1853, p. 143, pp. 233~280; 1854, p. 144, pp. 229~244.

10) O. Hertwig, "Beiträge zur Kenntniss des Bildung, Befruchtung und Theilung des thierischen Eies", *Morphologisches Fahrbuch*, 1876, 1, pp. 347~434.

"이배체"(*diploïd*) 라는 명칭을 고안했다). 11) 이들은 이후 빌헬름 폰 발다이어-하르츠(Wilhelm von Waldeyer-Hartz; 1836~1921) 에 의해 "염색체"(*chromosome*)라 명명된, 쉽게 염색되는 입자들의 출현을 설명했다. 12) 〔예전에는 프랑스어로 염색체를 주로 "앙스"(*anses*) 혹은 "앙스 크로마틱"(*anses chromatiques*) 이라 불렀다〕.

"염색질"(*chromatine*) 이라는 명칭을 부여한 플레밍은 주어진 종에 따라 일정한 수의 입자들이 이들의 세포 내에 존재한다는 사실과 이들이 유사분열 시 세로로 분열한다는 사실을 관찰했다(이전에 슈트라스부르거는 가로로 분열한다고 믿었다). 염색체의 이 세로분열은 빌헬름 루(Wilhelm Roux; 1850~1924) 에 의해 유전물질이 두 딸세포로 분할되는 것으로 해석되기에 이른다. 13)

1883~1884년 에두아르 반 베네당(Edouard van Beneden; 1846~1910) 14) 은 회충에서 염색체가 정자와 난자에 동일한 수로 존재하며, 그

---

11) E. Strasburger, *Über Zellbildung und Zelltheilung*, Dabis, Iéna, 1875; *Über Befruchtung und Zelltheilung*, Dufft, Iéna, 1877(Dabis, Iéna, 1878) ; "Über den Theilungsvorgang der Zellkerne und das Verhältniss der Kerntheilung", *Archiv für Mikroskopische Anatomie und Entwicklungsmekanik*, 1882, 21, pp. 476~590; W. Flemming, "Beiträge zur Kenntniss der Zelle und ihrer Lebenserscheinungen" *Archiv für Mikroskopische Anatomie und Entwicklungsmekanik*, 1879, 16, pp. 302~436, 1880, 18, pp. 152~259, 1881, 20, pp. 1~86; *Zellsubstanz, Kern- und Zelltheilung*, Vogel, Leipzig 1882; "Neue Beiträge zur Kenntniss der Zelle", *Archiv für Mikroskopische Anatomie und Entwicklungsmekanik*, 1887, 29, pp. 389~463.

12) W. Waldeyer, "Über Karyokinese und ihre Beziehungen zu den Befruchtungs-vorgängen", *Archiv für Mikroskopische Anatomie und Entwicklungsmekanik*, 1888, 32, pp. 1~122.

13) W. Roux, *Über die Bedeutung der Kerntheilungsfiguren, Eine hypothetische Erörterung*, Engelmann, Leipzig, 1883 (*Gesammelte Abhandlungen über Entwickelungsmechanik der Organismen*, 2 vol. , Engelmann, Leipzig, 1895, t. II, pp. 125~143).

14) 〔역주〕 베네당(Edouard Joseph Marie van Beneden; 1846~1910) 은 벨기에의 발생학자, 세포학자, 해양생물학자로 리에지 대학 동물학 교수였다. 말의 기생충 연구로 감수분열기와 배우체시기에 염색체가 결합되는 방식을 밝혀내어 20세기 유전학 발전에 기여했다. 베네당과 관련한 최근 논문으로 Raf de Bont, "Evolutionary Morphology in Belgium: The Fortunes of the Van Beneden

수는 체세포의 절반(염색체의 감수분열)임을 밝혀냈다. 15)

1860년대에 걸쳐 제안되었던, 핵은 유전형질을 전달하는 역할을 하고 세포질은 외부 조건에 적응하도록 해준다는 해켈의 직관이 다양한 관찰을 통해 입증되었다. 16) 이러한 핵의 역할과 세포질에 대응한 핵의 우위성은 1880년대에 행해진 다양한 실험의 주제이기도 했다.

1886년 모리츠 누스바움(Moritz Nussbaum)과 아우구스트 그루버(August Gruber)는 적충(infusoires)을 둘로 잘랐다. 핵을 포함하는 부위는 온전한 존재로 재생되었고, 그렇지 않은 부위는 소멸했다17) (이에 비견되는 실험이 이미 다핵 식물 세포에서 시행된 상태였다). 18)

1889년 테오도르 보베리(Theodor Boveri ; 1862~1915)는 성게의 난자에서 핵이 존재하는 조각과 핵이 제거된 조각들을 수정시켜 두 경우에서의 발생 과정을 관찰했다. 이어서 그는 A종 성게의 비핵 난자와 B종 성게의 정자를 수정시켜 얻어진 유생에서 A와 B의 성질을 연구했다. 결과는 다양했고 보베리의 해석도 다양했다. 이 실험은 오류로 간주되었지

School, 1870~1900", in *Journal of History of Biology* (2008, No 41, pp. 81~118)이 있다.

15) E. van Beneden, "Recherches sur la maturation de l'œuf et la fécondation (Ascaris megalocephala)", *Archives de biologie*, 1883, 4, pp. 265~640; E. van Beneden et C. Julin, "La spermatogenèse chez l'Ascaride mégalocéphale", *Bulletins de l'Académie royale des sciences, des lettres et des beaux-arts de Belgique*, 1884, 3ᵉ série, t. 7, pp. 312~342.

16) E. Haeckel, *Generelle Morphologie der Organismen, allgemeine Grundzüge der organischen Formenwissenschaft, mechanisch begründet durch die von Charles Darwin reformiste Descendenztheorie*, G. Reimer, Berlin, 1866, t. II, pp. 287~289.

17) M. Nussbaum, "Über die Theilbarkeit der lebendigen Materie", *Archiv für Mikroskopische Anatomie*, 1886, 26, pp. 485~539. A. Gruber, "Über künstliche Theilung bei Infusorien", *Biologische Centralblatt*, 1885, 4, pp. 717~722; "Beiträge zur Kenntniss der Physiologie und Biologie der Protozoën", *Berichte der Naturforschenden Gesellschaft zu Freiburg im Breisgau*, 1886, 1, pp. 33~56.

18) F. Schmitz, "Beobachtungen über die vielkernigen Zellen der Siphonocladiaceen", *Festschrift zur Feier des Hundertjährigen Bestehens der Naturforschenden Gesellschft in Halle A/S*, 1879, pp. 273~320.

만, 유전물질이 핵 내에 존재하며 핵이 세포질에 대응하여 우위성을 지닌다는 생각을 강화시켜주었다.19)

1880년대 후반, 드브리스는 세포 내 판제네스(*pangenèse intracellulaire*) 이론을 제시했고, 바이스만은 생식질(*plasma germinatif*) 이론을 제시했다(다음 장 참조).

따라서 이들의 작업들을 바탕으로 하여 1890년대에 이르러서야 멘델의 법칙은 의미 있는 이론으로 여겨질 수 있게 되었다. 그리고 1900년 이후 멘델법칙은 드브리스의 돌연변이설과 더불어 유전학에서 확고하게 자리를 굳히게 되었다. 그 이전까지 멘델법칙은 여느 이론과 다를 바 없는 한낱 실험결과에 불과했다. 엄밀히 말해서 멘델법칙이 잊혀진 것은 아니었지만(당시 여러 학자에 의해 인용되기도 했다), 주류 유전이론들의 맥락 속에서 그리 대단한 의미를 지니지 못했으며, 멘델은 네겔리와 같이 일부 유명한 생물학자들과 교분을 맺고 있었음에도 불구하고 18세기 이래 증가한 많은 원예가-교배사들 중의 한 사람으로밖에 취급받지 못했다.

일부 학자들(예를 들어 통계학자이자 집단유전학자인 피셔20)) 은 멘델이 자신의 이론적 전제에 부합되도록 결과 수치들을 "슬쩍 조작"했다고 의심했다. 이 의심이 정당한지, 혹은 멘델이 매우 구체적인 이론적 전제들을 확보할 수 있었는지 나는 모른다. 그의 연구는 염색체의 존재조차 알려지기 이전 시대에 이루어졌기 때문이다. 멘델이 자신의 논문에서 언급했듯이, 당시 사람들이 수정 시 난세포와 꽃가루 세포의 접합이 이루어진다는 점을 이미 알고 있었음은 분명하다.21) 따라서 수정의 구체적인 메커니즘

19) T. Boveri, "Ein geschlechtlich erzeugter Organismus ohne mütterliche Eigenschaften", *Sitzungsberichte der Gesellschaft für Morphologie und Physiologie in München*, 1889, 5, pp. 73~80.

20) 〔역주〕피셔(Ronald Aylmer Fisher; 1890~1962)는 영국의 통계학자, 진화생물학자, 우생학자, 유전학자이다. 현대 통계학의 독보적인 창시자이며, 리처드 도킨스는 그를 "가장 위대한 다윈 계승자"로 평가했다. 또한 현대 유전학의 창시자 가운데 하나로, 특히 그의 통계적 방법은 집단유전학에 크게 기여했다. 더불어 자연선택설을 수학적으로 정식화하는 데도 기여한 바 있다.

은 이해하지 못했을지언정 사람들은 양쪽 부모로부터 일부 유전형질이 난세포와 꽃가루 세포에 의해 전달된다고 유추할 수 있었을 것이다(물론 오늘날 사람들이 생각하는 만큼 명확하지는 않았을 것이다. 사람들은 오랫동안 한 개의 난자가 수정하는 데 수많은 꽃가루 입자나 수많은 정자가 꼭 필요하다고 믿어왔기 때문이다). 22) 하지만 나는 이 문제에는 관심이 없다. 멘델에 대한 의심은 정말이지 내 관심의 핵심에서 벗어난 주제이다(물론 그러한 의심들을 통해, 과학자들의 자생적인 실증주의에서 주장되듯이 단순하게 법칙이 실험으로부터 흘러나오는 것은 아니라는 사실이 확인되었다는 점은 중요하다).

부각되어야 할 문제는 멘델 자신이 논문의 서두에서 했던 말, 즉 멘델이 자신의 실험에 매우 적합한 식물과 형질들을 특별히 선택했다는 사실이다. 따라서 그는 실험의 틀을 정확히 규정짓고 결론에서 그 틀을 벗어나지 않았으며, 과감한 모든 일반화를 경계했다. 차후에 살펴보겠지만, 그가 신경 써서 가설로 제시한 내용은 예외도 있다(일반적으로, 당시 혹은 이후의 유전이론들과 대조적으로 그의 논문은 상당히 신중하고 간결하며 현대적이다).

이 멘델 논문의 서두 머리말이 흥미로운 까닭은 실험재료의 선택이 그 자체만으로 결과 수치의 놀라운 정확성을 설명해주기 때문이 아니라, 그가 자기 이론의 한계 및 이론과 실험과의 관계에 담긴 성격을 명확히 지적하고 있기 때문이다.

우선, 식물이 동물보다 잡종 교배가 용이하기는 하지만, 멘델은 미리 대비하여 매우 유사한 종들, 심지어 동일한 종들의 변이를 연구했다(멘델 스스로가 어떤 종을 선택할지, 그리고 선택된 식물에서 어떤 변이를 선택할지를 결정하는 데 있어서의 어려움을 토로하고 있다). 그러한 식물들의

---

21) 이 책 38쪽 각주 9 뉴포트의 연구를 참조하라.

22) 이는 멘델의 연구 이후 2년이 지난 1868년 다윈이 제시한 견해이도 하다(*De la variation des animaux et des plantes sous l'action de la domestication*, *op.cit.*, t. II, pp. 387~388). 이는 헤르트비히와 폴의 연구(1875~1876)에 의해 밝혀졌으며 플레밍과 베네당의 연구(1882~1883)를 통해 확인되었다. 이들은 몇몇 드문 예외를 제외하고는 단 한 개의 수컷 배우체만이 암컷 배우체에 투입된다고 설명한다.

차별화된 형질들(종자의 색깔, 매끈한 형태와 주름진 형태 등)은 필연적으
로 생리학적 관점에서 부차적인 형질에 속한다. 왜냐하면 중요한 형질
차이를 지니는(따라서 근연관계가 먼 종임을 드러내는) 개체들은 이들 사
이의 잡종 교배가 불가능했기 때문이다. 23) 멘델이 연구한 유전은 그와
같이 생물학적으로 부차적인 형질에 관련된 것이었다(실제로 복잡하고 핵
심적인 생리학적 과정을 거치는 유전은 이러한 종류의 잡종 교배를 통해 직접
적으로 연구될 수 없다. 멘델 유전은 단순하고 부차적인 형질에 관한 원리로
간주되어야 한다).

　게다가 그 자신이 구체적으로 밝혔듯이, 멘델은 명확히 규정되고 관찰
이 용이하며, 분명히 전달되거나 혹은 전혀 전달되지 않는 형질들을 선
택했다(예를 들어 완두콩 종자의 색깔과 형태에서 완두콩은 녹색이거나 노란
색이 존재하되 노란색-녹색은 존재할 수 없으며, 매끈하거나 주름진 형태가
존재하되 그 중간 형태, 즉 다소간 매끈하고 주름진 형태는 존재하지 않는
다). 멘델이 이처럼 불연속적으로 변이된 단일한 형질만을 염두에 둔 것
은 단지 연구의 실험적 용이성 때문이었다. 이 점이 멘델의 선택에서 유
일한 근거였다. 따라서 이 연구에서는 파악하기 어려운 형질(잎의 형태
등)이나 연속적으로 변이되는 형질(일부 식물들의 꽃 색깔 등)은 배제되
었다. 멘델법칙의 재발견이 이루어진 1900년 이후(제5장 참조), 이러한
연속적 변이의 문제가 돌연변이에 의한 불연속적 변이와 대조되어 다양
한 논쟁을 야기하게 되었다. 이러한 논쟁들은 놀라울 수 있다. 왜냐하면
이 문제는 1866년 논문에서 멘델에 의해 이미 해결되었거나 적어도 밝혀
졌기 때문이다. 실제로 멘델은 이 논문에서 다양한 식물들로, 특히 강낭
콩으로 자신의 실험을 재개했다고 간략하게 언급했다. 이 실험들은 잘못
전개되었다. 우선 잡종 교배가 언제나 생식력을 지니는 것이 아니었고,
다른 한편으로는 설사 강낭콩의 일부 형질이 완두콩으로 수립한 법칙에

---

23) 드브리스는 멘델의 법칙을 재발견했을 때 이 점을 상기했다("Sur les unités des
　　caractères spécifiques et leur application à l'étude des hybrides", dans Ch.
　　Lenay, *La Découverte des lois de l'hérédité*, *op.cit.*, p. 248).

잘 들어맞았다고 해도 다른 형질들은 들어맞지 않았기 때문이다. 꽃의 색깔이 그랬다. 흰색 꽃의 강낭콩과 붉은색 꽃의 강낭콩을 교배하여 모두 붉은색 꽃의 강낭콩이 나타났는데, 그 색깔은 초기의 붉은색보다 연했다. 이 잡종 교배된 식물들을 교배했더니 거의 생식되지 않았다. 그 가운데 아주 드물게 흰색, 그리고 특히 붉은색에서 연보라색까지 단계별로 모든 색깔의 꽃이 나타났으며 그 비율은 매우 불규칙적이었다.

　멘델은 강낭콩 꽃의 색깔은 단일 형질이 아니라〔실무율의 법칙(*la loi du tout ou rien*) 에 따라 변이하는 완두콩의 형질과는 반대〕혼합 형질임을 가정하면서 이 결과를 설명하고자 했다. 즉 강낭콩 꽃은 다양한 기본 색깔들로 구성되어 있을 것이며, 각 색깔은 다른 색깔들과 독립적으로 유전되는(완두콩으로 수립된 법칙을 따르는) 단일한 형질이리라는 것이다. 이 기본 색깔들은 다양하게 혼합될 수 있고, 그 결과 꽃 색깔이 다양하게 나타나게 된다(따라서 붉은색에서 연보라색과 흰색에 이르는 모든 단계별 색깔들이 관찰된 것이다). 이 실험에서 각 꽃 색깔 비율의 불규칙성은 검토된 몇 안 되는 식물들에서 보고된 색깔의 다양성으로 설명되었다(잡종 교배된 식물은 생식력이 거의 없다). 이 일부 식물들은 가능하고 다양한 잡종 교배의 전형적인 사례가 되지 못한다. 멘델은 따라서 전술한 논쟁(연속적 변이 대 불연속적 변이)을 사전에 거의 해결해 놓았다.

　멘델 이론의 전제가 모습을 드러낸 것은 결과 수치의 우연적인 "정확성"을 통해서라기보다는 완두콩으로 수립한 법칙에 강낭콩 꽃의 경우를 적용시키는 시도를 통해 가능했다고 보아야 한다(이론과 법칙이 이러한 확장을 통해서만 이루어졌다는 해석에 대해 사람들은 어떤 식으로든 반박할 수 있겠지만).

　멘델은 강낭콩 꽃에 사용한 방법을 가설로서 소개했고, 이를 통해 개요를 제시하는 정도로 만족했다. 그 방법이 우리에게는 고전적으로 여겨지지만, 멘델은 우리와 달리 유전자 개념의 윤곽조차 알려져 있지 않던 상황에서 유전자를 전혀 몰랐다는 점을 상기해야 한다. 따라서 강낭콩 실험 결과에서 규칙성의 부재에 관한 그의 해석은 매우 임의적이었

다. 또한 완두콩에서 찾아낸 비율이 의미 없는 특정 사례에 지나지 않는
다는 점도 충분히 강조되었음 직하다. 규칙성에서는 대다수 형질이 오히
려 강낭콩 꽃 색깔처럼 불규칙할 것이었기 때문이다.

멘델이 완두콩 같은 식물을 선택하고 종자의 색깔이나 형태 같은 형질
을 선택한 근거는 실험의 용이성 때문이었으며, 그 대표성을 고려한 것
이 아니었다(따라서 이 실험들을 통해 수립된 법칙의 일반화를 염두에 두지
않았다). 35년 뒤 드브리스는 멘델의 실험이 이전 학자들의 관례에서 이
례적인 것으로 간주하고 있었지만, 그의 실험은 가장 단순하기 때문에
연구의 출발점을 제공해 준다고 기술하게 된다.[24] 이 단순성은 실험뿐
만 아니라 이론에도 적용된다. 실제로 실험의 용이성을 넘어 여기서 문
제가 되는 것은 이론적 단순성이다. 그의 선택이나 보다 복잡한(강낭콩
의 꽃 같은) 사례로 그의 법칙을 일반화하는 데 진정한 근거를 제공한 것
은 바로 이론적 단순성이다.

이러한 멘델의 연구가 진정으로 실험적인 과학 혹은 실험적인 방법(그
러한 단 하나의 방식이 존재한다고 가정할 경우)에 해당되는가?

고전적인 의미로 실험적 방법이 성립되기 위해서는 멘델이 가설을 세
우고(예를 들면 배우체 내의 형질 분리), 실험에 의해 가설을 검증하는 일
이 요구된다. 가설은 몇몇 사례(완두콩)에서 증명되었고, 나머지 대다수
(강낭콩 꽃)에서는 증명되지 않았다. 따라서 멘델은 강낭콩 꽃에 관한 새
로운 가설(꽃 색깔의 분석)을 세워야 했고, 이를 테스트하기 위해 새로운
실험을 구상해야 했다(그에게 새로운 실험의 구상은 불가능했고, 따라서 그
의 강낭콩 꽃 실험은 가설에 머물 수밖에 없었다).

위의 설명은 멘델이 행했던 바와 제법 흡사한데, 그는 이 과정을 거의
역순으로 행했다. 그는 서로 다른 잡종 교배의 결과를 통계적으로 연구
했고, 그로부터 소위 법칙을 찾아내었다. 좋게 말하면, 실제로 그는 자
신의 실험 결과로부터 명백한 규칙성을 드러내는 결과들만을 추려내고

---

24) *Ibid.*, p. 249.

나머지는 무시했다. 그리고 그는 이 규칙성을 법칙으로 만들어냈다. 나쁘게 말하면, 그는 결과 중에서 자신의 선험적 직관에 의해 법칙을 증명해주는 결과들만을 선택했다. 진리는 틀림없이 규칙성의 확인과 선험적 직관이라는 두 가지 사이에 존재하겠지만, 얻어진 결과는 어쨌든 그 희소성에 비추어 특수 사례로서 간주했어야만 했을 것이다.

후기에 멘델은 자신이 얻어내지 못한 결과들(강낭콩의 꽃)을 자신의 법칙에 따라 만들어진 가설을 통해 설명했다. 마치 그 법칙들이 단순한 사례들에서 추론되었고 복잡한 사례들에서는 확실성이 덜하므로 그 확장 적용은 염두에 두지 않았던 듯 포장했다. 이는 그가 자신이 초기에 선택했던 단순한 사례들을 뒤늦게 경험적으로 정당화시킨 것으로, "정상적으로라면" 특수한 사례로 간주되었어야 했다.

전체적으로 볼 때 최종 결과는 "정상적인" 실험 절차를 따른 것과 마찬가지가 되었고, 사람들은 "법칙만 얻을 수 있다면 방법은 중요치 않다"고 말할 수도 있을 것이다. 하지만 이 법칙들이 실험으로부터 얻어졌는지, 혹은 먼저 선험적으로 설명되고 나중에 애드호크(ad hoc) 실험이 끼워 맞추어진 발명이었는지, 그와 같이 추측된 "법칙들" 속에 의심스러운 점이 존재한다는 사실이 여기서 드러난다. 멘델법칙은 자연법칙이라기보다는 분석 원리에 가까우며, 게다가 일종의 만능키처럼, 분석하기 어려운 현상을 "강제로 부수고 돌파하는 수단"에 가깝다.

어쨌거나 멘델의 재발견 이후 이 방법은 절제 없이 일반화되어 이용되었다. 이 점은 멘델주의에 대한 비판을 불러왔다(이는 정당한 비판이다). 특히 멘델의 방법을 보편적인 설명 양식으로 간주하는 사람들을 못마땅하게 여긴 모건에 의해 비판되었다(사람들이 알고 있는 초파리 돌연변이 연구의 성공과 더불어 모건은 멘델의 이론을 자신의 독트린으로 전환하고 이에 주목하게 된다. 그의 비판은 물론 초파리 돌연변이 연구 이전의 일이다). (제6장을 보라).

형질의 선택과 그것이 이론에 미친 결과로 다시 돌아가 보면, 일단 멘델이 행한 선택이란 식물에서 골라낸 형질의 성질을 유전에 전이시킨 데

지나지 않으며, 멘델은 유전에 관해 달리 어떠한 언급도 하지 않았음을
알 수 있다(단지 유전이 배우체를 거친다고 언급했을 뿐이다. 비록 수정의
메커니즘은 알려지지 않았지만 이 점은 사람들이 이미 알고 있던 사실이다).
이 점은 필시 그가 사용했던 방법과 무관하지 않다.

이를 좀 과장한다면, 멘델은 배우체의 형질과 식물의 형질을 대응시킨
데 불과했다고 말할 수 있을 것이다. 멘델이 애초에 선택한 식물의 형질
은 단일하고(실무율의 법칙에 따라 변이) 서로 독립적이기 때문에, 이 형
질이 배우체를 거쳐 유전되는 것은 단일하고 독립적인 배우체들의 형질
에 부합될 수밖에 없다. 이는 실제로 동어반복이 아니며, 멘델은 식물에
서 단일하고 분리되고 독립적인 형태학적 유전형질만을 연구하면서 배우
체의 형질들 가운데 멘델 자신이 소개했던 단일성, 분리, 독립의 특성들
을 찾아내야만 했던 것이다. 그는 자신의 실험을 착실히 수행했지만(그
가 결과 수치를 어느 정도 수정했는지는 그리 중요하지 않다), 검토할 형질
을 선택하면서 자신이 얻어낼 수 있는 법칙을 이를테면 먼저 결정했다.

만일 그가 단일하지 않은 형질(현상적으로는 한 가지이지만 단위 색들이
모두 혼합된 강낭콩 꽃 색깔 같은 형질)이나 연속적으로 변이되는 형질, 또
는 이들과 연관된 형질들을 선택했다면, 그는 배우체들에서 형질들이 분
리된다든지 이들의 유전이 독립적이라든지 하는 어떤 결론도 낼 수 없었
을 것이다. 따라서 그는 그 형질들을 선택했던 것이 아니라, 자신이 제시
한 결과들에 맞추어 실험재료를 선택하면서 결론들 속에서 자신이 당초
계획했던 바를 되찾아낼 수 있었던 데 불과하다. 이러한 선택을 함으로
써만 멘델은 구분되는 형질들의 분리 유전, 이 형질들의 독립성, 그리고
심지어 (초기 접근과 유사하기는 하지만) 잡종의 배우체들에서 동일한 형
질들이 분리된다는 형질 분리의 법칙을 설명할 수 있었다.

역설적이게도 이 점은 "설명이 용이한" 형질만을 취사선택한 그의 방법
가운데 다소 임의적이라 여겨질 수 있는 요소들을 제거해주었다. 사실
상, 방법에 있어서의 임의성이 결과에 있어서는 전혀 임의성으로 유도되
지 않았다. 결과에서는 그 자체가 고유한 논리적 일관성을 지니며, 동어

반복도 없다.

이 방법의 의심스러운 점을 더 이상 문제 삼지만 않는다면 이 방법은 우리에게 매우 친숙하다. 의심스러운 점을 간파하기가 어려운 까닭에 이를 이해하기 위해서는 다음과 같이 정식화한 유전학의 또 다른 기본 법칙인 하디-바인베르크의 법칙(1908)[25]을 멘델의 법칙과 대조해볼 수 있다.

선택도 돌연변이도 나타나지 않는 안정된 임의교배 개체군에서 실제로 유전자 및 유전형의 높은 비율은 세대를 거치면서 절대적으로 지속한다.[26]

이 말은, 만일 한 개체군에서 통계 법칙이 적용될 만큼 개체가 많다면, 교배가 우연히 이루어진다면, 그리고 어떤 유전자를 제거하기 위한 자연선택도, 새로운 유전자를 만들어내기 위한 돌연변이도 존재하지 않는다면, 이 개체군 내에서 다양한 유전자의 비율은 동일하게 유지된다는 의미로 되돌아온다. 복잡한 이야기처럼 들리지만, 개체군과 관련된 조건들을 눈여겨본다면 쉽게 결론을 간파하게 될 것이다(다시 말해서, 변화의 요인이 전혀 존재하지 않는 개체군에서는 모든 것이 지속적으로 유지된다).

이 법칙은 중요하다. 이 법칙이 진정한 동어반복이 아니라 진정한 법칙일까?[27] 멘델의 법칙이 형식유전학(*génétique formelle*)의 토대라면, 어

---

25) 〔역주〕영국의 수학자 하디(G. H. Hardy)와 독일의 의사 바인베르크가 발견했으며 하디-바인베르크 평형(Hardy-Weinberg equilibrium)이라고도 한다. 이 원리에 따르면 세대를 거듭하더라도 유전자 풀에서 대립 유전자의 빈도가 변하지 않고 평형상태를 유지한다. 하지만 자연 상태에서는 하디-바인베르크 평형을 만족하는 집단이 거의 없다. 돌연변이, 자연선택, 유전적 부동, 이주, 격리 등의 이유로 인해 유전자풀이 변하기 때문이다. 그러나 이런 소진화의 과정은 너무 느려서 개체군은 거의 평형을 이루고 있는 것처럼 보인다. 대립인자와 유전자형의 발현빈도 측정은 개체군 진화 연구나 공중 보건학 등에 응용된다.

26) C. Petit et G. Prévost, *Génétique et évolution*, Hermann, Paris, 1967, pp. 309~310.

27) 하디의 설명을 기술하자면 한 페이지 이상의 분량이 필요한데, 하디는 여기서 특히 우성 유전자가 개체군 내에서 열성 유전자를 희생시키고 전달되는 경향이 있다고 여기는 유전학자들의 관례적 사고를 비판한다〔G. H. Hardy, "Mendelian Proportions in a Mixed Population", *Science*, 1908, 28, pp. 49~50. W.

쨌든 하디-바인베르크의 법칙은 개체군 유전학의 기본 원리에 속한다. 게다가 하디-바인베르크의 법칙은 멘델법칙으로부터 유래했으며, 멘델 법칙을 개체군 수준으로 확장시킨 것이다(거대한 개체 수와 임의적 교배 조건들을 통해 이러한 확장이 이루어질 수 있었다). 하디-바인베르크 법칙 에서도 마찬가지의 의심스러운 점이 제기된다. 하디-바인베르크 법칙은 통계 법칙이었기 때문에, 의심스러운 점은 하디-바인베르크 법칙에서 더 뚜렷하게 나타나며 수긍하기가 더 쉽다. 반면에 멘델법칙은 현대 유 전학을 통해 확고하게 정의된 생리학적 기반을 갖추고 있었다. 즉 현대 유전학은 멘델법칙에 물리적 담보를 제공하고, 이 법칙을 "밖으로부터" 정당화해주었으며, 순환적일 수 있는 측면들을 제거해주었다.

　멘델법칙과 하디-바인베르크 법칙은 라부아지에 화학의 "아무것도 사 라지거나 생겨나지 않는다"(rien ne se perd, rien ne se crée)는 명제와 거의 유사하다. 이들은 법칙이라기보다는 오히려 과학적 분석이 가능한 기초 원리에 속하며, 어느 정도 경험적이기도 하고 어느 정도 가정된 원리이 기도 하다. 하디-바인베르크 법칙에서 서로 다른 유전자 비율의 지속성 은 개체군 수준에서 "아무것도 사라지거나 생겨나지 않는다"는 명제를 아 주 명확히 반영한다(통계적으로 "아무것도 사라지거나 생겨나지 않는다"). 멘델법칙에서 "아무것도 사라지거나 생겨나지 않는다"는 명제는 잡종 교 배 시, 그리고 보다 일반적으로는 생식 시의 형질과 연관이 있다(드브리 스에 의한 멘델법칙의 재발견 이후로는 더 이상 형질이 아니라 그 형질에 부 합되는 유전자들과 연관된다).

　형질들은(각각의 유전자들은) 사라지거나 생겨나지 않는다. 이어지는 세대에서 형질이 소실되거나 발현되는 것은 조합과 우성, 그리고 열성의

Weinberg, "Über den Nachweis der Vererbung beim Menschen", *Jahreshefte des Vereins für Vaterlandische Naturkunde in Württemberg*, Stuttgart, 1908, 64, pp. 368~382 ; 영역본은 "On the Demonstration of Heredity in Man", dans S. H. Boyer(éd.), *Papers on Human Genetics*, Prentice-Hall, Englewood Cliffs, N. J., 1963].

문제이다. 유전은 곧 보존이다. 멘델법칙(그리고 하디-바인베르크 법칙)이 유전학에 속하는 것은 이러한 의미에서이다(따라서 근본적으로 보존적인 이 유전에 변이가 중첩된다). 그 등식은 합리적으로 보이지만 이 법칙은 확실한 실험과 명확히 정의된 이론을 통해 과학적으로 수립된 자연법칙이라기보다는 일종의 분석 원리이며, 게다가 이 원리는 논점 선취의 오류를 범하고 있다. 이 분석 원리가 지닌 이점이나 그에 따른 풍부한 후속 원리들은 즉시 나타나지 않았고, 유전과 진화이론이 그 원리를 일관된 담론으로 통합하게 되는 시기에야 나타났다.

따라서 멘델의 방법은 문제를 낳는다. 이 문제는 유전학이 전개되는 대부분의 주요 단계들에서 나타난다. 매 단계, 혹은 거의 모든 단계에서 사용된 방법과 얻어진 결과들이 진정한 실험적 방법이나 제대로 수립된 이론적 전개를 통해서 규명된 것이 아닌 독특한 방식이었던 것이다(언제나 순환논법이 이들에게 공통으로 나타났다). 방법과 결과는 거의 언제나, 이론이 발명된 순간에는 알 수 없었던 의미를 차후에 부여받게 되면서 재수용되고 재해석된 이론들 덕택에 정당한 것으로 받아들여졌다.

이상에서 살펴보았듯이, 멘델법칙의 "망각"과 "재발견"은 다음과 같이 설명된다. 즉 멘델법칙은 그 법칙이 형성되었던 당시에는 큰 의미를 갖지 못하다가, 드브리스의 돌연변이설의 맥락으로 해석되어 의미를 얻기까지 30년 이상이 걸렸다. 멘델법칙이 정당화되고 그때까지 멘델법칙을 소홀히 취급했던 과학 안으로 편입되는 데는 멘델의 다양한 실험들보다는 그 실험에 일단 의미를 부여하고 일종의 물리적 토대(상당히 가설적인)를 부여했던 돌연변이 이론가의 해석이 훨씬 크게 작용했다(멘델법칙은 실험을 중시했던 당시 실증주의가 중요한 사례로 내세울 만큼 "실험적"이었다).

이어지는 단계에서는 유전학 이론들이 그렇게 오래도록 묻혀 있지 않았다. 이론을 재해석하고 경험적 근거를 마련하는 일이 거의 연속적으로 이루어졌다. 바이스만의 생식질 설이나 드브리스의 돌연변이설은 멘델법칙처럼 "잊혀졌던" 적이 전혀 없었기는 하지만, 그 의미는 시간이 흐르면서 지속적으로 다양한 변화를 겪었다.

　이러한 "지속적인 재해석"은 물리학, 화학, 생리학 같은 과학 분야의 발전에서는 정상적인 것으로 여겨질 수 있다. 이 분야들에서는 이론들이 진화하고 과거의 결과들은 의미가 변화된다. 그러나 유전학에서 이런 현상이 나타나는 것은 매우 이상한 경우이다. 이론이 진정으로 진화된 것이 아니라 동일하게 머물러 있으면서 그 의미가 지속적으로 변화된 것이다. 따라서 유전학은 역사를 서술하기가 상당히 어렵다. 이를테면 1866년의 멘델법칙과 현대의 멘델법칙은 정확히 동일하다. 처음 멘델법칙이 구상되었던 논문을 읽을 때, 현대 유전학의 맥락(염색체, 유전자, 감수분열, 수정 등)에 기대지 않고 무언가를 이해하기란 불가능할 정도이다. 하지만 당연히 그의 논문이 당시에 그와 같이 읽힐 수는 없었다. 따라서 우리는 멘델법칙이 어째서 그토록 오랫동안 "망각" 속에 묻혀 있었는지, 어떻게 그것이 "재발견"되었는지 이해할 수 있다. 멘델법칙이 재발견되었을 무렵, 멘델의 법칙은 멘델 자신이 그 법칙에 부여했던 의미의 법칙이 더 이상 아니었고 그렇다고 오늘날 그 법칙에 부여하는 의미도 아직 아니었다는 사실을 제외하면 그 밖에 그 이론의 형태는 조금도 변하지 않았다.

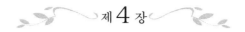

제 4 장
바이스만의 생식질과 비오포어

바이스만과 드브리스의 연구는 거의 동시대에 이루어졌으며, 부분적으로 일치하기도 하고 또한 서로 보완적이다. 이 저술들은 앞에서 언급했던 세포학적 지식(염색체, 감수분열, 수정 등 멘델과 다윈에게는 결여되어 있었던 지식)을 통합하고 유전에 대한 이전의 다양한 접근들을 종합하면서 일부 외양만 다시 수정했을 따름이다. 설명을 용이하게 하기 위해 여기서는 정확한 연대기에 지나치게 매달리지 않고 바이스만의 핵심적 이론들을 소개한 뒤, 이어서 이 이론이 드브리스의 이론을 통해 완성되는 모습을 설명하고자 한다. 매우 복잡할 뿐 아니라 시간을 두고 지속적으로 발전해 온 이 이론들의 핵심적인 윤곽만을 제시할 것이다. 이론들의 구체적인 내용과 그 변형(반론을 포함하여)들을 살피기보다는 전반적인 견해를 파악해보자.

바이스만에 의하면,[1] 유전이란 세포핵 내에 위치하는 생식질이라는

1) A. Weismann, *Essai sur l'hérédité et la sélection naturelle*, traduction de H. de Varigny, Reinwald, Paris, 1892; *The Germ-Plasm, a Theory of Heredity* (1892),

물질에 의해 형질이 "전달되는" 현상이다. 부모의 생식세포들이 융합되어 만들어진 난은 분열되어 새로운 생식세포들(별도의 계통을 이어가는 세포들)과 체세포들(신체를 구성하는 세포들)을 형성한다. 체세포들이 연속적으로 분열됨에 따라 생식질이 체세포들로부터 분리되어 나가고 그로 인해 체세포들이 분화되는데, 그 결과 각각의 체세포들은 다른 조각들을 받아들인 여타 체세포들의 특성과는 구별되는, 고유의 형질이 부여된 특정한 조각을 보유하게 된다. 생식세포들은 중복에 의해 생식질을 변함없이 보존하고, 체세포와 독립적으로 자손을 계속해서 만들어낸다. 그 결과 범생설(히포크라테스, 모페르튀, 다윈)에서와 반대로, 체세포와 관련된 획득형질은 유전적일 수 없으며, 생식세포에 보존된 생식질에 내재한 형질들만 유전될 수 있다.

바이스만 이론의 핵심, 적어도 바이스만 이론을 현대 유전학 이론의 기원으로 간주할 때 사람들이 떠올리는 이론의 중추는 바로 이 점이다. 그렇다면 생식질이란 무엇인지, 생식질이 어떻게 유전을 "인도"하고 "구현"하는지를 밝혀야 할 것이다.

바이스만은 생식질의 기초가 되는 단위를 비오포어라 불렀다. 이는 어원적으로 생명의 전달자(*porteuse de vie*) ─ 그리스어로 생명을 뜻하는 βιος와 전달자를 뜻하는 φέρω ─ 인 입자이다. [2] 이 입자는 분열에 의한 생식, 영양섭취, 성장을 한다는 점을 자신의 특성으로 나타낸다(이 세 가지 특성은 일반적으로 생명에 고유한 특성들로 간주된다).

생명체의 이런저런 형질들에 각기 부합하는 다양한 종류의 비오포어가 존재한다. 비오포어는 생식질 내에서 디터미넌트(*déterminants*)로 조직화되고, 디터미넌트는 이드(*ids*)로 조직화되며, 이드는 이단트(*idants*)

---

traduction de W. Newton Parker et Harret Rönnfeldt, Walter Scott Ltd., Londres, 1893.

2) 바이스만은 또한 독일어로 정확히 "생명의 전달자"를 의미하는 레벤스트래거(*Lebensträger*)라는 단어를 사용하기도 했다.

로 조직화된다. 이드와 이단트의 구조는 형태학적으로 정의되었다. 이
단트는 염색체이고, 이드는 세포학에서 "마이크로좀"(microsome), 3) "크
로마틴쿠젤른"(chromatinkugeln), ― 염색질의 미립자들 ― 혹은 여타 이
름으로 불리는 것에 해당하는데, "핵사"(fil de linine)에 의해 연결된 이 미
립자들은 진주 목걸이와 흡사한 방식으로 염색체를 구성하는 것으로 여
겨졌다. 비오포어와 디터미넌트의 구조는 보다 기능적으로 정의되었다.
비오포어는 하나의 형질에 연관되어 있으며, 현대적 용어로 유전자에 비
견된다. 디터미넌트는 하나의 세포 유형, 나아가 하나의 기관에 해당하
는 유전자 집합체에 비견된다. 이 생식질의 구조와 관련하여 좀더 구체
적으로 이야기해 보자.

분열에 의해 생성되는 비오포어가 지닌 능력은 유사분열 시에 생식질
이 중복되는 현상을 설명해 주며, 이는 또한 유전이 "구현되는" 방식을 설
명해 준다. 실제로 핵 내에 존재하는 디터미넌트는 이들을 구성하는 비
오포어들로 분리될 수 있으며, 이 비오포어는 세포질 안으로 이동하여
세포 물질을 형성하고 다양하게 만든다. 이러한 현상은 그와 같이 핵에
서 빠져나온 비오포어의 기능으로 이루어진다. 여기서 비오포어는 유전
의 전달자일 뿐만 아니라 세포의 기본 구성체이며 보다 일반적으로 말하
면 "생명물질"(matière vivante)의 기본 구성체이다.

배 발생 시 생식질의 분열이 일어나면서 다양한 세포들은 핵 내에 다양
한 비오포어들을 보유하게 되고, 따라서 그에 부합되는 이런저런 특성들
을 지니게 될 것이다. 이 세포 분화 과정은 주어진 순간에 생식질의 일부
비오포어만이 세포질 내에서 활성을 띠고 전달되며 다른 비오포어는 핵
에 붙어 불활성으로 남게 된다는 설명으로 마무리된다(이로써 발생이 이
루어지는 동안 형질이 발현되는 과정이 순차적으로 설명될 수 있다). 보다
구체적으로 말해서, 디터미넌트가 분열되어 비오포어가 떨어져 나가는
지 혹은 반대로 디터미넌트 안에 남아 있는지에 따라 비오포어의 활성과

---

3) "마이크로좀"은 1940년대에 들어 내질의 망상조직으로 구성된 세포의 한 부분을
   지칭하는 용어로 바뀌었다.

불활성 여부가 결정되는 동시에 핵막의 구멍들(*pores*)을 통해 비오포어가 세포질을 획득할 수 있는지 여부가 결정된다. 다소 구태의연하게도 바이스만은 이 구멍들을 넘나들기에 너무 큰 입자로 이루어진 디터미넌트가 구멍들을 통과할 수 있도록 그보다 작은 입자인 비오포어로 구성되어 있다고 설명했다. 4)

같은 시기에 드브리스는 "세포 내 판제네스"라는 이름으로 바이스만의 비오포어와 거의 유사한 판젠으로 설명되는 이론을 제시했다. 5) 레벤자인하이텐(*Lebenseinheiten*) —"생명의 단위체"— 이라 규정된 이 판젠 역시 핵 내에 존재하며, 이들 가운데 일부만이 주어진 순간에 세포질 내에 전달되어 세포의 기초 구성체로 증식된다(박스 2).

---

2. 드브리스의 세포 내 판제네스

드브리스는 범생설을 제시했던 다윈에 경의를 표하면서 자신의 유전이론을 "세포 내 판제네스"라 불렀다. 그러나 이 이론에서 유전을 전달하는 입자들은 다윈에서처럼 "세포 수준의 배아"(*bourgeons cellulaires*)가 더 이상 아니기 때문에, 드브리스는 이들을 "제뮬"이라 부르지 않고 "판제네스"라는 단어 자체를 인용하여 "판젠"이라 명명했다.

"세포 내"라는 제한을 둠에 따라 드브리스는 판젠 입자들이 다윈에서와 같이 모든 신체를 관통하여 순환하는 것이 아니라 세포 내부에 존재하는 것으로 간주된다고 설명했다. 실제로 골턴은 A종의 토끼에 B종의 토끼에서 피브린을 제거한 혈액을 수혈하여 이 A종 토끼의 유전을 연구함으로써

---

4) A. Weismann, *The Germ-Plasm*, *op.cit.*, pp. 69~70.

5) H. De Vries, *Intracellular Pangenesis*, traduction anglaise de C. S. Gager, Open Court, Chicago, 1910(*Intracelluläre Pansgnesis*, G. Fischer, Iéna, 1889). Traduction français partielle dans Ch. Lenay, *La Découverte des lois de l'hérédité*, *op.cit.*, pp. 215~238.

신체를 관통하는 순환이 불가능함을 "논증"한 바 있었다. 이 혈액은 B 종의 제물을 포함한다고 여겨졌고, 따라서 수혈을 받은 A 종 토끼의 자손들에 B 종의 형질들이 전달되어야 했을 것이다. 그런데 이것이 관찰되지 않았고, 따라서 골턴은 자신의 이론을 뒷받침해 주는 다윈의 다양한 추론들과 제물의 비순환설로 결론을 내렸다6) [사람들은 이를 "이론의 패러디를 반박하기 위한 실험의 패러디"로 여길 수 있었다. 특히 사람들이 이에 대해 클로드 베르나르(Claude Bernard; 1813~1878)와 동시대, 혹은 약간 이전 시대의 생리학을 떠올리면 더욱이 그랬을 것이다].

아주 엄밀하게 어원적으로 고려한다면 세포 내 형질은 "전체에 의한 번식"을 의미하는 "판제네스"라는 용어를 폐기하고 그 대신 이를 다른 용어로 대체해야 했을 것이다. 왜냐하면 여기서 종자를 형성하는 것은 더 이상 유기체 전체가 아니기 때문이다. 이로부터 20년 뒤 더 이상 필요가 없는 "판"(pan)이라는 접두사가 제거되어 "유전자"(gène)라는 용어가 만들어짐으로써 용어가 수정되었다.

바이스만의 비오포어와 마찬가지로, 혹은 어쩌면 바이스만의 비오포어가 모델을 제공했을 드브리스의 판젠은 유전의 전달 입자들인 동시에 "생명물질"의 기초 구성체이다. 각각의 핵 내에 포함된 판젠에 생식의 초안이 저장되어 있고 일정한 시간에 일부 판젠들은 세포질로 이전되어 증식한다. 핵 내의 판젠은 이와 같이 세포의 형질을 발현시키고, 따라서 이 세포들로 구성된 생명체의 형질들을 발현시킨다.

그러나 이 지점에서 드브리스 이론은 바이스만 이론과 몇 가지 중요한 차이점을 보인다.

우선, 핵 내의 판젠들은 생식질만큼 명료한 구조로 조직화된 것이 아니다. 판젠은 핵 내에서 거의 자유롭게 존재한다고 여겨졌는데, 그것은 드브리스가 핵 내에서 판젠들의 결합이 만들어내는 능력에 특히 관심을 두었기 때문이다(한편으로는 수정과 교배를 설명하기 위해, 다른 한편으로는 마치

6) F. Galton, "Experiments in Pangenesis by Breeding from Rabbits of a Pure Variety, into Whose Circulation Blood Taken from Other Varieties had

다양한 원자들이 모든 종류의 분자들을 만들어낸다고 여겨지듯이, 기본 요소들로 다양한 생명체의 형태들이 구축될 수 있다는 사실을 설명하기 위함이었다). 마찬가지로 그는 판젠의 변이가 지니는 독립성을 강조했다. 이 모두는 구조물 내에서 판젠들이 고정되어 있다고 보기 어려운 근거가 된다.

게다가 바이스만에 있어서 생식질은 배 발생 시에 체세포들로부터 분리되지만, 드브리스에 있어서 각 세포핵은 유기체에 필요한 모든 판젠들의 완전한 표본을 지니고 있다. 이것은 세포분화를 설명하는 데 도움이 되지 않으며(여기서 드브리스는 일부 판젠 그룹이 다른 그룹보다 활발하게 발달된다고 가정했지만 그 근거를 설명하지는 못했다), 분화된 세포의 핵 내에 포함된 대부분의 판젠들이 비활성이라는 사실을 함축하고 있다(이들은 증식되지 않으며 세포질 내로 이전하지 않는다). 이 비활성이 세대를 거치면서 격세유전을 이룬다고 설명된다.

마지막으로 드브리스에 있어서는 핵이 유기체 전체의 판젠들 각각의 표본들을 약간씩 포함하고 있다고 설명되는 반면, 바이스만에 있어서는 핵이 분화된 세포에 해당하는 일부 비오포어의 무수히 많은 표본을 포함하고 있다고 설명된다.

드브리스는 동일한 어느 판젠의 핵 표본들의 수가 증가할수록 그에 상응하는 형질이 더 많이 나타나고 이것이 유전되는 방식으로 이루어진다고 가정함으로써 정량적 유전을 설명하고자 했다. 이는 약간 소박한 설명인데, 왜냐하면 판젠들은 세포질 내에서 증식되며, 따라서 핵 내에 존재하는 표본들의 수와 무관하게 오로지 세포질에서 증식되는 강도에 따라 그에 부합하는 형질들의 강도에 정도의 차이가 나타나므로 사실은 유전되는 방식이 아니기 때문이다. 정량적 유전의 이러한 설명을 상기시키는 이유는 이 설명이 멘델법칙의 재발견 이후 불가능해졌기 때문이다. 각 형질은 더 이상 핵 내의 두 판젠, 즉 부계와 모계의 판젠으로부터 발현되는 것으로 설명되지 않았다.

드브리스의 이론은 또한 계통발생적인 일면을 포함한다. 이 이론이 설명하는 바에 따르면, 단세포로 된 초기 생명체들은 핵을 지니지 않았으며, 이들을 구성하는 몇몇 유형의 판젠들이 모두 동시에 활성화되어 있었다. 이 판젠들은 진화에 의해 복잡해지면서 차츰 그 수가 늘어나고 다양화되어 더 이상 모두 동시에 활성화되지 않게 되었다. 비활성 판젠들이 활성 판젠들을 방해하지 않도록 핵이 분화되었으며, 이 핵이 모든 판젠들의 표본을 재편성함으로써 그 결과 필요한 시간과 장소에서 활성이 요구되는 판젠들이 형성된 것이다. 핵 내의 불활성 판젠들이 생식능력을 보존하고 있기 때문에 그와 같이 핵은 판젠의 저장고이자 동시에 유전기관이기도 하다.

유전적 변이는 바이스만에 있어서와 거의 유사하게 설명된다. 12년 뒤 돌연변이설을 발표할 무렵 드브리스는 마음이 바뀌어 생식과 관련한 판젠의 능력에 대한 설명을 구상한다. 유전형질의 양적 변이는 그에 부합하는 판젠의 세포 내 증식에 의해 설명되었다(전술한 형질의 유전적 강도와 그에 부합되는 판젠의 핵 내 표본들 사이의 관계를 참조하라). 질적 변이는 생식되는 순간 때때로 판젠이 약간 차이를 지니는 두 조각으로 나누어짐에 따라 약간 다른 두 자식 판젠이 형성되어 세포들 내에서 다른 형질들을 형성하게 됨으로써 이루어진다.

마지막으로, 드브리스는 또한 세포질 유전에도 관심을 두었으며, 다양한 세포 소기관들이 핵과 무관하게 스스로 증식된다는 점을 지적했다는 사실에 유념하자.

비오포어 이론과 판젠 이론은 1880년대 전반에 걸쳐 동시에 전개되었다. 이 두 이론은 분명 상호 영향을 미쳤을 것이며, 정확히 어떤 점을 누가 누구에게 전했는지를 구분하기란 쉽지 않을 것이다(여기서 동시대나 약간 이전의 다른 이론들로부터 차용된 부분에 대해서는 언급하지 않을 것이다). 어쨌든 앞서 장황하게 설명했듯이 바이스만은 자신의 생물학의 핵심이며 그의 이론과 연결성을 지니는 생식질 연속설의 요지를 드브리스보다 구체적으로 전개했고, 사람들은 — 아마도 약간은 임의적이겠지만 — 이 이론을 바이스만의 이론으로 간주하게 되었다.

젊은 시절의 드브리스와 나이 든 시절의 드브리스는 사유 방식에서 뚜렷한 단절을 보인다. 바이스만의 이론과 매우 유사한 그의 세포 내 판제네스 이론을 발표한 이후, 생애 후반기에(1900년 이후) 그는 우리에게 "돌연변이설"로 알려진 이론을 전개했는데, 여기에는 무엇보다도 멘델법칙의 재발견이 포함되어 있다. 이 돌연변이설은 생식질 연속설을 완성시켜 주었을 뿐만 아니라, 유전 연구를 완전히 뒤바꾸어 놓았다. 바로 이점이 우리가 그에게 독창성을 부여하는 바로서, 다음 장에서 다루게 될 내용이다.

바이스만이 설명하는 비오포어와 드브리스가 설명하는 판젠은 "유전의 전달자"일 뿐만 아니라 "생명물질"의 구성 입자들이기도 하다. 이론들은 그와 같이 스펜서가 창시했던 생리적 단위체 이론을 부활시켰다[7] (하지만 뷔퐁의 유기 분자들(*molécules organiques*) 과는 근본적으로 다르다). 이 이론에 따르면 분자 수준과 세포 수준 사이의 중간단계 수준이 존재하며, 이 중간단계의 수준은 생명의 특성들(영양과 생식)을 나타내는 유기 분자들(이 경우는 현대적 의미의 "분자"를 나타낸다)로 이루어진 극미 결합체에 의해 형성된 존재들이다.

이 존재들은 화학(분자들)과 생명(세포들) 사이를 연결해 주며 생명 세포들은 화학 분자들에 의해 설명되는 것으로 간주하였다. 이것은 일종의 생명 "원자들"(*atoms*)이자 생명체의 기본 입자들(*particules élémentaires*)이었다(따라서 앞서 기술했던 비오포어, 생리적 단위체, 비오몰레큘, 프로토비욘텐, 그리고 기타 엘레멘토르가니즈멘이라는 명칭으로 불렸다(머리말 참조)). 이 생명의 "기본 입자들"은 여러 종류로 되어 있고(원자들처럼), 다양한 생명체들이 나타나는 것은 바로 이들의 다양한 조합에 기인한다(스펜서의 생리적 단위체는 여기서 예외이다. 이 생리적 단위체들은 주어진 존재

---

7) H. Spencer, *Principes de biologie* (1864~1867), traduction de M. E. Cazelles, Alcan, Paris, 1888 (2 vol.), (6e édition, 1910).

내부에 확고한 정체성을 지니고 있으며, 분자 내의 원자보다는 결정체 (*cristal*) 내의 조각과 더 닮아 있다(박스 3 참조)〕.

3. 스펜서의 생리적 단위체와 네겔리의 이디오플라즘

1864년 스펜서는 생명체의 기본 단위체가 세포가 아닌 유기 분자들의 집합체를 구성하는 입자라고 설명하면서, 그 입자를 "생리적 단위체"(*unité physiologique*)[8] 라 불렀다. 이 생리적 단위체는 유기체 내에서 결정체의 기본 조각처럼 작용한다. 한 개체는 단일한 종류의 생리적 단위체만 내포하고 있으며, 이 단위체는 개체의 형태에 따라 "결정화"(結晶化) 된다.

하지만 이 단위체는 유기적 본성으로 인해 결정의 기본 조각이 매우 유연하기 때문에 유기체 내에서의 위치나 주변과의 관계에 따라 변형될 수 있다. 이 점은 생리적 단위체(시작될 당시의 "기본 조각")의 유형이 단일함에도 불구하고 부위들이 분화되는 사실을 설명해준다.

한 생명체는 많은 단위체를 지녀야만 성체의 모습이 된다. 예를 들어, 두 개, 혹은 열 개의 인간 생리적 단위체가 한 인간 형태를 만들어낼 수는 없다. 매우 많은 수의 생리적 단위체가 있어야만 한 인간 형태가 만들어진다. 그것은 이 다양한 단위체들 사이의 상호관계가 기본 조각들을 필연적으로 변형시키기 때문이다. 따라서 생명체의 형태는 생리적 단위체의 독특한 본성에 의해서도 결정되지만, 그를 구성하는 생리적 단위체들 전체의 상호작용에 의해서도 결정된다.

성체의 형태는 응집된 단위체들의 상호작용 가능성이 "최고조"일 때 이루어진다. 그런데 최고조에 도달할 수 없을 정도로 단위체들이 연이어 추가되므로 형태는 차츰차츰 구성된다. 성체의 형태가 완성되었을 때는 그

8) H. Spencer, *Principes de biologie*, *op.cit*. 여기에 제시된 요약은 이브 들라주(Y. Delage)에 의해 널리 알려졌다(*L'Hérédité et les grands problèmes de la biologie générale*, *op.cit.*, pp. 453~470). 스펜서의 이론은 "동종요법"(*homéopathique*) 방식으로 희석되었다는 점에서 약간 기만적이다. 스펜서의 이론은 500쪽 분량의 그의 이전 저서(*Les Premiers Principes*(1862), 프랑스어 번역본은 M. Guymiot, Costes,

형태와 무관한 부차적 형질들만이 변형 가능하다. 개체발생과 신체 부위들의 분화는 그와 같이 설명된다. 조직(tissus)의 성장이나 재생에 필요한 물질들을 가져다주는 것은 영양분이다. 적절한 물질들로 구성된 조직은 다른 단위체들과 결합한 새로운 단위체로 응집된 것이다(결정체가 커지거나 분할되는 것과 약간 유사하다).

생식은 일부 생리적 단위체들의 이러한 성장으로 설명되는데, 이는 배아들로 결정체가 만들어지는 것과 마찬가지다. 유전은 처음의 생리적 단위체들에 의해 전달된다.

유성생식의 경우 배우체는 양쪽 부모를 특징짓는 각각의 생리적 단위체들을 제공한다. 부모는 서로 동일한 종이므로 이들의 단위체는 유사하여 응집이 가능하며, 새로운 개체의 발생을 유도한다. 서로 다른〔적어도 성(sex)이 다른〕개체들이 만난 만큼, 부모의 단위체들은 어느 정도 차이를 지니며 다양한 변조를 만들어낸다. 그 결과 자식은 그들 부모의 조합에 가깝다(이는 처음 시작할 때의 가설과는 반대로, 생명체의 모든 생리적 단위체들이 동일한 유형이 아님을 의미한다. 처음에 단위체를 제공해준 부모들은 늘 서로 다르며, 그들 자신은 또 그들 부모의 서로 다른 단위체를 받았고, 또 그 부모들도 마찬가지였을 것이기 때문이다. 그 결과 개체들의 끊임없는 변이가 이어지고 또 이 개체들 내부에도 다양성이 존재하게 된다. 이 개체들의 생리적 단위체의 다양성은 스펜서가 분명 영향을 받았던 결정체의 기본 조각 원리에 어느 정도 위배된다).

카를 빌헬름 폰 네겔리의 이디오플라즘 이론은 그보다 조금 뒤늦게 등장했고(1884) 조금 더 복잡했다.[9] 여기서도 마찬가지로 세포는 기본 입자로

Paris, 1930〕를 읽지 않은 사람으로서는 거의 이해가 불가능한, 무려 1270쪽의 분량으로 늘어놓은 태반이 난해한 이론들 속에 묻혀있다. 그럼에도 스펜서는 당시 상당히 유명했고, 그의 저서는 수차례 재판으로 거듭 출간되었다. 이는 19세기 말 생물학의 웅장한 구조를 보여주는 좋은 사례이다. 오늘날 그 구조는 아무것도 남아있지 않고 사라졌으며 거의 읽히지 않고 대부분 잊혀졌다.

9) K. W. von Nägeli, *Mechanisch-physiologische Theorie des Abstammungslehre*, Oldenbourg, Munich et Leipzig, 1884. 요약본은 Y. Delage, *L'Hérédité et les grands problèmes de la biologie générale*, *op.cit.*, pp. 622~672 참조.

대체된다. 하지만 이디오플라즘 이론에서의 기본 입자들은 더 이상 개체나 종을 특징짓는 부류가 아니다. 그와 반대로 이 기본 입자들은 다양하며, 이 입자들의 무수한 조합이 생명체의 다수성과 다양성을 설명해준다.

"미셀"(*micelles*)이라 불리는 이 입자들은 유기 분자들, 특히 "알부미노이드 물질"(*substances albuminoid*; 단백질) 분자들의 집합체이다. 이 입자들은 영양이 풍부한 환경에서 일종의 결정 작용에 의해 자연발생적으로 형성된다. 많거나 적은 양의 물에 둘러싸인 다양한 미셀들은 응집되어 다소 눅눅하고 다소 유연한 콜로이드 물질인 "원형질"(*protoplasme*)을 형성한다.[10] 이 집합체들은 새로운 미셀들이 형성되면서 성장하고, 일정한 크기로 성장하게 되면 이들 사이의 응집 강도에 따라 기계적으로 여러 조각으로 분리된다. 이 조각들은 또다시 성장과정을 거친다. 이상이 기본적 "생명물질"인 원형질이며 그 성장과 분리의 방식이다.

초기 생명체들에서 "이디오플라즘"[11]은 전적으로 기계적인 근거로 본다면 최초의 원형질 내부로부터 분화된 것이다. 즉 대부분의 미셀은 원형질 내에 불규칙하게 흩어져 있지만, 이들 가운데 일부는 다양한 물리적 강제에 의해 잘 정돈된 구조로 조직화된다. 이는 액체 안에 흩어져 있는 원자들로 구성된 결정체와 약간 유사하다(미셀은 여기서 원자를 대신한다).

따라서 이 이디오플라즘은 원형질을 구성하는 다수의 갖가지 미셀 표본들이 재구성된 구조이며, 여기서 표본들은 미셀들이 조직화되고 동일한 방향을 향해 서로 응집된 것이다. 이는 원형질의 나머지 부위(동일하지만 자유롭고 불규칙하게 존재하는 미셀들로 구성된 부위)에 잠겨 있으며, 모든 세포를 관통하면서 전신에 흩어진 그물망처럼 나타난다. 이는 각각 동일한 유형의 미셀들이 정렬된 "미셀 섬유"(*files micelliennes*) 다발로 구성된 여러 가닥으로 분기된 일종의 끈이다.

그물의 모든 지점들에서 이디오플라즘 가닥은 그 자체로 동일하다. 즉

---

10) 따라서 "원형질"이라는 용어는 "생명물질"이 아니라 생명체의 물질을 가리킨다. 이 용어는 첫 번째를 뜻하는 그리스어 πρῶτος와 형성을 뜻하는 πλάσμα가 합쳐져 "첫 번째 형성"이라는 의미로 1846년 폰 몰(Hugo von Mohl)에 의해 만들어졌다. 이보다 몇 년 앞서 멀더(Mulder)가 제안한, 어원이 비견되는 "단백질"(*protéin*)이라

각 지점에서 이디오플라즘의 횡단면은 유기체를 구성하는 모든 종류의 미셀들을 나타내며, 이들 각각은 적어도 표본 하나가 된다. 따라서 이들 각 지점마다 이디오플라즘은 다양한 미셀의 전형적인 표본의 일종이다. 그와 같이 이디오플라즘은 생명체의 조절 기관이며 생명체의 유전적 토대가 된다.

이디오플라즘은 그가 관통하는 모든 세포를 제어한다. 세포들은 분화된 반면에 이디오플라즘은 모든 지점에서 동일하기 때문에, 일부 미셀이 이 각 지점에서 "활성화"되고 이 활성화된 미셀들이 각자(말하자면 세포에 따라) 서로 다르게 작용하는 한에서만 세포들을 제어할 수 있다. 이 미셀의 작용과 이들이 세포의 원형질에서 제어하는 방식은 오늘날 이해하기 어렵다(당시에도 분명 그랬을 것이다). 이는 스펜서의 생리적 단위체 간의 상호작용과 약간 비슷하게 분자적 힘이나 장력으로 설명된다.

유전은 당연히 보장된 것이고 이디오플라즘에 의해 수행된다. 이디오플라즘의 그 어떤 조각이라도 유기체를 구성하는 미셀 표본을 지니고 있으며 그로 인해 새로운 개체가 형성될 수 있기 때문이다. 수정의 본질, 즉 발생이 이루어지는 방식은 매우 모호하게 남아있었다.

이 이론들, 특히 네겔리의 이론은 이처럼 상당히 복잡하며, 결국 한 세기 이전의 훨씬 단순한 모페르튀와 뷔퐁의 이론들보다 나을 것이 없다. 이 이론들이 모페르튀나 뷔퐁의 이론들과 근본적으로 차이를 나타내는 것은 모든 범생설의 관점을 제거했다는 점이다(때로 획득형질의 유전은 소멸하지 않고 남아있다).

네겔리는 멘델과 서한을 주고받았지만, 네겔리의 유전이론에 비추어 그에게는 거의 의미가 없었던 멘델법칙에 네겔리가 크게 주목하지 않았음을

는 단어를 참조한 용어이다(이어지는 네 번째 뒤의 각주 참조)(H. von Mohl, "Über die Saftbewegung im Innern der Zellen", *Botanische Zeitung*, 1846, 4, pp. 73~78, pp. 89~94).

11) 네겔리가 만든 용어로, 어원은 특별하거나 고유하다는 의미의 그리스어 ἴδιος와 형성을 의미하는 πλάσμα에서 유래되었으며 "고유한 형성"(*formation propre*)이라는 의미를 지닌다.

이해할 수 있다. 네겔리의 이디오플라즘이 복잡하고 사실과는 다르다는 점을 생각해보면, 그의 이디오플라즘이 바이스만과 드브리스에게, 적어도 이들 이론의 일부를 형성하는 데 영감을 주었을지는 의문스럽다. 오히려 골턴의 혈통(*stirp*) 이론(1875)이 바이스만에게는 훨씬 많은 영향을 미쳤으리라고 생각할 수 있다.

드브리스와 바이스만에 있어서 이 입자 개념은 이를테면 생명의 "원자주의"[12]로서 당시 화학의 발전과 밀접한 관계를 지니고 있었으며, 특히 가장 최근의 멘델레예프의 주기율표(1869)와 밀접한 관계에 있었다. 이와 같이 드브리스는 기본 입자들의 몇 가지 제한된 유형들의 조합에 의해 매우 다양한 서로 다른 생명체들이 형성될 수 있다고 주장했다(사람들이 몇 가지 서로 다른 원자들로 무수히 다양한 분자들을 만들어내는 것과 마찬가지이다). 그는 다음과 같이 서술한다.

이 인자들〔판겐들〕은 유전 과학이 연구해야 할 단위이다. 물리학과 화학이 분자와 원자로 거슬러 올라가는 것과 마찬가지로 생물학은 생명세계의 현상들을 그들 생명체들을 이루는 단위체들의 조합에 의해 설명하기 위해 그 단위체를 연구해야 한다.[13]

더 나아가 뷔퐁의 유기 분자들(이 입자들은 물질인 동시에 거의 살아있는 입자이기도 하다는 "양면성"을 지닌다)에 의해, 이 개념들은 라이프니츠의 모나드와 관련된다. 모나드 개념은 18세기에 널리 퍼져 있던 일종의 물활론에 기원을 둔다. 이 이론에 따르면 생명 존재는 이러한 "유기 분자"가

---

[12] 〔역주〕생물학에서 원자주의의 역사와 관련해서는 장 로스탕의 다음 논문을 참조할 수 있다. Jeans Rostant, "Esquisse d'une histoire de l'atomisme en biologie", in *Revue d'histoire des sciences* Vol. 3, No. 3-2(http:// www. persee. fr/web/ revues/home/prescript/article/rhs_0048-7996_1950_num_3_2_2793에서 볼 수 있다).

[13] H. Devries, *Intracellular Pangenesis*, *op.cit.*, p. 13.

활동하기 때문에 살아있는 것이며, 따라서 생명은 그 존재 자체로 독특하고, 게다가 유기 물질이라는 특별한 물질의 성질을 지니는 것이다. 프랑스의 라마르크는 생명을 조직화(organisation)[14]에 연결하면서, 생기론에 가까운 이전의 이론들과 대립시켰다. 생명은 엄밀히 말해서 물질에 내재한 것이 아니라, 이 물질들이 특별한 형태로 조직화한 존재라는 것이다. 유기적(organique)인 것과 조직화(organisation)된 것 사이의 이러한 대립은 놀라울 수 있다(이 두 단어는 유사하다). 하지만 뷔퐁("유기 분자들"의 제창자)에 있어서, 그리고 일반적으로 18세기에는 유기적(organique)인 것이 **조직화**(organisé)된 것을 의미하지는 않았다.[15] 오히려 유기적인 것은 바로 "조직화와 무관한 생명"(le vivant sans l'organisation)이었다. 유기적 성질(organicité)은 물질의 특별한 성질이며 일종의 화학적 성질로서, 그로 인해 이러한 성질을 지닌 물질들로 구성된 존재는 살아있는 존재가 된다(그 위에 이 물질들의 일정한 형태로의 조직화가 등장했다. 그렇다고 해서 이 조직화가 존재의 살아있음이라는 성질을 보여주는 것은 아니었고, 존재들 가운데 살아있는 존재를 구분해주었다).

19세기에 바이스만과 드브리스의 주장보다 약간 앞서 있던 클로드 베르나르의 생리학은 화학적 관점으로 어느 정도 바뀌긴 했지만 이 역시 조직화 개념에 근거하고 있었다. 비오포어-판젠 이론은 사실상 18세기 물활론으로의 회귀이다(라이프니츠 이론과 약간 유사하다는 점은 이 이론이 특히 독일에서 발전했음을 설명해준다). 여기서 생명은 생명체의 조직화(세포 및 다세포)와 관련되기보다는 유기적 입자들로 이루어진 구성체와 관련되었다. 이 유기적 입자들은 그들의 구성체를 이루는 성분들, 특히 구성체를 이루는 단백질 자체로서 거의 살아있는 것이었다. 왜냐하면 단백질은 생명물질의 핵심적인 구성체로 간주되었기 때문이다.[16]

---

14) 〔역주〕 조직화 이론에 관해서는 다음 논문을 참조할 수 있다. 이정희, "19세기 생물학적 조직화 개념의 재조명", 《한국과학사학회지》, 제 27권, 제 2호, 한국화학사학회, 2005, 12, pp. 61~84.

15) J. Roger, Buffon, Fayard, Paris, 1989, pp. 181~182.

당시 플뤼거(Eduard Pflüger; 1829~1910)는 "생명 단백질"(*protéine vivante*)이라 불리는 이론을 제시하기도 했다. 이 이론에 따르면 생명물질의 비밀은 단백질 분자의 구조 속에 숨어 있다.[17] 드브리스는 이를 비판했다. 그에 따르면 단백질은 그 자체로 살아있는 것이 아니라 생명의 산물이며, 생명의 전달자는 판젠이다. 판젠은 살아있는 것으로 설명되는데, 그 이유는 이들이 단지 단백질의 성질을 지니기 때문만이 아니라, 다양한 분자들의 복잡한 혼합체로 구성되어 있기 때문이다[뒤에 설명되겠지만, 말하자면 이 혼합체는 "역사적으로 형성된 형질들"(*caractères hisoriques*)을 포함한다].[18] 이러한 설명은 조직화 개념을 다시 도입한 것이지만 매우 광범위하고 애매하며, 세포나 다세포 수준에서가 아니라 단지 기본 입자들의 수준에서의 조직화를 상정한다. 여기서 엄밀한 의미의 생기론은 존재하지 않는다. 하지만 생명이 거의 화학적이라 할 수 있는 물질들인 세포 아래 수준의 특성과 동일시된다는 맥락에서 일종의 물활론적인 경향을 보인다.

이 생명개념은 어떻게 보아도 그리 만족스럽지 못하며 상당히 순환적이다. 왜냐하면 이 개념에서 생명체는 그 자체가 생명의 기본 입자들로 이루어져 있기 때문에 살아있다고 하는 이야기로 귀착되기 때문이다(혹은 적어도 생명을 특징짓는 세 가지 성질, 즉 영양, 성장, 그리고 생식의 기능이 그 입자들에 부여된다). 조직화 이론은 이로써 마무리된다. 하지만 당시 유전자 개념은 생명에 대한 이러한 종류의 화학적 개념 속에서 (비오

16) "단백질"이라는 용어는 1838년 멀더(G. J. Mulder)가 일종의 모든 "알부미노이드" 물질에 전적으로 공통되어 있다고 생각했던 물질을 지칭하기 위해 고안했다. 뒤이어 그는 "단백질"을 알부미노이드 물질 자체를 지칭하는 용어로 사용했다. 이 용어는 "1순위를 차지한다"는 의미의 그리스어 πρωτειος로부터 만들어졌다(C. J. Mulder, "Sur la composition de quelques substances animales", *Bulletin des sciences physiques et naturelles de Néerlande*, 1838, pp. 105~119).

17) E. Pflüger, "Über die Physiologische Verbrennung in den lebenden Organismen", *Pflügers Archiv für die Gesammte Physiologie des Menschen und der Tiere*, 1875, 10, pp. 251~367.

18) H. De Vries, *Intracellular Pangenesis, op.cit.*, pp. 41~49.

포어와 판젠을 **통해**) 태동했다. 또한 바이스만의 생식질과 드브리스의 세포 내 판제네스를 현대적 맥락 속에서 해석하는 시대착오를 범해서는 안 된다.

사람들은 흔히 바이스만과 드브리스의 이론에서 (그리고 이들을 인용하는 과학사가들의 이론에서) 비오포어나 판젠이 생명체 형질의 전달자 (*porteur*) 라거나 혹은 이 형질들이 비오포어나 판젠의 발현 (*expression*) 이라고 해석한다. 19) 하지만 여기서의 "전달자"나 "발현"이란 현대 생물학에서 유전자가 표현 형질로 **발현되는** 정보의 전달자로 간주된다고 할 때의 전달자나 발현과 같은 의미를 지니는 것은 아니다. 여기서 이 단어들은 단지 생명체의 형질이 그 구성분에 의존적이므로 형질은 생명체를 구성하는 비오포어의 기능이며, 그것은 비오포어가 그 생명체의 기본적 구성체임을 의미할 따름이다 (이 형질들이 당시에 알려지지 않았던 개념인 유전 정보의 전달자로 여겨졌기 때문이 아니다). 이 (보이는) 형질들은 마치 어떤 물질의 (인지될 수 있는) 화학적 성질이 (인지될 수 없는) 원자들로 이루어진 구성체의 발현인 것과 마찬가지로 (보이지 않는) 비오포어-판젠의 발현체라 할 수 있다. 생식질에 대해 말하자면, 이는 생명체의 형질을 결정하는데, 이는 생식질이 정보의 전달자이기 때문이 아니라 비오포어의 전형적인 표본이기 때문이다 (이 표본에 의해 존재가 지속적으로 이어진다).

따라서 유전자가 그에 부합되는 정보를 발현한다 (*représentent*) 거나 전달 (*portent*) 하듯이 비오포어와 판젠들이 생명체 형질을 **발현한다거나** 전달한다는 생각은 시대착오적인 발상이다. 유전체를 통해 생식질을 이해하려 들어서는 안 된다. 이 두 이론은 전혀 다르다. 두 이론 모두 동일한 설명 체계 (물질의 전달에 의한 유전) 에 근거하고 있지만, 이들 각각은 동일한 방식

---

19) 바이스만은 비오포어를 레벤스트래거 ("생명의 전달자") 로서 규정했을 뿐 아니라 또한 아이겐샤프트스트래거 ((*Eigenschaftsträger*) ; "순수한 성질로서의 형질의 전달자") 로도 규정했다. 드브리스의 경우, "유전의 가시적 현상은 매우 미세한 비가시적 입자들이 지닌 형질의 발현 (*Äußerung*; 오이서룽)"으로 설명되었다 (*Intra-cellular Pangenesis, op.cit.*, p. 197).

으로 "기능하지" 않는다. "정보 전달 분자로서의 유전자"(*gène-molécule-porteuse-d'information*) 와 "생명 기본 입자로서의 비오포어"(*biophore-particule-élémentaire-vivante*) 는 그다지 공통적인 부분이 없다. 비록 이들 모두 염색질 내에 위치하여 세포질의 구성과 작용을 제어하고 생식하는 유전의 "전달자"이기는 하지만, 사실상 서로 비교될 수 있는 대상이 아니다.

비오포어(그리고 판젠)는 단순한 물질 입자들보다 약간 복잡하다. 이들은 일정한 활동(적어도 이들이 세포질 내에 존재할 때)을 전제로 하는 "생명의 전달자"(*porteurs de la vie*)이다. 이들은 생명체의 기본적 구성체이고 이들의 작용은 기본적 생명 작용이다. 게다가 판젠, 비오포어 및 그 밖의 유사한 종류의 입자들은 때로 "기능의 전달자"로 규정된다〔푼크치온스트래거(*Funktionsträger*)〕.

드브리스의 세포 내 판제네스에서 판젠의 작용은 효소의 작용에 비유된다.[20] 핵은 자신이 내보내는 판젠을 **통해서**(*via*) 어떠한 작용을 함으로써 세포질을 통제한다.[21] 따라서 판젠들은 제법 명확한 근거에 의해 특이적 효소 작용을 수행하는 입자들로 여겨지며, 그 작용은 세포질 내에서만 실행된다(핵 내에서 판젠의 작용이란 유사분열 시에, 그리고 세포질로 이전되어야 할 판젠들을 생성하기 위해 단지 생식되는 것뿐이다).

---

20) "효소"라는 용어는 1876년 퀴네(Wilhelm Kühne; 1837~1900)에 의해 등장하게 되었다. 그 이전까지는 "치마제"(*zymase*) 나 혹은 "디아스타제"(*diastase*) 라는 용어를 사용했다(디아스타제는 치마제의 특별한 변이체로, 아미동과 글리코겐을 분해하는 물질로 여겨지기도 했다).
W. Kühne, "Über das Verhalten verschiedener organisirter und sog. ungeformter Fermente", "Über das Trypsin(Enzym des Pankreas)", *Verhandlungen des naturhistorisch-medizinischen Vereins zu Heidelberg*(Neue Folge), 1877, 1, pp. 190~193, pp. 194~198.

21) H. De Vries, *Intracellular Pangenesis*, *op.cit.*, , pp. 202~204. 따라서 드브리스는 이 가설에 유리하도록 하버란트(Gottlieb Haberlandt; 1854~1945)의 작업을 인용한다(G. Haberlandt, *Über die Bezeihungen zwischen Function und Lage des Zellkernes bei den Pflanzen*, Fischer, Iéna, 1887).

판젠의 작용은(혹은 이 개념을 바이스만으로까지 확장시킬 수 있다면 비오포어의 작용이라고도 할 수 있다. 여기서는 설명하지 않았지만, 바이스만은 드브리스뿐만 아니라 하버란트[22] 의 이론도 인용한다. 드브리스와 같이 이들은 세포질보다 핵이 "활동적"으로 작용한다는 슈트라스부르거[23] 의 이론에 반대한다)[24] 화학적 작용이며, 보다 전문적으로는 촉매작용이라 할 수 있지만, 생명에 고유한 아주 모호한 촉매작용이다(판젠-비오포어의 또 다른 작용들인 성장이나 생식은 용어상으로든 혹은 그 어떤 형태로든 다루어지지 않았다).

여기서도 역시 사람들은 분명 오늘날의 개념들과 대조시키고자 할 것이다. 하지만 그와 같은 대조는 유추에 불과할 수밖에 없다. 무엇보다도 그 텍스트가 매우 광범위한데다가 사람들은 분명 그 텍스트를 현대적인 용어로 해석하려 들 것이기 때문이다. 게다가 당시 효소 개념은 매우 피상적이었다. 사람들은 단지 생명체 내에 어떤 반응을 촉매할 수 있는 효소가 존재한다는 사실만을 알고 있었을 뿐, 이 촉매작용의 메커니즘에 대해서는 아무것도 알지 못했다.[25]

---

22) 〔역주〕하버란트(Gottlieb Friedrich Johann Haberlandt; 1854~1945)는 오스트리아 식물학자로 베를린대학에 식물생리학 연구소를 설립하여 1923년 퇴임하기까지 이 연구소를 운영했다. 식물 호르몬, 감각기관, 형태형성 등에 관한 실험적 연구를 통해 해부학과 생리학을 접목시켰으며, 선택론의 관점에서 생명체의 기능을 통해 구조를 설명하고자 했다. 생식세포(*germ*)의 운동 능력을 연구하여 이들의 운동이 생존경쟁에 더 잘 적응된 생명체를 형성하면서 외부 자극에 반응함으로써 진화를 통해 발달된다고 주장하여 식물학에 중요한 기여를 한 인물로 평가된다.

23) 〔역주〕슈트라스부르거(Eduard Adolf Strasburger; 1844~1912)는 독일 유대인 상인 가정 출신의 식물학자이자 세포학자로 독일 다윈주의의 제창자 중 한 사람이다. 25세에 식물학 교수로 임명되었고 2년 뒤에는 예나 식물원의 원장이 되었다. 1866년 식물의 세포 핵 분열을 관찰하여 세포학에서 뛰어난 업적을 남겼으며, 이후 식물세포의 분열에 관한 명백한 이론을 제시했을 뿐 아니라, 수정 시 세포 핵의 융합을 관찰하여 많은 식물의 염색체들을 밝혀냈다. 1909년 다윈의 《종의 기원》 출판 50주년 기념행사에서는 다윈의 유전이론과 판젠 이론의 긍정적 측면들을 부각시키기도 했다.

24) A. Weismann, *The Germ-Plasm*, *op.cit.*, p. 46.

이 효소들은 이미 오래전부터 논쟁의 대상이었다. 1860년대에 파스퇴르는 발효 현상이 필연적으로 생명체에 속하는 미생물〔따라서 이들을 "유기 효모"(ferments figurés) 라 불렀다〕에 의해 이루어지므로(살균은 발효과정을 억제한다) 발효는 생명체에 고유한 특성이라고 주장했던 반면, 베르텔로(Berthellot) 를 포함하여 많은 학자는 효소들로 순수한 화학적 작용을 일으키는 실험을 수행했다(세포 추출물을 대상으로). 이들 두 명제는 타협점을 찾게 되지만, 여기서 우리가 관심을 두는 시기에 걸쳐 사람들은 문제의 발효작용이 화학적 현상이라고는 해도 여기에 포함된 촉매물질들은 생명체에 고유하며, 다른 방식이 아닌 이 촉매작용에 의해서만 생명체의 합성이 이루어진다고 생각하게 되었다. 26) 이러한 사실은 생명현상을 아주 특별한 화학이기는 하지만 화학적 현상으로 간주하는 개념들과 부합될 수밖에 없었다.

촉매작용의 본질이 당시까지는 밝혀지지 않았고, 따라서 논쟁을 야기하기는 했지만, 1880년대가 되면서부터는 결국 이 "가용성 효소"(ferments solubles) 를 단백질로 간주했다. 초기에는 가설의 형태로, 이어서 차츰차츰 더 발전된 논거로 전개되었다. 그 결과, 비록 플뤼거의 "생명 단백질"(protéine vivant) 이론이 비판받기는 했어도, 단백질은 유기 물질의 주요 구성분인 동시에 효소로서 생명에 고유한 특징으로 간주되었다. 이와 같이 단백질이 생명 활동을 제법 분명하게 보장해준다고 하는 점에서 "생명의 기본 입자들"(pariucles élémentaires vivant) 가운데 단백질은 탁월한 지위를 점하게 되었다. 이후로 유전자가 흔히 단백질과 동일시되고 유전자의 작용이 효소의

---

25) 싹이 트고 시든 보리 알갱이들을 통해 처음 효모들이 발견되고 분리되었다. 이는 전분을 당화시켰는데 이것은 디아스타제라 불렸다(그리스어로 분리라는 의미의 διαστασις에서 왔다). 왜냐하면 그 작용으로 인해 알갱이를 둘러싼 부위와 그 내용물이 분리되기 때문이다(A. Payen et J. -F. Persoz, "Mémoire sur la diastase, les principaux produits de ses réactions, et leurs applications aux arts industriels", *Annales de chimie et de physique*, 1833, 53, pp. 73~92).

26) P. Schützenberger, *Les Fermentations* (1875), Alcan, Paris, 1896 (6ᵉ édition), pp. 256~260. 또한 M. Florkin and E. H. Stotz (éd.), *Comprehensive Biochemistry*, vol. 30, Elsevier, Amsterdam-Oxford-New York, 1972, pp. 267~276 참조.

72

작용과 동일시되는 현상을 뒤에서 살펴보게 될 것이다.

바이스만의 생명 연구는 생명 자체의 특수성이 모두 유지되면서 화학적인 방식으로 접근되는 융통성이 존재한다. 예를 들어 그는 한편으로 그의 생식질 이론이 생명이론이 아니라 유전이론임을 밝히는 것을 잊지 않는다. 27) 그러면서도 다른 한편으로 그는 세대를 통한 생식질의 연속성을 소멸하는 "신체 물질"(matière du corps périssable) 의 필멸성에 반하는 살아있는 "유전적 물질"(substance héréditaire vivante) 의 불멸성으로 간주한다. 28) 이는 생명을 생식질에 연관시키는 것이며("비오포어"라는 단어의 어원이 이를 잘 설명해준다), 다양한 파생 이론들을 만들어낸 이 원형 이론에 대한 일종의 절대적 믿음을 예고하는 것이다.

드브리스는《세포 내 판제네스》에서 보다 구체적으로 생명과 화학의 관계 문제에 접근했다. 29) 그는 생명물질로부터 분리될 수 있는 물리-화학적 과정 (또한 시험관 내에서 인위적으로 발현시키는 시도) 과 생명 현상으로부터 분리될 수 없으며 생명 현상 내에서만 존재하는 과정을 구분하여, 전자를 "아플라즈마틱"(aplasmatiques), 후자를 "플라즈마틱"(plasmatiques) 이라 규정했다. 플라즈마틱 (원형질과 그를 구성하는 판젠들) 은 그들의 물리-화학적 형질 이외에 역사적 형질을 지닌다. 이들은 계통발생의 산물이라는 점에서 역사적 형질로 간주하며, 다른 경로로는 얻어질 수 없다(따라서 이들은 인위적으로 실험될 수 없고 생명물질로부터 분리될 수 없다). 드브리스에 의하면 역사적 형질들은 화학(드브리스는 당시의 화학임을 명확히 밝힌다) 으로 설명할 수 없는 분자의 복잡성과 관련되어 있다. 따라서 원형질 (protoplasme) 〔"생명물질"(matière vivante)〕은 사람들이 실험실에서 만들어낼 수 있는 단순한 단백질 용액이 아니다. 또한 판젠들은 그들의 물리-화학적 형질 이외에 역사적 형질을 포함하고 있기 때문에 유전의 전달자가 되는 것이다 (이렇게 해서 유전은 역사에, 즉 계통

27) A. Weismann, The Germ-Plasm, op.cit., p. 37.
28) Ibid., p. XI.
29) H. De Vries, Intracellular Pangenesis, op.cit., pp. 39~43.

발생에 연결된다).

바이스만은 이 개념을 다시 취하여, 원형질의 역사적 특성들이 물리-화학적 특성들에 부가되는 것이 아니라 이들 안에 포함되어 있다는 설명으로 수정했다. 따라서 바이스만에 있어서 생명은 역사적 특성들로 유전되는 것이 아니라 원형질의 물리-화학적 특성들로 유전되는 것이다. 그와 같이 역사적 특성들이 배제된 원형질(즉 유전된 특성들)을 생각하지 못할 것도 없다. 이는 가장 단순한 생명체의 양태일 것이며, 그 생명체는 오로지 물리-화학적 구성체로 이루어졌을 것이다.[30] 조금 더 나아가 그는 초기의 비오포어가 자연발생적으로 출현한 존재였고 이후 진화 과정에 의해 복잡해졌음을 밝힌다.[31] 바로 이 진화 과정에 따른 복잡화에 의해, 현재의 비오포어가 더 이상 자연발생적으로 형성될 수 없고 그들과 유사한 다른 비오포어로부터 필연적으로 만들어진다는 사실이 설명된다. 따라서 생명은 더 이상 생명으로부터 외에는 생성될 수 없다.

이러한 사실을 우리가 앞서 설명한 바와 같이 화학적 촉매제로서의 효소가 생명체로부터만 만들어질 수 있다는 사실과 대조해 본다면, 진화 과정이 생명의 특이성과 그 화학적 개념을 동시에 양립할 수 있게 해준다는 점을 깨닫게 될 것이다.[32] 불행한 일이지만 바이스만도 드브리스도 이 문제를 진전시키지 못했다. 이들은 원형질이 드러내는 역사적 성격을 애매하게 설명하는 데 그쳤으며, 따라서 그들의 이론에서 이 부분은 자취를 감추고 말았다.

일반적으로 말해서 이 문제는 모건의 유전학에 눌려 약화되었다. 모건 유전학에서는 유전의 모든 물리-화학적 연구가 중단되고 오로지 형식적인 접근으로 제한되었다. 여기서 유전자는 추상적 존재이거나 혹은 적어

---

30) A. Weismann, *The Germ-Plasm*, *op.cit.*, p. 39.

31) *Ibid.*, pp. 47~48.

32) 사람들은 흔히 라마르크와 이 학자들이 대립된다고 생각하지만, 생명의 특별함과 생명에 대한 물리적 설명을 조화시키기 위해 진화를 끌어들이는 것이 원래 라마르크의 사상이었다는 점은 흥미롭다.

도 단순히 염색체 상의 국지적 존재에 불과했다(제6장 참조). 따라서 생명-화학-역사의 관계 문제는 전적으로 잊혀져 분자유전학이 유전자의 물리-화학적 개념을 되찾아 놓았던 시기에조차 더 이상 다시 나타나지 않게 되었으며, 나타났다 하더라도 모호하고 애매한 형태에 불과했다.

주어진 유기체 내의 유전을 담당하는 분리된 원형질에서 "기본 입자들"(비오포어나 판젠들)의 표본을 다시 분리한다는 견해는 아마도 바이스만(혹은 드브리스)이 네겔리의 이디오플라즘 이론에서 차용했을 것이며,[33] 네겔리는 히포크라테스와 모페르튀의 선례로부터 영향을 받았을 수 있다. 어쨌든 이 이디오플라즘은 19세기 말 상상된 유전에 대한 설명의 중요한 근거 중 하나였을 것이다(그 이론이 복잡하고 여러 가지 점에서 불충분하다는 사실에 비추어 본다면 이상한 일이다).

드브리스는 줄곧 바이스만의 생식질에 해당하는 것을 이디오플라즘이라 불렀다. 그리고 바이스만 스스로 자신의 이론과 네겔리 이론 사이의 차이를 언급하면서 이 단어를 받아들였다. 다소 교묘하게도 바이스만은 생명체의 본성을 결정하는 물질(세포의 핵 내부에서 발견되는)을 지칭하여 이디오플라즘이라는 용어를 그대로 사용할 것과 생식세포 내의 유전 전달 물질을 지칭하여 생식질(*plasma germinatif*)이라는 용어를 사용할 것을 제안했다. 생식질은 생명체의 이디오플라즘에서 첫 번째 "개체발생 단계"라고 설명하면서 자신의 제안을 정당화했다(이 설명은 그리 적절하지 않으며 신중하지 못했다).[34] 마지막으로 바이스만 이론에서 디터미넌트, 비오포어의 구조화된 총체를 지칭하는 이드(*id*)라는 용어는 이디오플라즘의 약칭이라는 사실에 유념하자.[35] 이디오플라즘이라는 용어가 이와 같

---

33) 하지만 바이스만은 이 문제에 대해 우선권을 주장한다는 점에 주목하자("Du nombre des globules polaires", dans *Essais sur l'hérédité et la sélection naturelle*, *op.cit.*, p.253).

34) A. Weismann, *The Germ-Plasm*, *op.cit.*, pp.32~35.

35) *Ibid.*, p.62.

이 바이스만 이론에 편재하기는 하지만, 바이스만이 부인한다 해도 생식질 이론에 훨씬 중요한 영향을 미친 이론은 박스 3에서 설명되었듯이 골턴의 **혈통**(박스 4 참조) 이론이었다. 36)

세포 핵 내에서 생식질의 위치는(네겔리의 이디오플라즘은 신체를 관통하는 그물을 형성했던 반면) 염색체, 감수분열, 수정, 세포질에 대한 핵의 이환율37)을 언급한 이전 작업을 통해 이해될 수 있다.

생식세포 계통의 연속성으로 눈을 돌려보자면, 이는 여러 학자가 이미 가정하고 있었다〔1878년에 구스타프 예거(Gustav Jäger)에 의해, 그리고 1880년에 모리츠 누스바움에 의해 제시되었다〕. 38) 바이스만이 생식질 이론을 제시하게 된 것은 수정 이후에 생식세포 라인이 체세포 라인과 즉각적으로 구분되지 않기 때문이다(생식질은 생식세포 라인이 자리 잡는 동안 세포 내에 변함없이 남아있을 수 있다). 39)

판젠이라는 용어가 지시하는 바와 같이, 이 기본 입자들은 또한 다윈의 범생설(*pangenèse*)과도 관련이 있다〔드브리스는 이 이론을 인용하여 자신의 저서에 세포 내 판제네스(*Pangenèse intracellulaire*)라는 제목을 붙였다〕. 어쨌든 여기서는 모페르튀를 언급하는 것이 좋겠다. 실제로 비오포어와 판젠은 다윈의 제뮬과 가깝기보다는 모페르튀의 "입자들"이나 뷔퐁의 유기 분자들과 더 가깝다. 다윈의 제뮬은 이들을 만들어낸 세포들의 기본적 구성체가 아니다(제뮬은 "배아"의 자격으로 구성체를 불명확한 방식으로 "발현시킨다"). 반면 비오포어와 판젠은 유기 분자들과 마찬가지로 생명체 물

36) *Ibid.*, p. 7.
37) 〔역주〕이환율이란 어떤 시기 내에서 평균 인구에 대한 질병 발생 건수의 비율을 말한다.
38) G. Jäger, "Physiologische Briefe I, II. Über Vererbung", *Kosmos*, 1877, 1, pp. 17~25와 pp. 306~317; "Zur Pangenesis", *Kosmos*, 1878~1879, 4, pp. 377~385; M. Nussbaum, "Zur Differenzierung des Geschlechts im Thierreich", *Archiv für Mikroskopische Anatomie*, 1880, 18, pp. 1~121.
39) A. Weismann, "De l'hérédité" dans *Essais sur l'hérédité et la sélection naturelle*, *op.cit.*, pp. 124~125. 그리고 "La continuité du plasma germinatif", *ibid.*, pp. 201~203을 보라.

질의 기본적 구성체이다.

이 점에서 모페르튀, 뷔퐁, 네겔리를 거치면서 전개되어 온, 신체를 구성하는 대표적인 표본이 분리됨으로써 유전된다는 히포크라테스식 설명의 전형이 발견된다. 모페르튀에서는 종자가 신체를 구성하는 다양한 입자들의 표본으로 설명되며, 바이스만에서는 생식질이 서로 다른 비오포어들의 표본으로 설명된다. 하지만 모페르튀에 있어서 종자 안에 불규칙하게 흩어져 있는 이 입자들은 이들이 배아 안에서 정확히 재결집될 수 있도록 위치를 기억하는 반면, 바이스만의 비오포어는 다양한 세포들 내에 비오포어를 배치하는 어떤 구조에 따라 생식질 내에 조직화되어 있고, 그와 같이 새로운 유기체를 만들어낸다.

여기서 생식질은 생명체가 배우체 안에 축소된 형태로 이미 형성되어 있다고 하는 17세기 전성설을 상기시킨다. 게다가 바이스만은 후성적 설명 쪽에 기울어져 있었지만 결국 전성설에 힘을 싣게 되었음을 명료하게 밝혔다.40) 그럼에도 바이스만의 이론은 더 이상 순수한 전성설이라고 볼 수도 없으며, 그렇다고 프로그램화도 아니었다. 이는 잘못 정의된 모호한 개념이다. 비오포어의 구조는 일종의 프로그램처럼 신체의 "암호화된 발현"이 아니다. 왜냐하면 비오포어가 암호를 통해 "발현하는" 것은 신체 부위들이 아니라 기본적 구성체들이기 때문이다. 하지만 이 구조가 전성된 신체의 환원적 모델인 것은 더더욱 아니다. 이 기본적 구성체가 신체 내에서 존재하는 것과 같은 구조로 생식질 안에 배열되어 있는 것은 아니기 때문이다.

이러한 생식질 구조의 개념은 바이스만의 독창적인 생각이며, (스펜서, 네겔리, 골턴 등의 이론과 같은) 이전 이론들에서는 나타나지 않았던

---

40) A. Weismann, *The Germ-Plasm*, *op.cit.*, pp. XIII~XIV. 여기서 바이스만은 후성설을 진화론에 대립되는 것으로 보았다. 따라서 "진화"라는 용어는 1840년대까지 관례적으로 받아들여진 "이미 형성된 존재의 발달"이라는 낡은 의미로 이해되어야 할 것이다. 하지만 20세기 초까지도 여전히 이러한 낡은 의미의 진화 개념이 "종의 형질전환"이라는 현대적 의미와 함께 존재하고 있었다.

개념이다. 드브리스에게서도 물론 나타나지 않는 개념이다. 드브리스는 유전을 형질들과 구분된 "인자들"로 분해하는 데 치중한다. 형질과 인자는 서로 독립적으로 변이될 수 있고 수정과 잡종 교배 시에 서로 결합한다는 것이다. 하지만 그는 이 결합의 구조에 관해서는 거의 주목하지 않는다. 그는 바이스만의 이론에 대해서도 비판한다. 드브리스에 따르면, 바이스만의 이론은 유전의 전달 입자들 사이를 지나치게 밀접하게 연결하기 때문이다. 41) 이러한 비판에 대해 바이스만은 이 입자들을 조직화하는 구조의 중요성을 강조함으로써 응수한다. 42)

이 개념은 드브리스에게 전달되어, 우선 개체발생이 엄격하게 결정적이고 전적으로 유전된다는 개념으로(따라서 개체발생은 전적으로 조직화된 지지대를 요한다), 그리고 다른 한편으로는 체세포들 가운데 생식세포가 불균등하게 분할된다는 식의 세포 분화의 설명으로 계승된다(이러한 분할은 엄격히 조직화한 분화를 연속적으로 유도할 수 있기 때문에, 플라즈마는 엄격한 구조를 지녀야 하며 개체발생이 진행되는 과정에서 이 구조물의 성분인 디터미넌트로 分解되어야 한다. 각 디터미넌트는 난의 생식질 안에서 정확히 규정된 위치를 스스로 유지하기 때문에 이 각각의 디터미넌트는 그가 결정해야 할 세포 내에 도착한다). 43) 우선 후자에 관해 살펴보자.

이러한 분할은 관찰과 실험에 어긋나는 것이었다. 우선, 사람들은 유사분열 시에 염색체가 동일한 두 개의 동일한 염색체를 만들어내기 위해 종단으로(횡단이 아니라) 분리된다는 사실을 알고 있었고, 이러한 사실은 유전적 물질이 각 딸세포에서 동일하게 생성된다는 생각을 부추겼다(그와 반대로 세포질의 분할은 불균등할 수 있다). 다른 한편, 체세포로 이루어지는 재생과 생식(예를 들어 꺾꽂이)은 체세포에 유전물질 전체가 포함되어 있으며, 이들 분화에 필요한 요소들만이 포함된 것이 아님을 말해준다. 게다가 앞서 살펴본 바와 같이, 드브리스는 모든 세포의 핵 내에

---

41) H. De Vries, *Intracellulaire Pangenesis*, *op.cit.*, pp. 17~20.

42) A. Weissmann, *The Germ-Plasm*, *op.cit.*, pp. 17~20.

43) *Ibid.*, p. 76.

판젠의 완전한 표본이 존재한다고 상정했다(또한 네겔리의 이디오플라즘 역시 신체의 모든 세포에 산재하여 있다). 44)

그럼에도 불구하고 바이스만은, 분명 이론적 선입관 때문이었을 텐데, 생식질의 분할이라는 논지를 펼쳤다. 바이스만에게 있어 유전은 만능키였다. 서로 다르게 분화하는 세포들을 제어하는 것은 염색질(chromatine)이며, 세포들은 서로 다른 염색질을 포함하고 있어야 했다. 45)

이 분할을 딸세포들이 염색체의 완전한 몫을 받아들인다는 사실을 나타내주는 관찰과 연결하기 위해, 바이스만은 각각의 딸세포가 물론 균등한 양의 생식질을 받아들이긴 하지만, 이 플라즈마는 질적으로 차이가 있으리라고 상정했다. 플라즈마의 일부는 풍성하고 나머지 일부는 빈약하리라는 것이다. 이 과정은 세포의 염색체가 한 종류의 디터미넌트(세포 유형에 부합되는 종류)만을 보유하게 되는 마지막 분화 단계에까지 지속된다고 여겨졌다. 46)

다른 한편, 체세포의 분화를 통한 재생과 생식(꺾꽂이)을 설명하기 위해 바이스만은 이러한 과정들이 가장 단순한 존재들에게 고유한 본래의 능력이 진화를 거치면서 상실된 것이 아니라, 오히려 그와 반대로 진화를 통해 부차적으로 생겨난 특성들이라고 주장했다. 이 과정이 일어날 수 있는 체세포들은(그러한 체세포들만이) 필요한 비오포어들을 함유한 추가적 플라즈마를 (진화를 거쳐) 갖추고 있으리라는 것이다. 47) 바이스만은 생식세포들이 완전한 생식질 외에도 난자와 정자에서 생식세포들의 분화를 설명해주는 추가적 플라즈마를 포함하리라 가정하고 있었기 때문에, 그가 이 방법을 이미 사용하고 있었다는 사실을 알 수 있다. 48)

---

44) 네겔리와 드브리스 모두 식물학자였으며, 따라서 이들은 동물학자였던 바이스만 보다 꺾꽂이, 발아, 재생 등의 과정을 훨씬 더 잘 이해하고 있었다.

45) A. Weismann, *The Germ-Plasm*, *op.cit.*, p. 32.

46) *Ibid.*, pp. 32~34. 또한 더 일반적인 설명으로는 "La continuité du plasma germinatif", dans *Essais sur l'hérédité et la sélection naturelle*, *op.cit.*, p. 182 sq. 참조.

47) A. Weismann, *The Germ-Plasm*, *op.cit.*, p. 103 sq.

관찰과 실험을 통해 야기된 두 가지 난점(염색체의 완전한 몫의 전달과 재생)은 그와 같이 애드호크(ad hoc) 가설들을 통해 해결되었다. 그럼에도 생식질의 분할에 의해 세포의 분화를 설명하는 데는 또 다른 이론적인 난점이 존재했다. 실제로 딸세포들은 그들의 모세포에 있던 생식질의 서로 다른 조각들뿐만 아니라 모세포에 있던 세포질의 비오포어도 물려받는다(세포질의 비오포어는 생식질의 비오포어와 구분된다). 그런데 이 세포질의 비오포어는 다양한 능력을 지닌다. 분화가 이루어지기 위해서는 그와 같이 세포질이 생식질과 같은 방식으로 정확히 분할되어야 하며, 그 결과 각각의 딸세포들은 생식질 조각의 비오포어와 동일한 세포질 비오포어만을 받아들인다. 이는 수용하기가 어려운 상정이다.

바이스만은 그 점을 알아차리지 못한 듯하다. 핵에서 세포질로 보내진 비오포어가 세포질에 이미 존재하고 있던 비오포어와 싸워서 "물리치면" 패자를 영양분으로 사용한다는 자신의 또 다른 이론을 여기에 덧붙일 수밖에 없었다.[49] 그런 식으로 세포질에 이미 포함된 비오포어가 무엇이든 핵은 세포질에 대해 우위를 차지한다. 이는 난의 세포질에 있는 비오포어와 관련하여 분화의 설명을 효과적으로 완성해줄 수 있을 것이었다.[50]

비오포어들의 경쟁은 생존경쟁이라는 다윈의 원리를 생명체 내부로 끌어들인다. 이러한 설명은 바이스만 이전에 프란시스 골턴에 의해 제시되었으며, 특히 유기체 부위 간의 경쟁으로 배 발생을 설명한 빌헬름 루에 의해 제시된 바 있다.[51] 적잖이 흥미로운 점은 바이스만이 루의 그러

---

48) A. Weismann, "Du nombre des globules polaire", dans *Essais sur l'hérédité et la sélection naturelle*, *op.cit.*, p. 254.

49) A. Weismann, *The Germ-Plasm*, *op.cit.*, p. 49.

50) 실제로 생식질의 분할에 의해 세포 분화를 설명하는 것은 "생명물질"의 기본 입자들을 대신하여 비오포어가 생명체의 특성들을 나타내고 제어한다는 이론과 같은 맥락에 불과할지 모른다. 바이스만 이후 오랜 시간이 지나서의 이론에는 플라즈마의 분할이라는 이 개념이 수용되지 않았다.

51) W. Roux, *Der Kampf der Theile im Organismus*, Engelmann, Leipzig, 1881 (*Gesmmelte Abhandlungen über Entwickelungsmechanik der Organismen*, 2 vol., Engelmann, Leipzig, 1985, t. I, pp. 135~437).

80

한 설명을 비난했다는 사실이다. 52) 실제로 바이스만에 따르면 "생체내부의 선택"(*sélection intrabiontique*) ── 루의 원리를 가리켜 바이스만이 사용한 용어이다 ── 은 개체발생을 설명할 수가 없는데, 그 이유는 개체발생은 전적으로 결정론적 과정이기 때문이라는 것이다(그는 이에 관해 여러 가지 예, 특히 완전히 닮은 쌍생아는 어느 정도 임의적으로 강제된 "생체내부의" 경쟁이 아니라 결정론적 설명이 필요하다는 점을 예로 든다). 게다가 개체발생은 전적으로 결정론적일 뿐만 아니라, 핵이 세포질을 제어한 필연적 귀결로 완전하게 유전된다(또 앞서 말한 쌍생아는 여기서 유전의 만능성을 보여주는 사례가 된다). 분명히 바이스만은 자신의 모순을 깨닫지 못했다. 왜냐하면 그는 세포질 내에 이미 존재하는 비오포어를 제거하기 위해, 그리고 핵의 우위성을 보장하기 위해 "생체내부의 경쟁"을 제시했기 때문이다(이 경우 그가 경쟁의 결과를 단지 핵에 유리하다고만 여긴 것이 아니라면 그의 이론은 모순을 내포하게 된다).

어쨌든 개체발생의 결정론적 특징과 핵의 우위성(즉 유전의 만능성)은 바이스만에게 있어 생식질 구조물의 설명을 유리하게 만드는 핵심적 논지였다. 생명체는 조직화되고 구조화되고 절대적으로 유전을 따르는 존재이며, 생식질은 전적으로 조직화되고 구조화된 존재밖에는 될 수 없다. 여기서 명백히 유전은 구조화된 물질의 전달에 의한 조직화의 전달이다(이는 또한 이 구조물이 "생명을 전달하는 입자들"인 비오포어를 집합시킨다는 의미에서 생명의 전달자이다).

바이스만에게 디터미넌트는 이 구조물에서 중요한 존재이다. 왜냐하면 디터미넌트는 한 세포 유형에 필요한 비오포어를 모두 구조화시켜 재구성하기 때문이다. 그와 같이 디터미넌트는 생식질에서 세포 유형을 나타내고, 생식질에서 유전과 소통하며, 그로써 생식질에서 확실하게 정의된다(구조화되지 않은 비오포어의 집합체로는 그와 같이 행할 수 없으며, 구조물에 포함된 비오포어와 이들의 조직화가 동시에 정의되어야 한다).

---

52) A. Weismann, *The Germ-Plasm*, *op.cit.*, pp. 106~108.

디터미넌트는 세포의 유형을 나타낼 뿐만 아니라 분화된 세포를 나타내기도 한다. 실제로 어떤 세포의 생식질은 각 유형에 부합하는 단일한 디터미넌트의 표본을 무수히 많이 제공한다(앞에서 설명했듯이 분화된 세포들의 플라즈마가 질적으로 쇠퇴하는 과정을 보라). 이와 같이 디터미넌트는 생식질의 기본 입자이지만 그렇다고 세포 물질의 기본 입자는 아니다. 디터미넌트는 그런 점에서 비오포어와 다르며(디터미넌트는 당연히 비오포어의 구조가 되어야 마땅할 것이다), 바로 앞에서 살펴보았듯이 세포 발현의 일종인 다윈의 제뮬과 거의 대등하다(이는 세포의 기본적 구성체의 하나는 아니며, 비오포어와 비교해서는 안 된다). 다윈이 제뮬의 발현 양상을 이해하지 못했다면, 바이스만은 디터미넌트가 세포(세포 유형)를 어떻게 발현시키는지를 완벽하게 설명해냈다.[53]

비오포어가 디터미넌트로 조직화되어야 하는 것과 마찬가지로, 디터미넌트는 상위 수준의 구조화된 집합체(이드)로 재편성될 필요가 있다. 이드는 디터미넌트들로 조직화된 다양한 유형의 세포들을 포함하는 해부학적 구조에 해당한다.[54] 하지만 바이스만은 해부학적 구조에 관심이 있었던 것은 아니며(이드는 세포 유형보다 덜 실재적이었기 때문에 규정하기가 더 까다로웠다), 세포로부터 완전한 유기체로 곧장 건너뛰었다. 그에게 이드는 유기체의 유전에 필요한 모든 디터미넌트를 포함하는 것이다.[55]

그런데, 앞서 살펴본 바와 같이 이드는 염색체의 하위 구조이다(이는 작은 입자들로 구성되어 있다고 가정되었다). 말하자면 수정란의 각 염색체(혹은 "이단트")가 매우 많은 수의 이드를 포함하고, 각각의 이드는 완전한 유기체에 부합하는 디터미넌트의 핵심을 포함한다(드브리스에 있어서 핵은 모든 유기체의 각 판젠의 일부 표본들을 포함한다).

이드는 생식질 연속성의 원리에 따라 조상으로부터 유래하기 때문에 바

---

53) *Ibid.*, pp. 53~60.
54) 이는 수정란의 생식질 안에서만 필요하다. 왜냐하면 분화된 세포 안에서 플라즈마는 단일한 종류의 디터미넌트만을 포함하고 있기 때문이다.
55) A. Weismann, *The Germ-Plasm*, *op.cit.*, pp. 62~63.

82

이스만은 이드를 "조상의 플라즈마"(plasmas ancestraux)로 규정했다. 56) 그렇지만 이 연속성은 염색체의 환원(감수분열)과 성의 혼합(amphimixis) 57) (수정)에 의해 어느 정도 교란된다. 염색체의 환원 시 염색체(따라서 이드)의 수가 절반으로 감소하고, 이어서 수정 시 원상복귀된다. 하지만 수정은 모계로부터 유래한 염색체와 부계로부터 유래한 염색체(따라서 이드)를 혼합시킨다. 이들 부계와 모계 자체가 그들의 부모로부터 각각 물려받은 이드의 절반을 받아들였던 것이고, 그 이전 부모들도 내내 그래왔다. 따라서 한 생명체는 서로 다른 조상으로부터 내려온 서로 다른 "조상 플라즈마"의 계통 전체를 포함한다. 여기서 플라즈마는 세대마다 수정 시 임의적으로 혼합된 것이다. 58)

따라서 수정란의 핵은 서로 다른 무수히 많은 이드를 포함하며, 각 이드는 어떤 종의 한 생명체가 형성되는 데 필요한 디터미넌트들의 역할을 완전하게 수행할 수 있다. 어떤 점에서 이 핵은 서로 다른 매우 많은 생명체의 유전적 물질을 포함하며 각각이 발생 가능하다고도 말할 수 있을 것이다.

일부 디터미넌트는 핵의 모든 이드 안에서 동일한데, 종의 특정한 형질들에 해당하는 것은 바로 이 디터미넌트들이다(따라서 이들은 동일종의 모든 생명체들에서 발견될 것이다 — 이들은 세대를 거치면서 있는 그대로 진정 변함없이 전달되는 생식질 영역을 형성한다). 반면에 다른 일부 디터미넌트는 동일한 핵 내에서 이드에 따라 다양한데, 개체들의 특정 형질에 부합하는 것은 바로 이들이다(따라서 이들은 동일 종 내에서 개체들에 따라

56) Ibid., p. 62.
57) 〔역주〕amphimixis는 유성생식과 유사한 용어로 양 부모의 유전적 성질을 유도하기 위해 생식에서 배아세포를 연합하는 것을 의미한다.
58) 바이스만은 이드의 혼합을 설명하는 간략한 틀을 제시했다. 이 틀은 아직 교차라는 문자가 만들어지기 전이지만 일종의 "염색체 교차"를 상기시키는데, 구조물 내에서 그들 사이를 연결하는 비오포어의 혼합 문제를 해결했다. 이 문제는 드브리스로 하여금 핵 내에서 판첸들이 거의 자유롭게 움직인다는 이론을 택하도록 부추겼다(Ibid., pp. 238~240; 또한 "Du nombre des globules polaires", dans Essais sur l'hérédité et la sélection naturelle, op.cit., p. 269).

마찬가지로 다양하다 — 핵 내에서 다양성을 나타내는 이 일부 디터미넌트들은 생식질 영역을 형성하며, 이 디터미넌트들이 생식질을 이루는 과정은 염색체 환원과 성 혼합의 우연성에 지배된다). 여기서 우리가 관심을 지니는 것은 후자이다.

그와 같이 수정란의 핵은 디터미넌트 a가 a_1 형태로 된 이드들을 포함할 수도 있고, 동일한 디터미넌트 a가 a_2 형태로 된 이드들을, 혹은 a_3 형태로 된 또 다른 이드들 등을 포함할 수 있다. 첫 번째 이드들은 A_1 형태, 두 번째 이드들은 A_2 형태, 세 번째 이드들은 A_3 형태에 관계되는 방식이다. 따라서 디터미넌트 a_1, a_2, a_3, …는 소위 상동(homologue) — 이들은 모두 예를 들어 눈의 색깔과 같은 A라는 동일한 형질에 관계된다 — 이지만, 이드에 따라 서로 달라진다(예를 들면 검은 눈, 파란 눈, 초록 눈 등과 같은 눈 색깔처럼, 동일한 형질의 서로 다른 형태에 관계된다).59) 20년 이후 드브리스에 의해 완전해진 멘델의 모델에서는 더 이상 한 개체가 동일한 유전자의 서로 다른 두 가지 형태를 보유하지 않는다. 이 점에서 바이스만의 디터미넌트(혹은 비오포어)는 동일한 생명 개체의 모든 이드들 안에서 서로 다른 형태로 나타나며, 한 개체는 자신의 생식질 안에서 무수히 많은 이드들을 보유한다.60)

따라서 이 다양한 상동 디터미넌트들 가운데 어느 것이 "발현"되는가의 문제가 제기된다(이는 어떤 디터미넌트가 난으로부터 발생하여 유전될 가능성이 있는가의 문제로 연결된다). 이 문제를 해결하기 위해 바이스만은 그들 안에서 이드(혹은 디터미넌트든 비오포어든) 간의 경쟁을 상정하면서 내면화된 다윈의 원리를 새롭게 끌어들여 사용한다. 여기서 또한 바이스만은 십중팔구 골턴의 영향을 받는다(박스 4).

어떤 이드(디터미넌트, 비오포어)가 더 강력한가에 따라 그 이드가 다

---

59) A. Weismann, *The Germ-Plasm*, *op.cit.*, pp. 264~266, p. 280 sq.

60) 바이스만은 물론 디터미넌트들이 동등함을 인정하지만, 이는 존재의 양면 대칭을 설명하기 위한 것이었다. 따라서 이 동등성은 멘델법칙을 염색체 이론의 맥락으로 해석하는 일과는 무관했다(*ibid.*, p. 64).

84

른 이드를 이길 것이다. 우위는 특히 수의 문제일 것으로 보인다. 예를 들어 디터미넌트 a가 생식질의 대다수 이드에서 a_1 형태로 나타나고, 어떤 특정한 이드에서만 a_2, a_3, 등의 형태로 나타난다면, 그 존재는 A_1 형태의 A 형질을 갖출 것이다. 만일 다양한 형태의 형질이 서로 양립 불가능하다면, 그리고 발현되는 디터미넌트의 수에서 지나치게 큰 차이가 존재하지 않는다면, 이들 디터미넌트의 중간 형태가 나타날 것이며, **발현된 형질은 중간 형질이 될 것이다.**[61]

바이스만은 이드 간의 이러한 경쟁이 생식질(유전적 물질의 예정된 평화가 지속되는)의 내부에서 일어나는 것이 아니라, 세포질의 조절(유전이 **발현될 때**)을 위해서만 이루어짐 — 따라서 권력을 위한 투쟁에 가깝다 — 을 명확히 밝혔다. 그리고 그는 배아의 조절을 위해 부계와 모계에서 온 유전적 물질 간의 경쟁(부모의 권리를 실행하기 위한 일종의 성 대결)을 상상했던 역시 호전적인 당시의 이론들〔"가모마키아"(*Gamomachia*)와 "가모파기아"(*Gamophagia*)〕[62]과 자신의 이론을 구별한다.[63]

이드 간의 투쟁은 따라서 우성과 열성 현상을 "설명"하기도 하지만(만일 그렇게 말할 수 있다면), 또한 형질이 수 세대의 잠복기 이후 재출현되는 격세유전도 설명해준다(이러한 재출현을 위해서는 관련된 디터미넌트가 수정에 맞추어 난에 충분한 수로 나타나기만 하면 된다). 이러한 경쟁은 필연적으로 우연적인 측면을 내포하는데, 이는 바이스만에 의해 주장된 결정론적인 개체발생 개념과는 모순되는 것으로 보일 수 있다. 그렇지만 여기서 모순은 생각만큼 대단하지 않다. 왜냐하면 수적 우세의 문제는 경쟁의 결말에서 일종의 결정론을 유도하는 한편, 이 경쟁은 유전될 수 있는 형질들 가운데 하나를 선택하는 것에 비해 개체발생의 질서와 관련

---

61) A. Weismann, *The Germ-Plasm*, *op.cit.*, pp. 264~266, p. 280 sq.

62) 〔역주〕 가모마키아와 가모파기아는 수정란에서 부계와 모계 사이에 존재를 위한 투쟁이 일어나 그들 중 한쪽을 파괴하는 현상을 말한다. 이 이론에서는 자식이 부모 중 어느 한쪽으로부터만 영향을 받아 닮게 되고 다른 한쪽으로부터는 영향을 받지 않는다고 가정된다. 가메토파기아(*gametophagia*)라고도 한다.

63) *Ibid.*, pp. 295~296.

성이 덜하기 때문이다. 현대의 개념들과 비교해서 본다면, 개체발생이 결정론에 머물러 있기는 하지만, 생식에서 배우체들의 만남에 우연성 (또한 우성과 열성의 역할) 이 도입된다는 측면에서 경쟁은 임의적이라 할 수 있다.

결국 이드의 다양성은 우성, 열성, 그리고 격세유전뿐만 아니라 존재들의 다양성까지도 설명해 준다는 점에 유념하자. 64) 바이스만에 따르면, 만일 각 존재가 부계와 모계에서 각 한 개씩 유래한 두 개의 이드밖에 지니고 있지 않다면 (이는 이후 멘델-드브리스 모델의 경우에 속한다), 그토록 다양한 존재들이 (동일한 부모의 아이들이 지니는 차이에서 시작해서) 나타날 수 없었을 것이다. 65)

이드의 이러한 다양성은 생식질의 구조물을 매우 복잡하게 만들며, 이드를 사용하여 유전물질의 불균등한 분할에 의한 세포 분화를 설명하는 일을 어렵게 만든다. 이러한 어려움이 생식질의 디터미넌트가 분화 시 동량으로 남도록 축소하는 과정이나, 재생과 꺾꽂이를 설명하기 위해 추가적 플라즈마를 제시해야 할 필요성에서도 나타난다는 사실을 추가한다면, 바이스만이 왜 그러한 분할에 그토록 집착했는지 이해하기 어렵다.

후학들은 생식질의 구조물 개념을 어느 정도 변형시켜 보존했지만, 체세포들 사이의 불균등한 분할이라는 개념은 받아들이지 않았다. 당시에 아직 유전 프로그램이 존재하지는 않았지만, 이 구조물 개념은 그 "선조" 격이다. 하지만 이 개념은 현대 유전 프로그램이론과 전적으로 동일하게 기능하지는 않을 뿐만 아니라, 관찰과 실험에 의거하지 않은 채 그와 반대되는 이론적 입장 (게다가 일관성도 거의 없는) 에 지나지 않았다. 여기서도 사람들은 동일한 설명 체계 (생식질이든 유전체든 물질을 토대로 전해지는 유전이다) 에 대해 실제로 두 가지 다른 해석 (구조물과 프로그램) 을 내놓았다.

64) *Ibid.*, p. 298.
65) 생애 말기에 바이스만은 멘델주의 (새롭게 재발견된) 에 동조하면서 자신의 이론을 멘델주의에 끼워 맞추고자 시도한다.

86

지금까지 바이스만 개념(그리고 드브리스의 세포 내 판제네스의 일부 요소들)의 개요만 소개했다. 이 이론은 지금까지 설명한 것보다 훨씬 복잡하다. 이 이론은 다양한 기원들을 지니는데, 경쟁적이고 심지어 상반되는 여러 종류의 이론들로부터 차용한 요소들을 종합했으며, 오랜 시간에 걸쳐 발전하고 풍부해졌다(혼돈될 정도에 이르기까지). 이 이론은 오랜 시간을 거쳐 간소화된 데 비추어 제법 내적 일관성이 갖추어져 있긴 하지만(일부 결함이 있음에도 불구하고), 그렇다고는 해도 실험적으로 거의 뒷받침되지 못한 사변에 불과하다.[66] 그의 중요한 실수는 분명 모든 것을 설명하는 그의 능력에 있었다(예를 들어 바이스만이 어떻게 임시변통의 방식으로 플라즈마를 도입하여 무성생식의 문제를 해결했는지를 보라). 그가 살던 당시에 대다수 적수에 비해 그가 훨씬 우세했다고는 하지만, 오늘날 우리가 유전체 이론이 바이스만 이론을 확인해준다고 여기면서 유전체 이론을 시대착오적으로 바이스만 이론과 연관시키는 것에 비하면 당시에는 오늘날만큼 설득력이 있지는 않았다. 게다가 바이스만 이론이 만장일치로 수용되었던 것도 아니다.

어쨌든 유전의 전달자이자 생명의 기본 입자인 비오포어는 현재 우리가 생각하는 유전자의 전신으로 간주할 수는 있겠지만 실제로 유전자와는 상당히 거리가 멀다.

---

[66] 바이스만은 당시 꽤 젊었음에도 시각 장애가 있었고, 1880년 무렵에는 거의 장님이 되었다. 따라서 그는 실험적 연구를 수행하기가 어려웠고 심지어 불가능했다. 그래서 그는 사변적인 형태의 이론적 문제에 특히 골몰했다.

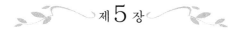

제 5 장

드브리스의 돌연변이와 판젠

이 유전이론들은 다윈주의 진화론을 토대로 발전하였다. 다윈의 진화론에서는 개체들이 동일한 형태로 생식되는 것이 아니라 변이된다. 다윈에게 변이는 유기체에 대한 외부 환경의 작용과 판제네스에 내재한 획득형질의 전달이라는 두 가지 요소로 이루어지는 것이었지만,[1] 그것은 실제로 "돌연변이"의 문제와는 전혀 달랐다. 사람들은 분명 오래전부터 돌연변이를 이해하고 있었으며, 이는 장난(*sports*), 혹은 자연의 장난(*sports of nature*)이라 칭해졌다.[2] 하지만 당시 사람들은 돌연변이에 크게 중요

---

1) Ch. Darwin, *L'Origine des espèces*, *op.cit.*, pp. 8~12, pp. 146~149, p. 155, p. 268 et *passim*.

2) 프랑스어로 돌연변이(*mutation*)는 일반적으로 변화를 의미하며, 생물학에서 드물게 사용되었다(뷔퐁과 라마르크도 이 용어를 사용했지만, 오늘날 사용되는 의미와는 전혀 다른 의미였다). 문헌에서는 16세기 이래 돌연변이라는 기록이 남아있지만(현대적 의미로), 그 현상에 대한 진정한 연구의 첫 번째 시도는 뒤셴(Antoine-Nicolas Duchesne)의 *l'Histoire naturelle des fraisiers*에서 나타난다(Didot le Jeune, Paris, 1766, pp. 124~135). 여기서 뒤셴은 갑작스러운 유전적 변형에 의한 새로운 딸기나무 종(*Fragaria monophylla*)의 출현을 서술하고 있으며, 또 다른 다양한 변종들이 그에 비견될 만한 과정들을 통해 동일한 기본종으로부터 형성되었다고 결론 내렸다. 한 각주(p. 133)에서 그는 이러한 변화 능력을

성을 부여하지 않았다. 왜냐하면 대개 기형만을 생성하는 돌연변이를 매우 희귀하고, 너무 돌발적이며, 지나치게 교란적이라고 간주하였기 때문이다. 다윈은 돌연변이에 주목하지 않았는데, 왜냐하면 다윈에 따르면 자연은 도약하지 않으며 따라서 연속적인 작은 변이들만이 진화에서 고려의 대상이었기 때문이다(진화는 유리하게 작용하는 약한 변형들이 축적되는 진보적 과정이었다). [3]

이 문제에 대한 바이스만의 생각은 시간이 흐르면서 변화되었다. [4] 그는 먼저 개체 변이가 생식세포들에 대한 외부 환경의 작용(생식세포들을 형성하는 유기체를 통해)에 기인한다고 생각했다. 이 점은 1883년 "유전에 관하여"(De l'hérédité)에 기술되어 있는데, 이는 개체 변이를 생식기관(les organs reproducteurs)에 대한 외부 환경의 작용에 의해 유발되는 것으로 설명한 다윈의 생각과 거의 일치한다. [5] 1885년 "유성생식과 자연선택"(Reproduction sexuelle et sélection naturelle)에서 바이스만은 이 개념을 대신하여 여기에 다른 이론을 제시했다. [6] 개체의 변이는 본질적으로 수정 시 부계와 모계의 생식질이 혼합되는 데 기인한다(여기서 그는 변이가 일어나는 데 있어서 교배의 중요성을 의심했던 다윈에 더 이상 동의하지 않는다). [7] 그와 같이 바이스만은 획득형질의 유전을 연상시킬 수 있는 외부 환경의 영향을 모두 제거해 버리고자 했다. 따라서 그는 순수하게 내적 기원의 변이를 찾아내야 했다. 그는 생식질에 상당한 확실성을 부여했기 때문에(환경이 생식질에 영향을 미친다는 사실을 부정하고 그 기능

지칭하여 "변이력"(mutabilité)이라는 용어를 사용했다.

3) Ch. Darwin, L'Origine des espèces, op.cit., pp. 32, 46, 57, 555, et passim.

4) 그 결론적인 형태와 그 역사에 대한 간략한 개괄은 The Germ-Plasm, op.cit., pp. 410~449, 제4장에 제시되어 있다.

5) A. Weismann, "De l'hérédité", in Essais sur l'hérédité et la sélection naturelle, op.cit., pp. 154~155.

6) A. Weismann, "Reproduction sexuelle et sélection naturelle", in Essais sur l'hérédité et la sélection naturelle, op.cit., pp. 320~322.

7) Ch. Darwin, De la variation des animaux et des plantes sous l'action de la domestication, op.cit., t. II, pp. 280~281.

에 필수불가결한 구조물을 옹호하기 위해), 개체의 이러한 변이는 순전히 성과 결합되어 있을 수밖에 없게 되었다. 이것이 바로 그가 옹호하고 발전시킨 개념이다.

성 혼합이 그와 같이 중요한 역할을 하긴 하지만, 그렇다고 변이의 1차적 원인이 될 수는 없다. 왜냐하면 성 혼합은 이미 존재하는 변이들을 결합시키는 데 불과하기 때문이다. 따라서 결합한 생식질들의 다양성의 기원을 설명해야 한다. 이를 위해 바이스만은 두 가지 해결책을 상정하고 있었다. 우선 그는 원초적인 단세포로 거슬러 올라간다. 단세포 생물에서는 생식질이 분리될 수 있는 분화된 핵을 아직 지니지 않으므로 이 유기체들은 체세포인 동시에 생식세포이다. "체세포의" 변이(환경의 작용에 의한)는 또한 생식세포의 변이이기도 하며, 따라서 "체세포의" 변이는 유전적이다. 다양하게 결합된 생물들로 이어지는 변이의 1차적 기원은 그와 같다.

여기에 비오포어 이론에 근거한 또 다른 설명이 덧붙여진다.[8] 비오포어는 생식질에서든 세포질에서든 영양분이 되기도 하고 생식물질이 되기도 한다. 비오포어 물질은 지속적으로 영양분에 의해 새로워지고, 생식에 의해 배가된다. 영양 조건이 필연적으로 불규칙적이기 때문에(그리고 바이스만은 "외적 조건"을 주로 "영양 조건"으로 이해한다), 새로워지고 배가되는 생식과정들은 때로 비오포어의 조성을 일부 변형시킨다. 일반적으로 이 변형들은 미약한데, 왜냐하면 생식질은 상당히 견고한 구조로 일컬어지기 때문이다. 이러한 변형이 생명체 형태(시대착오적 용어를 사용하자면 "표현형")에 미치는 영향은 훨씬 더 미약한데, 생명체들은 상당히 많은 수의 이드, 그리고 따라서 상당히 많은 수의 동류(동일한 형질, 동일한 세포 유형에 해당하는) 디터미넌트를 보유하기 때문이다. 그 결과 이들 디터미넌트의 변형(이들을 구성하는 비오포어 중 하나가 변형되어 생긴)은 변형되지 않은 디터미넌트들 속에서 희석된다(디터미넌트가 그와

---

8) A. Weismann, *The Germ-Plasm*, *op.cit.*, p. 417.

관련된 "표현형적" 형질에 대해 눈에 띌 정도의 영향을 미치기 위해서는 많은 수의 동류 디터미넌트가 그와 같은 방식으로 변형되어야 할 것이다). 바이스만에게 유전은 매우 보존적이다(우선 생식질 연속성 원리가 그렇고, 이어서 생식질의 견고성이 그렇고, 또한 동류 이드의 다양성을 만들어내는 생식질의 구조가 그렇다). 따라서 진화에 요구되는 생명체의 변이를 생식질로 설명하기는 어렵다.

그와 같은 변이가 존재하려면 변형된 디터미넌트들이 조금씩 축적되어야 한다. 제법 눈에 띄는 "표현형적" 효과를 동반하지 않는 디터미넌트의 변형이라면(변형되지 않은 수많은 동류 디터미넌트 속에 묻힌 경우), 선택이 그와 같이 변형된 디터미넌트의 축적에 거의 유리하게 작용할 수가 없다. 따라서 바이스만이 방향을 돌린 곳은 바로 성 혼합과 우연성이다. 부모들과 선조로부터 유래한 다양한 플라즈마의 혼합은 일부 변형된 디터미넌트를 축적시킬 수 있으며, 그 결과 선택을 따르는 눈에 띄는 변이가 만들어질 것이다. 하지만 우연과 성 혼합에 의한 이러한 축적이 이루어지려면 비오포어의 미세한 변형들이 상당히 많아야 한다. 따라서 생식질은 다수의 작은 지엽적인 변형들을 만들어내도록 지속적으로 변화되는 존재가 되어야 한다(생식질에 제시된 견고성과는 어느 정도 상충한다). 이 지엽적인 변형들은 그 자체로 매우 미약하고 따라서 눈에 띄지 않는다. 게다가 생식질의 지속적인 변형에 중첩되어 지속적인 선택이 이루어지는데, 이때 선택은 변이가 "표현형적으로" 감지되는 순간 이 변이를 제거하면서 개체의 변함없는 형태를 유지한다(변이가 개체를 생존경쟁에서 유리하게 만드는 경우는 당연히 예외가 될 것이다).

결국 여기서 바이스만은 다윈의 개념과 유사한 개념을 받아들인다. 다수의 연속적인 작은 변이들이 축적되어야 한다는 개념이다. 현대에는 이 비오포어의 작은 변이들을 돌연변이로 간주하지만, 돌발적이고 감지될 수 있을 만한 변이들만이 자연의 장난(sports)이라고 간주했던 당시 상황에서는 그렇지 않았다. 바이스만은 다수의 비오포어들이 만들어내는 갑작스러운 변형과 큰 차이의 가능성을 충분히 짐작하고 있었지만, 이를 기형의 근원인 병리적 현상으로 간주했다. 예를 들어 디터미넌트의 한 그룹 전체가 이중으로 나타나면 다지증의 기원이 될 수 있으리라는 것이다.[9]

이러한 변이 개념은 또한 초기 드브리스의 개념과도 거의 유사하다(하지만 드브리스에게는 동류의 핵을 지닌 일부 판젠들만이 유일하게 중요했고, 따라서 그 판젠들 가운데 하나의 변형이 더 눈에 띄는 것으로 가정될 수밖에 없었다). 결국 드브리스는 돌연변이설이라는 전혀 다른 이론을 전개했다〔이로부터 현대 생물학에 돌연변이(*mutation*)라는 용어가 수용되었으며, 따라서 자연의 장난(*sports*)이라는 용어는 자취를 감추게 되었다〕. 드브리스는 돌연변이를 변이 가운데서도 특히 진화의 맥락에서 중요한 변이의 전형적인 의미로 설명하게 된다. 따라서 이 이론은 자신의 세포 내 판제네스(그리고 바이스만의 생식질 이론)를 보완해주며, 특히 진화 연구의 방식을 전적으로 바꾸어 놓는다.[10]

그렇지만 돌연변이설은 유전이론도 아니고(세포 내 판제네스와는 달리), 엄밀한 의미에서 변이 이론도 아니다. 돌연변이설은 진화이론이다(또한 이 이론은 당시 다윈의 이론과 경쟁적인 이론으로, 심지어 반다윈주의 이론으로 이해되었다).

이 이론은 약간 혼란스럽고 일관성이 매우 부족하다(이 이론은 차츰차츰 정교해졌기 때문에 적어도 창시자의 저술에서는 불완전했다). 드브리스의 사고는 바이스만에 비해 체계적이고 엄격하지 못했으며, 때로는 약간 모순되기까지 했다. 그는 늘 자신이 설명하고자 하는 것들에 제대로 들어맞지 않는 "빈약한 개념들"을 연구했다. 언제나 그가 말하고자 하는 내용은 쉽게 파악될 수 없었고, 그가 연구한 여러 개념들(기본종, 다양성, 변동, 유전의 단위 등 — 게다가 자신의 돌연변이 개념)은 한 번도 명확하게 정의된 적이 없으며, 필요에 따라 그리고 문맥에 따라 의미가 달라졌다

---

9) *Ibid.*, p. 428.

10) H. De Vries, *The Mutation Theory* (2 vol., 1901~1903), traduction de J. B. Farmer et A. D. Darbshire (2 vol., 1909~1911), Kraus Reprint Co., New York, 1969.

(때로는 동일한 문맥 속에서도 의미가 달랐다). 그의 이론은 "인상주의적인"(impressionniste) 측면이 있고, 사람들은 일반적인 개념을 만드는 데 이 이론의 도움을 받기도 했지만 하잘것없는 세부사항들을 헛되이 연구하기도 했다. 이 세부사항들은 모호함과 무한함과 불안정함 속에서 갈피를 잡지 못하고 있었기 때문이다.

다른 한편, 바이스만이 공공연하게 스스럼없이 사색했다면, 드브리스는 자신의 개념들을 구체적으로 확립하기 위해 고심했다. 드브리스는 실험가였고, 자신이 오랫동안 서술한 관찰과 실험들에 항상 의지하지 않고는 추론을 좀처럼 전개시키지 못했던 듯싶다. 하지만 실제로 그의 방법을 실험적이라고 이야기할 수는 없다. 그는 이론적 전제들을 증명해 주기보다는 설명해 보여주기 위한 사례들(식물학적)만 잔뜩 나열해 놓았다. 이는 식물들에 관한 특수한 사례들과 여담으로 자신의 의도를(그리고 독자를) 어지럽힌다(식물에서는 특수한 사례들이 무수히 다양하게 존재하며 동물에서라면 불가능할 갖가지 유전적 판타지들을 제공함을 사람들은 알고 있다). 1,300쪽의 이 엄청난 식물학적 사례들 속에서 가장 놀라운 사실은 그의 이론을 뒷받침하는 "실험적" 기초인 달맞이꽃의 돌연변이가 오늘날 사람들이 이해하는 의미에서의 돌연변이가 아니라, 염색체의 심각한 이상, 특히 삼염색체성과 다배성[11]을 비롯한 다양한 이질적 과정이라는 점이다. [12] 이는 소위 실험적이라 일컬어지는 과도한 사례들과 설명들 속에 숨겨져 있는 사변적 측면을 나타내준다.

---

11) 〔역주〕 삼염색체성(Trisomy)은 이배체에 염색체 하나가 더 부가된 경우를 지칭하며, 다배성(Polyploidy)은 반수의 염색체 세트가 두 벌 이상 존재하는 경우로 식물에서 흔히 발견된다.

12) 따라서 초기 형태의 달맞이꽃(Œnothera lamarckiana)은 14 염색체(=2n)을 보유하지만, "돌연변이체" 형태인 Œnothera gigas는 28(=4n, 4배체), Œnothera semi-gigas는 21(=3n, 3배체), Œnothera lata는 15, 16, 혹은 17(=2n+1, 2n+1+1, 2n+1+1+1, 단일 혹은 배수의 3염색성), Œnothera scintillans는 15에서 21, 그리고 일부 염색체 조각들 등의 변이가 나타난다(L. Blainghem, "Origine des espèces, mutations ou hybrides", dans Hérédité, mutation et évolution, L'œuvre de Hugo De Vries, Masson, Paris, 1937, pp. 46~47).

보다 일반적인 또 다른 요인을 통해 이 이론이 지닌 약간 혼란스러운 양상이 설명될 수 있다. 이 이론이 나온 시기가 생물학 역사에서 매우 불안정한 시기에 속해있다는 사실이다. 이미 언급한 바 있지만, 19세기 말에는 온갖 종류의 무질서한 생물학적 사변들이 존재하고 있었으며, 서로 경쟁적이고 상반되며 때로는 심지어 상식을 벗어난 논제들이 뒤얽혀 있어 개념들의 전개 경로를 되짚어보기가 상당히 어렵다. 20세기 초반도 이 점에서 더 나을 것이 없었는데, 왜냐하면 그 어떤 대안도 없이 이 논제들〔생명체가 "기본 입자들"(particules élémentaires)로 구성되어 있다는 개념과 같은〕의 일부 기본적 측면들이 무너져 내렸기 때문이다. 돌연변이설은 이 혼란에 마지막 터치를 가했으며, 그의 반다윈주의적 견지로 인해 주로 근거가 없거나 잘못된 근거의 다양한 논쟁들을 야기했다. 1900년대는 분명 혼란이 정점에 달했던 시기이다. 유전과 진화의 과학은 난관에서 벗어났지만, 그것이 어떻게 가능했는지를 알아내기는 그리 쉽지 않다.

의심스러운 점은 50여 년 동안(1860~1910)의 이 혼란기가 다윈을 방패삼아 변함없이 지속되었다는 점이다. 특히 제시된 이론들이 반다윈주의적이었던 경우조차도 그랬다. 바이스만의 생식질 이론이 전개된 기원은 라마르크(그는 이미 오래전에 죽었고 결코 어떤 유전이론도 제시한 적이 없었다)에 대립한 것이 아니라 순전히 다윈의 범생설(당시의 관심사였던)에 대립하여 나타난 것이었다. 그런데 사람들이 그와 반대로 제뮬과 비오포어 사이의 유사성을 주장하는 동안〔하지만 비오포어는 분명 골턴의 혈통(stirp)이나 네겔리의 미셀과 더 유사하다〕, 다윈주의 유전에 대한 대립은 차츰 잊혀갔고, 필요에 따라 발명된 라마르크주의 유전에 대한 대립으로 바뀌어갔다. 결국 결정적인 형태의 이론이 제시된 저서《생식질》(Das Keimplasma)은 다윈을 기념하는 데 바쳐졌다. 여기에 약간의 "환경적인"이라는 단서를 달아 허위라는 이미지를 없앤 채 다윈주의 계보를 구축했던 것이다.

"세포 내 판제네스" 유전이론은 근본 원리에서 다윈의 논제에 반대됨에도 불구하고, 드브리스 스스로 다윈에 경의를 표하기 위해 자신의 이론

94

을 헌정하기까지 했다. 그는 자신의 고유한 이론의 선조라는 맥락으로
다윈의 범생설을 개작하려는 시도도 했다. 13) 하지만 자신의 이론이 어
원적 의미에서 "판제네스"가 아니라는 사실을 감추지는 못했다(비록 이
명칭을 고수하기는 했지만). 바이스만의 비오포어와 마찬가지로 드브리
스의 판젠은 다윈의 제뮬보다는 골턴의 **혈통**이나 네겔리의 미셀로부터
유래했다.

돌연변이설의 경우는 훨씬 더 놀라운데, 이 이론은 다윈이 제시한 거
의 모든 가정과 반대되며(아래 참조), 다윈의 이론과 경쟁적인 이론임이
드러났다(게다가 이 이론은 당시에도 그와 같이 간주되고 있었다). 14) 드브
리스는 그럼에도 돌연변이설이 다윈 이론에 뿌리내리고 있다고 믿고 있
었다(반대자들의 영향으로 나중에 거부하게 된 젊은 시절에 제시했던 개념들
을 근거로 내세운다거나, 혹은 돌발적 변이의 진화를 거부한 것은 다윈이 아
니라 월리스였다고 주장하면서). 15)

다윈은 이미 반드시 언급되어야 할 이름(*référence obligée*)이 되어있던
듯싶다. 또 그 무렵부터 생물학자들 사이에는 다윈을 내세우면서 이야기
를 수정하려는 일부 경향이 존재했다(다윈은 글을 많이 썼고 그의 글에 대
한 이견도 많았다. 그래서 사람들은 논박을 두려워하지 않고 그에 대해 매우
다양한 견해들을 내놓을 수 있었다. 아무도 족히 수만 페이지 분량이 되는 다
윈의 저술을 모두 읽을 용기를 갖지는 못했으며, 그 가운데《종의 기원》만큼
오래 살아남은 작품도 없다. 게다가《종의 기원》은 인용된 빈도만큼 많이 읽
히지는 않았다). 그렇다고 해서 이러한 사실들이 동일한 정신적 아버지를

---

13) 이 개작에서 드브리스는 판제네스를 제시한 다윈의 재능과 절제를 찬양하면서 인
격 숭배를 할 정도였다.

14) 예를 들면, 드브리스가 어떻게 주장했든《돌연변이설》*The Mutation Theory*의
tome II, 606~614쪽의 내용은 분명히 반다윈주의적이다. 여기서 드브리스는 자
신이 반대하는 논점들을 조목조목 비판한다.

15) H. De Vries, *The Mutation Theory*, op. cit., t. I, pp. 30~39. 또한 De Vries,
Espèces et variétés, leur naissance par mutations(1904년 버클리 캘리포니아 대학
에서 행한 강연집), 영어본 번역 L. Blaringhem, Alcan, Paris, 1909, p. VIII과
5쪽 참조.

내세워 갖가지 잡다한 논제들을 제시하는 이 학자들을 이해하는 데 도움을 주지는 않는다. 결국(1910~1915년), 제법 일관적인 유전-진화이론(une théorie génético-évolutionniste)이 등장했다. 이 이론은 다윈주의라 불렸지만 온갖 반다윈주의적인 초기 개념들을 포함하고 있었다(때로는 반대되는 개념들도 있었다). 다윈주의가 다윈의 논제에 속한다고 말하는 것은 유전체가 바이스만의 생식질 이론에 포함된다고 말하는 것과 같은 의미이다. 다윈 이론과 다윈의 이름이 붙은 바이스만의 독트린은 설명 도식(변이-선택)에 있어 거의 동일하지만, 두 이론은 비교할 수 없을 만큼 서로 다르다. 다윈이 설명한 변이나 자연선택은 바이스만의 다윈주의에 포함될 수 없다. 어쨌든 우리가 여기서 관심을 두는 것은 다윈 이론에서 돌연변이가 자리할 곳은 없다는 점이다.

많은 학자가 진화를 설명하기 위해 돌연변이(자연의 장난) 개념을 사용했지만[1864년 쾰리커(Kölliker)에서 1899년 코르스친스키(Korschinsky)에 이르기까지], 16) 이 점에서 단연 압도적인 인물은 드브리스다.

드브리스는 연속적이고 양적인 작은 변이들(다윈에 부합하는)과 돌발적이고 질적인 변이들을 구분했다. 그는 전자를 "미세변이"(fluctuations), 후자를 "돌연변이"라 불렀다. 드브리스에 따르면(다윈과는 반대로) 미세변이는 환경과 영양분의 영향을 받은 판젠들의 불균등한 활성에 기인하여 나타나므로 진화에는 개입하지 않는다. 그에게는 진정으로 변화되어 유전적인 새로움을 획득한 돌연변이만이 유일하게 진화에 개입하는 것으로 참작되었다.

그렇지만 모든 것이 이와 같이 요약된 설명을 통해 드러날 수 있을 만큼 명확한 것은 아니다. 그 한 가지 이유는 돌연변이도 미세변이도 일관된 유전이론으로 정의되지 않았기 때문이며, 다른 한편으로 돌연변이는

16) A. Kölliker, *Über die Darwin'sche Schöpfungstheorie*, Engelmann, Leipzig, 1864; S. Korschinsky, "Heterogenesis und evolution", *Naturwissenschaftliche Wochenschrift*, 1899, vol. 14, n° 24.

사람들이 경험적으로 믿고자 하는 만큼 직접적으로 멘델의 법칙(그 무렵 드브리스에 의해 재발견)과 관계가 없기 때문이다.

이제 미세변이와 돌연변이의 사례를 차근차근 짚어보기로 하자.

드브리스는 미세변이가 진화의 관점에서 무의미하다고 생각했다. 미세변이는 이미 존재하고 있던 성질이 "많든 적든" 나타난 변이일 뿐 전혀 새로움을 가져다주지 않기 때문이다.[17] 이러한 양적 변이는 케틀레의 법칙을 따른다[18] (사실 케틀레는 사회적 통계와 통계 인류학을 가우스-라플라스의 법칙으로부터 제공받았다). 말하자면 변이될 수 있는 형질의 다양한 값은 종 모양 곡선의 중간 부근에 해당되며, 이 커브의 양 극을 차지하는 선택된 개체들의 후손들은 통계적으로 평균으로 돌아가려는 경향을 지닌다. 드브리스는 이를 미세변이가 일어난 형태들은 동일한 유형에 결부되어 있는 반면 그 형태들 가운데 돌연변이된 형태들은 분명하고 갑작스럽게 부각된 것으로 해석했다.

이는 골턴이 자신의 생물통계학에서 제시했던 내용과 매우 유사하며 (박스 4 참조), 표면적으로 알려진 바와 달리 멘델식 돌연변이를 이루게 될 내용과는 제법 차이가 있다. 실제로 드브리스는 가우스-라플라스의 법칙을 모호하게 사용했다. 그는 이 법칙을 따르는 변이들이 부분적으로 유전적임을 받아들였는데,[19] 이는 그가 미세변이들을 제거하기 위해 이 법칙을 사용했다는 사실과는 일면 모순되는 듯 보인다. 이 점은 두 가지 근거를 통해 설명된다. 우선 유전형과 표현형 개념이 아직 정초되어 있지 않았다는 점, 다른 한편으로 돌연변이설은 유전적 변이론보다는 진화론에 더 가깝다는 점이다.

유전형과 표현형 사이의 명백한 구분을 하지 못했던 드브리스는 가우스-라플라스의 법칙을 따르는 양적 변이들이 표현형(유전형이 아닌)의 변이

---

17) H. De Vries, *Espèces et variétés*, *op.cit.*, pp. 11~12.

18) H. De Vries, *The Mutation Theory*, *op.cit.*, t. I, pp. 47~52, 또한 *Espèces et variété*, *op.cit.*, p. 464 참조.

19) H. De Vries, *The Mutation Theory*, *op.cit.*, t. I, p. 516.

라는 점, 이 변이들은 환경에만 유일하게 의존하는 "임의적인"(*aléatoires*) 변이인 까닭에 유전적일 수 없으며 선택에 의한 진화에 개입할 수 없다는 점을 이해하는 데 어려움이 따랐다〔말하자면 그가 기초로 삼았던 연구들은 어느 정도 개괄적이었으며, 개체군들이 전적으로 이질적이고(*hétérogènes*) 평균으로의 부분적인 퇴행만을 유도하는 가우스-라플라스의 법칙을 따르는 것으로 간주할 수 있었다〕.

다른 한편, 드브리스는 특히 신종형성(진화)의 문제에 관심이 있었는데, 그에 따르면 신종형성은 작은 양적 변이의 축적에 의해서가 아니라, 돌발적인 질적 변이(돌연변이)에 의해서만 유도될 수 있다. 작은 양적 변이는 유전적이라 하더라도 질적인 측면에서 새로움을 전혀 제공하지 않는 것이었다. 따라서 드브리스에게 가우스-라플라스 법칙은 진화를 설명하는 데 있어서 유전과 비유전을 구분하기보다는 오로지 돌연변이에 유리하도록 양적인 미세변이의 역할을 감소시키는 데 일조했다. 부분적이든 전체적이든 평균으로의 퇴행은 미세변이의 비핵심적인 형질에나 해당되는 논거일 따름이며(엄밀한 의미에서 이는 생명체의 핵심 및 유형에 영향을 미치지 않으며, 따라서 진화의 맥락에서 의미를 지니지 못한다), 진정한 통계적 연구로 전개되었다고 보기는 어렵다.

이 모두를 통계적으로 이론화시킨 사람은 빌헬름 요한센(Wilhelm Johannsen)이었다. 이 이론화 작업은 1903년에서 1909년 사이에 이루어졌고, 따라서 이 작업은 드브리스의 저술(1901~1903년에 출간)에 반영될 수 없었다. 요한센은 우선 "순계 혈통"(*lignée pure*) 개념을 발전시켰다〔개체들이 모두 동일한 유전적 조성을 지닌다는 것으로, 여기서는 강낭콩 파세올루스 불가리스(*Phaseolus vulgaris*)에서 자가 수정된 단일 종자의 후손이 언급되었다〕. 그는 이러한 순계 혈통에서 개체들이 서로 다르며 이 개체들은 종 모양 곡선에 따라 할당되므로, 연속적으로 이어지는 세대를 거치면서 전체가 평균으로의 퇴행을 이루게 된다고 설명했다.[20] 이 경우 개체들의

20) W. Johannsen, *Über Erblichkeit in Populationen und in reinen Linien*, Fischer, Iéna, 1903 〔J. A. Peters, *Classic Papers in Genetics*, Prentice-Hall, Englewood

변이는 유전적 조성을 변화시키지 않으며(모두 동일하다), 따라서 유전적
변이가 아니다. 이 변이들은 "임의적"(aléatoires)이며 오로지 환경에 기인한
다(이는 라플라스가 오류 가능성의 곡선으로서 가우스 곡선에 부여했던 의미와
제법 맞아떨어진다 — 골턴이 사용한 가우스 곡선의 의미와 정반대이다).

몇 년 뒤인 1909년 요한센은 자신의 연구로부터 표현형과 유전형 개념
을 도출해냈다.[21] 동일한 유전적 조성을 지닌 개체들이 양적으로 서로
다른 외관을 지닐 수 있으려면 이러한 구분이 필수불가결했다(가우스-라
플라스 법칙을 따르는 배열). 따라서 측정할 수 있는 외관으로 나타나는
형질과 유전으로 숨어 있는 형질을 식별할 필요가 있었다.

표현형[Erscheinungstypus 혹은 Phœnotypus, 어원적으로 나타나다
(apparaître)라는 의미의 그리스어 φαίνω와 형태(marque, form)를 의미하는
τύπος의 합성어로 외관상의 유형(le type apparent)을 의미]은 외관상 형질
의 관점에서 한 개체군을 이루는 개체들의 평균 유형으로 결정된다(측정
되는 형질). 통계적 "유형"(type)은 그 개체군의 개체들에 포함된 독특한
유전적 조성과 필연적으로 부합되지는 않는다.

유전적 조성을 지칭하는 "유전형"이라는 용어는 "표현형"이라는 용어의
모델을 토대로 형성되었다. 유전 과학은 개체군을 통계적으로 연구할 때
측정되는 외관의 관점에서, 즉 표현형의 관점에서 연구되어야 한다는 것
이다. 평균으로 정의된 이 표현형은 순계 혈통인(가우스-라플라스의 법칙
을 통해 특징지어진) 경우에만 단일한 유전형과 부합된다. 이후로 통계적
관점은 사라졌고 표현형은 개체 수준에서의 유전형의 발현으로 여겨졌다
(개체군이나 순계 혈통의 유전형이 아니라). 표현형과 유전형은 따라서 바
이스만이 제시했던 체세포(soma)와 생식세포(germen) 개념과 유사하다.

Cliffs, N. J., 1959, pp. 20~26, 그리고 H. Gall and E. Putschar, *Selected Readings in Biology for Natural Sciences* (vol. 3), University of Chicago Press, 1955, pp. 172~215에 부분적으로 영어 번역].

21) W. Johannsen, *Elemente der Exakten Erblichkeitslehre*, G. Fischer, Iéna 1909, pp. 123, 130, et *passim*.

요한센의 이러한 연구는 하디-바인베르크 법칙(1908)과 함께 개체군 유전학의 시작을 알리는 작업이었다. 이 연구들은 또한 멘델-돌연변이설 대 골턴의 생물통계학이 대립했던 20세기 초 유전학의 거대한 논쟁의 기원이 되었다(골턴은 유전물질을 통계적으로 연구한 초기 인물에 속한다). 이를 통합하기 위한 여러 차례의 시도(*œcuménisme*) 끝에 (그리고 잘못된 신념으로) 요한센은 1903년 출간된 자신의 저서를 골턴에게 헌납하기까지 하면서 이 저서가 생물통계학에 전혀 대립되지 않는다고 신경 써서 분명히 말했다. 그럼에도 불구하고 역시 거대하고 기나긴 논쟁이 지속되었는데, 그 과정에서 드브리스의 돌연변이설(요한센과 그 외 다른 사람들에 의해 수정된)은 근본적으로 반다윈주의로, 심지어 다윈주의의 사형 선고로까지 여겨졌다(이에 관해서는 차후에 살펴보게 될 것이다).

이 모두가(순계 혈통, 표현형, 유전형, 가우스-라플라스 법칙의 올바른 이용 등) 드브리스의 돌연변이설(*Théorie de la mutation*)에는 존재하지 않는다. 이러한 개념적 부재는 그의 저술에 혼돈을 야기한다. 이러한 필수적인 개념들을 이해하지 못했던 드브리스는 유전형적 변이(유전적 관점에서 의미 있는 변이)와 표현형적 변이(유전적 관점에서 무의미한 변이)를 명확히 구분하지 못했다. 게다가 그의 돌연변이설은 유전이론보다는 진화이론에 가깝기 때문에, 그는 유전의 맥락에서 의미 있는 변이와 무의미한 변이의 구분을 진화의 관점에서 무의미하다고 간주했던 양적 변이(미세변이) — 하지만 오늘날 유전의 맥락에서는 의미가 있을 것으로 여겨지고 있다 — 와 진화의 관점에서 유일하게 의미 있는 변이로 간주했던 질적 변이(돌연변이) 사이의 구분과 중첩시키려(게다가 대체시키려) 했다. 그와 같이 드브리스 이론에는 명료함과 일관성이 결여되어 있다.

드브리스는 판젠들의 불균등한 활성에 따른 양적 미세변이 역시 그리 명확하게 설명하지 못했다. 우선 세포 내 판제네스에 의거해보면, 이 판젠들의 불균등한 세포질 증식이 문제 된다. 영양 조건에 따라 세포질의 판젠들이 얼마나 증식되는가에 따라 그에 부합되는 형질들이 나타나기도 하고 나타나지 않기도 한다(따라서 유전적 방식이 아니다). 이것이 드브리스가 "미세변이는 영양적 현상인 반면 돌연변이는 지금까지 알려지지 않은 원인의 결과이다"[22] 라거나 이 미세변이와 관련하여 "선택 (*sélection*) 은 얼마나 더 좋은 영양을 선택 (*choix*) 하는가에 달려있다"[23] 고 기술했을 때 사람들이 이해한 내용이다. 다시 말해서 사육가와 원예가는 최상의 영양 상태에 의해 이런저런 형질이 보다 강력하게 발달한 동물과 식물을 선택할 뿐이라는 것이다.

하지만 드브리스는 "영양상태가 양호한" 식물이 영양상태가 양호한 종자를 생성하고, 그로부터 나온 새싹은 영양상태가 양호해지며, 그 결과 영양상태가 양호한 식물이 성장할 때 그 모체의 형질들 가운데 더 눈에 띄는 형질들이 유지될 것이고, 심지어 그 형질들이 더 강화될 것이라는 점을 덧붙였다.[24] 이것이 바로 이어지는 세대를 거치면서 원예가의 선택으로부터 영향을 받는 재료가 된다. 그와 같이 일종의 획득형질의 유전이 존재할 것이고 양적인 미세변이가 유전될 수 있다(이 모두는 진화와 관련하여 무의미한 내용으로 여겨졌고 이것이 드브리스가 유전적인 것과 비유전적인 것 사이의 구분보다 더 관심을 가진 문제이다).

따라서 드브리스가 이 양적인 미세변이가 핵 내 판젠들(세포질 내 판젠들뿐만 아니라)의 증식을 통해 형성된다고 생각하지는 않았는지 의문을 지닐 수 있다. 왜냐하면 《세포 내 판제네스》에서 그는 한 형질의 양적 유전을 그에 부합하는 핵 내 판젠의 많은 사례로 설명하고 있기 때문이다.[25]

사실 드브리스 이론의 바탕은 사육가와 원예가들에게 선택은 생명체를 양적으로밖에 변형시킬 수 없지만(이미 존재하는 형질들에 대해), 질적 변이(새로운 형질의 출현)는 모든 선택과 독립적으로(이는 두 번째 시기에만 가능하다) 사육가와 원예가를 벗어나 우연히(돌연변이에 의해) 이

---

22) H. De Vries, *The Mutation Theory*, *op.cit.*, t.II, p.307.
23) *Ibid.*, t.I, p.137.
24) *Ibid.*, t.I, p.137; 그리고 *Espèces et variétés*, *op.cit.*, p.11 참조.
25) 드브리스는 미세변이가 다수 판젠들의 변화에 기인한다고 분명히 서술했지만, 핵 내 판젠들과 세포질의 판젠들 어느 쪽이 관계되는지는 명시하지 않았다(*The Mutation Theory*, *op.cit.*, t.II, pp.644~648).

루어진다는 것이었다. 《돌연변이설》의 제 3장 제목에서 드러나듯이 그에게는 "선택만이 유일하게 신종을 형성하는 것은[26] 아니다". 이 점을 조금 더 살펴보자(이 개념은 현대 다원주의가 별 문제제기 없이 동의해 왔지만, 20세기 초 본래의 모습은 아니기 때문이다).

여기서 유전적인 양적 미세변이를 핵 내 판젠들의 증식을 통해 설명하는 것은 멘델법칙의 재발견, 특히 판젠 이론의 맥락에서 이들을 해석하는 것과 모순된다는 사실에 주목해보자. 실제로 이 해석은 형질마다 두 개의 핵 내 판젠이 온전히 존재한다는 의미가 된다(부계로부터 온 하나의 판젠과 모계로부터 온 다른 하나의 판젠은 각각 동일한 쌍의 염색체 중 하나에 위치한다). 그러나 《돌연변이설》(1901~1903)에서 드브리스는 멘델법칙을 어렴풋이 상기시킬 따름이다(그가 멘델법칙을 재발견하고 그 원리를 완전히 이해한 것은 1900년이다). 그는 때로 형질당 두 개의 판젠이 존재한다고 생각한 것으로 보이는데, 그가 특정한 관점을 제시한 일부 설명에서 둘 이상의 판젠들(혹은 하나의 판젠)을 사용했고, 따라서 이 설명은 멘델법칙과 양립되지 않는다. 놀랍게도 그는 멘델법칙이 직접적으로 판젠들을 통해 해석된다고 생각하지도 않았고, 멘델법칙의 맥락으로 돌연변이를 이해하지도 않았다.

1902년과 1903년 염색체의 반응과 멘델의 법칙을 결합시킨 사람은 서턴(Walter S. Sutton; 1877~1916)이었다.[27]

---

26) 예를 들면 그가 "상위" 판젠이 충분하지 않기 때문에 우선적으로 비활성적이라고 설명했을 때이다(The Mutation Theory, op.cit., t. II, p. 649). 혹은 그가 진보성 돌연변이를 짝이 없는 단일 판젠의 존재로 설명했을 때이다(아래 참조).

27) W. S. Sutton, "On the Morphology of the Chromosome Group of Brachystola Magna", Biological Bulletin, 1902, vol. 4, n° 1, 24~39; "The chromosome in Heredity", Biological Bulletin, 1903, vol. 4, n° 5, 231~251(J. A. Peters, Classic Papers in Genetics, op.cit., pp. 27~41 재간행). 거의 동시에 거의 유사한 사상을 지녔던 다른 학자들도 존재했는데, 특히 보베리(T. Boveri; 1902), 그리고 서턴(Sutton)이 인용했던 몽고메리(T. H. Montgomery; 1901), 캐넌(W. A. Cannon; 1902), 베이트슨(W. Bateson; 1902), 윌슨(E. B. Wilson; 1902)이 있다(책 말미의 참고문헌 참조).

드브리스는 필경 이를 잘 알지 못했거나 그리 일관성 있게 고려하지 못했다. 1903년 《돌연변이설》 2권에서 (1권은 1901 출간) 때로 그는 한 형질마다 두 판젠이 존재한다고 간주한 것 같다. 더 구체적으로 1904년에 《종과 변종》 (*Espèces et Variétés*) 에서 그는 부계로부터 온 하나의 판젠과 모계로부터 온 다른 하나의 판젠이 합쳐져 적어도 두 개의 판젠이 존재한다고 서술했다. [28] 그리고 그는 마치 두 개의 판젠만이 존재하는 것으로 대략 추론했지만 이 점에서 그의 생각은 그리 확고하지 않았으며, 스스로 모순되는 말을 하고 해석에서 오류를 범했다 (상술한 내용 참조). 이를 일종의 견해로 보기에는 불충분한데, 그의 (긴) 텍스트에서 사람들은 갈피를 잡을 수 없고 그 자신 역시 분명 갈피를 잡지 못하고 있기 때문이다. 사람들은 드브리스가 명쾌한 저술가가 아니며, 생물학사의 혼란기에 매우 복잡하게 얽혀 있던 문제들에 관한 글을 썼을 뿐 아니라, 불운이 겹쳐 그가 자신의 이론을 구축하기 위해 애썼던 모든 종류의 구체적인 사례들은 오늘날 유전학이 식물학의 판타지 범주로 분류한 것들에 속한다고 이야기한다 (그는 달맞이꽃의 다배수성과 3 염색성을 토대로 유전과 진화이론을 구축하는 데까지 이르지는 못했다).

4. 골턴의 혈통, 생물통계학, 그리고 조상의 유전

골턴은 다윈의 제뮬이 유기체를 통해 순환하는 것이 아님을 "보여주었다" (토끼의 수혈을 통해). 따라서 그는 (1875년) "배아"의 역할을 하는 유기적 입자들에 의해 신체의 서로 다른 부위들이 수정란에 나타난다는 개념을 택했다. 이 입자들은 그에 부합하는 유기체 부위들을 형성하면서 발생할 수 있다 (하지만 제뮬들과 반대로 이 입자들은 유기체 부위들로부터 유래한 것이 아니다). 골턴은 수정란에 들어 있는 배아들 전체를 "혈통" (*stirp*) 이라 불렀다 ["뿌리, 근원" (*racine, souche*) 을 의미하는 라틴어 stirps]. [29]

---

28) H. De Vries, *Espèces et Variétés*, *op.cit.*, p. 159와 pp. 174~175.

이 혈통은 유기체를 형성하는 데 필요한 양보다 훨씬 더 많은 수의 배아를 포함하고 있다(수년 뒤 바이스만이 설명한 생식질에 한 유기체를 형성하는 데 충분한 디터미넌트의 작용으로 이루어진 이드가 상당수 포함되어 있는 것과 거의 유사하다). 따라서 그는 난 속에 포함된 혈통의 분리를 구상하게 된다.

일부 배아들은 성장하여 난으로부터 생명체를 형성시키는 것으로 여겨졌다. 다른 배아들은 비축 상태가 되는데, 이들은 활성이 유지되기는 하지만 잠재적인 상태이며 차후 세대에 제공될 혈통을 형성하는 데 기여하게 된다(이는 어떤 면에서 바이스만의 생식세포 계통에 해당하지만, 여기서 이 "비축된 배아들"은 격세유전을 설명하는 데에만 사용된다). 이러한 "비축"은 혈통 안에 머물러있는 배아들로 재편성된다고 생각할 수밖에 없는데, 혈통이 어떤 세대에 가서 고갈되지 않도록 하는 데 필요한 것 같다. 하지만 이 점에 대해서는 명백한 아무런 언급도 없다. 어떤 배아들이 발생하고 어떤 배아들이 비축되어 남는가의 선택은 일종의 경쟁도 있겠고 그만큼의 우연도 작용하는 듯하다.

수정란에서 혈통의 두 부분(발생되는 부분과 비축되어 남는 부분)은 불균등하며, 태어날 생명 개체는 발생할 배아들에 부합하는 이런저런 형질들을 보유하게 된다. 이 개체의 후손들은 비축분으로 남겨진 배아들 중에서 발생되는 배아들에 부합하는 형질들을 갖게 된다(이때 혈통의 새로운 분할을 필요로 한다). 이 배아들은 새롭게 연속적으로 이어지는 분할의 양태에 따라 부모들에서 발생되었던 배아들과 동일하거나 혹은 다른 존재일 수 있다. 따라서 후손들은 그들의 부모들과 동일하거나 다른 이런저런 형질들을 갖게 된다.

이 체계는 아이들이 부모를 닮기도 하고 혹은 닮지 않기도 하는 현상을 설명해준다. 여기서 골턴이 집착했던 것은 닮지 않음이었고(스펜서의 이론과 같은 이전의 이론들은 차이가 아니라 닮음을 설명해왔다), 그는 이 문

---

29) F. Galton, "A Theory of Heredity", *Contemporary Review*, 1875, 27, pp. 80~95. 불어본 번역은 "Théorie de l'hérédité", *Revue scientifique*, 1876, 10, pp. 198~205.

제를 격세유전의 문제와 통합시켰다. 예를 들어 그는 우수한 사람의 아이가 흔히 별 볼일 없는 이유가 출발 시 혈통이 불균등하게 나뉘었기 때문이라고 설명한다. "우수한" 배아들은 우수한 사람에게 모두 발생되어 주어지고 더 이상 다음 세대에 우수한 사람이 나타날 만큼 비축되어 남아있지 않지만, 차후 세대에는 이 우수한 배아들이 재구성되어 다시 나타날 수 있으리라는 것이다(격세유전은 그와 같이 부모들과 아이들 사이의 차이와 더불어 설명되었다).

요약하면, 출발 시의 혈통은 서로 다른 무수히 많은 개체를 만들어내는 데 필요한 배아들을 담고 있으며, 그것이 나뉘어 분리된 몫은 형성 가능한 개체들 가운데 하나로 발생하게 된다. 다른 개체들로 형성될 가능성이 있는 배아들을 포함하는 나머지는(발생된 개체와는 다소 차이를 지닌다) 비축되어 다음 세대들에 제공된다(아마도 발생에 이용되는 부위는 충실함의 정도 및 시간의 차이에 따라 재구성될 것이다).

상이한 배아들의 조합은 발생 가능한 자손의 범위를 상당히 넓게 확장시켜준다. 이 가능성은 부계로부터 온 혈통과 모계로부터 온 혈통이 섞이게 되는 유성생식에 의해 확장된다. 이용 가능한 배아의 수가 배가되기 때문이다. 따라서 그들 사이에 경쟁이 존재하는데, 그 경쟁은 절반을 제거시키고 최상의 것들만 보존된다〔루나 바이스만의 이론들과 비교해보자. 다윈적 경쟁이 존재 내부에서도 전이되어 나타난다 (주석: 1875년에는 염색체감수분열이 아직 알려지지 않았다)〕. 골턴에 따르면 배아들의 이러한 혼합이 부모의 어느 한쪽 배아들 가운데 일부가 경우에 따라 소실되거나 파손되는 것을 상쇄시켜준다(따라서 종의 퇴화를 피할 수 있다). 이 이론을 통해 골턴은 획득형질의 유전과 관련된 모든 내용을 거의 제거했는데, 이는 바이스만보다 훨씬 이전이다. 골턴은 신체의 변형이 종자에 영향을 미칠 가능성은 없고 그 결과 범생설의 관점이 사라졌음을 강조했다. 그러나 그는 환경의 작용이 일부 유전적으로 전달될 가능성의 여지를 남겨두었다. 그는 알코올중독자가 비정상적인 아이를 출산할 수 있고, 따라서 알코올중독이 되기 이전에 출산한 아이는 정상일 수 있다고 설명했다. 이는 알코올이 신체에만 영향을 미치는 것이 아니라 그의 생식세포에도 영향을 미친다는 의미

이며, 신체 자체가 이 생식세포들에 영향을 미친다는 점은 고려 대상에서
제외한 채 일종의 획득형질의 유전을 끌어들인 것이었다. 이후로 이 혈통
이론에 전혀 다른 접근이 중첩되었다. 30) 이 새로운 접근은 유전의 기제와
토대(이는 오늘날 유전형으로 불린다)에 더 이상 집착하지 않았다. 이는 아
돌프 케틀레(Adolphe Quételêt; 1796~1874) 31)의 통계인류학과 사회통계
학의 영향을 받은 방법론을 통해 생명체의 표면적인 형질을 연구하는 것으
로, 부모와 아이들 사이의 관계(닮음과 차이)에 대한 "현상학적"이고 통계
적인 연구로부터 유전이론이 추론되었다. 어떤 면에서 이는 케틀레의 통
계인류학의 "유전학적 버전"이다. 이 접근은 이제 인간에게만 국한되지 않
고 다른 생명체들에도 적용되었는데, 케틀레가 "인류 통계학"이라 불렀기
때문에 골턴은 이를 "생물 통계학"(그리고 "심리 통계학")이라 불렀다.

가우스-라플라스 법칙(혹은 케틀레의 법칙)에 대한 골턴의 해석은 좀 독
특해서 요한센의 해석과는 전혀 달랐다. 요한센에 있어서 개체들의 종모
양 곡선 분포, 곡선의 한쪽 끝에서 선택된 개체들의 후손이 통계적으로 평
균으로 되돌아가려는 경향을 지닌다는 사실, 이 모두는 여기서 고려된 변
이가 유전적 기원을 지니는 것이 아님을 설명해준다. 반대로 골턴(그는 순
계, 유전형, 표현형 개념을 모르고 있었다)은 이 현상을 유전이론으로 설명
하고자 했다. 이것이 나중에 피어선이 "조상의 유전"(hérédité ancestrale) 이
라 이름붙인 이론이다.

예를 들어 이 이론은 키가 큰 사람의 자손은 왜 통계적으로 그들 부모보
다 키가 작은지, 우수한 사람의 자손은 왜 통계적으로 그들 부모보다 덜 우
수한지, 한마디로 극단적인 개체들의 자손들은 왜 집단 평균으로 다가가
려는 경향을 보이는지를 유전적으로 설명해야 했다. 케틀레에게 있어 평
균적 인간은 "중력의 중심"(centre de gravité) 이다. "사회물리학"(social
physique) 에서는 미세변이를 무시하고 중력의 중심을 고려해야 한다. 골

---

30) F. Galton, *Natural Inheritance*, MacMillan, London-New York, 1889.

31) A. Quételêt, *Sur l'homme et le développement de ses facultés, ou Essai de physique
sociale*, Bachelier, Paris, 1835(재간행본: Fayard, Paris, 1991) ; *Anthropométrie,
ou mesure des différentes facultés de l'homme*, Bruxelles et Paris, 1871.

턴에게 있어 평균 개체(전형)는 특정한 방식의 유전에 근거하여 종의 표본이 추구하는 "인력의 중심"(*centre d'attraction*)이다. 이를 설명하기 위해 골턴은 유전에서 조상(단지 부모만이 아니라)이 차지하는 비중을 내세운다. 그에 따르면 두 명의 부모로부터는 유전에서 전체 중 단지 절반(1/2)을 가져오고, 네 명의 조부모로부터는 4분의 1(1/2²), 그와 같이 이전 조상으로 계속된다(1/2ⁿ). 그와 같이 조상의 비중은 변이를 완화하고 후손들을 집단의 평균으로 향하도록 이끄는 경향이 있다(따라서 이를 "조상 유전"이라 부른다). 이 이론은 혈통 이론과 조화를 이루지만 멘델법칙과는 분명 양립될 수 없다.

그의 "비축" 개념과 더불어 혈통 이론은 우수한 부모의 아이들이 "퇴행"적으로 나타나는 현상도 설명하지만 이는 개체 수준에서의 설명이다. 개체군 내에서의 형질 전달에 대한 통계학과 서로 다른 개체들 내의 혈통에서 발생하는 배아들의 선택에 대한 통계학 사이에 마치 연계가 존재하는 듯, 생물통계학은 혈통 이론의 개체군 수준으로의 확장으로 보인다(그런 까닭에 생물통계학은 통계학적이고 현상학적인 연구를 추구하기는 하지만, 그 지지기반은 유전의 생리적 메커니즘으로 정의된 개념이다. 이는 개체군 유전학이나 혹은 개체군 유전학이 멘델주의를 이용하는 것과 마찬가지로 이야기될 수 있다). 이 "조상 유전"은 종의 불연속 개념을 유도해내며, 골턴은 이를 다면체(*polyèdre*)〔그는 "다각형"(*polygone*)이라고 표현했다〕와의 비교를 통해 설명했다. 다면체는 여러 면 중의 한 면을 바닥에 놓으면 균형상태가 되며, 약하게 교란될 때는 균형을 되찾게 되지만, 더 강하게 교란시키면 다른 면이 바닥으로 놓이게 되어 동요하면서 새로운 균형을 받아들일 수 있다(종의 개념을 거의 유형학적으로 인식했던 드브리스도 그와 동일한 개념, 동일한 비교를 사용하여 설명했다).

이러한 비교를 통해 골턴은 변이의 불연속 개념에 도달했다. 그리고 실제로 그는 연속적인 작은 변형들에 의해 진화를 설명하는 데는 한계가 있다며 다윈을 비판했다. 그럼에도 실제적인 근거를 찾는 데 있어 생물통계학은 양적 유전(측정 가능한), 따라서 연속적으로 변이하는 형질들에 더 집착했다.

이는 많은 모순 가운데 일면에 불과하다. 사실 평균에서 벗어나는 부모의 자손들이 평균으로 되돌아가려는 경향은 변이의 선택에 의한 종의 진화를 촉진하지 않는다. 그렇기 때문에 조상의 유전이나 다윈 진화론과의 호환을 위해 다양한 기교들이 필요했다. 결론적으로, 이 어려움으로 인해 골턴이 우생학의 사도로서 활동하는 데 방해를 받지는 않았지만, 조상유전 이론과 양립되기에는 다윈의 진화론과의 양립만큼이나 어려움이 따랐다는 점을 명심해두자〔골턴은 1883년 "우생학"(*eugénisme*)이라는 명칭을 발명한 사람이었다〕.

　주의 깊게 살핀다면, 드브리스에 있어서 돌연변이의 경우가 미세변이의 경우보다 그리 분명할 것도 없다. 이 돌연변이는 정확하게 우리가 말하는 돌연변이가 아니다. 우선 드브리스는 돌발적이고 중요한 변이를 돌연변이로 간주했으며〔오늘날 사람들이 "거대 돌연변이"(*macromutation*)라고 부르는 것이다〕, 이 돌연변이는 진화의 순간들 가운데 "종이 생존하는" 일정 기간, 즉 형태가 고정적으로 유지되는 순간에만 일어난다고 생각했다. 다른 한편, 드브리스는 오늘날에는 더 이상 전혀 타당성이 없는 기준에 따라 돌연변이를 여러 범주로 구분했다. 그 기준에 따르면 돌연변이 개념은 다음의 현상들로 확장되는데, 오늘날에는 더 이상 수용되고 있지 않다. 32)

- 퇴행성 돌연변이 (*les mutations rétrogressives*) :
  이는 이전의 활성 판젠이 잠복기에 접어들게 됨으로써 나타난다.
- 해제성 돌연변이 (*les mutations dégressives*) :
  이는 당시까지 잠복기였던 판젠이 활성으로 접어들게 됨으로써 나타난다〔일부 경우에 그는 또한 "준 진보성"(*subprogressives*)이라는 용어를 사용하기도 한다〕.

---

32) H. Devries, *The Mutation Theory*, *op.cit.*, t. II, pp. 71~75 et pp. 569~578.

- 진보성 돌연변이 (*les mutation progressives*) :
  이는 새로운 판젠을 획득함으로써 나타난다(드브리스는 때로 진보
  성 돌연변이를 해제성 돌연변이와 단일한 범주로 결합시키기도 하
  며, 따라서 진보성 돌연변이는 퇴행성 돌연변이에 대립하는 셈인데,
  이는 판젠의 활성화로 인한 돌연변이와 판젠의 생성으로 인한 돌연변
  이를 구분할 수 없었기 때문이었을 것이다).

앞의 두 종류, 퇴행성 돌연변이와 해제성 돌연변이는 멘델이 잡종 교배
에서 기술한 우성 현상과 열성 현상에 명백히 부합된다. 게다가 드브리스
는 이들 돌연변이에 의해 영향을 받은 형태가 부모의 형태와 교차할 경우
멘델법칙을 따른다고 기술한다. [33] 그는 이러한 경우들을 생식질 내부에
서 일어나는 전위현상으로 광범위하게 설명한다. 생식질 내부의 전위는
판젠들 사이의 관계를 변화시키면서 판젠의 작용을 활성화하거나 억제한
다[34] (이 점으로 미루어 그는 1889년 자신이 저술한 《세포 내 판제네스》에서
와 반대로 생식질을 어떠한 구조물로 받아들인 것 같다). 1901~1903년의 유
전이론에서 멘델법칙이 제대로 이해되어 통합되지 않았다는 점은 돌연변
이를 통한 우성과 열성 현상들의 해석에서도 드러난다.

하지만 돌연변이를 이런 식으로 구분함으로써 어떤 문제가 발생하는지
를 이해하기 위해서는 그 외에도 여러 가지 중요한 점들을 생각해야 한다.

우선, 그의 저술에서 "돌연변이"(*mutation*)라는 용어는 특히 생명체 형
태의 변형을 의미했던 한편, 새로운 판젠의 출현에 특별히 주목하여 언
급한 경우 그 출현은 "전돌연변이"(*prémutation*)라 불렸다(다시 말하면,
표현형과 유전형 개념이 아직 등장하기 이전에 표현형과 관계된 경우를 돌연
변이로, 유전형과 관계된 경우를 전돌연변이로 설명했다). 돌연변이는 따
라서 전돌연변이의 발현이다. [35] 이것이 바로 판젠들로부터 추측에 바탕
을 두어 형질을 연구한 드브리스가 돌연변이는 경험에 바탕을 둔(그리고

---

33) *Ibid.*, t. II, p. 578.
34) *Ibid.*, t. I, pp. 575~576.
35) *Ibid.*, t. I, p. 510.

외적인) 본성인 반면 전돌연변이는 가설적(*hypothetique*) — 이는 현상적
으로 나타나는 돌연변이로부터 추측된 내적 기반이다 — 이라고 말하면
서 설명했던 내용이다. 36) 드브리스는 또한 전돌연변이가 진보성 돌연변
이를 위해서는 필요하지만 퇴행성 돌연변이나 해제성 돌연변이를 위해서
는 필요하지 않음을 명백히 설명했는데 이 점은 일관성이 있다. 37)

　오늘날 "돌연변이"라는 용어는 표현형의 변형으로 나타나든 아니든 간
에 유전형의 변형을 지칭한다. 이는 드브리스의 주요 저작들에서 설명된
내용이 아니다. 드브리스의 주요 저작에서 "돌연변이"라는 용어는 분명
유전적 기원을 지닌 표현형의 갑작스러운 변형을 의미하지만, 우리의 생
각에 유전적 기원이란 반드시 유전형의 변형이 수반되는 것은 아니며,
유전형의 발현에만 관여할 수 있다(유전형과 표현형 개념이 없었던 드브리
스는 이 점을 필경 알지 못했을 것이다). 이 모두가 이론의 일관성을 갖추
는 데(혹은 오늘날 우리가 읽어내기에) 어려움으로 작용했을 터임이 분명
하다.

　돌연변이를 여러 종류로 구분하는 데서 나타나는 두 번째 중요한 문제
점은 퇴행성 변이나 해제성 변이에서의 잡종 현상에 대한 드브리스의 설
명에서 드러난다(이들은 각기 퇴행성 돌연변이나 해제성 돌연변이에 의해
나타나는 변이들이다). 38) 그에 따르면 이들 중 단 하나의 형질만 차이가
나는 어느 변종과 다른 변종 사이의 교배는 일반적으로 생식력이 있으
며, 멘델에서와 마찬가지로 부계 A와 모계 B 사이의 잡종은 부계 B와 모
계 A 사이의 잡종과 차이가 없다. 드브리스에 따르면 잡종이란 모든 형
질의 판젠들이 동일한 쌍을 지니는 가운데〔현대에는 "동종접합체"(*homo-zygotie*)가 존재한다고 이야기된다〕 부모 양쪽의 서로 다른 한 형질이 쌍을

---

36) *Ibid.*, t. II, p. 571.
37) *Ibid.*, t. II, pp. 73 et 649.
38) H. De Vries, *Espèces et variétés*, *op.cit.*, pp. 158~180. 이 문제는 훨씬 간략한
　　형태로나마 *The Mutation Theory*, *op.cit.*, t. II, pp. 576~578에서 이미 다루어
　　졌다.

이루는 판젠 중 우성과 열성의 원리에 따라 하나는 활성이고 다른 하나는 잠재성인 불균등한 쌍〔"이종접합체"(hétérozygotie)〕을 지님으로써 나타난다. 따라서 드브리스에게 있어서 그와 같은 잡종은 고정된 분류학적 형태가 아니다. 왜냐하면 그 후손에서는 멘델의 법칙에 따라 부모들의 형태가 다시 나타나게 될 것이기 때문이다. 따라서 여기서는 드브리스의 다른 글에서와 반대로 자신의 유전이론 속에 멘델법칙을 거의 통합시켰으며, 각각의 표현형적 형질들을 두 개의 판젠으로 간주할 수밖에 없다고 생각했다.

반면 드브리스 자신이 같은 책에서, 진보성 돌연변이에 의해 출현된 형태가 그 부모와 동일한 형태와 교배될 경우 언제나 잡종을 얻을 수 있는 것이 아니며(불임성 잡종), 여기서 잡종을 얻었을 경우에는 분류학적으로 고정적이라고 지적한다. 즉 그 후손은 멘델법칙에 따라 부모의 형질을 물려받은 것으로 설명되지 않는다(게다가 부계 A와 모계 B의 잡종은 부계 B와 모계 A의 잡종과 다를 수 있다). 이것이 진보성 돌연변이가 새로운 판젠을 출현시키면서 새로운 형질을 만들어낸다는 드브리스의 설명이다. 다른 모든 형질들이 쌍을 이루는(동일하거나 차이가 있거나) 판젠들에 의존하는 반면, 새로운 판젠은 그와 같이 유일하게 쌍을 이루지 않고 존재한다. 잡종이 언제나 생식 가능하지는 않다는 점과, 그럴 경우 멘델법칙에 따라 부모의 형태가 계속해서 발현되는 것이 아님을 설명해주는 것은 바로 새로운 판젠의 이러한 유일성이다(멘델법칙은 한 쌍의 판젠을 필요로 하므로 이 설명에 더 이상 적용될 수 없다). 여기서 멘델법칙은 유전법칙에 통합되어 이해되었다. 반면 돌연변이에 대한 멘델주의적 해석은 존재하지 않는다. 돌연변이의 성격이 오늘날과 같은 방식으로 이해되지 않았기 때문이다〔오늘날에는 이미 존재하는 판젠의 변성이 아니라 새로운(de novo) 판젠의 창조로 설명된다〕.

다시 말해서 해제성 돌연변이와 퇴행성 돌연변이(오늘날 우리에게는 돌연변이로 여겨지지 않는다)는 멘델법칙을 따르지만, 진보성 돌연변이(우리가 생각하는 돌연변이)는 멘델법칙을 따르지 않는다. 돌연변이의 정의

가 잘못되었을 뿐 아니라, 이 설명은 복잡하고 이질적인 식물학적 대상
에 대한 관찰(그리고 실험)들을 결합하는 방식이었고 여기서 무언가를 도
출해내기란 거의 불가능하다.

드브리스에게 있어 진보성 돌연변이(비 멘델적인)만이 진화에서 실제
로 중요하다는 점은 흥미롭다. 왜냐하면 드브리스는 진보성 돌연변이를
분화의 진보, 부위들의 수, 판젠 유형의 증가로 이해했기 때문이다(따라
서 많은 새로운 판젠들을 나타나게 하는 돌연변이에 "진보성" 돌연변이의 성
격을 부여했다).39) 돌연변이와 멘델주의 모두 현대의 진화론과 얼마나
거리가 먼지 알 수 있다.

이 모두를 요약하여 판젠의 세 종류의 변형에 의해 생명체의 변이를 규
정하는 드브리스의 말을 들어보자.

> 판젠들의 수적 변화는 미세변이의 기초가 된다. 핵 내에서 한 판젠의 위
> 치 변화는 해제성 돌연변이와 퇴행성 돌연변이를 유도하는 반면, 진보
> 성 돌연변이는 판젠들의 새로운 유형을 형성하는 것으로 보인다.40)

이제부터 설명을 단순화하기 위해 퇴행성 돌연변이와 해제성 돌연변
이는 잊고, 진보성 돌연변이와 그 돌연변이의 전돌연변이(*prémutation*,
현대에 받아들여지는 의미에서 우리가 "돌연변이"라는 일반적 용어로 지칭하
는 것)에만 주목하기로 하자. 실제로 진보성 돌연변이만이 유전자 개념
의 역사에서 중요하다(퇴행성 돌연변이와 해제성 돌연변이는 생물학에서
사라져버렸다).

돌연변이설로 인해 드브리스는 교조적 다윈주의가 받아들인 모든 내
용에 반대하게 된다(그렇다고 해서 교조적 다윈주의가 돌연변이설을 흡수하
는 것을 막지는 못했다. 다윈주의는 가장 이질적인 개념들을 흡수하는 위대한

---

39) H. De Vries, *The Mutation Theory, op.cit.*, t. II, pp. 75와 570.
40) *Ibid.*, t. II, p. 645. 해제성 돌연변이와 퇴행성 돌연변이의 이러한 설명은 드브리
   스가 그보다 얼마간 앞서 기술한 바와는 반대로 멘델법칙을 따르지 않음을 알 수
   있다.

능력을 보여주었다). 드브리스는 유전에 관해서뿐만 아니라 진화, 종의
정의에 관해서도 다윈주의에 반대했다.

사실 돌연변이에 의한 진화는 도약적인데, 이는 돌발적 도약을 대가
없는 교란에 불과한 것으로 간주하는 다윈의 연속성 이론에 반대된다(드
브리스에게 있어서는 이와 반대로 연속적인 미세변이가 중요하지 않다). 드
브리스에 따르면 자연에서 근연종들은 그들 사이에 중간 형태의 연결고
리가 존재하지 않으며, 이는 진화의 불연속적 개념에 힘을 실어주게 된
다(사실 또한 드브리스는 일부 종들 사이의 연속성이 진화론을 논증하는 한
가지였다는 점을 알고 있었을 것이다). 그는 종의 탄생이 관찰될 수 있었던
순간마다 갑작스럽고 돌발적인 현상이 일어났다고 말하면서, 그의 반대
자들에 의해 제안된 점진적 변이의 기원은 결코 관찰된 적이 없었다고 주
장한다. 41)

드브리스에게 있어서 돌연변이의 도약적 개념은 진화의 문제를 실험
적으로 다루기에 유리하다(예를 들어 다양하게 변이된 형태의 비율을 통계
적으로 연구한 덕에 선택의 역할이라는 개념이 만들어질 수 있었다). 42) 다
윈의 연속성 개념은 거의 감지될 수 없는 작은 변이들을 테스트할 수 없
기 때문에 실험적 접근이 불가능하다(그럼에도 드브리스는 같은 책에서 라
마르크가 사변적인 방식으로 진화론을 제시한 반면, 다윈은 진화의 경험적 증
거들을 제공해주었다고 기술했다). 43) 결국 돌연변이설의 불연속적 성격
은 유전을 분리된 단위체들(판젠들)로 분해하는 이론에 부합된다. 44)

이러한 도약적 진화의 관점은 자연선택의 역할을 축소한다. 자연선택
은 실무율의 원리에 따라 특정 형태를 제거하는 데 더 이상 관여하지 않
는다. 다윈 이론에서, 연속적인 작은 변이들로 인해 제공된 풍부한 "재
료"(*matériau*)들로 점진적으로 종들을 형상화하여 신종을 형성했던 자연

41) *Ibid.*, t. II, p. 88.
42) H. De Vries, *Espèces et variétés*, *op.cit.*, p. 76.
43) *Ibid.*, p. 1.
44) *Ibid.*, p. 419.

선택은 그 역할을 잃어버렸다(드브리스에게 이 연속적이고 양적인 변이들 사이의 선택은 "최상의 영양을 선택"하는 것에 불과했다). 다시 말해서 당시 다윈주의에서는 선택이 진화의 결정적 요인이 되기 위해 변이가 연속적이고 충분히 많아야 했던 데 반해, 드브리스에게 있어 진화에서 주된 역할을 담당하는 것은 불연속적이고 드물게 나타나는 돌연변이였으며 선택은 부차적으로만(그리고 환경이 이를 요구하는 경우에만) 관여했다. 그와 같이 다윈주의에서 진화의 촉진은 생존경쟁의 증대와 관련되어 있었던 반면, 돌연변이설에서는 돌연변이 수의 증가와 관련되어 있었다. 45)

이 점은 드브리스의 종개념과 조화를 이룬다. 사실 도약적 진화의 양상은 준(準) 고정설로의 회귀를 유도한다. 드브리스에게 있어 계통분류학자들이 "종"이라 부르는 것은 다양한 "기본종들"(espèces élémentaires) 46) 이 혼합된 이질적인 범주이다. 돌연변이(드브리스에 있어서 늘 크게 부풀려져 있는)는 한 기본종에서 다른 종으로의 도약을 유도하지만 기본종의 "본질"(essence)을 변화시키지는 않는다. 선택은 이런저런 기본종들을 보존하거나 제거하지만, 종들에 영향을 미치는 무수히 많은 연속적인 미세변이들을 통해 형태를 "변형시킬"(travailler) 수는 없다(돌연변이와 반대로 이 미세변이들은 유전적이 아니다. 혹은 기껏해야 케틀레 법칙에 따라 "평균 유형으로의 퇴행" 경향이 정도에 따라 차이를 보이며 나타날 따름이다). "계통분류학적" 종의 진화는 따라서 기본종들에서 그 조성이 변화된 결과이지만, 기본종들은 고정적이고 변함없는 "전형"(types)으로 남는다(거의 본질주의적이다). 47) 이는 다윈의 종개념(라마르크의 유명론 세례를 받은)과 반대된다. 48) 이러한 입장은 종을 근본주의적 개념으로 간주하는

45) H. De Vries, *The Mutation Theory*, *op.cit.*, t. I, p. 69.

46) *Ibid.*, t. I, pp. 45, 165 sq. 또한 *Espèces et variétés*, *op.cit.*, p. 7을 보라.

47) H. De Vries, *Espèces et variétés*, *op.cit.*, p. 66.

48) 종의 유명론적 개념, 특히 라마르크가 발전시킨 개념에서 종의 개념은 생명체가 연속성(continuum)을 형성하는데 그 속에서 관찰자가 개인적 기준에 따라 부분들로 나누고 거기에 서로 다른 이름들을 붙이는 것으로 간주된다. 따라서 종은 인위적이고 거의 임의적인 분류 영역에 속하며, 단지 하나의 명칭에 불과할 따름이다.

창조론에 반대되는 다윈주의가 광범위하게 자리를 잡아갈수록 더욱 곤란에 처해졌다.

드브리스에게는 관찰과 실험에 근거를 두는 일이 늘 중요했는데, 기본종의 유형학적 성격 역시 동일한 돌연변이가 서로 다른 개체들에서 서로 다른 순간에 형성될 수 있고, 그 어떤 이점이나 진보적인 "개선"을 수반하는 변형이 없이 돌발적으로 나타난다는 사실로부터 추론되었다. 따라서 서로 다른 개체들에서 이 돌연변이에 의해 단번에 완전히 형성된 새로운 형태에 해당하는 한 가지 "유형"이 존재해야 할 것이다.

진화에서 주목을 끄는 선택은 그와 같이 개체 변이에 작용하기보다는 기본종들(한 유형이 발현되는 단위로서의 개체들)에 작용한다. 다윈이나 월리스(혹은 사육가와 원예가)에 있어서의 선택은 종 내부적이며 종 범위 내의 개체들(드브리스에 따르면 "더 나은 영양섭취") 사이에 작용하는 반면, 드브리스가 말하는 선택은 종들 상호 간에 작용한다. 여기서 왜 드브리스가 이러한 사육가의 선택이 건설적인 역할을 하지 않으며(당시 다윈주의가 설명하던 바와는 반대로), 새로운 형태를 만들어내는 것이 아니라 이미 존재하는 형질에 대해 양적 작용만을 하는 반면 새로운 형태의 창조는 돌연변이의 우연에 의해서만 실현된다고 생각했는지가 이해된다[49] (이 점에서 오늘날의 다윈주의는 원래 다윈 이론보다는 드브리스의 돌연변이설에 더 가깝다. 비록 기본종 개념은 폐기되었지만).

드브리스는 이론을 추가적으로 복잡하게 만들었다. 드브리스에 있어서 기본종은 변종이 아니다. 실제로 그에게 두 기본종은 다양한 형질들(표현형적)에 의해 이들 사이의 차이를 드러내는 반면, 두 변종 사이의

이러한 시각은 일반적으로 진화론을 규정하며, 다윈주의는 커다란 줄기에서 이러한 시각을 받아들였다. 반대로 본질주의적(혹은 유형학적) 종개념은 종을 관찰자와 독립적인 실재로 보며, 이 실재에 따라 분류가 이루어져야 한다고 본다. 19세기에 이 개념은 고정설의 특징이 되었고, 따라서 고정설을 일반화시키는 데 성공한 셈이었다(따라서 퀴비에의 고정설은 진정 근본주의적이라기보다는 "구조주의적"이었음이 분명하다).

49) H. De Vries, *The Mutation Theory*, *op.cit.*, t. I, p. 189.

차이는 단 한 가지 형질의 차이에 근거한다. 50) 이러한 개념은 분명 드브리스가 "실험적으로" 토대 삼았던 돌연변이로부터 유래했지만, 그의 이론은 현대적인 의미의 돌연변이가 아니라, 사실상 한 가지 이상의 형질에 영향을 미치는 염색체의 중요한 수정을 의미하는 것이었다.

드브리스는 나아가 이러한 "실험적" 양상을 변종과 기본종 사이의 구분을 유리하게 하는 다양한 논거로 제시한다. 그 한 가지는, 식물학의 전통에 따르면 한 가지 형질의 차이만으로 두 종을 구분하지는 않는다는 것이다(한 가지 형질의 차이는 단지 두 변종으로 구분될 뿐이다). 51) 다른 하나는, 변종들을 소단위 종들로 간주하거나 새로 만들어진 종(변종으로 시작하여 한 종으로부터 다른 종이 형성)으로 간주하는 다윈주의의 연속적 개념과 구별하려는 분명한 바람이었다. 드브리스는 다윈과 반대로 그와 같은 점진주의가 존재하지 않으며, (기본) 종들은 중간 단계를 거치지 않고 갑자기 출현한다고 설명했다52)(어떤 면에서 이는 다윈에서 어느 정도 폐색되어 있던 신종형성의 문제를 "해결한다").

그 기원이 무엇이건 간에, 변종과 기본종 사이의 이러한 구분은 기본종들이 진보성 돌연변이에 의해 출현한다는 사실에 위배되는 것으로 보인다. 실제로 각 판젠들이 각기 한 형질에 부합한다고 간주된 바처럼 단일한 판젠의 변형(혹은 창조)에 의해 기본종이 다른 종으로 도약하며, 두 기본종은 단일한 형질에 의해서만 구분되어야 한다. 드브리스는 존재의 일관성을 내세우면서 그에 관해 설명한다. 이 일관성은 판젠들 가운데 하나의 변성이 유기체 전체에 영향을 미치고 그 결과 유기체를 변화시킨다는 것이다. 53) 설명은 수용되었지만, 이 변종들은 한 개의 판젠에 영향을 미치는 돌연변이 — 해제성이거나 퇴행성 — 에 의해 나누어졌기 때문에, 어떻게 그와 같이 단일한 형질에 의해 두 변종이 구분될 수 있는지는

---

50) *Ibid.*, t. I, p. 251; *Espèces et variétés*, *op.cit.*, pp. 23과 39.

51) H. De Vries, *Espèces et variétés*, *op.cit.*, p. 81.

52) H. De Vries, *The Mutation Theory*, *op.cit.*, t. I, p. 30과 171; t. II, p. 57.

53) *Ibid.*, t. I, p. 426.

116

그 이상 이해될 수 없다. 54) 우리가 이 이론의 이상한 점을 지적하려는 것도 바로 그러한 이유에서인데, 이제 더 이상 한 판젠에 특정한 한 형질을 결부시킨다거나 한 형질에 한 판젠을 결부시킬 수 없게 되었다. 이러한 판젠과 형질의 결부가 판젠을 유전의 단위체로 정의하는 유일한 방법이 되어갔던 만큼 이 이론은 곤경에 처해졌다.

실제로 진화와 종의 맥락에서 나타나는 이러한 새로움과 함께 드브리스는 유전의 숨겨지고 불연속적인 개념을 받아들이게 되며, 특히 그 설명의 방식을 역전시킨다.

유전의 "숨겨짐"(discrétisation)은 복잡하고 훨씬 모호한 문제이다. 여기에는 두 가지 문제가 혼재되어 있다. 하나는 유전형질의 분리(멘델이 설명하는)와 유전의 전일론적(holistiques) 이론 사이의 대립이다. 55) 두 번째로는 돌연변이의 돌발적 불연속성과 연속적인 작은 변이들 사이의 대립이다.

이 두 가지 대립은 혼동되는 경향이 있는데, 여기서 두 불연속성이 서로 연결되기 때문이다. 여기서 돌연변이는 특정 형질에 영향을 주면서 돌연변이가 일어나지 않은 다른 형질들로부터 구분되는 것을 의미하며,

---

54) 《종과 변종》(Espèces et variétés)에서 드브리스는 한 판젠이 활성 상태이거나 잠재 상태이거나에 따라 변종이 다른 변종으로 바뀔 수 있는 반면, 기본종들은 새로운 성질을 획득함으로써 구분된다고 여긴다. 더 나아가(pp. 158~180) 그는 퇴행성 변이와 해제성 변이에 의해 나타나는 퇴행성 변종과 해제성 변종, 그리고 진보성 돌연변이에 의해 나타나는 기본종을 구분한다(위의 책 pp. 94~95 참조. 여기서 멘델법칙과 관련지어 서로 다른 형태들 사이의 교배를 설명한다). 이 점은 《돌연변이설》(La Théorie de la mutation)에서 기술하는 내용과 언제나 정확히 일치하지는 않지만, 그가 의도하는 전반적인 노선을 찾아볼 수 있다.

55) 혼합 유전에서 교배는 양 부모의 성질이 일종의 혼합을 이루어 부모의 중간적 성질이 형성되는 것으로 간주된다. 예를 들어 잡종의 꽃 색깔은 마치 부계와 모계의 꽃 색깔이 혼합된 결과인 듯이 부계와 모계 꽃 색깔의 중간으로 여겨졌다. 멘델에 있어서는 혼합이란 존재하지 않았으며, 우성과 열성 형질의 독립성이 중시되었다. 중간 형질이 형성되는 경우는(예를 들어 강낭콩 꽃 색깔) 단순하고 독립적인 부모 형질의 다양성에 기인하는 것으로 해석되었다.

그들 유전의 분리가 강조된다(앞에서 언급한 변종과 기본종 사이의 분리에도 불구하고, 또 동일한 돌연변이가 여러 형질에 동시에 영향을 미칠 수 있다는 점이 실험을 통해 이미 드러났음에도 불구하고 그와 같이 설명한다).

이 대립들 가운데 전자는 그 중요성이 덜하다. 사실 형질의 분리라는 의미에서 본다면 유전은 이미 다윈의 제뮬 이론이나 특히 바이스만의 이론에서 불연속으로 나타난다. 왜냐하면 비오포어는 생식질 내부의 단위체들로 여겨졌으며, 비오포어나 혹은 적어도 데티르미낭과 생명체의 일부 형태적 및 생리적 특성들 사이에는 모호하나마 연결고리가 존재하기 때문이다. 어쨌든 이미 설명한 바와 같이 비오포어는 유전의 "전달자"인 동시에 기본적 구성요소들을 통해 유전이 "발현되는" 것이기 때문에 문제는 어느 정도 해결되었다. 따라서 유전은 비오포어 자체를 통해, 그리고 생식질 구조물에 내재해 있던 일종의 전성체를 통해 이미 "전발현"(*pré-exprimée*)된다[이는 유전의 전일론적(*holistique*) 관점을 드러낸다]. 그렇기 때문에 이 논제는 다양하게 해석될 수 있다.

드브리스는《세포 내 판제네스》(1889)의 출간 이후 혼합 유전에 대한 반대 입장을 분명히 밝혔으며, 멘델법칙의 "재발견"을 담은 논문들에서 이러한 대립적 견해를 환기시켰다. 그에 따르면 유전을 설명할 때 고려해야 할 단위체는 종이나 변종이 아니라(종이나 변종은 교배 시 다른 종이나 변종과 "혼합된" 것이다), 독립적이고 배우체 내에 할당되는 판젠이라는 인자들이다.[56]

사실 그 당시 이미 혼합유전은 더 이상 널리 받아들여지는 이론이 아니었다. 골턴의 특별한 유전 개념이 연속적인 작은 변이들에 중요성을 부여하긴 했지만 그럼에도 불구하고 혼합유전은 생물통계학과 같은 방법론적 접근을 통해 여전히 어렴풋이 비칠 따름이었다(골턴의 유전 개념에서 형질들은 혼합된 것으로 여겨졌지만, "유전형"은 거의 고려되지 않았거나 잘

---

56) H. De Vries, *Intracellular Pangenesis*, *op.cit.*, pp. 11~34; "Sur les unités des caractères spécifiques et leur application à l'étude des hybrides", dans Ch. Lenay, *La Découverte des lois de l'hérédité*, *op.cit.*, p. 248.

못 정의된 채 특히 "표현형"과 관련된 혼합으로 설명되었다. 이 문제에는 표현형과 유전형이 그와 같이 구분되지도 정의되지도 않았다는 사실이 큰 비중으로 작용했을 것임에도 불구하고). [57]

20세기 초반, 표현형적 유전과 숨겨진 유전 사이의 대립은 특히 돌연변이설과 생물통계학 사이의 대결이라는 결과로 나타났다. 드브리스와 골턴은 도약적 유전과 종 개념에 대해 서로 합의할 수도 있었겠지만, 조상 유전의 원리와 멘델주의는 극단적으로 부딪혔다. 그 결과 드브리스는 돌연변이설을 통해 골턴의 생물통계학에 공격을 가했다. 드브리스는 골턴의 생물통계학(유전에 대한 현상론적이고 통계적인 연구)에 반론을 제기했다(먼저 1900년 멘델법칙으로, 그리고 이어서 1903년 요한센의 순계 개념 및 요한센이 가우스-라플라스 법칙을 이용한 것과 더불어, 계속해서 1908년 하디-바인베르크 법칙으로, 마지막으로 1909년 유전형과 표현형 개념을 통해 반박을 가했다). 이 모두가 골턴의 조상 유전이론과 그의 생물통계학의 평판을 완전히 떨어뜨렸다.

변이와 관련된 두 번째 대립은 훨씬 두드러지게 나타났다. 드브리스는 전형적인 다윈의 개념인 연속적 점진적 진화론에 공격을 가했다. 변이와 진화의 연속성 개념은 드브리스의 "첫 번째" 논제와는 양립될 수 있었다. 첫 번째 논제에서는 핵 내 동일한 판젠의 많은 표본이 변이됨으로써 유전적인 양적 변이의 가능성이 존재했다. 이 논제는 또한 바이스만 논제와 그의 다양한 이드들과 융합될 수 있었다. 하지만 돌연변이설과 멘델법칙의 재발견을 따르는 드브리스와는 조화를 이루기가 훨씬 어려웠다.

드브리스의 "두 번째" 논제와 더불어 불연속성은 유전뿐만 아니라 변이

---

57) 사람들이 흔히 이해하는 바와는 달리, 바이스만의 체세포-생식세포(soma-germes) 구분은 표현형과 유전형 사이의 구분(훨씬 나중에 이루어진)을 의미하는 것이 아니다. 이를 동일시하는 것은 시대착오적 단순화이다. 체세포와 생식세포는 동일한 비오포어로 이루어져 있기 때문에 엄밀하게 말해서 체세포가 생식세포의 현상적 발현이라고는 할 수 없으며 그들의 관계는 훨씬 결정론적인 듯하다(게다가 표현형과 유전형은 초기에는 집단적 정의를 받아들였고, 이 용어가 전술한 체세포와 생식세포와 서로 비교되면서 현재의 의미로 받아들여진 것은 나중의 일이다).

에도 실제로 적용되었다. 이 두 가지 불연속성은 논리적으로 연결된다. 형질들에 영향을 주는 돌연변이가 판젠들의 변형을 통해 설명되었던 것처럼, 이 형질들은 판젠들과 관계를 맺게 되며 판젠들처럼 불연속적으로 존재할 수밖에 없다. 이 형질들 각각은 한 개의 판젠과 결합하는 것이 아니라 동일한 두 판젠과 결합하여 나타난다(이때 한 개의 판젠은 비활성일 수 있다). 형질들은 감수분열 및 수정에서 염색체들의 반응과 일치하는 동시에 멘델법칙과도 일치한다(Sutton, 86쪽 참조). 드브리스와 멘델이 만나는 곳은 실제로 이 지점이다. 돌연변이에 기인한 불연속성은 멘델이 실무율의 법칙에 따라 변이되고 분리 방식으로 유전되는 형질들을 순전히 현실적인 근거로 선택하여 연구하면서 유전에 도입했던 불연속성과 결부된다(녹색 혹은 노란색 콩, 매끈하거나 주름진 콩).

이 개념(형질마다 두 개의 판젠을 결부시킨 것과, 돌연변이에 대한 멘델주의적 해석)이 드브리스의 모든 글, 즉 멘델법칙에 대한 드브리스의 논문에서도, 《돌연변이설》에서도, 그리고 《종과 변종》에서조차도 드러나지 않는다는 사실 자체는 그리 중요하지 않다. 이 개념은 어쨌든 빠른 시일 내에 그 자체로서 인정받게 되었기 때문이다. 드브리스 및 그의 논제를 발전시킨 서턴이나 그 외 학자들의 개인적 공헌을 평가하기는 쉽지 않지만, 20세기 초 5~10년 동안 이 논제가 성숙했음은 분명하며(이 논제는 실제로 1910년 모건의 초파리 연구의 출발점이었다), 이와 같은 맥락에 비추어 그 개념의 논거들을 이해할 수 있다.

(비오포어와 판젠을 기원으로 하는) "생명의 기본 입자들"(*particules élémentaires vivantes*) 이론은 생화학의 진보와 더불어 폐기되었다. 명료하고 노골적인 이변이 존재했던 것은 아니지만, 이 "생명의 기본 입자들"을 떠올리는 일이 점차 사라지게 되었다. 명백하게 시인된 적은 없었지만 판젠과 비오포어는 그와 같이 차츰차츰 물리적 토대를 잃게 되었다. 그와 동시에 전술한 바와 같이 비오포어-판젠 생식을 통해 생식질의 중복(*duplication*)을 설명한다든지, 비오포어-판젠이 세포질을 향해 이동

함으로써 유전이 발현된다고 설명한다든지, 혹은 더 나아가 물질로 구성되었다고 여겨진 세포질 내에서의 비오포어-판젠 증식을 통해 양적인 미세변이를 설명하는 일은 사라졌다〔이는 분명 미세변이의 설명을 어렵게 만든 원인의 하나였다(전술한 내용 참조)〕. 따라서 비오포어-판젠과 유전형질 사이의 상호관계는 그 어느 경우보다도 가장 물리적 토대가 빈약한 가설에 지나지 않았다.

이러한 "생명의 기본 입자들"이라는 이론의 소멸은 판젠들(그리고 비오포어들)에서 물리적 토대뿐만 아니라 모든 실재성을 빼앗아갔다. 사실 판젠과 비오포어는 초기에 "유전의 전달자"로 간주되었을 뿐 아니라 또한 "생명의 기본 입자들"로 여겨졌다. 판젠과 비오포어는 생명물질의 기본 구성체(그 중 생식질은 생식적 표본이었다)로 존재하는 한에서만 유전에 영향을 미친다.

"생명의 기본 입자들"이 일단 사라지자 판젠은 그와 상호관계를 이룬다고 여겨진 표현형적 형질의 실재성을 더 이상 부여받지 못하게 되었다. 따라서 정의 과정의 역전현상이 나타난다. 예전에는 판젠이 다소간 잘 정의된 형질과 부합한다고 가정된 물리적 실체로 정의되었으며, 유전도 그와 같이 정의되었다. 오늘날에는 형질에서 시작하여 형질이 유전의 실체인 판젠에 부합되는 것으로 가정한다. 판젠은 더 이상 생명물질을 구성하는 입자가 아니며, 판젠이 염색체 상에 위치하리라는 점 이외에는 더 이상 이에 관해 대단한 이야기를 할 수 없다. 이것만으로는 "생명의 기본 입자로서의 판젠"(*pangène-particule-élémentaire-vivante*)이 폐기된 뒤에도 "유전의 전달자로서의 판젠"(*pangène-porteur-de-l'hérédité*)이 생존할 수 있었던 사실을 설명해주지 못한다. 판젠과 표현형 사이의 관계에 대한 물리적 설명(판젠이 세포질을 향해 이동한다는)이 입자설과 동시에 사라졌음에도 불구하고 판젠과 한 형질(표현형적) 사이의 가정된 관계가 이어진 근거를 해명해야 한다.

판젠들이 각각 별개의 유전적 단위체들이 되려면, 구분된 불연속적 형질들에 따라 판젠이 정의되어야 할 것이다. 판젠들은 더 이상 형질들의 불연속성에 의해 구분된 실체의 본성을 지닌다고 설명될 수 없었다. 그렇기 때문에 불연속이 강조되었고, 불연속의 강조는 전일론적 유전이나 연속적인 양적 변이에 대립하여 그 모든 논쟁으로 이어졌다(이 문제는 멘델이 이미 강낭콩 꽃 색깔의 사례를 통해 해결했다).

이후의 연구에서는, 판젠의 불연속성보다는(판젠은 기본 입자들로서의 자격을 상실했다) 유전의 "숨겨짐"(discrétisation)을 주재하는 표현형적 형질의 불연속성에 더 비중이 실리게 된다. 판젠을 "입자" 이론과 더불어 사라진 미립자로 정의한 것은 구분된 표현형적 형질과 결합시켜 판젠을 회복시킨 격이다. 따라서 유전 연구는 형질들 쪽으로 이동되었고, 반면 그 물리적 기반의 문제는 이론에 대한 침묵 속에서 용해되었다.

그럼에도 판젠에 부합되는 형질을 정의하는 문제는 남는다. 생명체를 구분된 형질들(눈과 머리카락의 색깔, 코와 입의 형태 등)로 분해하는 것은 관찰을 분석한 결과이며, 자연이 그 경로를 따르리라는 사실 외에는 아무것도 증명하지 못한다(눈 색깔을 위한 판젠, 머리카락 색깔을 위한 판젠, 코의 형태를 위한 판젠, 입의 형태를 위한 판젠 등으로 나타내면서). 사람들은 따라서 돌연변이에 호소했다. 돌연변이는 하나의 판젠에 부합하는 형질들의 변이를 지칭하게 된다. 돌연변이가 눈 색깔을 다른 색으로 바꾼다는 것은 "눈 색깔" 판젠이 존재한다는 의미이다. 그와 같이 돌연변이는 구분된 판젠으로 간주되는 한 단위체로서 형질을 정의한다. 결국 판젠을 실체로서 정의해주는 것은 대부분 형질보다는 돌연변이이다(동일한 돌연변이가 여러 형질에 영향을 줄 수 있기 때문에). 이는 전적으로 현상적이고 돌연변이적인 정의이며, 판젠-비오포어의 원래 물리-화학적 정의와는 상당한 거리가 있다.

판젠을 이렇게 정의하는 것은 《세포 내 판제네스》와 바이스만에서 동시에 일종의 선례를 보여준다. 실제로 이미 《세포 내 판제네스》에서 한 형질의 변이가 다른 형질들과 독립적으로 작용한다는 것은 독립적인 판젠과 형질이 부합한다는 이론에 유리한 논거였다는 점이 강조되었다.[58] 바이스만은 유기체의 부위들이 서로 독립적인 유전 방식에 따라 변화될

122

만큼의 디터미넌트 유형들이 존재한다고 생각했다. 59) 하지만 그에게 있어 비오포어와 디터미넌트는 물리적으로 정의되어 있었고, 형질과 그 변이를 앞에 내세움으로써 특히 비오포어와 디터미넌트를 "열거하는" 데 기여했다. 드브리스의 경우는 더 이상 열거하는 것이 아니라, 이들을 정의하는 데 기여한다.

　필경 드브리스는 멘델의 현상론적이고 통계적인 접근을 세포 내 판젠들과 바이스만의 생식질을 동시에 특징짓는 물리적 결정론의 접근과 결합시켰다(여기서 출발은 생명체의 형질과 그들의 유전을 결정론적 방식으로 설명했던 물리적 실체의 가정이었다). 사실 "생명물질"의 입자적 개념이 점차 사라지는 경향을 보인 것처럼 실체로서의 판젠의 정의는 단일 형질(현상)과 결부되는 경향을 나타냈다. 물리적이고 결정론적인 설명은 오로지 현상론적으로만 접근하는 제2의 계획(이는 당시에 접근할 수 없는 설명으로 머물러 있었다)으로 옮겨갔다. 돌연변이주의는 그와 같이 생물통계학의 영역을 잠식하고 공격했다. 그 구성원 중 하나는 멘델, 요한센, 하디-바인베르크 등의 법칙과 원리들에 힘입어 불연속적 개념에 적응시키면서 자신의 통계학적 방법을 취하기도 했다(그것이 집단유전학의 기원이다).

　따라서 돌연변이설과 멘델법칙의 재발견은 입자론의 소멸로 판젠의 존재가 위험에 처했을 무렵 유전의 단위체로서의 판젠을 구원해 주었다. 돌연변이가 일어날 수 있는 분리된 표현형적 형질과 결합시키는 것은 이제 유전을 정의하는 한 방식이 되었다. 판젠을 통해 유전을 설명하는 이론은 유지되고 있었지만, 이 이론은 전술한 바와 같이 판젠이 더 이상 생명물질의 기본 입자들(이전의 해석에서처럼)이 아니게 되자 사람들은 판젠이 돌연변이에서 유도된 존재로서 본질이 알려지지 않은 실체라는 새로운 해석을 받아들였다.

　당시 유전에 접근하는 방식의 이러한 반전(판젠으로부터가 아니라 형질

58) H. De Vries, *Intracellular Pangenesis*, *op.cit.*, pp. 15, 20, et *passim*.
59) A. Weismann, *The Germ-Plasm*, *op.cit.*, p. 54.

로부터 출발하는 방식으로의 반전)은 분석되지 않았고 "입자"론이 점진적으로 소멸한 것에 지나지 않았다. 유전학은 이렇게 이미 얽히고설켜 복잡해진 이 논제가 사변적 성격에 추가되어 엉뚱한 혼성물을 부각시키면서 탄생했다. 대체로 일관적인 유전 개념이 이 혼성물로부터 제련된 것은 분명하지만 그 제련과정이 어떻게 이루어졌는지를 구체적으로 설명하기는 어렵다. 어떠어떠한 독트린이 누구에 의해 언제 창시되었는지를 지적할 수 있는 경우는 거의 없다(예를 들어 돌연변이의 멘델주의적 해석이라든가 표현형적 형질들 각각에 부합하는 두 판젠의 부여, 혹은 통계적 개념으로서가 아닌 표현형 개념의 현대적 의미 역시 마찬가지이다). 이 이론들은 정확한 창시자를 알 수 없으며 헤르트비히, 베네덴, 바이스만, 드브리스, 요한센, 서턴, 그리고 그 외 여러 학자의 연구 결과로부터 동의를 얻으면서 차츰차츰 정립되었다.

이 이론들이 출현한 방식은 합의를 통한 것이었기 때문에 사람들이 일반적으로 모든 진보된 과학에서 필요하다고 믿는 실험적 증거나 논증 같은 것은 없었다. 사실상 유전학의 근거들이 구축된 것은 연역적 과학이나 실험과학에 속하기보다는 돌연변이 개념(실험적 근거와 규정이 불충분한)에 힘입은 판젠-비오포어 이론의 재해석 작업이자, 또한 그 이론들을 잉태하고 있던 난해한 책들이 빛을 볼 수 있도록 해준 멘델법칙의 재해석 작업이었다.

게다가 이 주제에 대한 합의는 미약했고 점진적으로 이루어졌다. 이론이 분명하고 정확하게 표현된 것이 아니었으며[이 점은 모건에 가서야 해결되지만, 그럼에도 많은 핵심적 측면들은 베일에 가려진 채 남게 된다(다음 장 참조)] 그 결과 이론의 창시자들이 어떤 점에서 의견이 일치했고 또 어떤 점에서 의견이 나뉘었는지를 알 수 없게 되었다(그들 자신조차 알지 못했음이 분명하다).

합의에는 어느 정도 유연성이 요구되었고 모든 점이 합의될 수는 없었으며, 이론의 핵심이 될 몇 가지 측면들에 대해서만 합의가 이루어졌다. 그 핵심 자체가 다양한 해석을 가능하게 했지만, 그럼에도 다소간 용인

124

된 이단적 이론들과 더불어 도그마가 되어갔다. 합의가 불안정하고 불충분하게 이루어지고 지탱이 어려워질수록 다른 원리들이나 혹은 다양한 이데올로기들과 같은 외부로부터의 지지대를 찾아나갔다. 어쨌거나 결코 순탄하지는 못했으며, 이견의 여지가 없는 실험에 기초한 논증이나 견고한 토대에 근거한 이론의 일반적인 수용과는 전혀 거리가 멀었다.

따라서 멘델적이고 돌연변이적인 유전이 생물학자들 모두에게〔자신들의 "영역"(*plates-bandes*)이 침범당하고 황폐해지는 광경을 목격했던 생물통계학자들에게뿐만 아니라〕단번에 수용된 것이 아니었으며, 따라서 논쟁이 촉발되었음을 이해할 수 있다. 이 이론에서 판젠은 전적으로 "숨겨진" 실체였다. 즉 판젠은 물리적 성질이 알려지지 않은 실체였고, 그 가설적 존재는 단순히 돌연변이 현상에 대한 한 가지 해석에 의해 가정된 것이었다(돌연변이는 그 원인이 알려지지도 않았고, 그에 앞서 수년 전에 "자연의 장난"이라 불릴 당시부터 거의 모든 사람에 의해 드물고 무의미한 우연적 교란으로 간주되고 있었다).

여기서 드브리스의 방식은 멘델의 방식과 거의 유사한데, 우리는 그들이 왜 서로 다시 만날 수밖에 없는지 이해할 수 있다(이들은 교배의 "실험적" 연구 이외에 진화에 대한 연구에서도 유전의 불연속성 개념을 허용한다). 멘델은 콩의 색과 형태라는 일부 독특한 사례들에서 시작했고, 그로부터 교배의 법칙을 이끌어냈다. 드브리스는 달맞이꽃에서의 사례들을 연구할 수 있었는데, 이는 다른 식물들에서 동일한 강도와 빈도로 나타날 수 없는 돌연변이-자연의 장난(*sports*)의 특별한(무의미한) 사례에서 출발한 것이었다(오늘날에는 이형염색체의 돌발적 변이 사례로 설명된다). 이어서 그는 관찰 결과에 따라 진화론을 제시했고, 이는 유전의 일반적인 설명이 되었다. 그의 진화론은 멘델의 잡종 교배이론과 결합하여 판젠의 물리적(가설적인) 토대를 보완하면서 완성되었다. 흔히 판젠은 거꾸로 "멘델적 인자들"로 불리게 되었다(멘델에 있어서는 판젠들이 명백하게 존재하는 것이 아님에도).

멘델과의 유사성은 거짓-실험적(*pseudo-expérimentale*) 방식만이 아니라 또한 적용범위를 넘어서는 사례에 이론을 적용한 점에서도 드러난다. 실제로 일단 판젠을 불연속적으로 변이된 한 형질에 연결해 분리된 실체로서 정의한 드브리스는 연속적으로 변이되는 형질들의 유전(양적 유전)을 설명해야 했다. 연속적인 변이를 나타내는 형질들의 유전을 설명하기 위해 그는 이 형질들을 다양한 돌연변이들이 형성되기 쉬운 여러 서로 다른 판젠들과 결부시켰다. 여기서 이 조합은 돌연변이들이 만들어내는 표현형적 변이에서 연속적 형질을 보여주어야 한다. 그는 이러한 확대적용과 일반화가 지니는 모든 위험을 감수했던 것이다.

이러한 확장 적용은 이후 시대의 다른 학자들로 이어진다.[60] 20세기 초가 되면서 이러한 일반화가 본격화되는데, 멘델의 잡종 교배 법칙에서 벗어나는 강낭콩 꽃 색깔을 설명하는 데 있어 당시 멘델이 생각했던 방식을 취하는 것 이외에 다른 방법이 거의 존재하지 않았던 점을 감안한다면 이는 놀라운 일이 아니다[멘델법칙의 "재발견"이 많은 생물학자로 하여금 멘델의 논문을 (다시) 읽도록 부추겼으리라는 점은 어렵지 않게 상상할 수 있다]. 여기서 살펴보려는 학자들과 관련하여 본다면, 1904년 드브리스는 멘델이 강낭콩 꽃 색깔을 분석한 것과 마찬가지로 금어초(*muflier*)와 튤립의 꽃 색깔을 분석했으며,[61] 1915년 모건은 초파리에 적용했던 원리를 다른 종에 동일하게 적용하여 제법 정교한 해석을 제시했다.[62] 멘델주의와 돌연변이설은 그와 같이 결합했다. 하지만 다른 경우와 마찬가지로 양적(연속적) 유전이론의 창시자를 정확히 가려내기는 쉽지 않다. 주

---

60) 장 개이용은 이러한 확장이 1902년 율, 1903년 피어선, 1909~1911년 닐슨-엘 (Nilsson-Ehle), 1911년 테임스, 그리고 1918년 피셔에 의해 이루어졌다고 설명하며(J. Gayon, *Darwin et l'après-Darwin*, Kimé, Paris, 1992, pp. 319~320), 마이어는 1901년 베이트슨, 1908~1911년 닐슨-엘, 1910년 이스트와 데번포트에 의해 이루어졌다고 설명한다(E. Mayr, *Histoire de la biologie*, *op.cit.*, pp. 731~732).

61) H. De Vries, *Espèces et variétés*, *op.cit.*, pp. 94~96.

62) T. H. Morgan, A. H. Sturtevant, H. J. Muller and C. B. Bridges, *The Mechanism of Mendelian Heredity* (1915), Johanson Reprint Corporation, New York-London, 1972, 제 7 장.

류 이론들과 그 실험적 근거들에 비추어볼 때, 이 유전이론은 가장 그럴 듯해 보이는 것으로 여겨졌기 때문에 받아들여진 사상에 불과하며, 여기에는 합의가 중요하게 작용했다.

　이 문제들이 우리가 한 세기 가까이 설명해온(혹은 설명하고자 노력해온) 만큼 명백하게 당시의 학자들, 특히 드브리스의 사유 속에 존재하고 있었는지는 확실하지 않다. 드브리스는 기본종과 변종을 구분함으로써 형질과 결부시켜 판젠을 정의하는 문제를 복잡하게 만들었다. 또한 전적으로 "표현형적인" 그의 돌연변이에 대한 정의나〔왜냐하면 전돌연변이(*pré-mutation*)가 설명되어야 하므로〕 멘델법칙에 대한 잘못된 해석 역시 설명을 어렵게 만들었다.

　게다가 당시 그의 텍스트에는 판젠을 반드시 물리적 실체로서 인정해야 할지에 대한 약간의 망설임도 묻어난다(이러한 망설임은 1889년의 《세포 내 판제네스》에서는 보이지 않는다). 전체적으로 볼 때, 그가 비록 모든 원형질이 판젠들로 구성되어 있음을 어느 정도 단호하게 재확인하기는 했지만, 그렇다고 그가 "유전의 전달입자로서의 판젠"(*pangène-particule-porteuse-de-l'hérédité*)이 "생명물질의 기본입자"(*particule-élémentaire-de-la-matière-vivante*)와 동일하다고 여겼는지를 알아내기는 쉽지 않다. 63) 부분적으로 본다면, 그는 때로는 판젠을 유전의 단위체로서 혼합유전에 반대되는 것으로 내세우기도 하고, 64) 때로는 그와 반대로 교배 연구에서 판젠이라는 것이 과연 "입자론"(*théorie moléculaire*)인지 보이지 않는 단위체인지에 매달릴 필요가 없으며 눈에 보이는 형질에 주목하는 것으로 충분하다고 주장하기도 한다. 65) 이러한 비일관성은 생

63) H. De Vries, *The Mutation Theory*, *op.cit.*, t. II, pp. 641~642.

64) H. De Vries, *The Mutation Theory*, *op.cit.*, t. II, pp. 11~34; "Sur les unités des caractères spécifiques et leur application à l'étude des hybrides", dans Ch. Lenay, *La Découverte des lois de l'hérédité*, *op.cit.*, p. 248; *Espèces et variétés*, *op.cit.*, p. 401.

65) H. De Vries, "Sur les unités des caractères spécifiques et leur application à

명물질의 기본입자로서의 판젠뿐만 아니라, 유전을 전달하는 물리적 실체로서의 판젠이 지니는 위상마저 약화시킨다.

따라서 이 문제는 상당히 애매하다. 애매함은 판젠이 유전자로 되는 과정에서 나타난다. "유전자"(gène)는 1909년 요한센이 "판젠"(pangène)[66]을 줄여서 만든 용어이다. 이미 오래전부터 유전은 더 이상 다원적 의미의 판제네스로 설명되지 않고 있었다(드브리스는 "판젠"을 유전의 전달입자로 간주하면서 어원적 오류를 범했다). 접두사 "판"(pan)이 제거되면서 뒤늦게 다윈의 판제네스가 폐기되었다. 구체적으로 말해서, 이는 유전자를 핵에서 세포질로 이동하는 "입자들"로 설명한 드브리스의 "세포 내 판젠"이라고 더 이상 말할 수 없음을 의미한다. 이 입자들은 이후로 과학사의 휴지통에 버려졌다. 문제는 이 입자들을 대체할 무엇이 전혀 나타나지 않았다는 점이다. 입자들에 이름을 붙인 요한센은 유전자를 물질적 실체가 아니라 추상적 개념이자 "계산의 단위"(unité de calcul)로 설명했다. 그는 1909년 다음과 같이 기술한다.

> 독립적인 생명을 지닌 입자라든가 혹은 그와 유사한 특성으로 설명된 오르가노이드(organoïde)로서의 유전자 개념은 더 이상 받아들여질 수 없다. 이와 같은 유전자 개념으로 설명된 이론들은 완전히 좌초되었다. 유전의 오르가노이드적 "설명"은 말을 기관차 안에 넣고 기관차를 움직이도록 하는 것 — 랑게의 고전적인 설명을 빌려 말하자면 — 과 유사한 수준의 "과학적인" 가설이다.[67]
>
> "유전자"라는 용어는 어떤 가설에도 구애받지 않는다. 이는 배우체 안에 존재하는 장치(Anlagen), 즉 개별적으로 분리되며 따라서 독립적인 상태(Zustände)와 토대(Grundlagen)에 의해, 간단히 말해서 우리가 지금 유전자라고 지칭하고자 하는 것을 통해, 이런저런 방식으로 유기체의 많은 형질이 결정된다는 분명한 사실을 나타낼 따름이다.[68]

---

l'étude des hybrides", dans Ch. Lenay, *La Découverte des lois de l'hérédité*, op.cit., p. 249 ; *Espèces et variétés*, op.cit., p. 192.

66) W. Johannsen, *Elemente der Exakten Erblichkeitslehre*, op.cit., p. 124, et *passim*.
67) *Ibid.*, p. 485.

1926년 같은 책의 제 3판에서 요한센은 보다 명확한 입장을 밝힌다(다음 장에서 설명되겠지만 1926년은 또한 전혀 다른 개념을 제시한 모건의 《유전자 이론》이 출간된 해임을 기억해둘 필요가 있다).

> "유전자"라는 용어는 유전형적 요인들을 지칭하기 위해 쉽고 정확하게 사용된다. 〔…〕 이 용어는 그 자체로는 가설들에 전혀 구애받지 않는다. 〔…〕 사실상 우리는 당연히 이 유전형적 요인들의 본성에 관해 전혀 아는 것이 없다. 여기서 유전자라고 지칭되는 것은 매우 다양한 본성을 지닐 수 있다. 〔…〕 유전자는 이제 일종의 계산의 단위(*Rechnungseinheit*)로 사용되어야 한다. 유전자는 결코 다윈의 제뮬, 비오포어, 디터미넌트, 혹은 여타의 사변적 개념들에서처럼 형태적 단위로 정의되어서는 안 된다. 나아가 어떤 특정 유전자와(게다가 유전자들의 특정한 종류에) 특정한 표현형적 형질, 혹은 — 형태학자들이 즐겨 말하듯이 — 발달된 유기체의 한 성질이 부합한다고 생각해서도 안 된다. 예전에 널리 확산되어 있었고 대중서에 여전히 등장하는 이러한 개념은 단순히 소박한 개념이 아니라 전적으로 잘못된 개념으로 간주되어야 한다. 실제로 발달된 개체들의 모든 형질은 접합체(그리고 배우체)의 완전한 유전형적 구성체의 반응들로 간주되며, 그 반응들은 환경에 따라 다양해질 수 있다.[69]

"유전자"라는 이름으로 명명했던 당시의 유전자가 오늘날 통용되는 유전자와 전적으로 일치하지는 않음을 알 수 있다. 요한센은 유전의 입자적 이론들에 반대했다(다분히 전일론적인 그 개념은 골드슈미트의 이론을 상기시킨다. 제 7장 참조).

유전의 입자들에 대립된 견해를 지닌 유전론자는 요한센만이 아니었다. 베이트슨(W. Bateson; 1902) 역시 염색질의 한 입자가 유전을 전달할 만큼 충분히 복잡하다고는 생각할 수 없었다. 20세기가 시작되면서부터 1909년까지, 흔히 유전자 이론의 아버지로 불리는 모건은 그가 보편

---

68) *Ibid.*, p. 124.
69) 같은 책 제 3판(1926), pp. 167~168.

적인 설명 방식을 담고 있다고 생각했던 멘델주의와 나란히 비판의 대상
이었다(모건에 따르면 유전의 전달 입자 — "멘델 인자" — 는 무엇이든 설명
하는 것이 늘 가능했기 때문이다).

> 최근 40년 동안, 생물학의 사변적 방법은 유기체의 특성들을 보이지 않
> 는 단위체들과 결부시켜 유기체의 행동을 그 단위체들의 반응 결과로 설
> 명해왔다. 〔…〕 이 요소들은 그 발명자들에 의해 일부 특성들이 부여되
> 었고, 그 특성들은 유기적 현상에 대한 설명의 외양을 제공했다. 70)
> 멘델주의의 현대적 해석에서 이 특성들은 재빨리 인자들로 전환되었
> 다. 만일 단 하나의 인자로 이 특성들을 설명하지 못한다면 두 개의 인
> 자를 내세우고, 두 개 인자로 불충분하다면 세 개로 설명될 것이다.
> 〔…〕 나는 멘델이 단순한 가정들을 토대로 우리의 결과들을 나열할 수
> 있도록 해주었다는 점에서 우리에게 얼마나 귀중한 존재인지를 깨닫고
> 있으며, 그럼에도 우리가 일종의 멘델적 규칙을 빠르게 발전시키지 못
> 하게 될까 두렵다…71)

따라서 1910년 무렵, 판젠 및 유전자〔(pan)gène〕는 돌연변이설과 멘
델주의에 힘입어 "입자"설의 소실에도 불구하고 생존할 수 있었지만, 불
안정한 상황에 머물러 있었다.

요약하자면, 돌연변이설은 유전의 연구방식을 완전히 역전시켜 놓았
다. 바이스만(혹은 "초기" 드브리스)이 형질의 유전을 설명하기 위해 물리
적 구조(비오포어-판젠 및 생식질)로부터 출발하여 사색했다면, 반면 후

---

70) T. H. Morgan, *Regeneration*, Macmillan, New york, 1901 (pp. 277~278) ;
   cité par G. E. Allen dans sa présentation de la réédition de T. H. Morgan,
   A. H. Sturtevant, H. J. Muller and C. B. Bridges, *The Mechanism of
   Mendelian Heredity*, *op.cit.*, p. x.

71) T. H. Morgan, "What are factors in Mendelian explanations?", *Amer. Breeder's
   Assoc. Report*, 1909, 5, pp. 365~368; cité par G. E. Allen dans sa présentation
   de la réédition de T. H. Morgan, A. H. Sturtevant, H. J. Muller and C. B.
   Bridges, *The Mechanism of Mendelian Heredity*, *op.cit.*, p. xi.

130

기 드브리스의 돌연점진적 진화론은 관찰된 돌연변이에서 출발하여 이 돌연변이를 "판젠"이라 불리는 숨겨진 실체의 존재를 드러내는 신호로 해석한다. 따라서 물리적 결정론의 설명으로부터 일종의 증후학(의학적인 의미로 흔히 병을 일으키거나 기형을 유발한다고 알려진 돌연변이들)인 신호의 해석으로 이동된다. 설명 순서의 이러한 역전은 필요에 따라 이루어진 것이기는 했지만, 사변을 거부하고 관찰과 실험에 유리하다는 근거로 정당화되었다. 사실상 이는 물리적 설명에 대한 단념이고, 따라서 접근이 불가능하다.

신호의 해석은 물리적 설명보다 훨씬 쉬웠기 때문에(점성가들이 무언가를 알아내는 방식이다), 돌연변이와 멘델주의 형질들은 모든 형질에 손쉽게 확대 적용되었다〔코의 형태가 유전적일 경우, 사람들은 즉각 코 형태의 유전자(들)이 존재한다고 가정하게 되었다〕. 그리고 적응이라는 다윈적 개념을 통해 생물학적 형질들과 마찬가지로 심리적·사회적 형질들의 해석이 가능하기 때문에 사람들은 유전을 지능과 행동 등에까지 확장시켰다(골턴과 피어선의 이론에는 생물통계학과 나란히 심리통계학이 존재했으며, 이들은 멘델주의자의 깃발을 내걸고 있었다). 따라서 무차별적으로 모든 것의 유전자들이 급증하게 되었다. 판제네스는 사라졌지만 판제네티즘(*pangénétism*) 72) 은 생물학, 심리학, 그리고 사회학까지도 휩쓸었다. 이 모든 현상은 유전자의 물리적 본성과 유전자가 육안으로 보이는 형질을 지배하는 방법을 밝히기가 어렵다는 점으로 인해 더욱 강화되었다. 유전자에 관해 알지 못할수록 사람들은 도처에서 유전자가 작용한다고 보았

72)〔역주〕'판제네티즘'은 유전현상을 설명하는 데 있어 유전체에 큰 역할을 부여하려는 이론들을 총칭하며, 영어의 genetization과 유사한 의미를 지닌다. 테스타르(Testart)는 '판제네티즘'이 1) 표준적 인간이라는 개념을 양산하고, 2) 개체가 결정되는 데 있어 유전자의 역할을 과장하고, 3) 의학적 개입은 유전체에 대한 우리의 이해로부터 필연적으로 등장할 수밖에 없다는 가정을 만들어내는 기능을 지닌다고 말한다. Jacques Testart, "Le pangénétisme: une mystification scientifique et médicale", in Yves Michaud (ed) Université de tous les savoirs, *Qu'est-ce que la vie?* vol. 1, Paris, Odile Jacob, 2000.

고, 모든 영역에서 유전자를 최후의 방패로 내세웠다. 마치 이론의 장을 확대시킴으로써 견고한 토대의 결핍을 상쇄시키는 듯한 느낌을 준다.

20세기 초에는 그토록 비판적이었고 그 후에도 늘 엄정한 비판적 시각을 견지했던 모건도 1915년 다음과 같이 기술했다.

> 멘델의 유전이 모든 종류의 구조적, 생리적, 병리적, 그리고 심리적 형질들에 적용된다는 점은 실험이 말해준다. 난의 특별한 형질들에도, 어리거나 나이 든 생물들에도, 수명에도, "표면적인" 형질들과 마찬가지로 계통분류학적 기초가 되는 형질들에도, 그리고 생존에 영향을 미치지 않는 형질들과 마찬가지로 개체의 생명 유지에 내재적으로 연관된 형질들에도 멘델 유전이 적용된다. 73)

분명 모건은 과장된 표현을 하고 있다. 1915년 실험이 그 모든 것을 드러내 주었을 리는 없기 때문이다(오늘날은 실험이 그 모든 것을 드러내 주는가? 나는 그렇게 생각하지 않는다). 그렇게도 세심한 유전학자가 이런 글을 쓸 수 있었다는 사실은 모호한 "유전자편집증"(*génétomanie*)이 얼마나 강력했는지를 보여준다.

결국, 돌연변이가 주로 기형을 유발하거나 병을 일으킨다는 점을 감안할 때, 돌연변이는 다윈주의가 설명하듯이 자연선택이 소멸한 인간사회에서 나쁜 유전자에 반하는 좋은 유전자의 증식이 필요하다는 강박관념을 낳게 된다. 74) 이는 어디에나 유전자를 가져다 붙이는 경향과 결합하

---

73) T. H. Morgan, A. H. Sturtevant, H. J. Muller and C. B. Bridges, *The Mechanism of Mendelian Heredity*, *op.cit.*, p. 27.

74) 퇴화에 대한 이러한 강박관념은 바이스만의 판믹시(*panmixie*) 이론에 의해 강화되었다. 바이스만은 자연선택의 부재가 "불완전한" 형태를 유지시킬 뿐만 아니라 이들의 수가 집단 내에 증대되어 그 결과 불가피하게 퇴화가 유도된다고 보았다(예를 들면, A. Weismann, "Reproduction sexuelle et sélection naturelle", in *Essais sur l'hérédité et la sélection naturelle*, *op.cit.*, pp. 337~338을 보라). 하디-바인베르크 법칙(1908)이 이 개념을 근거 없는 편견 수준으로 폄하시키기는 했지만 이 개념을 사라지게 할 수는 없었다.

면서 매우 바람직하지 못한 결과들을 만들어 냈다. 심리적, 사회적 혼란 등을 전혀 고려하지 않은 채 사람들이 온갖 종류의 질병이나 성향들에 유전자를 가져다 붙이는 것은 코의 형태에 유전자를 대응시키듯이 쉽게 설명되지 않는다. 그리하여 우생학(인종주의적 요소들과 더불어)은 20세기 전반기에 유전학을 떠받치는 한 기둥이 되었으며, 유전학자들 스스로 유전학 이론들의 응용으로 우생학을 내세웠다(하지만 드브리스와 모건은 드물게 예외적으로 우생학에 연루되지 않은 유전학자로 꼽힌다는 점에 주목하자. 드브리스와 모건은 침묵했는데, 우생학을 신랄하게 비난하지도 않았지만 적어도 장려하지는 않았다).

* * *

드브리스가 유전학 연구의 발단이 되었던 경로는 이상과 같다. 유전학은 여러 학자에 의해 계승되었다. 특히 유전자(*gène*) 용어를 창시했을 뿐 아니라 순계(*lignée pure*) 개념, 유전형(*génotype*)과 표현형(*phénotype*) 개념을 소개한 요한센을 비롯하여, 동형접합체(*homozygote*), 이형접합체(*hétérozygote*), 대립인자(*allélomorphe*) 개념〔알렐로몰프는 이후 약칭으로 알렐(*allèle*)이 되었다〕과 더불어 1906년에 유전학(*génètique*) 용어를 창시한 베이트슨이 뒤를 이었다. 모든 문제를 해결한 것은 아니지만(해결과는 거리가 멀었다) 상황을 비교적 명확하게 밝혀준 모건의 유전자 이론에 의해 이러한 접근방식은 영예의 전당에 오르게 되었다.

앞서 언급한 사람들에 관해 결론을 내리기 위해, 유전학사의 진정 새로운 시대를 열어준 모건 이전 1860년에서 1910년 사이에 형성된 유전이론들의 매우 기묘한 성격을 되짚어 보자. 그중에서도 최상에 속하는 스펜서, 네겔리, 다윈, 골턴, 바이스만, 그리고 드브리스의 이론들 또한 기묘함에 있어 예외가 아닌데, 이들은 과학적 견지에서 보나 시대적 기준에 입각해서 보나 이상한 이론이었다[75] (하지만 더 나쁜 이론들도 존재

---

75) 그와 유사한 이야기를 다윈의 진화론에도 적용할 수 있다. 다윈의 진화론은 아직

했다).

스펜서와 네겔리의 이론은 잊혀졌다. 다윈의 판제네스는 라마르크주의 유전으로 간주되었던 획득형질 유전의 발명 뒤에서 은밀하게 곁에 놓여 있었다.[76] 골턴 논제는 그의 존재를 기억하는 사람들에 의해 오류가 쉽게 인정되었는데, 이는 골턴이 우생학을 창시하면서 정치적으로 매우 나쁜 평판을 얻었기 때문이다. 유일하게 바이스만은 잊혀지지도 않았고 나쁜 평판도 피할 수 있었다. 그의 이론은 그 모든 이론 중에서도 가장 일관성이 있었고, 따라서 사람들은 바이스만이 현대유전학의 설명 도식을 혼자서 창시한 것이 아님에도 그의 이론을 현대유전학의 기원으로 간주한다(비오포어, 이드, 분화의 원리 등은 잊혀졌다). 드브리스의 기여는 덜 알려져 있기는 하지만, 그의 세포 내 판제네스가 생식질 이론과 동시대(게다가 더 이전)의 이론인 데다가 바이스만과 달리 그는 돌연변이설과 멘델법칙의 재발견을 통해 자신의 사상을 발전시킬 수 있었다는 점에서 어쩌면 더 탁월했다. 드브리스의 개념은 유전학의 전신에 더 근접함에도 적잖이 혼돈을 불러일으키는 까닭에 그보다 훨씬 명료한 바이스만의 이론에 비해 과소평가되었다.

이와 같이 다양한 이론들 각각이 지니는 장점들이 무엇이든 간에 이 이론들은 과학적 관점을 벗어난 성격으로 인해 사라져버렸다. 아무도, 바이스만조차도 과학이라 불릴 만한 그 무엇도 지니고 있었다고 보기는 어렵다. 그 이론들이 과학, 혹은 적어도 현대유전학의 예견이라는 인상을 주는 까닭은 우리가 그 이론들을 접할 때 현재 이론의 입장에서 재해석하

다윈주의가 행한 역할을 하지 않고 있었다.

76) 〔역주〕여기서 발명이라는 표현은 피쇼가 획득형질의 유전을 라마르크의 유전이론으로 간주하는 데 대해 상당히 비판적인 입장임을 드러내준다. 피쇼는 라마르크가 획득형질의 유전을 이야기하기는 했지만 유전이론을 전개한 것이 아니라 당시의 보편적인 사유를 받아들인 데 불과하며, 따라서 획득형질의 유전은 판제네스를 통해 유전이론을 전개한 다윈주의에 속한다고 강조한다. 따라서 라마르크주의 획득형질의 유전은 19세기 후반 바이스만을 비롯한 신다윈주의자들의 발명품이며, 그 뒤에서 다윈의 범생설은 획득형질의 유전과 표면적으로는 대비되는 듯이, 그러나 실제로는 은밀하게 곁에 존재하고 있었다는 것이다.

기 때문이다. 77) 하지만 당시 경쟁적이던 이론들의 시각으로 그 이론들을 바라볼 때, 우리는 그 탁월함을 이해할 수 있을 뿐만 아니라 그 이론들의 어떤 측면이 근거 없는 엉성한 사변에 속하는지를 분명히 이해할 수 있다(그 이론들은 당시의 다른 이론들에 비해 단지 헛소리를 조금 덜 하는 수준이다).

그와 같은 비과학적 성격은 — 갖가지 형태의 무기력하고 비정형적이고 모순된 양상은 — 이 시기 동안에 나타난 사유의 발전을 추적하는 데 있어서의 어려움을 설명해주며, 논증이나 실험적 방법에 의거하기보다는 폭넓은 합의에 근거하는 틀에 박힌 방식으로 인해 그 어려움이 더욱 강화된다. 따라서 제기되는 문제는, 이후 수십 년을 거치면서 이 붕괴하기 쉬운 측면에 대한 교정 작업이 진정으로 존재했는지, 혹은 교정 작업이 단지 잇따른 많은 해석으로 인해 은폐된 것은 아닌지를 알아내는 일이다.

이 문제에 답하기는 쉽지 않다. 유전에 대한 이와 같은 연구방식은 50년 가까이 괄호 안에 묶여 있었기 때문이다. 이 연구방식이 완전히 부인되지는 않았지만 더 이상 활성화되지도 못했다. 이는 20세기 초반 15년 사이에 대체된 새로운 접근법의 무대 뒤에 머물러 있었으며, 새로운 접근법에 의해 완전히 인정받은 것은 결코 아니지만, 새로운 접근법을 통해 의미를 부여받게 되었다.

이 새로운 접근법은 근본적으로 수학적 성격을 띠고 있었다. 이는 멘델, 골턴, 요한센 등의 통계적 연구로부터 유래했는데, 그 엉성한 통계적 이론들(특히 골턴의 연구)은 비오포어와 판젠(생명물질의 입자이론의 소멸로 인해 타격을 받았다)에 비교해보면 "과학성"이라는 맥락에서 진보한 것처럼 보인다. 위 통계적 연구들에 힘입어 두 가지 경로가 개척되었

---

77) 역사가 무엇을 주목하게 될지 알지 못했던 그 당시 사람들과 그의 직접적인 계승자들은 분명 그와 같은 여과를 거치지 않고 그 이론들을 접할 수 있었을 것이고, 따라서 그들은 확신을 지니지 못한 채 논쟁을 벌였다. 이러한 종류의 문제들은 모든 분야에서 나타나지만(물리학사 역시 후일에 가서야 단선적인 역사를 재구성하여 믿도록 만들고자 했지만, 실제로는 그렇듯 선형적인 역사가 아니었다), 그 어떤 분야에서도 이와 같이 큰 규모는 아니었다.

다. 그 하나는 집단유전학인데(요한센, 하디-바인베르크 법칙 등에서 시작
된), 여기서 우리의 관심사는 아니다. 다른 하나는 다음 장에서 살펴보
게 될 모건의 형식유전학이다.

집단유전학과 모건유전학 모두 유전자의 물리적 성질과 기능에 대한
가설이 필요하지 않았지만, 생물학자들은 통계학으로 만족할 수는 없었
고 구체적인 생리학적 기초를 필요로 했다. 유전자를 입자, 분자, 효소
등으로 다루는 화학적 생물학의 이론들은 모건의 공인된 유전학(géné-
tique officielle)의 인정을 받지 못한 채 감추어져 있었지만, 그렇다고 완전
히 폐기된 것도 아니었다. 1950년대까지만 해도 어느 정도 주변부에 머
물러 있던 이 이론은 결국 모건 유전학에 복수를 하게 된다.

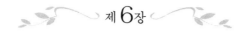

제 6 장

모건의 대립유전자와 유전자좌위

앞 장에서 살펴보았듯이 모건은 그의 유전 개념을 성공적으로 정초하는 데 기여했던 초파리에 관한 초기 연구가 출간된 1910년까지는 멘델주의와 더불어 대체로 비판받아왔다. 오늘날 그는 흔히 유전자 이론(그의 저술 중 하나의 제목이다)의 초안자로 인정된다. 확실히 그의 책들은 구성이 훌륭하고 명확하며(예전에 유일하게 멘델 논문이 그랬듯이), 그 내용도 현대 유전학과 닮아가기 시작했다.[1] 게다가 오늘날 사람들이 멘델법칙을 이해하는 방식은 모건 이전에 19세기부터 드브리스, 서턴을 비롯한 일부 학자들의 멘델 논문(1866년)에 대한 해석을 재차 해석한 모건의 《멘델 유전의 메커니즘》(*The Mechanism of Mendelian Heredity*; 1915)에서 직접적으로 유래한 것이다. 《유전자 이론》(*The Theory of the Gene*; 1926)에서 모건은 자신의 해석이 마치 거의 멘델 자신에 의한 해석인 양 소개한다.[2] 어렵게 방황했던 반세기는 그와 같이 유전학 자체를 재조명

---

1) T. H. Morgan, A. H. Sturtevant, H. J. Muller and C. B. Bridges, *The Mechanism of Mendelian Heredity* (1915), Johnson Reprint Corporation, New York-London, 1972; H. H. Morgan, *The Theory of the Gene* (1926), Yale University Press, New Haven, 1928 (2e édition).

138

한 역사를 또다시 재조명함으로써 "융합된"(*télescopé*) 시기이다. 유전학
은 이전의 이론들을 가지치기하면서 체계를 만들어 나갔다.

모건이 지적하듯이, 그 방식은 유전학이 독립성을 획득해 나감에 따라
이해되었다.[3] 유전학은 이제 생리학, 동물학, 식물학 등 생물학의 제한
된 영역에만 관심을 두는 모든 분야를 아우르는 완전한 과학이 되었으
며, 그 보편성과 수학화된 방법을 통해 선두에 나서기를 바라고 있다. 따
라서 유전학은 불확실했던 이론적 기반을 견고히 다져야 했을 뿐만 아니
라, 19세기 말 화학적 생물학 이론들과 별 볼일 없는 모라비아 잡지에 실
린 한 수도사이자 원예가의 논문에 나오는 미심쩍은 이론들보다는 좀더
영예로운 과거와 근거들이 제공되어야 했다.

역사의 이러한 재구성과 그 동기가 무엇이든 간에 우리는 모건과 더불
어 이전 단원들에서 살펴본 혼란스러웠던 시기로부터 확실히 벗어나게
된다. 하지만 그렇다고 해서 이전 이론들을 과소평가해서는 안 된다. 약
간 혼란스러운 상태이기는 했지만 바이스만과 드브리스 이론에도 유전자
이론이 이미 존재하고 있었기 때문이다. 유전자 이론에 기여한 모건의
가장 중요한 공적은 매우 특별한 논거들의 전략을 모두 동원하여 이전의
연구 성과들 속에서 중요한 요소들을 추출하여 종합하고, 이 이론들에
결정적인 형태를 부여했으며, 이론들을 공고히 해주었다는 점이다(이후
내용 참조). 모건은 그와 같이 바이스만과 드브리스의 이론들이 화학적
생물학 이론들에서 기원했던 만큼 그 이론들에 결여되어 있던 과학적이
고 당당한 면모를 부여해 주었다(게다가 모건은 유전자의 화학적 성질을 둘러

2) T. H. Morgan, *The Theory of the Gene, op.cit.*, pp. 3 et 72. 모건은 심지어 멘델
   이 우성 유전자를 대문자(A)로, 열성 유전자를 소문자(a)로, 우성 동형접합체를
   AA로, 열성 동형접합체를 aa로, 잡종을 Aa로 표기해놓았다고 기술하기도 했다.
   이는 오류이다. 멘델은 유전자라는 단어도, 인자라는 단어도 사용하지 않았으며,
   그가 잡종을 Aa로 표기한 것은 "불변적 형태들"(*formes constantes*)을 A와 a로 표
   기한 것이다. 1903년 이에 대한 현대적 개념을 제시한 사람은 서턴이었다. 그의
   논문 "The Chromosomes in Heredity", *op.cit.*, (reproduit dans J. A. Peters,
   Classic Papers in Genetics, op.cit., pp. 27~41).

3) T. H. Morgan et al., *The Mechanism of Mendelian Heredity, op.cit.*, pp. VII et VIII.

싼 모든 사변의 위험성을 명확히 이해하고 있었으며, 이를 세심하게 경계했다).

따라서 우리는 여기서 《멘델 유전의 메커니즘》(1915)을 중심으로 살피고 《유전자 이론》(1926)은 전적으로 표제만을 이용하려 한다. 사실 모건의 유전 개념은 이미 《멘델 유전의 메커니즘》에 나타나 있으며, 《유전자 이론》에서는 더 압축되고(핵심적인 내용은 이미 《멘델 유전의 메커니즘》에서 제시되었다) 진전된(염색체의 배수성이나 성과 같은 일부 현상들에 관한 설명인데 여기서 우리의 관심사는 아니다) 형태로만 서술되어 있다고 볼 수 있다. 사실 모건은 적어도 1915년까지는 "유전자"라는 용어를 전혀 사용하지 않았으며, "멘델 인자"(Mendelian factor)나 "멘델 단위"(Mendelian unit)라는 용어를 즐겨 사용했다. 이는 분명 그 책이 특별히 멘델 유전의 해석을 위한 것이기 때문이며(그에 앞서 6년 전 발명된 "유전자"라는 용어는 아직 흔히 통용되지 않았던 모양이다), 또한 "멘델 인자"라는 명칭이 거의 수학적이고 비교적 중립적인 데다가 유전적 대물림의 본질에 대한 편견이 전혀 개입되어 있지 않았기 때문일 것이다(이는 모건 유전학의 중요한 성격이므로 뒤에서 다시 언급할 것이다). 모건은 "멘델 인자"로 표기했지만 여기서는 간편한 설명을 위해 일반적으로 "유전자"라는 용어를 사용하고자 한다.

모건이 교배 실험에서 사용한 형질들은 분리되어 계승되었다. 하지만 사람들은 모든 형질이 그렇지는 않으며 일부 형질들은 연관되어 유전된다는 사실을 알고 있었다. 예를 들면, 일부 병리적 형질들의 유전이 성과 연관되어 있다는 사실이 알려져 있었고, 또 그보다 더 특별한 경우에 관해서도 알려져 있었다(앞서 우리는 푸른색 눈의 흰색 수컷 고양이가 귀머거리라는 다윈이 제시한 사례를 살펴보았다). 1905년 베이트슨(W. Bateson), 손더스(E. R. Saunders), 퍼넷(R. C. Punnett)은 유전형질들 사이에, 특히 완두콩의 꽃 색깔과 꽃가루 형태 사이에 그와 같이 연관이 존재한다는 사실을 한결 정형적인 방식으로 정립했다.[4] 그들은 이를 생식세포의 짝짓기(gametic coupling)라 불렀다. 하지만 그들이 자신들의 발견을 우리가 오늘날 사용하는 의미로 이해한 것은 아니다. 그들의 발견에 현대적 의미를 부여하고 그 현상에 연관(*linkage*)이라는 명칭을 부여한 사람들은 모건과 그 동료들이었다. 모건이 서술한 바[5)]와는 달리, 그것은 연관을 최초로 발견한 것이 아니라 당시 재발견된 멘델 연구에 비견될 만한 첫 번째 사례였던 것이고, 따라서 직접적으로 대조될 수 있는 유일한 발견이었다(베이트슨과 퍼넷의 발견은 실제로 멘델의 두 번째 원리인 형질의 독립유전에 반대되었다).

1909년, 얀센(F. A. Janssens)은 감수분열 시 두 동형염색체의 얽힘을 알 수 있는 키아즈마(*chiasma*)를 관찰하여 출간했다.[6)] 그는 여기서 염색체들이 세포의 양극으로 이동할 때 그들 일부가 절단되고 교환되어 얽힘에 따라 키아즈마가 생성될 수 있다고 설명했다(따라서 모건은 이를 염색체 교차(*crossing-over*)라 명명했다). 바이스만은 양성혼합 시 이드들의 혼합을 설명하기 위해 교차라는 단어가 생겨나기 이전에 이미 그와 유사한 과정을 고안했다.[7)] 얀센이 그로부터 영감을 얻었는지는 알 수 없지만, 그럴 가능성을 배제할 수는 없다. 어쨌든 이 과정은 염색체 조각들의 새로운 조합을 가능하게 해주었다.[8)]

---

4) W. Bateson, E. R. Saunder, R. C. Punnett, "Experimental Studies in the Physiology of Heredity", *op.cit.*, pp. VII et VIII.

5) T. H. Morgan et al., *The Mechanism of Mendelian Heredity*, *op.cit.*, p. 5.

6) F. A. Janssens, "La Théorie de la chiasmatypie, nouvelle interprétation des cinèses de maturation", *La Cellule*, 1909, 25, pp. 287~412.

7) A. Weismann, *The Germ-Plasm*, *op.cit.*, pp. 238~240. 또한 "Du nombre des globules polaires", dans *Essais sur l'hérédité et la sélection naturelle*, *op.cit.*, p. 269. 실제로 이 과정을 설명한 도식에서 이는 생식질 전체(여러 염색체들로 정상적으로 분배된)에 부합하는 한 염색체로 표현되었다.

8) [역주] 얀센(Frans Alfons Ignace Maria Janssens; 1863~1924)은 벨기에 생물학자로 "현미경 관찰의 귀재"로 알려져 있다. 그는 주로 염색체와 관련된 연구를 했고, 1909년 "La théorie de la chiasmatype"(*La Cellule*, 25, pp. 389~411)를 발표했다. 이 논문은 총 24페이지 분량으로 전체 중 한 페이지는 참고문헌, 두 페이지 반은 스케치 설명, 세 페이지는 염색체 스케치로 할당되어 있다. 얀센은 감수분열기에 반감된 두 상동 염색체가 접근하여 상호 교차될 수 있음을 보여주었

연관(*linkage*)과 교차(*crossing-over*)는 모건과 그 동료들 — 스터트번트(Alfred H. Sturtevant; 1891~1970), 멀러(Hermann J. Muller; 1890~1938), 그리고 브리지스(Calvin B. Bridges; 1889~1938) — 의 초파리 연구의 토대로 작용했다.

베이트슨, 손더스, 퍼넷은 특히 자주색 꽃에 길쭉한 꽃가루 입자의 완두콩과 붉은 꽃에 동그란 꽃가루 입자의 완두콩을 교배했다. 그 잡종은 모두 자주색 꽃에 길쭉한 꽃가루 입자의 완두콩이 되었다("자주색"과 "길쭉한" 형질이 우성인 경우에서 멘델법칙이 설명하는 바와 일치했다). 잡종 2세대(그들 사이의 잡종들을 교배해서 태어난 세대)는 4가지 조합으로 나타났지만("자주색-길쭉", "자주색-동그라미", "붉은색-길쭉", 그리고 "붉은색-동그라미"), 그 비율에서는 멘델 이론처럼 9:3:3:1 대신에 예측을 빗나간 583:26:24:170으로 멘델의 형질 독립의 법칙에 부합되지 않았다. 이와 같은 비율은 "자주색" 형질을 물려받은 식물은 "동그란" 형질보다 "길쭉한" 형질을 물려받을 기회가 더 많으며, "붉은색" 형질을 물려받은 식물은 "길쭉한" 형질보다 "동그란" 형질을 물려받을 기회가 더 많음을 의미한다. 다시 말해서 같은 부모로부터 나온 형질들은 함께 유전되는 경향이 있다. 9)

다. 이 특별한 부위에서 이 염색체들은 서로 다른 간격으로 분리되어 작은 조각을 교환하게 되며 절반씩의 두 이종유래 염색체로 성장한다. 마치 한 염색체의 작은 조각이 다른 염색체로 이동한 양상과 같다. 얀센은 세포핵에서 정확한 순간에 어떤 일이 일어났는지를 관찰하고 스케치했다. 당시 일부 동료들의 공격을 받기도 했지만 그의 이론은 명확했다. 그가 고안하여 사용했던 키아즈마티피라는 용어는 오늘날 모건이 사용한 염색체 교차라는 용어로 대체되었다. 그의 발견은 1865년 멘델이 수립한 유전 법칙을 보다 명료하게 해주었다. 부모 염색체와 다른 염색체들이 새로운 개체들에 전달되는 방식을 설명해준 것이다. 얀센의 발견은 모건의 연관 이론(*Theory of linkage*)에서 매우 중요한 역할을 했다. 모건은 자신의 초파리 유전 연구의 실험 결과에서 키아즈마타의 세포학적 해석을 적용했고, 이후 키아즈마티피에 관한 많은 연구들이 윌슨(Wilson; 1925), 샤프(Sharp; 1926~1943), 벨라(Belar; 1928), 기예르몽(Guilliermond; 1933), 달링턴(Darlington; 1937) 그리고 로즈(Rhoades; 1961)에 의해 이어졌다.

여기서 나는 *The Theory of the Gene*, *op.cit.*, pp. 10~11에서 모건이 제시한 연구

142

베이트슨, 손더스, 그리고 퍼넷은 이 현상을 "자주색" 형질과 "길쭉한" 형질(각기 "붉은색" 형질과 "동그란" 형질) 들의 연관으로 해석하지 않았다. 실제로 이 현상은 "멘델 인자"와 염색체 사이의 단순한 관계로 설명되지 않았으며, 또한 실험적 데이터들이 이 해석에 잘 들어맞지 않았던 것이다(이 해석은 "선험적으로" 우리에게 명백하게 드러날 수 있다). 이 연구는 통계를 이용했는데, "자주색-동그라미" 혹은 "붉은색-길쭉함"의 조합을 나타내는 식물들이 상당히 많았기 때문이다. 따라서 연관이 존재한다 해도 절대적이지는 않다(이는 "부분적인 생식세포 짝짓기"로 불렸다). 동일한 염색체에 의해 전달되었으리라 가정된 형질들이 단순히 그 염색체와 함께 대물림되는 것은 아니기 때문이다(연관을 끊을 수 있는 교차는 여전히 이해되지 못하고 있다). 베이트슨, 손더스, 그리고 퍼넷은 이 현상을 형질들 사이의 인력이나 반발 현상과 결부시킨다.

반대로 수년 뒤, 모건(그리고 이어서 1903년 서턴)은 이 현상을 유전형질들의 연관으로 해석하면서, 이 연관은 동일한 염색체에 의해 전달된(따라서 염색체와 동시에 대물림된) 형질들에 관계된 유전자에 의해 쉽게 설명된다고 밝혔다. 그와 같이 교차가 설명되었고, 염색체들 사이의 물질적 교환은 연관이 절대적이지 않다는 사실을 설명해줄 수 있었다. 이에 관해 좀더 구체적으로 살펴보자.

모건은, 서턴이 1902~1903년 사이 감수분열에서 염색체의 움직임이 유전적 인자의 움직임에 대응한다는 사실〔멘델의 첫 번째 원리인 배우체 순수성의 법칙(la loi de pureté des gamètes)〕을 깨닫고 있었을 뿐만 아니라, 감수분열 시에 동일한 염색체 쌍의 분리(각각의 딸세포 가운데 하나)가 다른 염색체 쌍의 분리와 독립적으로 일어나기 때문에 이를 통해 형질의 독립 유전(멘델의 두 번째 원리로서, 예를 들면 노란색이나 초록색 완두콩은 매끈하거나 주름진 형태와 독립적으로 유전되는데, 색깔이 한 쌍의 염색체에 의존적이라면, 형태는 다른 쌍의 염색체에 의존적이다)을 설명할 수 있었으

_____
요약을 인용했다.

리라고 말한다. 형질은 염색체보다 훨씬 많은 수로 존재하기 때문에, 동일한 염색체가 여러 다양한 형질들의 유전 전달을 담당해야 하며, 유전자들이 동일한 염색체 상에 위치한 경우의 형질들은 함께 유전되어야 할 것이다(염색체와 동시에). 10) 모건은 이러한 설명을 받아들였다. 11)

이미 바이스만은 두 형질이 상관관계를 지니는 변이(이 형질들이 유기체의 서로 다른 두 부위와 관련되는 경우 역시 포함되며, 바이스만은 다윈의 파란색 눈에 흰색 수컷 고양이의 귀머거리 사례를 인용한다)가 생식질에 부합되는 디터미넌트들의 유사성을 통해 설명되며, 따라서 이 디터미넌트들은 변이를 형성하는 원인에 의해 동시에 영향을 받았을 것으로 생각했다. 12) 서턴과 모건 둘 다 그로부터 영향을 받았을 수도 있지만, 모건이 사용함으로써 이 개념은 모건의 개념이 되었다.

멘델과 드브리스는 식물학자였던 반면, 모건과 그 동료들은 주로 작은 파리인 초파리를 연구했다. 이 동물은 네 쌍의 염색체를 지니고, 특히 번식력이 강하며 돌연변이가 일어나기 쉽다. 다양한 돌연변이의 영향을 받는 형질들은 "눈에 띄어" 서로 다른 그룹으로 분류될 수 있다. 완전히 독립적으로 유전되는 이 형질들은 서로 다른 그룹에 속하며, 다소 강력하게 연관되어 유전되는 형질들은 동일한 그룹에 속한다. 초파리의 연관은 그와 같이 네 개의 그룹으로 나타나는데, 이는 네 개의 염색체 쌍과 관련이 있다. 이는 염색체 유전을 지지하는 강력한 논거로 동일한 그룹의 형질에 부합하는 유전자들은 동일한 염색체 상에 위치해야만 한다는 것이다(보다 정확히 말하면 이 형질들에 부합하는 유전자 쌍들은 동일한 염색체 쌍에 위치해야만 한다는 것이다).

염색체와 연관 그룹 사이의 상관성은 그들 각 규모의 비교를 통해 강화

10) W. Sutton, "On the Morphology of the Chromosome Group of Brachystola magna", op.cit. ; "The Chromosome in Heredity", op.cit.

11) T. H. Morgan et al. , The Mechanism of Mendelian Heredity, op.cit. , p. 4.

12) A. Weismann, The Germ-Plasm, op.cit. , pp. 84~85.

되었다. 초파리에는 세 개의 거대 염색체 쌍이 존재하며, 또한 세 개의
거대한 형질 그룹과 한 개의 소그룹이 존재한다〔주: 염색체의 길이는 세포
학적 관찰을 통해 제시되었는데, 처음에는 이들이 구성하는 형질의 수에 의해
측정되다가, 이후 두 번째 시기에는 형질에 상응하는 유전자들 사이의 거리에
의해 교정된 수의 측정으로 바뀌었다(뒤에 나오는 박스 5에서 이 측정 원리를
참조하라)〕.

그렇다면 어째서 이 동일한 염색체에 의해 전달된 것으로 가정된 형질
들이 유전되면서 백퍼센트 모두 연관을 나타내지 않는지를 설명하는 일
이 남았다. 이 지점에서 교차가 핵심으로 진입한다. 감수분열 시 동일한
쌍을 이루는 두 염색체 사이의 한 부분에 키아즈마, 즉 균열과 상호교환이
일어나면 부모의 동일한 염색체에 의해 전달되었던 유전자들이 배우체
내에서 분리될 수 있다(박스 5의 도표 참조). 그 결과 이 배우체로부터 탄
생한 개체에서는 관련 형질들의 연관이 사라진다. 이 현상은 베이트슨,
손더스, 퍼넷의 완두콩 실험과 모건의 초파리 실험 결과를 설명해준다.

그 원리에 따라 모건과 그 동료들은 염색체 지도를 제작하게 된다.

– 서로 다른 두 그룹에 속한 형질들은 완전히 독립적으로 유전된다(이
들의 연관은 없다). 따라서 그에 상응하는 유전자들은 서로 다른 염색체
들에 의해 전달된다.

– 동일한 그룹의 형질들 가운데 일부만이 거의 항상 함께 유전되며, 다
른 경우에는 함께 유전되는 빈도가 다양하게 나타난다. 따라서 이들의
연관은 경우에 따라 그 강도에서 차이가 난다. 이에 관해 모건은 다음과
같이 설명한다. 이 형질들에 상응하는 유전자들은 동일한 염색체 상에
존재하지만, 염색체 상에서 분리되는 거리가 얼마나 긴가에 따라 교차 시
유전물질의 상호교환에 의해 분리되는 기회가 다르다. 따라서 형질들 사
이의 연관 강도는 그들 유전자의 근접성을 나타내준다. 염색체 상의 유
전자들 사이가 가까울수록 교차에 의해 유전자들이 분리될 기회는 적어
지며, 그에 해당하는 형질들의 연관은 강력해진다.

– 서로 다른 돌연변이 형태들의 다양한 교배를 비교함으로써 여타 유

전자들과 구분되는 일부 유전자들의 위치를 알아낼 수 있다. 여러 실험 결과들에 의해 검증된 바에 따르면, 이 유전자들은 염색체에 단선적으로 길게 배치되어 있다는 결론을 내릴 수 있다. 이 점은 바이스만의 생식질 논제가 알려지고 체세포분열 시 염색체의 세로 절단면(가로 절단면이 아니라) 이 관찰된 이래 다소간 암묵적으로 받아들여지고 있었다(플리밍과 루, 1879~1883). [13]

따라서 유전자가(정확히 말하자면 돌연변이가) 일정한 질서에 따라 염색체 상의 어디에 위치하고 있는지, 그리고 역으로 그에 상응하는 형질들의 연관 강도에 비례하는 상대적인(절대적인 것이 아니라) 거리를 나타내주는 지도가 제작될 수 있었다. 구체적인 과정은 아래의 박스 5에서 설명되고 있다.

5. 연관, 교차, 그리고 염색체 지도

초파리 염색체 지도의 완성은 앞에서 언급했던 간략한 소개를 통해 예상되는 것보다 훨씬 까다로운 작업이었다. 모건과 그 동료들의 작업과정은 약간 더 상세하게 다음과 같이 요약될 수 있다.

초파리에서 동일한 연관 그룹에 속하는 형질들을 생성하고 따라서 동일 염색체 상에 존재하는 유전자들에 영향을 미치는 열성 돌연변이 검정(b: *black*) 과 퇴화(v: *vestigial*) 가 있다고 가정하자. 이 돌연변이는 이형접합체로서 각각 긴 날개(l: *long*) 를 지닌 회색(g: *gris*) 몸체로 된 원래의 유형 대신 날개가 퇴화된 검은 몸체를 만들어낸다.

야생 초파리 유형인 두 가지 형질의 동형접합체인 초파리(gl-gl) 를 돌연변이 동형접합체 초파리(bv-bv) 와 교배시키는 경우, 잡종유형(gl-bv) 이 생겨날 것이다. 잡종 수컷(gl-bv) 과 이중 열성유형의 암컷(bv-bv) 을 교배시킨다면, 두 유형의 자손, (gl-bv) 과 (bv-bv) 이 나올 것이다. 수컷

13) A. Weismann, "Du nombre des globules polaires", dans *Essais sur l'hérédité et la sélection naturelle*, *op.cit.*, p. 271.

(gl-bv) 은 (gl) 과 (bv) 배우체들만을 제공하며 두 (bv) 로 된 암컷 배우체와 결합한다. 수컷에서 동일한 염색체 상에 위치한 유전자 g와 l 사이의 연관과, 동일 염색체 상에 위치한 유전자 b와 v 사이의 연관은 따라서 완전하다.

잡종 암컷 (gl-bv) 과 이중 열성유형 수컷 (bv-bv) 을 교배시킬 경우, 네 가지 유형의 자손이 나올 것이다. 이들은 각각 날개가 퇴화한 검정 몸체, 날개가 긴 회색 몸체, 날개가 긴 검정 몸체, 그리고 날개가 퇴화된 회색 몸체로 (bv-bv), (gl-bv), (bl-bv), (gv-bv) 가 될 것이다. 그 비율은 41.5%의 (bv-bv), 41.5%의 (gl-bv), 8.5%의 (bl-bv), 8.5%의 (gv-bv) 로 이루어진다. 암컷 (gl-bv) 은 (gl) 과 (bv) 배우체뿐만 아니라, (bl) 과 (gv) 배우체도 만들어내는데, 이는 모두가 (bv) 유형인 수컷 배우체들과 조합된 것이다. 이는 약 17%가량에 상응하는 비율로 (gv) 와 (bl) 염색체들을 제공하기 위해 (gl) 과 (bv) 동형접합 염색체들 사이 유전물질의 상호교환을 유발한 암컷 배우체 내에서의 교차를 통해서밖에 설명될 수 없다(주: 모건은 왜 암컷에서만 교차가 일어나고 수컷에서는 일어나지 않는지를 설명해주지 않았는데, 이는 암컷과 수컷 배우체들의 성숙과정의 차이에 기인할 것으로 추정된다).

	암컷		수컷	
	. g l.		. b v.	
	. b v.		. b v.	
		↓		
수컷 배우체	. b v.	. b v.	. b v.	. b v.
암컷 배우체	. b v.	. g l.	. b l.	. g v.
	41.5%	41.5%	8.5%	8.5%

교차

동일한 형질들이지만 서로 다른 조합, 예를 들어 (bl-bl)과 (gv-gv) 초
파리로 시작하여 같은 실험을 반복했는데, 교차의 비율은 변하지 않았다.
따라서 이 비율은 형질들 자체, 염색체 상에서 유전자들의 위치와 관련이
있는 것이지, 예를 들어 b와 l보다는 b와 v라든지 하는 식으로 그들 사이의
조합이 어떤 방식인가에 기인하는 것은 아니다(형질들 사이의 인력과 척력
을 이용하는 베이트슨, 손더스, 퍼넷의 설명). 동일한 염색체 상에 위치한
유전자들에 의해 만들어진 다양한 형질들로 같은 유의 실험을 계속한 결
과, 형질에 따라 다양한 비율로 나타났는데, 이로써 그들 유전자 사이의
상대적 거리가 추론될 수 있다.

이 교차 비율은 0(완전한 연관)에서 50%에 이른다. 50%의 값은 A와 Z
두 형질 사이의 연관이 이 경로를 통해 더 이상 발견되지 않을 만큼 염색체
들 사이에서 일어나는 물질 교환 비율이 높은 편에 속한다(따라서 유전자들
이 염색체 상의 A와 Z 형질의 비율들 사이로 나타나는 B, C, D, 등의 "중간적"
형질들을 이용해야 한다).

일반적으로 이 염색체 지도는 검증을 통해 만들어졌고, 유전자들 사이
의 거리가 A에서 B, B에서 C, C에서 D와 같이 서로 지나치게 멀지 않은
형질들로 구축되었다(따라서 교차의 비율은 미약하다). 실험적으로 측정된
A-D의 거리가 A-B, B-C, C-D 거리의 합과 필연적으로 동일하지는 않다
는 점도 알아두어야 한다. 왜냐하면 A와 D 사이의 거리가 멀다면 유전자 A
와 D 사이의 재조합 비율을 축소시키는 결과를 초래하는 이중교차가 형성
될 수 있기 때문이다(도표 참조).

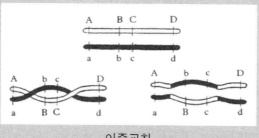

이중교차

유전학은 모건이 《유전자 이론》 첫머리에서 구체적으로 설명한 내용을 그 골격으로 삼게 된다.

> 이 이론은 개체의 형질들이 생식물질 내에서 요소(유전자)의 쌍들과 결부되어 있다는 사실을 확인시켜 준다. 여기서 요소들은 일정 수의 연관 그룹들로 결합되어 있다. 이 이론은 생식세포들이 멘델 제 1법칙에 따라 성숙할 때 각 유전자 쌍의 구성요소들이 분리되고 그 결과 각 생식세포는 한 가지 작용만을 한다는 사실을 확인시켜 준다. 이 이론은 서로 다른 연관 그룹에 속해 있는 구성요소들이 멘델 제 2법칙에 따라 서로 독립적으로 조화를 이룬다는 사실을 확인시켜 준다. 이 이론은 질서정연한 상호교환 - 교차 - 이 때로 상응하는 연관 그룹의 요소들 사이에서 형성된다는 사실을 확인시켜 준다. 이 이론은 각 연관 그룹 내에서 요소들이 선형적으로 늘어서 있고 다른 요소와 구분되는 특정 요소들의 상대적 위치가 교차의 빈도를 통해 드러난다는 사실을 확인시켜 준다. 14)

이 모두는 매우 고전적이며 널리 알려져 있다. 여기에 서술한 내용은 특히 중요한데, 이 지도에 힘입어 1915년부터 유전자는 염색체 상의 한 지점이 되었다. 모건과 그의 동료들은 이를 좌위[장소(*loci*)]라 불렀다. 판젠은 "입자 이론"(*théorie particulaire*)이 소멸할 무렵 드브리스의 돌연변이설에 의해 구출되었다. 그러기 위해 판젠은 입자설과 분리되었고, 불연속적인 한 형질(표현형)과 결합되어 정의되었다. 표현형적 형질 자체는 돌연변이를 유발할 가능성을 통해 정의되었다. 따라서 판젠은 "유전자"(*gène*)가 되었고, 염색질과 결부되었다. 하지만 어떤 과정을 거쳐 그와 같이 될 수 있었는지는 전혀 알 수 없다. 모건에 의해 그 양상이 구체화되었고 유전자는 한 염색체 상의 명확한 한 지점, 즉 좌위가 되었다.

이는 최소한의 정의이다. 이 정의는 유전자의 본질이나 그 기능 방식에 관한 어떠한 가설도 상정되고 있지 않다. 이 정의에는 유전자의 "일생"(비오포어와 판젠의 일생이 설명된 것과 같은)에 대한 모든 견해가 배제

---

14) T. H. Morgan et al., *The Theory of the Gene*, op.cit., p. 271.

되어 있을 뿐만 아니라, 유전자에 대한 모든 물리-화학적 사변들이 배제되어 있다. 사람들은 세포학적 관찰(염색체의 반응)과 통계적 실험 데이터(다양한 돌연변이 형태들의 교배) 사이의 상관성을 단순히 인정함으로써 특정 염색체 상의 특정 지점과 특정 돌연변이 사이의 상응이 존재함을 받아들인다. 유전자는 돌연변이의 한 장소이다. 이와 같은 유전자 정의는 돌연변이주의로 남게 된다.

모건은 그와 유사한 드브리스의 관찰을 상기하면서(하지만 달맞이꽃의 돌연변이가 초파리 돌연변이와 공통점이 별로 없다는 사실은 감추고서), 일반적으로 돌연변이가 여러 형질에 동시에 영향을 미친다는 점을 강조한다. 한 유전자와 한 돌연변이 사이에는 한 유전자와 한 형질 사이의 경우보다 더 밀접한 상관관계가 존재한다는 것이다. 보다 구체적으로 말해서, 모건은 "멘델 인자"를 형질 자체로 본 것이 아니라, 돌연변이가 형질에 야기하는 차이에 해당하는 것으로 기술했다.[15] 그리하여 드브리스(그리고 멘델)에 의해 소개된 유전 연구의 방식이 보존되었고, 동일한 원리에 따라 유전자가 정의되었으며, 이것이 초파리 연구를 통해 단지 정교해지고 강화되었을 따름이다.

다중대립인자론(multiallelisme)의 발견은 이러한 시각을 강화시켜 주게 된다. 실제로 한 유전자의 두 버전(정상 형태와 돌연변이 형태) 이상이 존재할 수 있고, 지도제작은 염색체의 동일한 위치에 여러 돌연변이가 영향을 미칠 수 있음을 보여준다. 그와 같이 조합된 형질을 다양하게 교배시킬 경우 초파리의 "흰색 눈", "붉은색 눈", 그리고 "다홍색 눈"(œil éosine) 형질이 대립인자들로 작동한다(즉 배우자 분리의 법칙에 따라 둘씩 작용한다). 게다가 눈 색깔과 관련된 돌연변이는 모두 "황색 몸체"의 돌연

---

15) T. H. Morgan et al., *The Mechanism of Mendelian Heredity*, op.cit., p. 209. 그와 같이 정의된 멘델 인자가 엄밀한 의미에서 형질에 부합되는 것이 아니라 차이에 부합된다는 사실은 상당히 중요하다. 왜냐하면 이는 모건이 연구한 내용이 완전한 유전이 아니라 차이의 유전임을 의미하기 때문이다(즉 형질 자체의 유전이 아니라, 돌연변이에 의해 형질에 나타난 차이의 유전을 말한다). 이 점은 나중에 다시 언급하게 될 것이다.

150

변이와 동일한 염색체 상에, 그리고 동일한 거리에 위치한다. 이상이 모건이 "눈 색깔"[16]과 동일한 좌위를 점유하기 쉬운 세 가지 형태의 유전자, 즉 세 가지 형태의 대립인자(흰색, 붉은색, 다홍색)가 존재한다고 말하면서 해석한 내용이다. 이 다양한 유전자(눈을 흰색이나 붉은색, 또는 다홍색으로 만들게 될)의 존재는 알려지지 않은 반면, 유전자가 염색체 상의 어디에 위치하는지는 정확하게 알려져 있다. 따라서 유전자를 정의하는 것은 그 위치이다. 유전자는 염색체 상의 한 장소에 위치하며, 그 장소는 표현형적 형질과 관련이 있고(여기서는 눈 색깔이지만 명확하게 구분이 안 되는 더 복잡한 형질이 될 수도 있다), 그 지점에는 형질이 이렇게 저렇게 (여기서는 흰색, 붉은색, 다홍색으로) 되게 하는, 규정되지 않은 "그 무엇" 이 자리해야 한다.

따라서 모건은 다중대립인자론의 다양한 경우를 검토했다. 동일한 염색체의 동일한 지점에 위치한 돌연변이에 전적으로 의존하는 동일한 형질에 대해 세 가지, 심지어 네 가지 형태가 알려지게 되었다.[17] 이는 다양한 종에서 마찬가지로 나타나는 일반적인 현상이다.

요약하자면, 유전자가 아직 판젠-비오포어였을 때 지녔던 물리적 실체의 성격이 모건을 통해 회복된 것은 아니었다. 하지만 좌위로서의 유전자는 "후반기" 드브리스의 돌연점진적 진화론에서 설명된 판젠보다 훌륭하게 정의되었으며, 동시대 요한센이 생각했던 추상적 단위("계산의 단위")보다 훨씬 구체적으로 정의되었다. 이 좌위로서의 유전자(gène-locus) 는 유전자가 어떤 염색체의 어떤 지점에 위치한다는 식으로 정의되어 한 장소를 나타내지만 빈 장소가 아니라 그 본질과 기능 방식을 알 수 없을지 언정 그 무엇이 놓여 있는 장소이다. 유전의 물리-화학적 근거에 대한 무지는 또한 유전자의 돌연변이와 염색체 지도 이론을 강화시키는 방향으로

---

16) *Ibid.*, pp. 155~156, 여기서 단순화가 문제되는데, 왜냐하면 눈 색깔에 영향을 미치는 돌연변이의 서로 다른 다양한 좌위가 존재하기 때문이다.

17) 따라서 그 위치설정은 당연히 대략적이다.

나아갔다. 이는 유전자의 본성과 기능에 대한 불확실성이 그 위치 규정을 통해 상쇄된 것과 마찬가지이다(그럼에도 유전자의 위치 규정에 생리적 역할을 부여할 수는 결코 없었다. 위치 규정은 유전자를 일종의 구체적인 존재로 간주할 수밖에 없을 텐데, 그 존재란 물리-화학적인 측면이 배제된 "지형학적"인 존재이다).

염색체가 단백질과 핵산으로 구성되어 있다는 사실은 이미 알려져 있었다. 사실 핵산은 1869년에 미셔(Johannes Friedrich Miescher; 1844~1895)에 의해 먼저 고름 세포에서, 그리고 이어서 연어의 정자에서 발견되었다(연구결과는 1871과 1874년에 출간되었다).[18] 세포의 분자적 조성을 분석하면서 그는 단백질과는 다른 어떤 물질을 분리해냈는데, 이 물질은 핵 내에만 존재하기 때문에 미셔는 이를 "뉴클레인"(nucléine)이라 명명했다. 이어지는 분석들에 의해 1889년 알트만(R. Altmann)은 이 물질이 알부미노이드(단백질의 일종)와 인화유기산으로 구성되어 있다고 설명했다. 그는 이를 "핵산"이라 명명했으며 오늘날에도 여전히 그와 같이 불리고 있다.[19]

1879년 핵산이 발견되었을 때, 플레밍의 염색질(염색체의 염색되는 물질)은 미셔의 뉴클레인과 신속하게 접목되었다(1869). 제일 먼저 시작한 사람은 차하리아스(E. Zacharias)였다. 당시에는 염색질이 뉴클레인이거나, 혹은 염색질이 뉴클레인을 포함하고 있으며 뉴클레인과 단백질의 혼합체일 것이라고 여겨지고 있었다.[20] 따라서 뉴클레인은 유전의 토대

18) F. Miescher, "Über die Chemische Zuzammensetzung der Eiterzellen", *F. Hoppe-Seyler's Medisch-chemische Untersuchungen*, Berlin, 1871, IV, 441~460; "Die Spermatozon einiger Wirbelthiere. Ein Beitrag zur Histochemie", *Verhandlungen der Naturforschenden Gesellschaft in Basel*, 1874, Band VI, Heft 1, pp. 138~208(1874년 판본은 1878년으로 잘못 기재되어 있다).

19) R. Altmann, "Über Nucleinsaüre", *Archiv für Anatomie und Physiologie*, 1889, p. 524.

20) E. van Beneden, "Recherches sur la maturation de l'œuf et la fécondation", op. *cit.* (1998), p. 538. E. B. Wilson, *The Cell in Development and Inheritance* (1896), Johnson Reprint Corporation, New York et Londres, 1966, p. 241.

역할을 하는 첫 번째 후보에 속했다. 21) 이는 1882년 작스(Julius von Sachs)에 의해 분명하게 제안되었다. 여하간 이에 관해 헤르트비히가 1885년에 쓴 내용을 살펴보자.

> 뉴클레인이 수정뿐만 아니라 형질의 전달을 담당하는 물질이라는 주장은 매우 개연성이 큰 사실이다. 따라서 뉴클레인은 네겔리의 이디오플라즘에 상응한다. [···] 이 상응 관계에 더하여 우리는 암수 핵물질의 매우 중요한 또 다른 특성을 관찰할 수 있다. 그 중요한 특성이란 네겔리가 이론적 근거를 통해 설명했듯이 뉴클레인이 수정 이전, 수정 시, 그리고 수정 이후에 조직화된 상태로 나타난다는 점이다. [···] 동물 난의 형성, 수정, 분할에 관한 실험에서 나는 이미 수정이 단지 생리학자들이 관례적으로 믿는 바와 같은 물리-화학적 사건일 뿐만 아니라, 정자 핵에서 이미 형성된 부위가 난자로 들어가 난자에서 이미 형성된 부위와 만나게 되는 형태학적 사건이기도 하다는 점을 증명하고자 했다. 22)

사람들은 이 텍스트를 분명 현대적으로 해석하고 싶어 할 것이다(특히 뉴클레인의 조직화된 양상에 관해서). 시대착오를 경계해야 했겠지만, 당시 일부 학자들은 이에 반대했던 한편 또 다른 학자들은 뉴클레인-크로마틴을 유전의 토대로 설명하는 쪽으로 기울었음이 분명하다(예를 들어 1909년 슈트라스부르거는 발생 단계에 따라 핵 내 크로마틴의 양이 다양하다는 잘못된 관찰을 논거로 이에 반대했다).

각각의 논거들이 무엇이든 간에 뉴클레인을 유전의 전달자로 보는 개념(*idée d'une nucléine-porteuse-de-l'hérédité*)은 여러 가지 근거로 인해 이내 퇴조되었다.

그 이유로 우선, 사람들은 화학물질이 어떻게 유전의 전달자가 될 수

21) A. Mirsky, "The Discovery of DNA", *Scientific American*, 1968, vol. 218, no° 6, 78~88; E. Mayr, *Histoire de la Biologie*, *op.cit.*, pp. 748~760.
22) O. Hertwig, "Das Problem der Befruchtung und der Isotropie des Eies", *Jenaische Zeitschrift für Naturwissenschaft*, 1885, 18, pp. 276~318(text cité pp. 290~291).

있을지를 이해할 수 없었다는 점을 들 수 있다. 여전히 유전학과 발생학을 연결했던 생물학자들은 대부분 유전이 배(embryon)의 형성에 시동을 걸고 배 발생을 주재하리라고 생각했다. 즉 유전은 단순한 물질 전달이라기보다는 능동적인 과정이라는 것이다. 미셔의 삼촌이었던 발생학자 히스(Wilhelm His; 1831~1904)는 1974년 다음과 같이 기술했다.

> 수정란은 성장에 필요한 일종의 자극을 포함하고 있다. 이 자극은 모계와 마찬가지로 부계로부터 유래한 모든 유전적 도구들을 함축하고 있다. 전달되는 것은 형태나 그 형태를 만들어낼 수 있는 특별한 물질이 아니라, 형태를 만드는 성장을 이끌어낼 수 있는 자극이다. 또한 형질 그 자체가 아닌 발생의 한결같은 과정의 시동이 전달되는 것이다. [23]

같은 시기에 클로드 베르나르는 유전으로 대물림되는(세대를 관통하는) "형이상학적 형태발생의 힘"을 배 발생에 부여했다. [24] 이 역시 그리다른 설명이 아니다.

약간 뒤인 1889년 드브리스는 이러한 종류의 "다이나믹한" 유전 개념을 비판하면서, 자신은 유전형질을 운반하는 입자의 전달이라는 유전 개념을 선호한다고 기술했다. [25] 이러한 설명은 또한 바이스만에게서도 분명히 나타난다. 하지만 드브리스 이론에서는 생명체로 간주된 판젠과 비오포어가 어떠한 다이나미즘을 보유한다고 한 점에서 일종의 속임수가 존재한다. 이 다이나미즘은 히스가 유전과 배 발생의 과정에서 설명했던 것과 동일하다. "다이나믹한 유전"에 대한 이러한 비판을 통해 결국 유전에 대한

---

23) W. His, *Unsere Körperform und das physiologische und das physiologische Problem ihrer Entstehung*, Vogel, Leipzig, 1874, p. 152, cité par E. Mayr, *Histoire de la Biologie*, op.cit., p. 612.

24) C. Bernard, *Physiologie générale*, Hachette, Paris, 1872, p. 147~148 et *passim*; *Leçon sur les phénomènes de la vie communs aux animaux et aux végétaux* (1878), Vrin, Paris, 1966, pp. 330~333 et *passim*.

25) H. De Vries, *Intracellular Pangenesis*, op.cit., p. 170.

설명은 뉴클레인에 의해 화학적 물질이 단순히 전달되는 유전 쪽으로 진행되지 않고 보다 훨씬 복잡한 방식으로 설명되는 유전 쪽으로 기울었다.

생화학자였지만 자신이 발견한 뉴클레인의 역할에 큰 흥미를 보이지 않았던 듯 보이는 미셔는 자신의 삼촌인 히스를 따르지 않고 심지어 판젠-비오포어 이론을 비판하면서 단백질과 관련된 "물리적" 유전을 제시했다.

> 바이스만과 그 외 학자들의 사변은 구시대 화학의 종(espèce) 개념으로부터 유래한 애매한 부분이 있는 반쪽짜리 화학적 개념들로 오염되어 있다. 반면에, 단백질 한 분자가 네 개의 비대칭 탄소 원자를 보유하면, 그 결과 1조 개의 이성체(isomères)를 지닐 수 있기 때문에 〔…〕 나의 이론〔입체 화학〕은 유전을 이해하는 데 있어 요구되는 상상할 수 없을 만큼의 다양함을 설명하기에 다른 어떤 이론보다 더 적합하다. [26]

이 이론적 입장 외에도, 실험적 데이터들 역시 유전이 뉴클레인에 의해 운반된다는 설명을 뒷받침해주지 않았다. 실제로 뉴클레인에 대한 화학적 분석은 뉴클레인 이론에 결정타를 안겨주었다. 1880년대가 되면서 전혀 다르게 진화된 전혀 다른 종들(효모, 고등식물, 성게, 연어)에서 뉴클레인의 조성(탄소, 수소, 산소 등)이 동일하다는 발견이 이루어졌다. 1910년경 핵산의 구체적인 조성(당과 인이 결합한 네 개의 서로 다른 염기 베이스로 이루어져 있다)이 거의 밝혀졌을 때도 마찬가지 상황이 전개되었다. 염기 베이스의 조성이 모든 종에서 동일하다고 간주되었기 때문이다. 이 염기 베이스의 전체적인 구조는 전혀 고려되지 않았는데, 핵산은 매우 작은 분자들로서(거대 분자는 분석을 위해 분해되어 작은 조각들로 해체되었다), 네 개 염기의 동일한 모티프가 반복되는 모노톤의 중합체로 간주되었기 때문이다. 이후로 DNA와 RNA가 구분되었지만 이는 아무것도 변화시키지 않았다. DNA가 오로지 염색체에만 존재함을 드러내주는 특수한 염색법(1924년 포일겐의 염색법)이 발견된 것이 전부였다.

---

26) 1893년의 편지, cité par A. Mirsky, "The Discovery of DNA", op.cit.

이는 DNA가 유전물질일지도 모른다는 가능성을 보여주었다.

하지만 유전은 단백질(판젠-비오포어의 핵심 분자들)의 기능이라고 생각되었다. 단백질은 염색체에만 존재하는 것이 아니라 세포 전체에 존재함에도 불구하고 단백질에 유전 기능이 부여되었던 것이다. 이는 분명 단백질이 "활성" 분자였고 사람들은 이미 오래전부터 단백질의 효소적 특성을 알고 있었던 반면, 핵산의 기능에 관해서는 전혀 알려진 바가 없었기 때문이다(사람들은 핵산이 무엇을 만들어낼 수 있으리라고는 상상조차 못했고 때로는 핵산을 단순히 일종의 에너지 역할만 하는 것으로 여겼다). 27)

앞서 언급한 바와 같이, 단백질은 이미 오래전부터 생명의 고유한 분자로 간주되었다. 그 놀라운 효소적 특성에 비추어, 단백질은 이해되지 않은 것을 설명하기 위한 방패로 흔히 제시되어 왔다〔이러한 설명 방식은 오늘날에도 여전히 널리 확산되어 있는데, 이를 "전능한 효소적 방법"(*la méthode des emzymes à tout faire*)이라 부를 수 있다〕. 드브리스는 1889년부터 판젠의 작용이 효소적인 것일 수 있다고 생각했다. "효소"라는 용어를 창시한 퀴네는 수정의 화학적 설명에 효소를 끌어들이는 쪽으로 기울었다. 유전은 따라서 이 "효소편집증"(*enzymomanie*)을 피해갈 그 어떤 계기나 구실도 없어졌다. 이는 분명 아주 막연한 가정으로서 당시 유전학에서 그리 중요하지 않은 것에 불과했다. 온갖 종류의 것들을 위한 효소가 존재하는데, 유전을 위한 효소가 없을 까닭이 어디 있겠는가? 그에 관한 논증이나 실험적 증거, 혹은 명료한 이론이 제시되지는 않았다. 단지 그에 관한 합의만이 존재했다. 당시 유전학자들의 지식과 선입견에 비추어 단백질은 유전자의 기능을 확고히 해주는 최상의 후보였다(이런 식의 가정이 1940년대 말까지 나타난다).

그에 따라서 뉴클레인이 유전물질일 수 있다는 1880년대에 명확히 정식화된 견해는 사라졌고, 19세기 말과 20세기 초를 특징짓는 생물학 이론들의 미심쩍은 뒤범벅 속에 묻혀 버렸다.

27) 이 점은 또한 1940년대 멀러의 견해이기도 했다(H. J. Muller, "The Gene", *Proceedings of the Royal Society of Biology*, 1947, 134, pp. 1~37).

그것이 핵 물질이든 단백질 물질이든 유전의 화학적 토대라는 견해는 유전자의 본성과 기능을 설명하는 데 "막다른 골목에 몰렸던" 듯 보였던 모건에서조차 등장하지 않는다. 모건은 그러한 견해가 당시로서는 연구를 통해 알아낼 수 없는 문제라 여겼음이 분명하다. 그는 과학화를 열망했고, 생식질과 세포 내 판젠이라는(19세기 말의 이론들치고는 나은 이론들이었기는 하지만) 화학적 생물학의 사변들로 되돌아가고 싶어 하지 않았다. 1915년 《멘델 유전의 메커니즘》에서 모건은 이에 관해 언급하지 않는다. 1926년에 320쪽 분량의 《유전자 이론》에서 그는 유전자가 유기 분자인지를 생각하게 해주는 세포 내 판젠에 관해서만 겨우 언급한다. 그와 같이 언급한 이유는 이 문제에 대한 유일한 관심이 전술한 유전자의 안정성과 관련되어 있다는 사실을 말하기 위함이었다. 이 책에서 그는 유전자의 기능, 그리고 유전자와 표현형적 형질들 사이의 관계를 간략하게 언급했지만, 그와 같이 언급한 것은 세포 내 판젠이 발생학과 기능 생물학에만 관련이 있고 유전이론에서는 불필요하다는 사실을 말하려는 의도였다.[28]

이후의 저서(1934) 《발생학과 유전학》에서 그는 두 분야가 분리되어 있다고 기술한다. 정확히 그의 말을 빌리면, 아마도 "유전자는 원형질 내의 변화를 유도하는 어떤 화학물질 — 아마도 촉매제 — 을 방출할 것이다."[29]

모건의 유전학은 유전물질의 화학적 본성에 관한 문제를 거의 소거시켜버렸다. 핵산은 여기서 "열외자"였고, 막연한 후보였던 단백질은 마땅히 적당한 구체적 이론을 갖추고 있지 못했다. "주류" 유전학은 수학화되어 확실히 인정된 문제들, 즉 염색체 지도와 같이 형식적인(formelle) 문제들로 환원되었고, 따라서 의심스럽고 시대에 뒤떨어진 비오포어 같은 사변에 동의하는 일은 거의 허용되지 않았다(1950년대에 가서야 유전의 물리-화학 이론으로 되돌아가게 된다). 모건 그룹으로부터 일찍이 벗어났

28) T. H. Morgan, *The Theory of the Gene*, op.cit., pp. 26~27.
29) T. H. Morgan, *Embryologie et Génétique* (1934), traduction de J. Rostand, Gallimard, Paris, 1936, p. 30.

던 멀러만이 유일하게 유전자의 물리적 본성을 고민한 것 같다. 하지만 이는 특히 그가 인위적인 돌연변이 연구(X선에 노출하는 연구)에 몰두해 있었고, 따라서 물리적 과정을 형식유전학과 결합시켜 연구해야 했기 때문으로 보인다.

이는 분명 모건 유전학의 가장 주목할 만한 특징 중의 하나이다. 모건 유전학은 바이스만이나 초기 드브리스처럼(이들은 유전의 생리학을 지극히 사변적인 물리적 모델에 근거하여 이해하고자 했다) 생리 유전학의 범주로 분류될 수 없다. 모건 유전학은 또한 동시대에 생겨나 전개되었던 집단유전학의 범주에도 속하지 않는다.[30] 모건 유전학은 유일하게 스스로 고안해낸 형식유전학이라는 독특한 범주에 속한다. 실제로 모건의 형식유전학은 해석을 최소화한 말끔한 형태의 원리들이다.

이 책 서문에서 우리는 유전학이 역사를 관통하면서 동일한 설명 도식은 보존된 채 시대에 따라 다양하게 해석되어 왔다고 이야기한 바 있다. 모건의 공로는 이 틀을 발명한 데 있는 것이 아니라(이 틀은 바이스만과 드브리스에서 이미 존재했다), 이 틀을 깨끗하게 정리한 데에 있다(바이스만과 드브리스의 이론은 갖가지 잡동사니들로 혼란스럽게 얽혀 있었다).

모건의 접근방식은 본질적으로 수학적(통계적)이어서 유전자 물리학을 토대로 하는 여타 가설들과 차별화된다. 모건의 방법에는 멘델 유전이 염색체 상에 위치한 다양한 "인자들"에 근거한다는 점을 전제로 하는 염색체 이론이 존재한다. 하지만 모건의 이론(일부 수정을 거쳐 바이스만과 드브리스를 회복시켰다)은 특히 통계적 자료들에 대한 "가시화"이다. 모건의 이러한 가시화는 멘델 유전에 구체적인 표상을 제공해주고, 또한 염색체 작용에 대한 세포학적 관찰이 초파리 교배의 통계적 결과들을 멘델 유전의 메커니즘으로 여기게 하는 일이었음을 보여줄 뿐이다.

좀더 구체적으로 말하자면, 모건의 관찰과 실험은 두 종류로 나뉜다.

---

30) 1910년 초파리에 관한 모건의 첫 번째 논문은 집단유전학의 기원으로 간주되는 하디-바인베르크 법칙이 나온 지 2년 뒤이자 요한센의 《정확한 유전이론의 기초》(*Elemente der exakten Erblichkeitslehre*)가 나온 지 1년 뒤였다.

하나는 세포학적인 것으로 체세포와 생식세포 내에서 염색체의 수, 크기, 반응을 측정하는 방식이다〔이는 모건 실험실에서 함께 연구했던 브리지스(Bridges)의 전문분야였다〕. 다른 하나는 다양한 돌연변이 형태들을 교배시켜 그 통계적 결과를 얻는 방식이다(이는 같은 실험실의 멀러와 스터트번트의 전문분야였다). 이 두 종류의 관찰 실험은 병행하여 실행될 수 있었고, 그에 따라 세포학적 관찰은 일부 가설을 사용함으로써 교배 결과들을 설명해주었다. 그 가설은 염색체 상에 위치하는 멘델 인자들이 존재한다는 것, 그리고 이 인자들과 돌연변이 형질들 사이에 상관관계가 있으리라는 것이다. 이 가설들은 그와 같이 유전학 전체를 구축하는 설명 도식을 제공해주었지만, 두 종류의 관찰과 실험이 충분히 조화를 이루어 유사성을 지닐 때만 간접적으로 정당화될 수 있다. 이 가설들은 결코 실험에 의해 직접적으로 검증될 수 없다(아래 내용 참조).

세포학적 관찰 실험과 통계적 관찰 실험 사이의 유사성은 표현형과 유전형 사이의 유사성에 해당한다(표현형과 유전형 개념이 등장한 것이 바로 이 시기이다). 교배실험은 유전(표현형)에 대한 현상적 연구와 통계적 연구를 가능하게 해주었다. 여기에 유전형적 기초로서 염색체와 관련된 세포학적 관찰이 결합되었다. 교배의 결과는 따라서 이 유전형적 기초인 염색체가 표현형적으로 발현된 것으로 여겨졌다.

다시 말하면, 서로 다른 두 가지 연구로부터 나란히 유래한 두 가지 연구가 존재했는데(이 두 연구는 서로 다른 학자들로부터 우연히 유래했다), 하나는 통계학으로, 표현형과 관련되며, 다른 하나는 세포학으로, 유전형(염색체와 동일시된)과 관련된다. 이 두 가지 연구 모두 다분히 개괄적이다(전자는 정교한 생화학적 분석이 아니라 거시적인 해부학적 형질들에 대한 통계학에 속했고, 후자의 경우는 유전체 분석이 아니라 염색된 세포구조에 대한 현미경적 관찰이었다). 이 두 연구가 제공한 결과들은 큰 줄기에서 "중첩될" 여지가 있었다. 이들 사이에는 형식적인 유사성(*analogie*)이 존재했고, 사람들은 이 유사성이 인과적인 관계일 수 있다고 결론 내렸다. 즉 교배의 결과가 염색체의 작용으로 설명될 수 있다는 것이다(유전형과 표현형 사이의 인과관계가 존재하리라는 것이다). 결국 이 지점에서 우리는 앞서 거론되었던 가설들과 유사한 문제점을 발견하게 된다. 유사성 (analogie)의 경로를 인과적으로 설명하는 것은 정당하지 않기 때문이다.

모건의 경우에서 제기되는 문제는 멘델의 경우에서 이미 제기되었던 문제와 동일하다. 정교하게 진행되었을 수많은 초파리 실험들에서 그 실험적 방법에 문제가 있었을까? 그 실험적 방법이 과학적 상상력의 범주 밖에 존재했다고 가정해야 할까? 엄밀한 의미에서(structo sensu), 염색체와 표현형 사이의 관계를 설정하기 위한 실험적 방법은 염색체에서 야기된 변형과 그 변형이 표현형에 미치는 영향의 확인을 필요로 한다. 그런데 여기서는 돌연변이, 즉 유전형에 부합하는 임의성을 통해 가설적으로 추론된 표현형의 임의적 변형을 문제 삼는 것이다. 따라서 그 과정이 역전되어 있다. 유전형에서 알려진 임의성으로부터 출발하여 표현형적 결과를 연구해나가는 대신, 표현형적 변형(관찰 가능한)에서 출발하여 그 본성이 알려지지 않은 유전형의 임의성(이는 염색체의 세포분열 시 나타나는 염색될 수 있는 구조의 반응을 거치지 않고서는 관찰 불가능하다)에 기인한다고 가정하고 있다. 이는 유전형으로부터 표현형으로 나아가는 생리학적 과정의 질서로 전개되지도 않을 뿐 아니라, 결과로부터 원인으로 거슬러가는 추론이다. 따라서 이는 실험적 방법을 통한 결과라기보다는 드브리스가 고안했던 "유전의 기호학"의 일종인 "신호(signes)의 해석"에 속한다.

이 "기호학적" 관점은 추론의 순환논법에 의해 다소 잘 포장되어 있지만, 돌연변이라는 용어의 이중적 의미를 토대로 이루어져 있다는 점에서 조금 특별한 순환논법이고, 따라서 이 특별함은 용어에 "내재되어" 있다. 이러한 방식으로 유전이론을 수립하고자 했던 모건은 돌연변이를 단지 표현형의 변화로 파악했지만(이는 드브리스의 《돌연변이설》에 기술되어 있던 "돌연변이"라는 용어의 본래 의미였다), 다른 한편 그가 같은 방식을 통해 자신의 이론을 수립하는 데 있어서는 돌연변이를 유전형의 변화로 파악했다〔모건 이후 돌연변이는 관례적으로 유전형의 변형을 의미하게 되었지만 드브리스가 "전돌연변이" (prémutation) 라 불렀던 것과 일치한다]. 따라서 모건은 일반적으로 유전형적 변화를 지칭하는 용어로 "돌연변이"를 사용했다. 유전형의 변화는 물리적 결정론의 질서에서 일차적인 요소이며 또한 표현형적 변형을 만들어내는 일차적 요소이기 때문이다. 하지만 다른 한편으로 그는 사실상 돌연변이를 유전형적 변형이 뒤이어 추론되는 표현형적 변화로서만 이해하고 있었다(이 추론에 따르면 표현형적 변형이 논리적으로 앞서게 되며, 여기서 생리학적 과정은 의미가 역전되어 진행된다). 전돌연변이 개념의 소멸로 인해 "돌연변이"라는 용어는 양면적 의미를 부여받게 되었고(표현형의 변이와 유전형의 변이), 그 대신 "신호의 해석" 작업에 준(準) 실험적인 면모를 제공해준 셈이다.

1915년 《멘델 유전의 메커니즘》 서문에서 모건은 자신의 방법이 지니는 특별한 성격을 설명해놓았다. 염색체 이론이 오류라 할지라도 자신의 결과가 염색체 이론에 의존적이지는 않으므로 자신이 도출한 결과의 진실성에 영향을 미치지는 않으리라는 점을 구체적으로 명시했던 것이다. 모건은 그와 같이 앞서 언급한 두 가지 유사한 이론의 독립성을 깨닫고 있었다. 교배의 분석은 염색체가 멘델 인자의 전달자이든 아니든 그와는 별개라는 것이다. 이는 모건의 염색체 작용 이론이 멘델 유전을 설명하는 메커니즘을 보완하는 이론임을 단적으로 나타내주며, 그러므로 모건은 이에 의지하고 있었다는 말이 된다(생물학자들은 멘델 이론이 순수하게 수학적이라고 믿었고, 그러한 수학적 결과들에 대한 흥미 이상으로 이론의 메커니즘에 흥미를 지녔기 때문이다). 31)

1926년 《유전자 이론》에서 그는 염색체 이론의 가치에 대해 훨씬 단호하게 이야기한다. 그는 "유전자"라 불리는 눈에 보이지 않는 입자들을 화학에서 원자를 다루는 방식이나 물리학에서 전자를 다루는 방식과 비교한다(따라서 이 유전자라는 용어가 인정되었다). "정밀" (dures) 과학과의 이러한 비교를 강조하기 위해 그는 "현대" 유전학 이론들이 교배 시 얻어

---

31) T. H. Morgan et al., *The Mechanism of Mendelian Heredity*, *op.cit.*, pp. VIII~IX.

진 "수량적" 자료들로부터 만들어졌으며, 그에 못지않게 "수량적인" 예견들도 허용됨을 강조한다. 그에 따르면, 과거의 개념들은 판젠이나 비오포어같이 비가시적인 단위체들을 상정하여 여기에 그 이론들이 필요로 하는 특성들을 임의적으로 상정하고 있었지만[32] (이는 모건이 이미 20세기 초에 자신의 입장과는 거리를 두려 했던 화학적 생물학의 이론들을 비판하며 말하곤 했던 내용이다), 이 현대 유전학 이론들은 "수량적" 자료들을 통해 유전자의 특성들을 추론한다.

1915년에서 1926년 사이, 그의 방법에는 변화가 없었지만 결과들이 축적되었고 그 결과들은 염색체 이론과 부합되었다. 염색체 이론의 개연성은 증가되었다. 그 개연성은 《유전자 이론》이 출간된 지 몇 년 뒤인 1933년, 페인터(T. S. Painter)가 초파리 유충의 침샘에서 거대염색체 폴리텐(*polytènes*)을 발견하게 되면서 더욱 증가했다.[33] 이 염색체 상에서 사람들은 염색체의 변형에 따라 다양하게 새겨진 서로 다른 가로무늬의 밴드를 구분해냈다(교차와 기타 등등). 염색체의 "준-가시화"인 셈이다. 이는 교배 실험과 병행되었던 일련의 세포학적 관찰이 이루어지는 과정에서 염색체의 수, 크기, 반응에 첨가되었다.

그동안에도 사람들은 다양한 관찰과 실험을 시행할 수 있었고, 유전형과 표현형의 대응관계(*parallélisme*)는 차츰차츰 명백한 것으로 드러났으며, 둘 사이의 연결을 시사하는 개연성은 점점 더 높아져 갔다. 하지만 그래도 역시 그 대응관계는 유추에 머물러 있었고 실험적으로는 더 이상 설명되지 않았다. 여전히 드브리스가 창시한 유전의 기호학, 신호의 해석에 머물러 있었던 것이다.

---

32) T. H. Morgan, *The Theory of the Gene*, *op.cit.*, p. 1.

33) T. S. Painter, "A New Method for the Study of Chromosome Rearrangements and the Plotting of Chromosome Maps", *Science*, 1933, 78, pp. 585~586 (J. A. Peters, *Classic Papers in Genetics*, *op.cit.*, pp. 161~163)에 재수록; "Salivary Chromosomes and the Attack on the Gene", *Journal of Heredity*, 1934, 25, pp. 464~476.

162

여기서 또한 멘델의 경우와 마찬가지의 문제가 존재한다. 멘델에서와 마찬가지로 관찰과 실험이 확대되었다는 점이다. 초기에는 "순조로운" 관찰과 실험이 시행되었고, 그에 이어서 다음 시기에는 "순조롭지 못한" 관찰과 실험이 일종의 "보편적인 분석의 열쇠"인 강낭콩 꽃 색깔에 적용하려는 방법에 이용되었다(그리고 그 후 이 보편적 분석의 열쇠는 점차로 더 정교해졌다).

게다가, 멘델에서와 마찬가지로 모건은 생리학적인 면에서 부차적인 형질의 유전밖에는 연구할 수 없었다(왜냐하면 중요한 형질들에서 서로 차이가 있는 개체들은 교배 시 거의 수정되지 않기 때문이다). 더 정확하게 말해서, 만일 모건 이론보다 더 애매한 멘델의 이론에서 하위 형질들이 주로 다루어졌다면, 모건의 이론에서는 형질에 근거한 유전보다는 차이에 근거한 유전, 즉 차이의 유전이 이야기될 수밖에 없었다(교배시켜 수정이 이루어지려면 이 차이들은 생리학적 관점에서 필연적으로 사소한 것이어야 한다). 34) 따라서 모건의 이론은 멘델 이론보다 더 명확하게 이중적인 양상을 드러낸다. 부차적인 양상과 차이의 양상이 그것이다(더 중요한 것은 차이의 양상인데, 이는 차이가 논리적으로 우선하기 때문이다. 교배된 두 개체의 형질이 차이를 나타낸다고 할 때, 그 형질은 엄밀한 의미의 형질이라기보다는 생리적으로 부차적인 형질이다).

모건 자신이 이 점을 기술해 놓았지만, 이에 대해 결론을 도출해내지는 않았다. 그가 연구한 유전은 순수하게 차이의 유전이었다. 35) 가정된 "멘델 인자"는 엄밀한 의미의 한 형질에 해당하는 것이 아니라 교배된 두

---

34) 멘델은 상인으로부터 구입한 콩의 변종으로부터 출발했고, 이 다양한 콩들이 지닌 차이의 기원에 관해서는 숙고하지 않았다. 그는 단지 이런 변종이 이런 형질을 지니고, 저런 변종이 저런 형질을 지닌다는 점을 고찰했다. 따라서 그에게 중요한 것은 이 서로 다른 형질들이었다. 그와 달리 모건은 돌연변이설의 맥락에서 연구했다. 그가 초파리를 교배시켜 서로 다른 초파리를 얻어낸 것은 돌연변이를 통해서였다. 그의 관심사는 초파리 자체의 형질보다는 그들 사이의 차이였다. 그가 염색체 지도를 그린 것도 다양한 형질에 부합하는 유전자보다는 차이의 원인으로서 돌연변이에 관심을 두었기 때문이었다.

35) T. H. Morgan et al., *The Mechanism of Mendelian Heredity*, op.cit., pp. 209 et 212.

형태 사이의 표현형적 차이에 해당하는 것이었다(모건에 따르면 한 형질
이 여러 서로 다른 좌위에서 다양한 돌연변이에 의해 변화된 존재일 수 있으
며, 역으로 동일한 돌연변이가 다른 형질들을 변형시키는데, 이 점이 그 증거
이다).36) 다시 말해서, 흰색 눈 초파리와 붉은색 눈 초파리를 교배시키
면서 모건은 "눈 색깔" 형질의 유전을 연구한 것이 아니라 돌연변이에 의
한 눈 변형의 유전을 연구했던 것이다. 그럼에도 그는 은연중에 변형의
유전에서 형질의 유전으로, 즉 차이의 유전에서 완전한 유전으로 넘어갔
다(그는 눈 색깔과 그 유전이 그와 같이 변형된 유일한 좌위에 의존하는 것이
아니라는 사실을 알고 있었을 것임에도 그랬다).

　형질이 그 변이에 의해서만 유전적 실체로 정의된다고 할 때, 그리고
사람들이 형질을 변이에 속하는 것으로만 이해하려 할 때 여기서 모호함
이 드러난다. "돌연변이"라는 용어를 이중적 의미로 사용할 경우, 사람들
은 '가정된 유전형적 돌연변이'가 '관찰된 표현형적 돌연변이'의 유전을
설명해준다고 말할 수 있을 것이며, 이로부터, 유전형적 돌연변이의 영
향을 받은 유전자(거의 유전형적 돌연변이에 의해 정의된)가 표현형적 돌
연변이에 의해 영향을 받은 형질의 유전을 설명한다고 즉각 결론을 내릴
것이다.

　따라서 사람들은 이러한 방법을 동원하여 어떤 유형의 변이가 유전되
는 현상을 연구했다. 이는 돌연변이를 통해 부차적인 차이가 나타나도록
하는 방법이다. 사람들은 그와 같이 변형된 형질들의 유전 결과들을 종
합하고, 뒤이어 모든 형질의 유전 결과들을 종합했다. 여기서 그 형질들
의 생리학적 중요성은 문제 삼지 않았다(이를 위해서는 복잡한 형질의 유
전이 강낭콩 꽃 색깔에 사용되었던 멘델적 방식을 통해 분석될 수 있다고 가
정하기만 하면 충분하다).

　이는 두 가지 가설을 필요로 한다. 하나는 돌연변이에 의한 한 형질 변
이의 유전이 그 형질의 유전 과정 전체를 표상한다는 것이고(예를 들어,

---

36) *Ibid.*, pp. 38, 172, et *passim*.

"흰색 눈" 돌연변이의 계승이 "눈 색깔" 형질의 유전을 표상한다는 것이다),
두 번째는 모든 형질(혹은 모든 변이)의 유전이 동일한 방식으로 진행된
다는 것인데, 이 두 가설은 결코 명백히 정형화되지 않았다.

《멘델 유전의 메커니즘》에서 모건은 이 두 가설을 명확하게 제시하지
않은 채 유전의 일반적인 문제에 상당 분량을 할애했다. 그는 "멘델 인자"
가 많은 다른 요인 중 한 요인에 불과하다는 점을 포함하여 생리적 과정
의 복잡성을 강조했다. 또한 그는 일부 세포 내 소기관들의 반응에 비추
어(예를 들어 미토콘드리아의 경우처럼, 이는 오늘날 우리가 말하는 바와 정
확히 동일하다), 염색체 유전이 아닌 세포질 유전의 가능성도 언급했다
(따라서 엄밀한 멘델주의가 아니다).[37] 10년이 지난 뒤 《유전자 이론》에
서는 담론이 엄격해졌고, 이제 더 이상 돌연변이에 의해 이러저러하게
"정의된" 유전자에 관해서는 관심을 두지 않게 된다.

그렇지만 형질이 변형되는 어느 한 유형의 유전 방식이 그 형질들 자체
의 유전으로 필연적으로 일반화될 수 없음은 분명하며, 이 변형된 유형
과 무관한 다른 변수들이 얼마든지 개입될 수 있을 것이다(형질이 복잡할
수록, 생리학적으로 중요할수록, 그리고 따라서 매우 다양한 갖가지 종류의
요인들이 그 형질의 기능과 유전에 개입할 가능성이 높을수록 일반화되기 어
렵다).

오늘날이라면 이런 문제는 제기되지 않을 것이다. 한 유전자와 결부되
어 있는 것은 육안 관찰이 가능한 표현형적 형질이 아니라 효소이기 때문
이다. 그러므로 유전자 변성 돌연변이(mutation-alteration-gène)는 효소
에서 정확히 그와 대응되는 변성을 만들어낸다(효소의 변성은 육안관찰이
가능한 다양한 표현형적 형질에 온갖 종류의 영향을 미칠 수 있다). 효소의

37) T. H. Morgan et al., *The Mechanism of Mendelian Heredity*, op.cit., p. 135. 이
문제의 구체적인 측면은 접어두기로 하고, 모건은 세포질 유전이 멘델주의에 해
당하는 것이 아니었음에도 염색체 유전과 동일한 메커니즘에 기초하고 있다고 여
겼다는 점에 주목하자. 즉 염색체 유전이 어떤 방식으로 작동하는 어떤 염색체와
연결되는 것처럼, 세포질 유전은 어떤 방식으로 작동하는 어떤 세포 내 소기관과
연결된다는 것이다.

유전(완전한 유전)은 따라서 돌연변이 유전(차이의 유전)과 얼마든지 중
첩될 수 있다. 하지만 모건 시대 사람들은 이러한 사실을 전혀 알지 못했
고, 두 유전(차이의 유전과 완전한 유전, 즉 돌연변이 유전과 형질 유전)의
병합을 받아들일 수 없었다. 38)

　따라서 모건이 "흰색 눈" 돌연변이의 영향을 받은 초파리가 흰색 눈을
지녔을 뿐 아니라 또한 행동에서도 활동성이 적고 수명도 짧다는 등의 서
술을 할 때, 39) 그는 이러한 돌연변이를 연구하면서 "눈 색깔" 형질을 연
구하는 것이 아님을 잘 알고 있었다. 하지만 그렇다고 그가 자신이 연구
하는 바를 알고 있었던 것도 아니었다. 왜냐하면 그는 유전자의 본성과
기능을 전혀 이해하지 못했기 때문이다. 따라서 편의에 따라, 여러 가지
가운데 유독 흰색 눈을 형성하는 돌연변이의 좌위를 "흰색 눈" 유전자(혹
은 눈 색깔을 조절하는 유전자들 중 한 유전자)로 설명했다. 용어 표기가 부
적절했는데, 모건도 그 점을 알고 있었다. 하지만 결국 이러한 부적절한
용어의 사용은 유전학이 동일한 설명 도식을 보존하게 하는 데 일조한 개
략적인 사유방식이 되어버렸다. 사람들은 염색체 지도를 작성하면서 마
치 유전자 지도를 작성한다고 생각했던 것과 마찬가지로, 돌연변이 유전
을 이야기하면서 형질의 유전을 이야기한다고 주장하게 된다.

　이 유전 개념은 다른 이유로 비판을 받았다. 앞에서 우리는 이와 같이
표현형적 형질을 유전자에 결부시키는 데 대해 요한센이 어떻게 생각하
고 있었는지 살펴보았다. 다음 장에서 골드슈미트(Richard Goldschmidt;
1878~1958)의 그럴듯한 비판들을 검토할 것이다. 여기서 리센코는 언급

---

38) 이 점은 유전적 명제들이 경험적으로 정당화되면서야(거의 50년이 지나서야) 받
　아들여질 수 있었던 한 사례를 보여준다. 그 이전까지는 모호한 상태로 정의되지
　않은 채 근사치에 머물러 있었다. 또한 이 경험적 정당화는 완전한 것이 아니었음
　을 명심해야 한다. 왜냐하면 효소에 의존적이며 육안 관찰이 가능한 표현형적 형
　질의 유전이 돌연변이 유전과 늘 중첩되는 것은 아니기 때문이다. 차이의 유전과
　완전한 유전의 혼동은 따라서 형질에서가 아니라 효소에서 나타났다(9장과 10장
　참조).

39) T. H. Morgan, *The Theory of the Gene*, *op.cit.*, pp. 61~62.

할 필요조차 없다. 돌연변이적 유전자 개념이 DNA 조각으로서의 유전자 개념에 자리를 양보하게 된 1954년, 정통 유전학자 슈타들러(L. J. Stadler)는 전적으로 신뢰할 만한 학술지 《사이언스》에 다음과 같이 쓸 수 있었다.

> 오늘날 우리가 생각하는 유전자 개념은 전적으로 유전적 돌연변이의 출현에 의거한 것이다. 유전적 돌연변이가 존재하지 않았다면, 우리는 개별 유전자들을 식별해낼 수 없었을 것이다. 〔…〕 모호함이 명백하게 나타나는 것은 유전적 돌연변이에 대한 정의가 아니라 유전자의 정의 자체이다. 유전적 돌연변이의 모든 정의는 유전자의 정의를 전제로 하기 때문이다. 40)

그리고 그는 유전자와 돌연변이를 정의하는 데 있어서의 모호하고 순환적인 방식이 루이스 캐럴(Lewis Carroll)의 《거울 나라의 앨리스》에 나오는 험프티 덤프티의 원리41)에 속한다고 덧붙인다. 그 원리는 "내가 어떤 용어를 사용할 때 그 용어의 의미는 정확히 그 용어가 의미하고 있다고 내가 결정한 것 이상도 이하도 아니다"라는 것이다.

이 모두는 분명 유전자 정의가 겪어 온 어려운 과정들로부터 비롯되었을 것이다. 초기에는 유전자가 "생명물질의 입자 이론"에 속하는 판젠-비오포어로 정의되었다. 이어서 그 이론이 사라지자 유전자는 돌연변이설과 멘델법칙의 재발견에 힘입어 불연속적으로 변이되는 형질과 결부된

---

40) L. J. Stadler, "The Gene", *Science*, 1954, 120, 811~819(J. A. Peters, *Classic Papers in Genetics*, *op.cit.*, pp. 244~259에 재수록).

41) 〔역주〕 영국의 수학자이자 작가인 찰스 루트위지 도지슨(Charles Lutwidge Dodgson)이 루이스 캐럴이라는 필명으로 1865년에 발표한 소설 《이상한 나라의 앨리스》(*Alice's Adventures in Wonderland*)의 속편인 《거울 나라의 앨리스》(*Alice in Mirrorland*) 제6장 험프티 덤프티에 나오는 언어 사용법을 말한다. 험프티 덤프티가 쓰는 말은 사회적 공유 의미를 갖지 않는 '내 맘대로의 언어'이다. "내가 의미하고 싶은 것, 그것이 그 말의 의미다"라는 것이 그의 언어 사용법이다. 언어가 사회적 약속이라면, 험프티 덤프티의 언어는 그 약속으로부터 이탈하는 자의적 언어인 셈이다. 따라서 말의 뜻을 마음대로 바꾸어 사용하는 것을 일컫는다.

숨겨진 존재로 정의되었다(연속적으로 변이된 형질들은 불연속적인 기본적 형질들로 분해되었다). 여기서 유전자는 사실상 돌연변이를 통해 정의되었지만, 돌연변이는 객관적인 성질이 아니라 일종의 변이에 속하기 때문에 사람들은 돌연변이가 되기 쉬운 형질에 눈길을 주어야만 했다. 그 결과 유전자는 **실질적으로는** 돌연변이에 의해 정의되면서, **이론적으로는** 한 형질에 상응하는 것이 되었다(여기에서 정의는 앞서 언급한 "기호학적" 방법의 결과이다).

모건의 유전학은 그의 선배들이 정초한 유전학에 비해 상당히 훌륭한 편이지만 그다지 완벽하지는 않다. 선배들의 유전학이 지닌 한계를 신중하게 고려하여 모건이 매우 정확한 이론들을 만들어냈음은 분명하다. 하지만 모건 유전학이 선배 이론들의 한계를 벗어나 일반화될 수 있는지, 유전의 모든 과정을 다루고 있는지는 증명되지 않았다.

매우 엄격하게 작업을 했지만 모건은 일부 개념들의 자의적 변형을 그대로 보존했고 심지어 스스로 자의적으로 개조하기도 했다. 그와 같은 측면은 우선, 멘델이 고안한 접근방식에서 나타난다. 그는 자신의 방법이 차이의 유전학이라는 점을 알고 있었음에도, 이를 마치 완전한 유전인 양 연구했다(따라서 그는 이미 멘델과 드브리스에게서 나타났던, "차이의 유전"으로부터 "완전한 유전"으로의 자의적인 이동을 그대로 답습했다). 또한, 모건은 드브리스가 고안해낸 돌연변이를 다시 사용했지만, 드브리스가 제시한 "전돌연변이"의 의미를 돌연변이에 부여했다. 앞에서 제시한 방식으로 표현형과 유전형 사이의 자의적인 이동을 현실화한 사람은 바로 모건이었다. 결국, 그는 은연중에 멘델의 유전을 "최상의 유전"으로 인정했다(다른 가능한 형태의 유전이 광범위하게 언급되었지만, 이들은 이내 사라졌다).

그 외에도 모건은 개념의 이질성이 오늘날까지 지속되어 온 데 대해서도 책임이 있다. 이러한 이질성을 통해 모건 유전학이 지닌 의심스러운 점을 발견할 수 있다. 모건 유전학의 의심스러운 점은 우리가 그의 사유방식에 익숙한 만큼 깨닫기가 어렵다. 멘델법칙의 의심스러운 점(이 역

시 같은 이유로 깨닫기가 어렵다) 을 찾아내기 위해서는 하디-바인베르크
의 법칙을 짚고 넘어가야 한다. 모건의 이론은 염색체 지도 작성과 바이
스만의 생식질 이론의 구조를 비교해보아야 한다.

   실제로 모건의 염색체 "지도"에는 생리학적 역할이 전무한 데 반해, 생
식질 이론의 구조는 생리학적 역할을 포함한다. 염색체 좌위의 질서와 그
에 부합하는 형질들의 해부학적 혹은 생리학적 연결고리(articulation) 사
이에는 아무 관계가 없다. 동일한 한 형질이 "지도"와 무관하게 좌위에 위
치한 돌연변이에 의해 영향을 받을 수도 있다(예를 들면 이웃한 경우). 또
역으로, 동일한 좌위의 동일한 돌연변이가 매우 다양한 생리학적 형질들
에 동시에 영향을 줄 수 있다. 이와 반대로 바이스만에 있어서 생식질의
구조와 생명체의 조직화는 한쪽이 다른 쪽의 원인으로서 밀접하게 연관
되어 있다. 따라서 이 두 개념 사이의 차이는 명백하지만, 그럼에도 생식
질 구조와 염색체 지도 둘 다 유전물질의 구조와 연결되어 있다.

   이러한 개념의 차이는 단지 접근방식의 차이에서 비롯된 것이다. 상당
히 사변적이기는 해도 생식질의 구조는 물리적 설명(혹은 물리적 경향을
지닌 설명)에 속하며, 따라서 유전의 토대가 되는 물리적 구조가 고려되
어야 했다. 모건의 염색체 지도 작성은 실험을 내세운다는 장점이 있지
만 "기호학"의 영역에 속한다. 여기서는 염색체 구조에 원인으로서의 역
할이 부여될 수 없다. 왜냐하면 이 이론은 염색체 구조로부터 출발한 것
이 아니라, 이 이론이 해석하는 임의적인 표현형적 변이(돌연변이)로부
터 출발하여 염색체 구조에 이르렀기 때문이다. 모건 이론은 바이스만과
반대로 연구되었다(바이스만은 생리학적 과정을 따랐다). 그 결과 모건 이
론은 단지 임의적인 각각의 표현형적 변이들과의 상관성을 염색체 상에
서 찾아낼 수 있었지만, 그들 사이의 상관성을 생리학적으로 연결시킬
수는 없었다(이 이론은 단지 지도상에서 어떤 표현형적 변이들을 다른 변이
들과 관련지어 위치시킬 수 있을 따름이었다. 이는 생리학적 관계가 아니라
"지형학적" 관계이다).

   바이스만의 생식질 구조와 모건의 유전자 지도 사이의 차이는 근본적

으로 접근방법의 차이였다. 방법의 차이는 결과의 차이를 낳았다. 하지만 이 방법상의 차이는 그로부터 귀결된 두 가지 염색체 개념을 통해 일면 "고착화"(*réifié*) 되는데, 그로 인해 유전학의 개념적 이질성이 나타난다. 구조화된 생식질과 유전자 지도는 생명체를 완전히 설명해주리라 여겨진 유전물질의 해독이라는 환상 속에서만 결합할 수 있으며, 이 지점에서 신호의 해석과 결정론은 혼동된다.

어쨌든 1960년대에 배태되었던 유전 프로그램은 이 두 관점을 양립시켜야 했고, 이 개념의 이질성을 이론에 포함시켰다. 실제로 유전학은 염색체 지도이론을 그대로 유지시켰고(유전학이 그에 대해 생리학적 가치를 제시한 적은 없었다), 다른 한편으로 유전정보개념은 유전물질의 질서가 생명체 질서를 지배한다는 바이스만의 사상을 받아들였다. 그 결과 두 개념은 혼합되었고, 그 양립을 위해 서로 다른 수준에 적용되어야 했다. 염색체 지도는 유전자들의 연결고리 전반적인 수준에 적용되었고, 여기서 유전자 질서에는 생리학적 역할이 주어지지 않는다. 생식질 구조는 유전자 내부 수준에 적용되었고, 여기서 뉴클레오타이드의 질서는 단백질 구조를 제어한다.

생리학적 가치가 배제된 염색체 지도와 유전 프로그램은 염색체 상의 유전자들의 질서로부터 분리되었다. 유전 프로그램은 엄격하게 생식질 구조에 의존하는 것이 아니라 "초-유전체적"(*extra-génomique*)[42] 조절에 폭넓게 근거한다. 유전 프로그램은 마치 단백질 합성 시 유전자 뉴클레오타이드의 질서를 해독하듯 선형적으로 해독되는 것이 아니다. 이는 물리적 구조의 프로그램이 아니라[초기에 슈뢰딩거에 의해 구조로서 고안되었음에도 불구하고(제8장 참조)], 기능 프로그램이다. 이 점은 바이스만의 구조적 개념을 약화시켰다(바이스만 개념 자체가 이미 전성설이 약화된 것이었다). 반면에 적어도 1960년대에 들어서는 유전정보의 개념에 힘입어 프로그램이 유전자 내부 구조와 결부되었고, 물리적 질서가 핵심적 역할을 되

---

42) 〔역주〕여기서 '*extra-génomique*'은 유전체를 포함하고 넘어선다는 맥락에서 '초-유전체'로 번역했다.

찾았다. 이제 이 개념의 이질성으로 눈을 돌려보자. 서로 다른 수준으로의 적용이 만족할 만한 해결책인지가 확실치 않기 때문이다〔게다가 현재의 개념들에서는 유전자 기능을 "유전자 이외의"(*extra-géniques*) 조절로 되돌려 놓으면서 그 역할을 증대시키고, 유전자 자체의 구조적 측면을 약화시켰다〕.

물리적 흔적(*engrammation*)의 문제나 유전의 발현 문제(바이스만과 초기 드브리스가 "생명의 기본 입자들"을 통해 설명했던 문제)를 포기하면서, 모건 유전학은 모든 생리유전학을 무시한 채 발생생물학과 기능생물학을 연결시키기를 단념했다. 반면 모건 유전학은 그와 동시대에 전개되었던 집단유전학과 조화를 이루었다. 모건 유전학과 마찬가지로 집단유전학은 유전자의 본성을 이해할 필요가 없었고 현상학적이고 통계학적인 접근에 전적으로 의거하고 있었다.

집단유전학은 모건의 형식유전학의 분신에 속하며, 모건 유전학의 또다른 얼굴이다. 형식유전학은 유전 메커니즘을 완성하는 데 통계학을 적용했다. 어느 한 유형의 개체들이 만들어낸 자손으로부터 출발하여 초기의 개체들로 거슬러가고, 그와 같이 개체-유형이 반복되는 식이다. 형식유전학은 통계적 자료에 따라 인과관계를 수립하고자 시도한다. 집단유전학은 개체를 향해 인과적 설명을 그와 같이 "거슬러가는" 식으로 처리하지 않으며, 오히려 반대로 나아간다. 집단유전학은 통계학적 방식을 일반화하고, 어떤 유형의 개체들의 자손 문제를 서로 다른 유형의 개체들로 구성된 집단의 진화 문제로 확장시킨다.

이를 위해 집단유전학은 골턴의 생물통계학에서 시작되었던 통계적 접근을 멘델법칙과 드브리스의 돌연변이설에 근거하여 수정하고 계승했다. 집단유전학은 1903년에서 1909년 사이 요한센의 연구와 하디-바인베르크의 법칙과 더불어 본격적으로 시작되었다. 이 유전학은 다양한 유전자들이 "유전적 풀"(일종의 유전자 저장소)로 간주된 집단 내에서 나타나는 양상과 이 유전자들의 비율이 진화하는 양상을 통계적으로 연구한다. 이 유전학은 그와 같이 종의 진화와 맞닿아 있고, 종의 진화는 집단의 유전적 조성의 변화(연구된 개체들의 유형 변화)로 환원된다. 이제부터 집단유전학은 다윈주의와 고락을 같이하며 가장 충실한 동반자가 된다.

유전자의 본성에 관한 논급의 부재는 모건 유전학을 단순한 형식 논리로 만들었고, 진정한 생리학적 차원의 설명을 방해했다. 이 단순한 형식 논리는 그럼에도 불구하고 개체유전을 집단유전으로 연결시키기에 충분했다. 또한 집단유전학 자체가 유전과 다윈주의 진화 사이의 관계를 보증해 주었다. 형식유전학과 집단유전학, 그리고 다윈의 진화론은 그와 같이 완전한 일관성을 이루고 있었다. 이는 1930년대 말 "종합설"로 명명되었다. 이러한 명칭 하에서든 혹은 그 어떤 명칭도 부재한 상황에서든, 이와 같이 연결된 분야들 모두는 1910년부터 1950년까지 실질적으로 군림하고 있었다. 종합설은 유전학 역사에서 중요한 두 번째 시기 내내 풍미하고 있었다(첫 번째 시대는 약 1870년에서 1910년 사이, 다윈의 판제네스, 드브리스의 세포 내 판제네스, 바이스만의 생식질 이론 같은 "입자론"이 지배하던 시기였다).

이 두 번째 시대는 또한 유전학이 초보 단계(골턴, 바이스만, 드브리스)일 무렵에 역시 초보 단계였던 우생학이 새로운 분야의 성공으로 꽃을 피우던 시기였다. 모건이 직접적으로 연루되지는 않았지만, 그의 형식유전학, 그리고 나아가 집단유전학(집단유전학은 골턴의 생물통계학으로부터 통계적 방법뿐만 아니라 그 이데올로기도 계승받았다)은 여러 나라에서 무수히 많은 질병환자, 장애인, 비행 청소년, 그리고 그 밖의 일탈자들을 강제 불임시술대로 몰아넣었던 우생학의 독트린과 법률제정의 주요 원동력으로 작용했다(박스 6).

6. 우생학

우생학적 사유는 고대부터 존재해왔다(때로는 응용되어 스파르타에서와 같이 기형아를 죽음으로 내모는 데 이용되기도 했다). 하지만 우생학의 진정한 이론화가 이루어진 시기는 19세기 말이었다. 《종의 기원》이 출간되자 자연선택의 부재가 인류의 퇴화를 유도한다는 사상이 확산 전개 되었다.

172

당시 산업혁명에 따른 도시화와 세습적 빈곤층의 증가는 전염성 질환(특히 결핵과 매독), 정신 및 행동 장애, 알코올중독, 일탈 등과 같은 다양한 재난을 증가시켰다. 그 모두를 사람들은 생물학적 퇴행으로 해석했다. 다윈주의가 적절한 설명을 제공하기 위해 때마침 나타나주었고, 사람들은 과학이 자연선택이라는 대행자를 통해 이러한 퇴행을 교정해줄 수 있으리라, 즉 "생물학적으로 열등한" 사람들의 생식을 제어할 수 있으리라 여겼다. 골턴과 생물통계학자들은 특히 이러한 사상의 선구자였으며, 1883년에 "우생학"(그리스어로 '우수한 탄생'을 의미하는 εὐγενής라는 용어를 발명해낸 사람도 바로 골턴이었다).

1890년대 미국에서 일부 "야만적인"(sauvages) 불임시술이 행해진 사실을 제외하면, 우생학은 20세기 초까지만 해도 초보 단계에 머물러 있었다. 바로 그 무렵에 더 일관성 있는 유전학 이론과 진화론이 정립되면서 우생학은 진정한 의미의 실천 작업에 돌입했다. 초기에는 어려움이 존재했다. 최초로 유전학적 법률이 제정된 것은 1907년 미국에서였다. 당시 대부분의 유명했던 유전학자들이 포진해 있었던 다양한 우생학 협회들의 선전에도 불구하고, 여러 유럽 국가들에 서로 견줄 만한 법률들이 생겨난 것은 1920년대 말에서 1930년대 초 사이였다. 1930년대는 우생학에서 중요한 시기이다(이 시기는 형식유전학과 집단유전학의 전성기이기도 했다). 우생학이 가장 지독한 형태로 나타난 것은 독일 나치에서이다. 1934년에서 1945년 사이 40만 명이 강제 불임 시술되었고, 그들 중 많은 사람은 전쟁 중에 학살되었다.

모든 형질을 유전자로 설명하는 범유전자주의(pangénétisme)는 이 법률이 실제로 유전적 질병에 걸린 사람들뿐만 아니라 정신질환자, 정신박약자, 알코올중독자, 일탈자 등을 포함하여 다양한 사람들을 겨냥하도록 유행시켰다(일부 사람들은 '유전적 소인에서 어떠한 전염병으로'의 원리라는 이름하에 결핵과 같은 전염성 질병에 불임 시술을 확대해야 한다고 생각했다). 우생학은 미국에서 피부색 인종주의를 빠르게 확산시켰다. 미국에서는 흑인이 백인보다 더 쉽게 차별의 표적이 되었고, 우생학이라는 이름으로 백인종의 퇴화를 예방하기 위해, 독일인은 1937년 라인란트를 점령했을 때

프랑스-아프리카 군대의 병사들이 남겨두고 간 혼혈인들을 불임 시술했다. 이를 유대인 학대와 단순히 동류로 간주할 수는 없겠지만(유대인들은 유럽의 백인으로서 우수한 인종으로 분류되었다), 1939년 정신질환자들을 가스실로 밀어넣은 "테크니시안들"이 바로 1942년 유대인을 겨냥한 아우슈비츠 가스실을 세운 사람들이었음은 명심해야 한다.

나치에 대한 공포는 전쟁 이후 우생학을 쇠퇴시켰지만 우생학이 즉각 사라져버린 것은 아니었다. 일본은 1948년 우생학 법을 제정했고, 일부 생물학자들은 1960년대까지도 지속적으로 우생학의 필요성을 역설했다. 하지만 1950년대 이후, 분자유전학이 모건 유전학과 집단유전학을 대체하게 되면서, 그리고 모건 유전학과 집단유전학의 현상적이고 통계적인 방식이 이데올로기에 덜 민감한 생리학적 접근으로 바뀌어 감에 따라, 우생학 법의 집행은 차츰차츰 감소하고 점차 그 효력을 상실하게 되었다. 43)

모건과 그 동료들은 유전의 염색체 이론을 괄목할 정도로 발전시켰다. 모든 물리-화학적 관점이 폐기되면서 19세기 말의 이론들을 어지럽게 만들었던 잔재들이 깨끗이 청소되었다. 이론의 수학화를 통해 더 과학적이거나 적어도 더 당당한 외양이 갖추어졌다. 하지만 이는 유전자의 본성이라든가 그 기능의 본성과 같은 유전의 모든 핵심적 영역에 대한 질문을 포기한 결과로 얻어진 소득이었다.

어쨌든 어느 정도 합의가 이루어지기 시작했고 비판하는 사람들의 수가 줄어들었다. 비판자들은 비단 애매한 정치적 동기를 지닌 허깨비처럼

43) J. Sutter, *L'Eugénique, problèmes, méthodes, résultats*, Cahier n° 11 de l'Institut national d'études démographiques, PUF, Paris, 1950; D. J. Kevles, *Au nom de l'eugénisme, génétique et politique dans le monde anglo-saxon*, traduction de M. Blanc, PUF, Paris, 1995; B. Massin, P. Weindling et P. Weingart, *L'Hygiène de la race, hygiène raciale et eugénisme médical en Allemagne* (2 vol.), La Découverte, Paris, 1998~1999; A. Carol, *Histoire de l'eugénisme en France*, Seuil, Paris, 1995; A. Pichot, *L'Eugénisme, ou les généticiens saisis par la philanthropie*, Hatier, Paris, 1995.

습관적으로 동요되었던 루이센코만이 아니었다. 게다가 루이센코의 경우는 약간 독특하기까지 했는데, 그가 "멘델-모건주의"라 부른 이론에 대한 자신의 반론을 제대로 이해하기 위해서는 당시 유전학의 이데올로기를 고려해야 하는데, 특히 모건의 옛 동료였던 멀러가 구소련에서 일하면서 스탈린으로 하여금 자신의 우생학적 정책 프로그램을 받아들이도록 설득하기 위해 애썼다는 사실을 알아두어야 한다44) (이 모두는 유전학자들이 잊고 싶어 하는 유전학사의 한 면모이다).

이러한 일부 저항과 그들의 동기가 무엇이었든 간에, 모건의 이론은 1940년대까지 유전학을 지배했고, 1950년대에 들어 유전자가 DNA의 서열과 동일시되면서 분자유전학이 좌위를 시대에 뒤진 것으로 만들게 되면서야(따라서 유전학은 훨씬 비정형적이고 훨씬 더 생리학적이 되었다) 모건 이론은 진정으로 물러나게 되었다(그 유효성은 모두 보존되면서). 이는 바이스만과 드브리스에 의해 발명되고 모건에 의해 정제된 설명 체계가 새롭게 해석되는 순간이었다(적어도 유전학자들에 의해 수용된 새로운 해석이었다. 왜냐하면 그사이 유전학자들이 인정하지 않았던, 그럼에도 역시 중요한 역할을 수행했던 슈뢰딩거의 해석과는 어쨌든 다른 해석이었기 때문이다).

1950년대를 거치면서 형식유전학과 집단유전학은 따라서 뒷자리로 물러나게 되었다. 이제 유전학사에서 중요한 세 번째 시기, 즉 오늘날의 유전학이 성립되는 시기가 시작된다.

분자유전학은 형식유전학과 집단유전학을 무효화시키지 않았다. 분자유전학은 유전을 연구하는 데 있어 형식유전학과 집단유전학에 연결되는 새로운 국면을 가져다주었는데, 이 새로운 국면은 통계적 연구에 비해 훨씬 확실하고 설득력이 있었으며, 따라서 다른 분야들을 하위 작업으로 밀어내고 우위를 점유하게 되었다. 분자유전학은 유전의 생리학적

---

44) 멀러의 정치적-생물학적 사상은 자신의 저서 《어둠을 넘어서, 미래에 대한 한 생물학자의 견해》(*Hors de la nuit, vues d'un biologiste sur l'avenir*) (1935)에 제시되어 있다(traduction J. Rostant, Gallimard, Paris, 1938).

메커니즘을 제공하는(혹은 제공한다고 주장되는) 까닭에, 생화학, 세포 생리학, 나아가 일반 생리학과도 연결되었다.

이 분야들(생화학, 분자유전학, 형식유전학, 집단유전학, 다윈의 진화론)의 종합은 그와 같이 바이스만과 초기 드브리스 이론의 전통, 그리고 19세기 말 생명이론에서 거대한 구조를 이루었던 화학적 생물학의 전통을 비롯한 초기의 전통을 되살려 놓았고, 또한 생명체에 대한 화학적이고 다윈주의적인 모든 설명을 동시에 제공하면서 계통분류학, 생리학, 식물학, 동물학 등과 같은 생물학의 "분과" 영역들을 넘어서기를 희망했다. 어떤 면에서 분자유전학은 약간은 제국주의적인 야망 속에서, 그리고 일반적인 행보 속에서, 화학적 생물학 이론들이 완성할 수 없었으며 모건 유전학이 별도로 치워두었던 프로젝트를 실행하고 있다(모건 유전학이 열어놓았던 괄호를 분자생물학은 다시 닫아놓았다).

하지만 그렇게 문제를 해결해낸 듯 보이던 분자유전학도 역시 그리 단순한 방식으로 발전해 나가지는 못했다. 여기서 역시 그 발전은 뒤죽박죽으로 진행되었다. 우선 분자유전학의 단초는 1940년대에 나타났지만, 의미를 지닐 수 있을 만한 일관된 이론이 없이 무시될 처지에 놓여 있었다(멘델법칙도 이와 유사한 상황을 겪은 바 있다). 그러다가 결국 1960년대에 들어서면서 모든 후계자가 유전 프로그램 이론을 통해 결집할 것이었다.

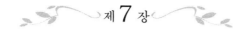

제 7 장

유전자와 생리학

(개로드에서 비들과 테이텀까지)

앞 장에서 살펴보았듯이 드브리스 이후 유전자에 대한 정의는 돌연변이에 근거하고 있었다. 이 돌연변이는 불연속적인 표현형적 변화(*modification*)를 의미했는데, 사람들은 이 표현형적 변화가 유전형의 변화에 대응된다고 추론하고 있었다〔드브리스는 "전돌연변이"(*prémutation*)로, 모건은 "돌연변이"(*mutation*)로 불렀다〕. 하지만 돌연변이가 일어나기 쉬운 형질의 불연속성(혹은 보다 정확히 말하면 돌연변이의 불연속성)을 놓고 사람들이 이를 분리된 유전자들로 구성된 유전물질의 불연속성으로 추론했을 수 있다는 생각을 먼저 했더라면, 상황이 훨씬 복잡하다는 사실을 곧 확인할 수 있었을 것이고, 차이의 유전에서 완전한 유전으로, 돌연변이의 유전에서 육안으로 보이는 표현형적 형질의 유전으로 그처럼 단순히 옮겨갈 수는 없었을 것이다.

표현형과 유전형 사이의 일대일 대응에서 발생하는 난점은 드브리스보다(심지어 멘델보다도) 훨씬 정교하게 유전을 분석했던 모건에서 특히 두드러진다. 게다가 《멘델 유전의 메커니즘》(*The Mechanism of Mendelian*

Heredity)에서 모건은 변이가 가능한 각 표현형적 형질당 한 유전자의 단순한 결합을 시도하는 데 저해가 되는 모든 형질을 스스로 조사했다(그 역도 마찬가지로). [1] 그 난점들에 관해서는 이미 몇 가지 언급했지만 다양한 종류의 난점이 있다.

우선, 대개의 경우 동일한 돌연변이는 일련의 여러 형질에 영향을 미치는데, 이때 영향을 받는 형질들 사이에는 흔히 서로 직접적인 관계가 없다. 이 형질 중 하나가 보다 눈에 띄게 변형될 경우 이는 돌연변이라 불리게 되고 나머지 다른 형질들은 감추어진다. "흰색 눈" 돌연변이가 그 사례에 속하는데, 이 변이는 초파리 눈 색깔에 주로 영향을 미치지만 행동과 생존 기간을 변화시키기도 한다. 따라서 이 돌연변이의 좌위를 단순히 "눈 색깔" 형질과 결부된 한 유전자로 간주할 수는 없다(사람들은 흔히 어림잡아 그와 같이 간주하지만).

두 번째로 중요한 점은 이와 대조를 이룬다. 실제 육안으로 관찰되는 표현형적 형질이 동일하다 해도 이들은 다른 좌위에 존재하는 돌연변이들에 의해 변형된 형질일 수 있다. 이 점은 초파리에서 실제로 나타난다. 모건이 초파리의 모든 눈 색깔에 영향을 미치는 25가지 이상의 돌연변이를 대조해보니 이들은 다양한 염색체들의 서로 다른 좌위에 존재했다. [2]

게다가 동일한 표현형적 변이가 때로는 다른 돌연변이들에 의해 생겨날 수도 있다. 예를 들어 초파리에서 몸을 온통 검은색으로 만드는 세 가지 서로 다른 돌연변이가 존재한다("*sable, ebony, black*"). [3] 이는 다른 생명체들에서도 마찬가지이다. 모건은 흰색 꽃을 피우는 완두끼리 교배시켰을 때 붉은색 꽃을 피우는 완두의 두 가지 순종 변이체(동형접합체) 사례를 지적했다. 이 경우를 설명해주는 두 열성 돌연변이는 모두 흰색 꽃을 피우지만 서로 다른 좌위에 위치한다. 이들을 교배하면 그들이 위치한 각 좌위에서 이형접합체 형태를 만들어내고, 그 결과 우성인 붉은색이 재

---

1) 또한 이 책 127~128쪽의 요한센 인용문을 보라.

2) T. H. Morgan et al., *The Mechanism of Mendelian Heredity, op.cit.*, p. 173.

3) *Ibid.*, p. 37.

발현된다. 4)

　한 유전자와 육안으로 관찰되는 한 표현형적 형질 사이의 단순한 일대
일 대응을 어렵게 만드는 점은 이미 언급한 이러한 점들 이외에도 또한
한 형질의 유전이 무수히 다양한 매개변수들에 의존한다는 데서도 찾을
수 있다. 모건은 이 점들을 열거하고 사례들을 제시했다. 환경의 영향,
나이 같은 생리적 영향, 그리고 "멘델 인자들" 자체 간의 상호작용이 존재
한다는 것이다.

　환경의 영향에 관해 모건은 섭씨 15도에서 20도 사이의 온도에서 경작
될 경우 붉은색 꽃을 피우지만 섭씨 30~35도에서 경작될 경우 흰색 꽃을
피우는 앵초(*Primula sinensis rubra*)의 사례를 든다. 만일 섭씨 30~35도
의 온도에서 먼저 경작된 식물이 15~20도의 온도로 옮겨지면 이미 핀 꽃
은 흰색이지만 새로 피는 꽃은 붉은색이다. 온도와 무관하게 흰색 꽃을
피우는 또 다른 종(*Primula sinensis alba*)도 존재한다. 이들에 붙여진 이
름(*rubra*는 붉은색, *alba*는 흰색)이 의미하는 바와 반대로 앵초는 꽃 색깔
의 차이를 통해서가 아니라 꽃 색깔과 관계되는 온도에 대한 이들 반응의
차이를 통해 특징지어진다. 유전되는 것은 꽃 색깔이 아니라 환경에 대
한 반응 능력이다. 5)

　모건의 이 같은 언급은 바이스만이 30년 전 이야기한 내용, 즉 생명체
가 한 형질을 획득하려면 그 형질의 유전적 소인을 지녀야만 한다는 말에
견주어볼 때 특히 흥미롭다. 이는 한 획득형질이 유전의 일반적 토대에
기반을 둔 국소적 변이(환경의 차이에 기인한)에 불과함을 의미한다. 여
기서 변이는 이 유전에 의해 결정된 범위 안에서만 가능하다. 6)

　모건과 바이스만이 제시한 이 두 가지 명제는 유사하다. 이들은 조화
를 이루지만 이 조화에 의해 서로 반대되기도 한다. 이들은 유전적 요인

4) *Ibid.*, p. 36.
5) *Ibid.*, pp. 38~39.
6) A. Weismann, "La continuité du plasma germinatif", dans *Essais sur L'hérédité
de la sélection naturelle*, *op.cit.*, pp. 167~168.

과 환경적 요인의 상호작용을 다루고 있으며 명백히 동일한 개념으로 이루어져 있다. 하지만 모건의 명제에서는 환경이 내세워지고 유전은 단지 환경에 대한 작용 능력과 관계되는 반면, 바이스만의 명제에서는 유전이 우세하고 환경은 우세한 유전적 근거를 단지 조정할 따름이다. 바이스만도 모건도 유전과 환경이 수행하는 각각의 역할을 수량화하지 않았고, 이들의 두 명제는 논리적으로 상호 전환될 수 있으며 표현 방식만이 달랐을 뿐이다. 그 표현 방식은 선택하기에 따라 이쪽이든 저쪽이든 속하게 되는 일종의 "유전-환경" 변증법이었다. 여기서 사람들은 바이스만이 유전의 전능함 쪽으로 기운 반면, 모건은 기본 원리에서 바이스만에 전적으로 동의하면서도 이 문제에 대해 훨씬 중용을 지켰다고 결론지었다. 그 표현 방식은 오래도록 후대에 남았고, 유전학자들은 자신들의 입장에 따라(혹은 당시의 이데올로기에 따라) 때로는 유전을, 때로는 환경을 전면에 내세우기 위해 그 표현 방식을 사용하고 남용하게 될 것이었으며, 또한 유전학자들의 이론이 무엇이든 간에 그 표현 방식은 변화되지 않을 것이었다.

한 유전자를 육안으로 보이는 한 표현형적 형질에 단순히 일대일로 대응시키기 어려운 점들을 계속해서 열거해보자. 모건은 이어서 생리적 요인들을 지적한다. 그중에서도 모건은 나이의 중요성에 주목했다. 어떤 형질이 특정 나이에 등장할 뿐 아니라 동일한 형질이 나이에 따라 변이될 수도 있다. 다양한 사례들 가운데 그는 분홍색 눈을 지닌 초파리의 경우를 기술한다. 분홍색 눈의 초파리가 젊을 때는 자주색 눈을 지닌 초파리와 쉽게 구분되지만, 노화되면 눈이 점차 진해지면서 자주색 눈과 혼동된다. 매우 유사한 또 다른 예도 있다. "검은색 몸" 돌연변이가 나타나는 파리는 젊을 때는 회색 몸을 지닌 파리와 잘 구분되지 않는다. 이 돌연변이종의 색깔이 짙어지고 명확히 구분되는 것은 단지 나이에 기인한다.[7] 따라서 이 돌연변이(분홍색, 자주색, 검은색)의 영향을 받은 유전자들과

---

7) T. H. Morgan et al., *The Mechanism of Mendelian Heredity, op.cit.*, pp. 167~168.

눈이나 몸 색깔 사이의 단순한 선형적 관계는 존재하지 않으며, 나이에 관계된 요인 같은 여러 생리적 요인들이 개입한다.

마지막으로, 모건은 멘델 인자들끼리의 상호 영향 문제를 언급한다. "주홍색 눈"의 멘델 인자를 보유한 파리와 "분홍색 눈" 인자를 보유한 파리가 둘 다 "흰색 눈" 인자를 더 많이 보유하고 있다면 이 두 종류의 파리는 구분될 수 없다. "흰색 눈" 인자(주홍색 눈이나 분홍색 눈 인자와는 다른 좌위를 점유)는 어떤 다른 색으로도 발현되지 않기 때문이다. 혹은 "주황색 눈" 인자를 이미 보유한 파리에서 "자주색" 인자는 "주황색"보다 더 선명한 눈의 생성을 유도하는 반면, "주황색" 인자를 보유하지 않은 파리에서 "자주색" 인자는 정상보다 더 진한 색깔의 눈 생성을 유도한다. [8] 따라서 한 멘델 인자의 효과는 다른 인자의 존재 여부에 따라 영향을 받을 수 있다. "분홍색", "주홍색", "흰색", 그리고 "자주색" 유전자는 동등하지 않으며, 단순하고 직접적인 관계를 통해 눈 색깔을 제어하지 않는다. 이 네 가지 인자는 "눈 색깔"이라는 동일한 형질의 네 가지 변이(분홍색, 주홍색, 흰색, 그리고 자주색)에 해당하는 것이 아니며, 이 네 가지 인자가 "눈 색깔" 형질에 개입하는 정도는 다양하다("흰색 눈" 인자는 생존기간 및 행동 같은 또 다른 형질에도 작용한다).

모건은 그와 같은 종류의 많은 문제를 해결했다(그와 관련된 또 다른 문제들, 예컨대 우성이 미치는 영향력의 크고 작은 정도 문제나 열성이 유전자의 소멸에 해당하는지를 알아내는 문제들이 포함된다). 따라서 1915년이 되자 형식유전학의 한계에 대한 대규모의 각성이 일었다. 모건과 그 동료들은 한 돌연변이에 의해 "정의된" 한 유전자와 육안으로 관찰되는 특정한 한 표현형적 형질 사이에 일대일 대응관계가 존재하지 않음을 절실히 깨달았다(유전자-효소 관계는 아직 수립되기 전이었다). 따라서 차이의 유전에서 완전한 유전으로 이행할 수 없었다. 하지만 모건은 이러한 난점을 무시했다. 그는 이를 자신의 유전자 이론에 통합시키지는 않았지만,

---

8) *Ibid.*, p. 45.

자신의 입장에 따라 이론을 조정하기 위해 이따금 취하는 외부 주석처럼 자신의 유전자 이론 위에 포개놓았다.

유전자의 본성과 기능 문제를 해결하기 위해서는 생리유전학이 필요할 것이었다. 모건은 생리유전학에 흥미가 없었다. 그는 자신이 행한 생화학적 분석 방법이 생리유전학으로 진전되기에는 너무 취약하다고 판단했음이 분명하다. 하지만 그러한 판단은 20세기 초가 지나면서 효력이 사라졌다. 분석 방법들이 급속히 발전했기 때문이며, 곧이어 유전자의 본성과 기능에 대한 무지를 더 이상 기술의 결핍으로 돌릴 수 없게 되었고 이론적 부실로 설명하는 편이 합당할 것이었기 때문이다. 이 점은 당시 생리유전학의 다양한 시도들을 살펴보고(당시 생리유전학이 다양하게 행해졌지만 지배적인 모건주의의 맥락으로는 아니었다), 또한 우리가 여기서 관심을 두는 반세기 동안에 걸친 생리유전학의 진보를 추적해봄으로써 납득이 될 것이다.

돌연변이가 대사작용을 교란시킨다는 생각은 돌연변이 개념 자체만큼이나 오래된 생각으로서 1900년대로 거슬러 간다. 1902년 영국인 의사 개로드(Archibald E. Garrod)는 알캅톤뇨증에 걸린 수많은 어린이를 배출한 어느 가계를 연구했다. 알캅톤뇨증은 소변에 알캅톤[혹은 호모젠티식 산(acid homogentisique)]이 존재하여 소변 색깔을 갈색으로 만드는 증상을 보이는 질병이다. 1891년 볼코프(M. Wolkow)와 바우만(M. Baumann)은 이 물질을 분리하고, 유사 분자인 아미노산, 티로신을 흡수한 환자의 소변에서 알캅톤의 비율이 증가함을 보여주었다.[9] 개로드는 호모젠티식 산이 티로신의 대사를 통해 만들어진다는 사실을 알고 있었고, 부모가 사촌남매간인 가계에서 감염된 어린이가 많이 존재한다는 사실을 통해 이 대사 단계의 결여로 특징지어지는 유전적 질병이 존재한다고 생각하게 되었다. 호모젠티식 산은 이 대사가 결여되기 직전에 만들어진 대

---

9) M. Wolkow und E. Baumann, "Über das Wesen der Alkaptonurie", *Zeitschrift für Physiologische Chemie*, 1891, 15, pp. 228~285.

사산물이 되어야 하며, 따라서 축적되었다가 소변을 통해 배설된다. 더 정확히 말해서 개로드에 따르면 이 질병은 호모젠티식 산을 점차 감소시키는 효소가 결여되어 있다는 것이다.[10] 베이트슨과 함께 그는 가계 연구를 통해 이 질병이 열성임을 밝혀냈다.[11]

따라서 개로드는 이러한 추론을 유사한 종류의 다른 질병들[페닐케톤뇨증 (phénylcétonurie), 갈락토스혈증(galactosémie), 과당뇨증(fructosurie) 등]로 확장시켜 "선천적 대사 장애"(erreurs innées du métabolisme) 및 "기형 구조의 화학적 유사물"(analogues chimiques des malformations structurales)로 규정했다. 그와 같이 1900년대에 들어서면서부터는 일부 질병들이 효소의 유전적 결손에 기인하는 대사 장애로 이해되었다. 이 질병들은 매우 오래전부터 알려져 있던 유전적 기형들과 유사했다(18세기에 모페르튀와 보네는 이미 유전적 육손이를 연구했다).[12] 이와 마찬가지로 1903년 케노(Lucien Cuénot)는 유전자가 효소를 조절하면서 색소를 제어한다는 점을 보여주었다.[13]

그와 같이 개로드의 연구는 유전자와 효소를 연결시키는 가설과 조화를 이루었다. 그 가설은 1889년 드브리스가 《세포 내 판제네스》에서 명

10) A. E. Garrod, "A contribution to the Study of Alkaptonuria", *Med. Chir. Trans.*, 1899, 82, pp. 369~394; "About Alkaptonuria", *Lancet*, 1901, 2, 1484~1486; "The Incidence of Alkaptonuria: a Study in Chemical Individuality", *Lancet*, 1902, 2, 1616~1620; "Inborn Errors of Metabolism", *Croonian Lectures to the Royal Academy of Medicine*, *Lancet*, 1908, 2, pp. 1~7, pp. 142~148, pp. 173~179, pp. 214~220; *Inborn Errors of Metabolism*, Frowde and Holder and Stroughton, Londres, 1909. H. Harris, *Garrod's Inborn Errors of Metabolism*, Oxford University Press, 1963.

11) 오늘날에는 호모젠티식 산이 티로신의 이화작용에서 나오는 중간 산물임이 잘 알려져 있다. 이 산물은 일반적으로 산화되어 대사의 다른 경로를 시작한다. 이 질병은 이 산을 산화시키는 효소의 유전적 결손에 의해 생긴다.

12) Maupertuis, *Système de la nature* (1756), *op.cit.*, p. 160; Ch. Bonnet, *Considérations sur les corps organisés* (1762), *op.cit.*, pp. 504~506.

13) L. Cuénot, "La loi de Mendel et l'hérédité de la pigmentation chez la souris", *Archives de zoologie expérimentale et générale, notes et revues*, 1902, 1903, 1904, 1905, 1907.

백히 최초로 제시했던 가설이었다. 알캅톤뇨증은 유전적 질병으로서 대사 경로의 장애를 일으킨다는 점이 분명히 알려져 있었고 이 경로의 구체적인 지점도 알려져 있었다. 따라서 효소가 잘못된 반응을 일으킴으로써 나타날 것임이 분명한 대사 변화와 유전적 요인 사이의 관계가 필연적으로 존재할 것이었다. 하지만 유전자와 효소 사이의 이 관계는 그렇게 명확하게 드러나 있지 않았으며 유전자의 본성과 기능 역시 나을 것이 없었다.

당시로서는 대사 경로를 연구하는 데 있어서의 어려움이나 여기서 인간을 다룬다는 사실이 문제를 힘들게 했을 것임이 분명하다(기술적으로나 윤리적인 이유로 연구가 복잡하고 어려웠을 것이다). 그렇다고는 해도 이는 생리유전학이 시작되는 데 있어 좋은 출발이었음이 틀림없다. 이러한 연구들은 크고 작은 성공을 이루면서 계속되었지만 왕좌를 차지한 모건의 형식유전학의 곁가지에 불과했다.

생리유전학의 가능성은 특히 골드슈미트에 의해 뒷받침되었다. 그는 생리유전학 분야에서 특별한 위치를 차지하고 있으며, 게다가 모건의 유전자 이론과 부합되지 않는 유전이론을 제시했다(그 이유는 단지 모건이 고려하지 않기로 작정했거나 혹은 엄밀한 의미에서 이론 외적인 대수롭지 않은 해설들로 간주했던, 앞서 언급한 난점들을 골드슈미트는 유전학에 통합하고자 했기 때문이다). 그의 저서 《생리유전학》(*Physiological Genetics*)은 당시 그가 지녔던 견해들의 집대성이다. 첫 페이지부터 그는 자신의 입장을 분명히 밝힌다(유전자의 본성과 발현의 문제를 발생생물학과 기능생물학에 전가시켰던 모건의 이론과 비교해볼 때):

> 유전학은 유전의 연구이다. [⋯] 이 문제에는 중요한 두 가지 양상이 존재한다. 첫 번째, 생식세포 내의 알려지지 않은 인자들을 규명해야 하고, 그 전달 방식의 모든 단계를 이해해야 하며, 발견된 사실이 유전적 실험 결과들에 부합되어야 한다. 알려져 있듯이, 이 문제들을 연구함으로써 일반적으로 유전학에 고유하다고 간주된 일련의 사실들이 축적되었고, 유전자가 염색체에 위치한 유전 단위라는 일반적으로 수용

된 이론에 도달했다. 이러한 양상은 유전 메커니즘의 문제로 불릴 수 있으며, 이를 통해 해결된 작업은 관례적으로 소위 유전학에 속한다. 유전 문제의 두 번째 양상은 어떤 유전자든 유전자가 모든 유전형질을 지시하면서 성체가 되기까지 발달을 조절하는 작용 방식을 이해하는 문제이다. 혹자들은 이 문제를 단지 발생의 문제라고 이야기할 수 있을지 모른다. 하지만 이 발생은 유전자의 기능 및 작용과 특정한 관계를 이루며, 이 특별한 장을 유전의 생리학이라 할 수 있고, 그 해결을 담당하는 과학을 생리유전학이라 할 수 있다. 14)

이와 같이 골드슈미트는 유전학을 광범위하게 정의했다. 그는 유전학을 모건의 형식주의에 한정시키지 않고, 모건이 해결하지 못하고 집어던진 문제를 정면에서 해결하고자 했다. 그의 견해는 약간 이단적이었다. 그는 유전자가 유전의 단위체라는 견해에 반대했으며, 유전의 단위체는 염색체이고 돌연변이는 이 단위체의 일부 변성이라는 전일론적(*holistique*) 개념을 선호했다(한 유전자를 변이가 가능한 각 표현형적 형질에 결부시킬 경우에 나타나는 모든 애로사항을 스스로 조사했음에도 유전을 표현형적 형질에 결부시켜 분석했던 모건과 반대로 골드슈미트는 이 단위체를 구분된 "인자들"로 정의하지 않았다). 15) 골드슈미트는 그래도 역시 인정받는 유전학자였고, 그의 연구가 어느 정도 잊혀지기는 했지만 그렇다고 근거가 없는 것은 아니었다.

무엇보다도 그는 표현형 모사(*phénocopie*) 16)라 불리는 방법을 발전시

14) R. Goldschmidt, *Physiological Genetics*, McGraw-Hill, New York, 1938, p. 1. 당시의 생리유전학에 대한 전반적 관점들에 대해서는 골드슈미트 와 비들 (G. W. Beadle) 의 "Physiological Aspects of Genetics", *Annual Review of Physiology*, 1939, 1, pp. 41~62; S. Wright, "The Physiology of Gene", *Physiological Review*, 1941, 21, pp. 487~527을 보라.

15) R. Goldschmidt, *Physiological Genetics*, *op.cit.*, p. 314.

16) 〔역주〕표현형 모사란 어떤 유전자에 인위적으로 온도처리나 약물투여 등 환경조건의 변화를 가하면, 그 유전자가 돌연변이와 같은 표현형을 나타내는 현상을 말한다. 예컨대 야생형 초파리는 트립토판에서 키누레닌을 경유하여 키산토마틴이라는 갈색의 색소를 만들기 때문에 눈이 다갈색이다. 이 색소 생성에 관여하는 유

186

컸다. 초파리 유충에 강도와 길이의 차이를 두고 열 충격을 가함으로써
그는 모건과 그 동료들이 연구한 다양한 돌연변이체에 맞먹는 표현형을
나타내는 파리들을 얻었다(이 파리들은 따라서 이 돌연변이의 표현형 모사
였고, 유전형이 아닌 표현형이었다). 이 표현형은 분명히 열 충격에 의해
유도된 발생 장애의 결과였다. 그는 여기서 또한 돌연변이가 발생을 교
란시키면서 혼란을 초래한다고 결론지었다(그리고 보다 일반적으로, 유전
자의 작용은 이 발생에 고유한 연속적 작용의 속도와도 관련되어 있었다). 확
실히 그 방법은 문제를 해결하는 데는 효과가 없었다. 돌연변이나 표현
형 모사를 통해 초파리 날개의 기형을 유도하는 데 일조하는 유전자의 본
성과 기능을 이해하고자 했던 골드슈미트는 달맞이꽃의 다배수성과 3 염
색성을 통해 진화론을 수립하고자 했던 드브리스와 약간 비슷한 느낌을
준다.

어쨌든 다른 모든 유전학자와 마찬가지로 골드슈미트에게 역시 기술
적 결함뿐만 아니라 이론적 결함도 존재했다. 수많은 실험이 시행되었고
일부는 매우 정교했다(골드슈미트는 이 많은 실험에 의거했다). 하지만 당
시의 이론이 골드슈미트의 이론을 받아들일 수 없었기에 그 이론은 대단
한 성공을 이루지 못했다.

생리유전학의 단순한 연구로부터 시작해보자. 먼저 골드슈미트는 밀
알의 배젖에 있는 비타민 A의 농도와 관련된 연구를 인용했다. 우성인
노란색(Y)과 열성인 흰색(y)의 두 가지 변이가 알려져 있었는데 이들이
잡종 교배되었다. 비타민이 배합된 배젖은 3 염색성으로 이들의 가능한

전자들의 하나인 xv가 vs로 돌연변이된 초파리는 빨간 눈을 지닌다. 이 변이체 애
벌레를 기아상태에 두거나 배지(培地)에 키누레닌을 넣으면 갈색색소를 조성하
여 야생형에 가까운 눈 빛깔을 띠게 된다. 유전자의 형질 발현은 전사와 번역을
중심으로 하는 일련의 생화학 반응에 바탕을 두며, 한 유전자의 형질 발현에 관여
하는 대사산물과 효소의 수는 매우 많다. 따라서 환경요인 변화로 어떤 유전자의
형질 발현에 관여하는 효소가 활성을 잃거나 그 기질(基質)의 공급이 억제되면
표현형 모사가 발생한다. 1930년대에 골드슈미트에 의해 생리유전학이 제창되면
서 표현형 모사 연구를 통해 유전자 작용 발현의 시기와 메커니즘을 해명하려는
시도가 활발히 이루어졌다.

유전형은 yyy, yyY, yYY, YYY이다. 각각의 경우에서 비타민 A의 농도
는 그램당 단위로 각기 0.05, 2.25, 5.00, 그리고 7.50이다. 비타민 A
의 비율과 유전자 Y의 수 사이에 거의 완벽한 비례관계가 성립한다. 따
라서 이 비례관계에 비추어 볼 때 유전자 Y의 수는 직접적인 방식으로 이
비타민의 합성에 개입하는 것임이 분명하다.[17] 사람들은 이 문제에 대
해 더 이상은 아무것도 말할 수 없었다. 실험이 더 이상 아무것도 말해주
지 않았기 때문이다. 그럼에도 연구자들이 이 비례관계에 미루어 유전자
가 효소로서 작용한다고 여겼을 가능성은 거의 없다는 점에 유념하자(효
소적 작용의 최종 결과는 효소 농도에 직접적으로 비례하는 것이 아니기 때문
이다).

　엽록소 합성과 관련된 다른 예를 보자. 1930년대 동안 사람들은 엽록소
합성을 할 수 없는 한 돌연변이에 기인한 11가지의 서로 다른 옥수수 변이
를 알고 있었다(이 식물은 그리 오래 살지 못하며 옥수수 알에 남아있는 아미동
이 소거되면 성장을 멈춘다). 여기서 사람들은 엽록소 합성에 적어도 11개의
서로 다른 유전자의 협업이 요구된다고 결론짓고 있었다. 이 유전자가 동일
한 좌위를 점유하고 있고 이들 각각이 필수적이기 때문에 이들은 각기 서로
다른 단계에 작용하는 것으로 가정되었다(이 유전자들은 따라서 "병행하
여"(en parallèle) 작용하는 것이 아니라 "연속적으로"(en série) 작용한다).[18]

　사람들은 이미 멘델 인자와 육안으로 관찰되는 표현형적 형질 사이의
단순한 결합에 의혹을 품고 있었다. 여기서 상당히 복잡할 것임이 분명
한 한 물질이 합성되는 데는 10여 개 이상의 유전자가 필요할 것이었기
때문이다. 어쨌든 여전히 대략적인 관찰밖에는 이루어지지 않았다. 엽
록소 합성과 관련된 대사 경로들을 탐구하는 본격적인 실험은 존재하지

---

17) P. C. Mangelsdorf and G. S. Fraps, "A Direct Quantitative Relationship
between Vitamin A and the Number of Genes for Yellow Pigmentation", *Science*,
1931, 73, pp. 241~242 (cité par R. Goldschmidt, *op.cit.*, pp. 148~149).

18) Cité par J. B. S. Haldane, "Contribution de la génétique à la solution de
quelques problèmes physiologiques", *Comptes rendus de la réunion plénière de
la société de biologie, séance du 7 juin 1935*, 1935, pp. 1481~1496.

188

않았다.

또 다른 시도들은 보다 순수하게 생리학적이었다. 이 점은 할데인에 의해 저자들에 대한 구체적인 언급 없이 보고되었다.[19] 토끼의 지방은 일반적으로 흰색이지만 일부 종들은 노란색 지방으로 되어 있다. 이 색깔은 음식물 속에 존재하는 크산토필이라는 색소로부터 나온다(노란색 지방으로 이루어진 토끼 종에게 크산토필이 없는 음식을 먹이면 지방이 흰색으로 된다). 간이 이런 물질의 대사에 관여한다는 점은 알려져 있었다. 따라서 흰색 지방으로 된 토끼 간을 분쇄하여 섭씨 37도의 인큐베이터에 크산토필과 함께 넣어두자 크산토필은 파괴되었다. 같은 실험을 노란색 지방의 토끼 간으로 했을 때는 크산토필이 파괴되지 않았다. 효소가 색소 파괴의 성질을 지닌다고 가정하면서 사람들은 노란색 지방의 토끼는 (지방의 색깔에) 필요한 간 효소(l'enzyme hépathique)를 지니지 않는다고 결론지었다. 그리고 이는 유전형질과 관련되므로 그와 관련된 유전자를 지니지 않는다는 것이었다. 하지만 유전자와 효소의 관계나 하물며 유전자의 본성에 관해서는 늘 아무것도 이야기할 수 없었다.

이 모두가 여전히 매우 대략적인 채로 남아있었지만, 대사에서 유전자의 개입에 대한 일부 보고들이 이미 제시되었다.

당시 가장 정교한 연구들 가운데 돌연변이에 의한 꽃 색깔과 그 변이에 관한 연구를 언급해야겠다.[20] 다양한 식물의 주요 색소들이 분석되었고 그 화학식이 알려져 있었다. 특히 붉은색, 파란색, 자주색으로 존재할 수 있는 안토시아닌 분자는 메틸기, 수산기, 당이 그 위치나 수가 (색깔에 따라) 다양하게 접목된 방향족 화합물의 핵으로 구성되어 있다. 여러 색깔의 꽃을 피우는 야생 그루와 변이된 그루의 다양한 식물에서 이 색소의 비교 연구는 돌연변이 효과가 안토시아닌 내의 한 그룹 혹은 여러 그

19) *Ibid.*
20) 이는 Rose Scott-Moncrieff, "A Biochemical Survey of some Mendelian Factors for Flower Colour", *Journal of Genetics*, 1936, 32, pp. 117~170에 종합적으로 나타난다.

룹의 메틸기와 수산기를 사라지게 했음을 보여주었다(아무것도 첨가되지
않고). 이 돌연변이는 따라서 이 색소의 합성에서 매우 명확히 밝혀져 있
는 교란과 관련이 있었다. 더 정확히 말해서 이 돌연변이는 방향족 화합
물의 핵을 메틸화하거나 수산화하는 과정을 제거시켰다. 또 다른 연구는
일부 돌연변이가 다양한 경로를 통해 예컨대 꽃잎의 pH를 변형시키면서
작용함을 보여주었다. 또한 다양한 유전형의 돌연변이들이 조합되어 꽃
색깔에 미치는 영향이 연구되었다.

   그와 같이 상당히 복잡한 분석방법이 동원된 매우 정교한 연구들이 존
재해왔다. 그렇기는 해도 이 연구들을 해석하면서 할데인이 지적한 다음
과 같은 언급 역시 사실이다.

   인용된 모든 경우에서 여전히 우리는 제시된 유전자의 정확한 기능을
   밝혀내지 못하고 있다. 한 유전자가 디아스타제라는 어떤 수산기의 메
   틸화를 담당한다는 것은 그 유전자가 디아스타제를 만들어내는 것일 수
   도 있고 혹은 이미 존재하는 디아스타제에 의해 시행된 합성에 필요한
   에너지를 소비하는 반응에 관여하는 것일 수도 있다. [21]

   약간 이후에 이루어진 비들(George W. Beadle)과 테이텀(Edward L.
Tatum)의 연구를 끝으로 생리유전학에 대한 간략한 소개를 마무리 지으
려 한다. 비들과 테이텀은 1941년 버섯의 대사 장애를 연구했는데, 한
변이는 비타민을 합성하지 못하는 변이였다. [22] 이 연구들은(다른 연구들
과 함께 1958년 연구자들에게 노벨상을 안겨주었다) [23] 때로 생리유전학과

---

21) J. B. S. Haldane, "Contribution de la génétique à la solution de quelques
   problèmes physiologiques", op.cit., p. 1491.
22) G. W. Beadle and E. L. Tatum, "Genetic Control of Biochemical Reactions
   in Neurospora", Proceedings of the National Academy of Sciences of the USA,
   1941, 27, pp. 499~506.
23) 〔역주〕1937년부터 스탠퍼드대학교에서 유전자 작용을 본격적으로 연구하기 시
   작한 비들과 테이텀은 빵곰팡이 속(Neurospora) 붉은빵곰팡이를 사용하여 유전
   자 변화나 돌연변이를 비교적 쉽게 파악하고 동정할 수 있도록 환경을 다양화시킬

유전자 - 효소 관계에서 괄목할 만한 진보로 소개되었다. [24) 이는 조금 과
장되었음이 분명하다. 비들과 테이텀은 확실히 이 분야에서 고전이 된
방법을 창안해냈지만, 그렇다고 그들이 행한 연구 결과가 이 분야의 선
행 연구 결과들과 특별히 다르다고는 할 수 없다.

  인간, 토끼, 파리, 혹은 고등식물을 연구하는 대신 비들과 테이텀은
연구가 용이하고 정교한 실험이 가능한 작은 버섯과 곰팡이 (*Neurospora
crassa*) 를 사용했다. 이 버섯은 단순한 요소들만으로 이루어진 배양환경
에서 성장할 수 있으며, 비오틴을 제외한 모든 비타민 축적물이 없이도
견딘다. 비들과 테이텀은 X선 조사를 통해 어떤 변이체를 얻었는데, 이
변이체는 피리독신 (비타민 B_6), 티아민 (비타민 B_1), 파라아미노벤조산
의 축적이 필요했다. 그들이 이 물질들을 합성할 수 없다고 생각하게 된
것은 돌연변이가 이들의 합성과 관련된 대사경로를 차단했기 때문이다.

  그들은 특히 비타민 B_6 축적물을 필요로 하는 변이체를 연구했다. 배
양환경에 포함된 비타민 B_6의 비율에 따라 이들의 성장률을 측정하고 원
래종과 비교하는 것이었다. 다음으로 그들은 이 변이체를 원래종과 잡종
교배시켰다. 이 교배에서 수정된 경우는 적었지만 그들은 후손이 성장하
는 능력이라든지 비타민 B_6가 결핍된 상황이 아닌 경우들을 연구하면서
이 비타민을 필요로 하는 것이 단일 유전자의 돌연변이에 기인한다고 결
론지었다.

  실험은 아마 이전보다 조금 더 세련되어졌겠지만, 유전자와 그 기능에

수 있음을 발견했다. 그들은 곰팡이에 X선을 쏘여 형성된 돌연변이체의 변화된
필요 영양 조건들을 연구했다. 이 실험을 통해 그들은 각 유전자가 한 가지 화학
반응에 관여하는 특정 효소의 구조를 결정한다고 결론 내렸다. 이른바 '1 유전자
-1 효소' 개념으로 비들과 테이텀은 조슈아 레더버그와 함께 1958년 노벨 생리
학 · 의학상을 수상했다. 또한 비들과 테이텀의 논문 "빵곰팡이 속에 있어서 생화
학 반응의 유전적 조절"(Genetic Control of Biochemical Reactions in
Neurospora) (1941) 은 미생물의 생화학적 연구에 유전학을 이용함으로써 이 분
야의 연구에 새 장을 열었다.

24) 예를 들면 M. Morange, *Histoire de la biologie moléculaire*, La Découverte,
  1994, pp. 36~38.

대한 개념에 급격한 변화를 초래하지는 않았다. 연구자들이 정확히 언급하고 있듯이 이는 모건 유전학이 생명형질에 적용되는 것이며 단지 하위형질(파리 눈 색깔이나 꽃 색깔처럼)에만 적용되는 것이 아님을 드러내 준다. 이는 전술한 옥수수 엽록소 합성의 핵심적 기능에 관한 실험에서 이미 강력히 암시되고 있었다. 하지만 유전의 생리적 메커니즘은 명백하게 드러나지 않았다.

논문 서두에서 비들과 테이텀은 다음과 같이 기술한다.

> 생리유전학의 관점에서 한 유기체의 발생과 기능은 근본적으로 유전자에 의해 특정 방식으로 조절된 화학적 반응의 통합 체계로 구성되어 있다. 그들 스스로 체계의 일부인 유전자들은 직접 효소로서 작용하면서든 혹은 효소의 특이성을 결정하면서든 체계의 특정한 반응들을 조절하거나 규제한다. [25]

논문 말미에서는 이 점에 관해 더 이상 설명되지 않는다. 이들의 실험이 가져다준 것은 특히 이러한 종류의 연구에서 일반화될 방법이었다. 하지만 이 방법은 유전자와 효소의 관계 문제나 유전자의 본성과 기능이라는 보다 일반적인 문제에 대해서는 아무런 해답도 제공해주지 않는다.

이 모든 지식수준은 수년 앞서 전술한 골드슈미트의 책 제 2부에 소개되었던 내용에 머물러 있다.

> 한 유전자는 다음과 같은 특징들을 지닐 것으로 생각된다.
> 1. 유전자는 극소량에 거대한 능력이 부여된 고도로 활동적인 실체이다.
> 2. 유전자 실체는 각 분할된 부분마다 중복되어 있고(*dupliquée*), 따라서 동화하고 성장할 수 있다.
> 3. 유전자는 소위 돌연변이라는 갑작스럽고 많은 경우 복귀될 수 있는 일정한 변화에 따를 수 있다.
> 4. 변이된 유전자는 동일한 방식으로 지속해 온 것이며, 다른 돌연변이

25) G. W. Beadle and E. L. Tatum, "Genetic Control of Biochemical Reactions in Neurospora", *op.cit.*, p. 499.

가 생성될 때까지 원본과 마찬가지로 안정적이다. 〔…〕

유전자는 염색체의 지정된 **좌위**에 위치한 유전의 단위체로 작동하므로, 유전자의 본성에 대해 가장 단순하고 명확한 개념으로 제시되는 것은 유전자가 물질 입자, 즉 하나 혹은 여러 분자로 된 실체라는 개념이다. 그 경우 돌연변이 과정을 설명할 수 있는 많은 가능성이 존재한다. 현재 화학 지식의 상황에서 가장 중요한 점은 다음과 같다.

1. 돌연변이는 유전자 양의 변화, 즉 x 분자들로부터 y 분자들로의 변화이다.
2. 돌연변이는 한 분자들로부터 전혀 다른 한 분자로의 완전한 변화이다.
3. 돌연변이는 한 분자 내에서 기(*radical*) 혹은 측면사슬이 다른 기나 측면사슬로 대체된 부분적 변화이다.
4. 돌연변이는 한 분자의 3차원 구조, 즉 입체 이성체의 형태 변화이다.
5. 돌연변이는 개별 분자의 단순한 첨가나 제거에 기인하는 것이 아니라 분자들의 사슬 형태의 중합에 의한 양적 변화이다. 〔…〕[26]

유전자에 의해 조절된 반응이 일어나는 장소가 세포질임은 확실하다. 〔…〕 세포질 내에서 일어나는 과정은 유전자 작용이 일단 가해지면 독립적으로 진전될 수 있음에도 불구하고 세포질은 유전자가 일하는 토대로 간주되었다. 〔…〕 답해야 할 문제들은 다음과 같다.

1. 세포질이 유전자가 작용하는 토대라면, 세포질과 유전자의 상호작용에 대한 더 구체적인 견해를 정식화할 수 있을까?
2. 질서정연한 한 서열에서 세포질과 유전자의 상호작용이 시작될 때, 그 과정이 일어나는 것을 유전자 활성화라 할 수 있다. 그 과정은 무엇으로 이루어져 있는가?
3. 질서정연한 발생과정에서 세포질의 활동은 언제나 유전자에 의해 지배되는가, 아니면 독립적으로 활동하는가?
4. 세포질이 독립적인 유전적 특성들을 지니고 있다면, 이는 유전자 작용에 의해 조절된 특성들과 유사한 종류인가, 혹은 다른 유형인 경우인가? 어느 경우가 더 일반적인가?

---

26) R. Goldschmidt, *Physiological Genetics*, *op.cit.*, pp. 282~283.

　유전자와 세포질 사이의 상호작용 유형과 관련된 첫 번째 질문은 지극히 간접적인 증거밖에 없어 해결되기가 어렵다. 일반적으로 다양한 가능성이 제시되었다. 먼저 다음의 사실들 가운데 선택해야 한다. 하나는 유전자 작용은 어떤 경우에서든 정지된 핵 속에서 일어나리라는 것이고, 다른 하나는 유전자 작용이 염색체와 세포질이 직접 접촉했을 때 유사분열 단계에서 일어나리라는 것이다…[27]

　이와 같은 몇 가지 고찰들은 당시 지식에 대한 통찰을 제공해준다.[28] 비들과 테이텀의 연구는 그 탁월함에도 불구하고 골드슈미트가 명명한 생리유전학에 고유한 이 모든 질문에 답을 해주지 못했다. 여기서 생화학적 분석방법의 취약성은 더 이상 진정한 이유가 되지 못한다. 이러한 상황의 책임은 적절한 의미 속에서 적절한 질문을 제기하는 이론이 부재했다는 데 있다. 모건이 유전을 생리학적 차원에서 접근하지 않았던 것은 기술적 결함이나 19세기 말의 화학적 생물학 이론들에 대해 그가 거리를 두었기 때문일 뿐만 아니라 멘델 유전학의 원리들이 생리학을 받아들이지 않았기 때문이기도 하다. 그는 이러한 사실을 잘 알고 있었을 것이며(《멘델 유전의 메커니즘》은 매우 확실하고 명료한 책이다) 이 주제들에 그가 무관심했던 근본 원인도 바로 그 점이었다. 따라서 생리유전학은 형식유전학에 비해 부차적으로밖에 발전할 수 없었고 형식유전학(그리고 그것의 분신인 집단유전학)이 유전 연구의 왕위에 있었던 까닭에 생리유전학의 발전은 필연적으로 제한되어 있었다.

　실례가 될 수 있겠지만, 모건 유전학(그리고 그보다 앞서 "후기" 드브리스 유전학)은 "분별없는 짓을 하는" 분야였던 까닭에 그리 오래가지 못했다는 점을 명확히 숙지해야 한다. "신호의 해석"이 흥미롭지 못한 방법은

27) *Ibid.*, pp. 263~264.
28) 전쟁 전야의 유전학에 대한 개괄은 Addison Gulick, "What are the Genes: I. The Genetic and Evolutionary Picture - II. The Physico-chemical Picture, Conclusion", *Quarterly Review of Biology*, 1938, vol. 13, n° 1, pp. 1~18 and pp. 140~168.

결코 아니었으며 오히려 매우 흥미로운 방법이었다. 하지만 위대한 이론적 발전을 이룰 수는 없었다. 1915년이 되자 《멘델 유전의 메커니즘》에서 이론이 수립되었고 이 이론은 더 이상 변화되지 않았다. 이후로 형식유전학이 활약할 수 있었던 토대는 일반적으로 이론을 굳건히 해주는 실험적 자료들의 축적 속에서 구축될 것이었다. 하지만 실험적 자료가 이론을 풍부히 해주지는 못했다. 인위적인 돌연변이 생성 (특히 X선 조사를 통한) 은 유전적 기형을 다양하게 보여주었지만 여기서 유전적 기형이 멘델법칙과 염색체 이론을 따르는지는 거의 증명될 수 없었다. 생명계는 거의 무궁무진한 실험의 장을 제공했고, 사고가 곤궁했던 당시 생물학자들이 십여 년 동안 그와 같은 작업에 매달렸음에 미루어 이는 생물학자들에게 행운이었다. 하지만 형식유전학에서 초기에 행해진 완두와 초파리에 관한 약간의 관찰에 비해 그 밖의 다양한 종들에 행해진 무수한 실험은 그리 대단한 결과를 산출해내지 못했다.

마찬가지로, 일단 개로드에 의해 가설이 제시되고 기초가 수립되자 생리유전학은 근본적인 질문들에 전혀 답하지 못할 실험과 관찰을 축적해나갔다. 분명 생리유전학 덕택에 1940년대에는 1900년대에 비해 유전적 질병들이 더 많이 알려지게 되었지만, 유전자의 본성과 기능은 여전히 이해될 수 없었다.

형식유전학과 생리유전학의 두 경우에서 이론의 결핍은 실험의 과잉을 유도했다. 과잉된 실험들은 소득이 없었고 이 분야가 처한 곤경을 은폐하는 데만 도움이 되었다. 이것은 의도적이었을 수도 있고 혹은 유전학자들의 책임이 아니었을 수도 있다. (다양한 종과 돌연변이에 대한) 실험적 탐구가 과다해지면서 연이어 산출된 자료들은 전혀 아무 결과도 내놓지 못했으며 특히 논리적 이론을 도출해낼 수 없었다. 문제들을 명확히 밝혀낼 수 없었던 이와 같은 자료들의 축적은 혼란을 가중시켰다. 이런 조건 속에서 상황을 극복하기 위해서는 이론을 보강해주는 실험적 자료들만을 추려내고 그 외의 자료들은 무시하거나 혹은 그 어떤 수단을 동원해서 허접한 자료들을 일반적인 법칙으로 환원시킬 수 있다고 가정해야 했다. 이는 사고를 교조적으로 경직시켰고 분야의 경화를 초래했다. 이런 상황에서 어떤 이론적 진보도 이룰 수 없었다.

다시 말해서, 이 시기 내내 유전학은 형식유전학 혹은 생리유전학에 머물러 제자리걸음을 하고 있었다. [29] 유전학은 방향이 설정될 때까지 제자리걸음을 했다. 방향설정은 1944년 에이버리 (Oswald T. Avery), 맥클라우드 (Colin M. MacLeod), 그리고 맥카티 (Maclyn McCarty)에 의한 유전물질의 화학적 성질의 발견에 힘입어, 그리고 동시에 슈뢰딩거의 모델에 힘입어 이루어졌다. 이 연구들은 1950년대 이전까지는 사실상 고려되지 않고 있었음을 또한 알아두어야 한다. 1915년부터 이 시기까지 50년 동안 유전학은 곤경에 빠져 벗어나지 못한 채 동일한 이론들을 지속적으로 되뇌어왔다. 이 이론들이 후일 이 분야가 발전함으로써 명백히 쓸모가 없어진 것은 분명 아닐 것이다 (이 분야가 이 이론들의 반박을 통해 진보한 것은 아니었다). 하지만 이 이론들은 재해석되었고, 이어서 분자유전학의 발전이라는 차기 기획으로 넘어갔다.

---

29) 이 점은 주된 활동이 집단 내 유전자의 작용 (가정된)에 적용될 수 있는 통계적 방법에 초점을 두고 있었던 집단유전학에도 동일하게 적용될 수 있다.

제 8 장

슈뢰딩거의 유전자와 정보

1915년부터 유전자는 염색체 상의 한 장소, 즉 다양한 대립 인자들로 채워진 존재일 가능성이 있는 좌위가 되었다. 오랫동안 그 밖에 다른 대단한 발견은 이루어지지 않았다. 앞 장에서 언급한 많은 연구는 유전자의 본성과 기능에 관한 정보를 거의 제공해주지 못했다. 유전자와 효소 사이에 (구체적으로 알려지지는 않았지만) 상관관계가 존재하고 유전자가 이 경로를 통해 대사에 관여한다는 사실만이 강력히 암시되었다.

비록 초기에는 추정에 불과했지만, 유전학을 심층적으로 변화시킨 두 사건이 일어난 것은 1944년이 되어서였다. 그 하나는 에이버리, 맥클라우드, 맥카티에 의해 이루어진 DNA가 유전물질이라는 실험적 발견이었다. 또 하나는 에르빈 슈뢰딩거(Erwin Schrödinger)의 《생명이란 무엇인가?》라는 유전정보개념의 기원에 관한 책의 출간이었다. 1) 먼저 이 책의 경우를 살펴보자. 왜냐하면 이 책은 현대 유전학자들이 곧잘 잊고 있지만, 분자유전학의 이론적 토대를 제공하게 될 책이었기 때문이다(이 책은 거의 대중화되었음이 사실이며, 따라서 유전학자들이 이 책을 자신들의

---

1) E. Schrödinger, *Qu'est-ce que la vie ?*, *L'aspect physique de la cellule vivante* (1944), traduction de Léon Keffler, Editions de la Paix, Bruxelles-Genève, 1951.

이론적 근거로 간주하기를 꺼려하는 것이 이해된다).

　이 책은 클로드 섀넌(Claude E. Shannon)의 《커뮤니케이션의 수학적 이론》(1948~1949)이 출간되기 전에 쓰였다. 슈뢰딩거의 책에는 "정보"라는 단어가 사용되고 있지 않지만, 그와 같은 견해가 매우 명료하게 표현되어 있다.[2] 이 책은 생물학자가 아니라 물리학자의 책이다. 슈뢰딩거는 당시의 다른 학자들과 마찬가지로 유전자를 단백질로 상정하고 있었으며, 이 점만으로도 슈뢰딩거의 책이 가져다준 관점의 변화를 충분히 이해할 수 있다.[3] 단백질이 유전을 설명하는 효소적 기능을 할 수 있다고 보는 대신에 슈뢰딩거는 단백질 원자들의 질서에 관심이 있었다(오늘날의 용어로 더 정확히 말하자면 DNA 분자 내의 뉴클레오티드 질서에 관심이 있었다). 따라서 관점이 전혀 달랐다. 슈뢰딩거는 물리학의 맥락에서 유전을 연구했다. 물리학에서 열역학의 통계적 법칙은 거시적 질서가 어떻게 원자의 미시적 무질서로부터 오는지를 설명해준다. 이러한 물리학적 관점을 유전학에 적용시켜 그는 육안으로 보이는 생명체 질서가 어떻게 미시적인 유전자 질서(단백질로 가정된 물질을 구성하는 원자들의 질서)로부터 오는지를 연구했다.[4]

　다시 말하면, 슈뢰딩거는 바이스만과 그의 생식질 구조로 되돌아갔다. 바이스만에게 생명체의 형성은 완벽하게 질서정연하고 결정적인 과정이었으며 따라서 생명체의 구조(architecture)는 그 자체로 엄격하게 규정되어 있었다. 이 개념 안에서 생명체의 형성과 구조는 전능한 유전에 종속되어 있었다. 따라서 생식질은 명확히 규정된 구조를 지녀야 했다.

---

2) C. E. Shannon, "A Mathematical Theory of Communication", *Bell System Technical Journal*, 1948, 27, pp. 379~423, pp. 623~656; C. E. Shannon & W. Weaver, *The Mathematical Theory of Communication*, University of Illinois Press, Urbana, 1949 (*Théorie mathématique de la communication*, traduction française de J. Cosnier, G. Dahan et S. Economidès, Retz-C. E. P. L., Paris, 1975).

3) E. Schrödinger, *Qu'est-ce que la vie ?*, *op.cit.*, p. 60.

4) *Ibid.*, pp. 136~140.

이 구조는 개체발생의 질서정연한 과정의 원인이자 성체 조직화의 원인
이었다. 유전이란 규정된 질서의 전달이고 이 질서가 생식질 구조로 물
질화되어 있으리라는 점은 바이스만에게 절대적으로 명백했다(비록 바이
스만에게 있어 이 원리의 실행이 완전하지는 않았지만). 이는 우선 쉽게 받
아들일 수 있고 따라서 많은 논증을 요하지 않는 단순한 견해였다. 그럼
에도 이 견해는 20세기 전반기 동안 사실상 자취를 감추었다.

　이 시기에 실제로 이 개념의 발전을 도모한 유전학자들은 거의 없었던
듯하다. 여기서는 단지 골드슈미트에 의해 인용된 러시아 생물학자 니콜
라이 콘스탄티노비치 콜초프(Nikolaï Konstantinovitch Koltzoff; 1872~
1940)의 개념을 제시하는 데 그칠 것이다. 1928년에 그는 염색체가 거대
단백질 분자라고 상정하고 있었다. 이 개념에 따르면 거대 단백질 분자
의 아미노산은 이 분자 상에 위치하고 있는 수많은 다양한 "기"(*radicaux*)
로 구성되어 있다. 각각의 아미노산은 정해진 위치를 점하며 "기"에 나타
나는 모든 변화(이들 가운데 하나가 소실되거나 다른 기에 의해 대체되어 나
타나는 변화)는 한 돌연변이로 간주한다(이는 현대적 개념과 상당히 유사
하며, 이 단백질의 아미노산들은 오늘날 핵산의 뉴클레오티드 역할을 수행한
다).[5] 전일론적 유전 개념에 사로잡혀 있었던 골드슈미트는 다음과 같
이 언급하면서 콜초프의 개념에 자신의 제안을 결합시킨다. "이 관점이
유전자의 작용에 대한 이해를 보다 용이하게 해주지 않을 것임은 분명하
다. 이 개념의 중요성은 유전자를 독립된 단위체로서가 아니라〔전체의〕
일부로서 정의하는 첫 단계를 이룬다는 점에 있다."[6]

　골드슈미트의 책임을 경감시켜주기 위해, 콜초프 자신이 그의 이론이
지닌 중요성을 완전히 이해하고 있었는지 확실하지 않다는 점을 말해둘
필요가 있다. 다른 글에서 콜초프는 염색체의 복제를 "화학적으로" 설명

---

5) N. K. Koltzoff, "Physikalisch-chemische Grundlage der Morphologie", *Biologische Zentralblatt*, 1928, 48, pp. 345~269 (cité par R. Goldschmidt, *Physiological Genetics*, *op.cit.*, p. 300).

6) R. Goldschmidt, *Physiological Genetics*, *op.cit.*, p. 300.

했지만 약간 혼란스러운 방식이었다. 이 복제는 일종의 "결정체의 동화"(assimilation cristallin)로 불렸다. 여기서 염색체 분자의 각 "기"는 "배아"를 제공하며, 그와 유사한 또 다른 "기"의 형성을 유발한다. 그와 같이 모든 염색체가 복제되는데, 이때 그 질서는 보존된다.[7] 하지만 여기서도 역시 그 물리학적 질서는 유전을 설명하는 데 있어 그리 명백히 고려되고 있지 않다. 이 점은 유전자를 한 분자로, 돌연변이를 이 분자의 한 변형으로 여기는 현대의 다양한 개념들에서도 마찬가지로 지적될 수 있다.

유전을 한 질서의 전달로 간주하는 이토록 단순한 이론 — 바이스만에 의해 이미 명료하게 제시된 이론 — 이 그처럼 오랫동안 무시되고 게다가 잊혀왔다는 사실이 놀랍다. 그럴듯한 한 가지 이유는 이 이론이 실험하기에 적합하지 않았고 이 정식화된 견해를 통해 이론적으로 대단한 발전이 이루어지지도 않았기 때문이다. 또 다른 이유는 이 이론이 생명 입자들로 간주된 비오포어 이론에 의해 가려졌기 때문이다(생식질의 살아있는 모습이 질서정연한 모습을 엄폐한 셈이다). 세 번째 이유로는 생물학자들의 "효소편집증"(emzymomanie)을 들 수 있다. 생물학자들은 이해할 수 없는 측면이나 제거해버리고 싶어 하는 모든 양상을 설명할 때 효소를 동원하는 경향이 있다(이 효소편집증은 또한 유전자가 단백질을 형성한다는 개념의 기원이기도 하다). 네 번째 이유는, 이 모든 시기 동안 생식질 구조가 모건의 염색체 지도로 대체되어버렸기 때문이다. 이 염색체 지도는 생리학적으로 아무 역할을 하지 못한다는 사실이 알려져 있다(사실 염색체 지도는 유전학자들이 유전자의 존재를 확고하게 보장해주지 못하는 한 아무 소용이 없다).

가장 중요하다고 여겨지는 마지막 이유는 우세한 형식유전학이 생리학과 역방향으로 진행되는 방법을 사용한다는 점이다. 이 이론은 물리학적 결정론의 관점을 따르지 않고 대신 표현형에서 유전형으로 거슬러간

---

7) N. K. Koltzoff, "Phisiologie du développement et génétique", *Actualités scientifiques et industrielles*, n° 254, Hermann, Paris, 1935; "Les Molécules héréditaires", *Actualités scientifiques et industrielles*, n° 776, Hermann, Paris, 1939.

다. 이 이론은 표현형의 원인으로 간주되는 유전물질에서 출발하지 않고 (이 경우 유전물질의 본성과 구조를 고민해야 한다), 임의적인 표현형적 변이들에 부합하는 염색체 상의 "좌위"를 찾고자 한다(이 이론은 그와 같이 돌연변이 지도를 만들었지만, 이 지도는 표현형의 원인으로서 유전형이 지니는 구조에 관해서는 아무것도 말해주지 않는다). 이러한 역전, 염색체 지도법, 그리고 효소편집증은 한 질서나 구조의 전달로서의 유전 개념, 즉 발전해야 했을 이론을 반세기 가까이 사라지게 한 중요한 이유로 작용했음이 분명하다.

슈뢰딩거는 물리학자이다. 그는 생물학에 대해 간접적인 지식밖에 없었으며, 큰 줄기들만을 취했다.[8] 그는 효소를 잊고 있었고 염색체 지도를 건너뛰었으며[9] 바이스만과 그의 생식질 구조로 돌아갔다. 보다 정확히 말해서 — 그가 바이스만 이론의 구체적인 내용을 이해하고 있었는지는 전혀 드러나지 않기 때문에 — , 그는 이 문제를 상식적인 선에서 다시 취했고 — 즉 그의 관심사는 실험적 자료들을 해석하기보다는 일관성 있는 이론을 구축하는 데 있었다 — 따라서 바이스만의 이론에 비견되는 이론으로 되돌아갔던 것이다.

근본적으로 주장되어야 할 것은 바로 이 점이다. 형식유전학의 실험적 (실제로는 "거짓-실험적") 성격이 흔히 그 가치와 "과학성"(*scientificité*)을 드러내 주는 증거로 소개되었고 모건 자신도 그와 같이 이해하고 있었기 때문이다(적어도 《유전자의 이론》에서는 그와 같이 이해했다. 왜냐하면 《멘델 유전의 메커니즘》에서 모건은 훨씬 신중했고, 자신의 방법이 지닌 한계를 인식하고 있었기 때문이다).

---

8) 그는 책 초미에서 이 점을 스스로 밝히고 양해를 구한다(*op.cit.*, p. 11). 나아가 (p. 19) 그는 "물리학자의 순진함"(*physicien ingénu*)으로 평가한다.

9) 유전자의 효소적 작용이라는 가정은 이 책에서 언급조차 되지 않는다. 염색체 지도 역시 단 몇 줄에 걸쳐 짧게 언급되었을 뿐이다. 여기서 슈뢰딩거는 좌위가 형질 자체에 관련되기보다는 다양한 형질들에 관련되어 있음을 강조했다.

일반적인 맥락으로 실험은 생물학에서 예찬되고 있었고 과학성을 나타내는 최상의 기준으로 여겨졌다. 그 이점은 흔히 과대평가된 것이었는데, 이는 분명 생물학이 피해를 입었던(그렇게 동의되고 있는) 무수한 사변에 대한 반작용이었음이 분명하다. 이 점은 특히 유전학에서 그렇다. 앞에서 이미 강조했듯이 유전학은 초기 요람기에 순수 사변적이고 심지어 비상식적이기까지 한 거창한 이론들이 제시된 바 있었다. 그 결과 생물학자들이 지나치게 남용된 사변들을 옹호하기 위한 방책으로 실험을 내세우고자 했음은 이해할 만하다. 하지만 이들은 잘못된 반전에 빠져 이론적 결핍을 초래했다.

모건 유전학의 근본적인 결함은 사실상 이론적 측면이 부실하다는 데 있다. 이러한 부실함은 이론이 전적으로 실험적 자료에 과도하게 매달린 데서 비롯되었다. 실험적 자료들을 소홀히 할 수 없음은 분명하지만 과학은 무엇보다도 이론적 문제들을 해결해야 하며, 실험적 자료들이란 단지 이 해결을 인도하는 지표일 따름이다. "정상"과학에서 실험은 이론 뒤에 온다. 실험은 이론을 검증하고 이론의 발전을 위한 지침을 제공한다(그리고 이론이 제대로 수립된 경우 실험은 거의 필요가 없다). 그 대신 이론은 실험적 자료를 설명해주는데, 이론이 실험적 자료를 설명하려면 이론적 문제를 해결해야만 한다. 이론을 통한 변화는 필수적이며, 실험적 자료만을 고려하려는 과학은 어디에도 도달할 수 없다(형식유전학의 경우에서 모델화 대부분이 여기에 해당한다). 10) 이론적 문제가 제기되지 않거나 잘못 제기될 경우, 실험적 자료들은 아무 도움이 안 되며 그에 부여된 설명 역시 별반 가치가 없다.

---

10) 수학화된 모델이든 아니든 간에 모델은 실험적 자료들 사이의 관계(경우에 따라 수학적인 관계)를 짜 맞추는 데 전적으로 몰두하는 이론과 구분된다. 반면 이론은 이 자료들을 보다 일반적인 설명의 맥락으로 새롭게 배치시킨다. 이 설명의 맥락은 자료들을 넘어서며, 문제가 되는 과학 혹은 관계된 분야에서 수립되어 사용되는 개념들에 의거한다. 모델은 게다가 논증도 아니다. 모델은 단지 발견에 도움이 되는 가치를 지닐 뿐이며 신중하게 사용되어야 한다. 왜냐하면 모델은 흔히 실험적 자료들 사이의 관계를 다양하게 수립할 수 있는데 그 관계의 일부(예를 들어 인과적 관계)만이 의미를 지니기 때문이다.

　말하자면 멘델, 두 번째로 드브리스, 그리고 모건은 유전을 이론적 문제로서 제시하지 않았다. 이들은 잡종 교배 실험의 결과를 설명하고자 했고, 이 설명의 결과에 따라 유전이론을 구축하고자 했다. 이들은 그 작업을 거의 완수했고, 이들의 해결책에 의혹을 제기할 근거는 전혀 없다. 하지만 이들의 설명에는 후속 연구를 위한 생산성을 지닌 진정한 이론적 기반이 결여되어 있었다. 즉 가설을 구축하고 이를 실험적으로 검증할 수 있는 유전 과학이 형성되는 데 필요한 그 무엇이 빠져 있었다. 보다 정확히 말하면, 이들의 설명은 한 가지 유형의 가설과 한 가지 유형의 실험만을 허용한다. 왜냐하면 이들의 설명은 실험적 사실(잡종 교배의 결과와 염색체의 반응)에만 집착했고, 보다 일반적인 이론적 고찰들로 연결되지 않은 "일화"(anecdotique)였기 때문이다. 이 설명은 따라서 일부 종들의 무수히 많은 돌연변이로 확장된 동일한 실험 유형의 반복으로 귀착되었고, 매번 동일한 결과를 산출했다. 이 실험들을 통해 유전의 염색체적 설명은 자동적으로 확인되었다. 11) 하지만 이 설명이 할 수 있는 역할은 그것이 전부였다. 이러한 자동적 확인이 "실험 과학"이라는 명칭을 얻었다고 해서 그 근거를 이 설명이 실험을 통해 이루어졌기 때문이라고 볼 수는 없다.

　잡종 교배의 설명을 원했던 이 유전학은 잡종 교배의 결과들로부터 출발했고 그 결과들을 설명하기에 이르렀다. 하지만 그 이상은 아니었고 유전이론에는 분명 이르지 못했다. 실제로 그 설명은 애초에 이 유전학이 출발했던 실험적 자료들을 서로 결부시키는 일에 불과했다(잡종 교배의 결과들은 염색체와 관련된 세포학적 관찰들과 결부되어 있었다). 하지만 이 유전학은 이론적 측면에서 유전 문제를 결코 제시하고 있지 않으므로 이 유전학이 의도했던 바를 확장시킬 만한 것은 아무것도 없다.

　모건 유전학과 슈뢰딩거 유전학 사이의 중요한 차이를 요약한다면, 모건은 눈 색깔 같은 형질들이 어떻게 세대를 이어 전달되는지를 이해하고

---

11) 이 설명이 그와는 위배되는 듯 보이는 일반 법칙으로 귀결되는 방법을 사용한 만큼 더 용이했다(멘델의 강낭콩 꽃 색깔 분석을 보라).

204

자 했던 반면, 슈뢰딩거는 물리학적 맥락에서 생물학적 조직화의 전달 문제를 제시했다고 말할 수 있다. 모건은 유전을 일화적인 방식으로 검토했고, 슈뢰딩거는 그 근본을 통해 유전을 검토했다. 보편성의 수준(le niveau de généralité)이 달랐지만 그것이 핵심은 아니다. 중요한 차이는 모건이 실험적 자료를 설명하는 데 국한되어 있었다면, 슈뢰딩거는 이론적 문제를 제기하고 그 해결책을 찾으려 했다는 점이다.

돌연변이 초파리들의 교배에서 붉은색 눈과 흰색 눈 사이의 비율은 물리학적 맥락에서 생물학적 조직화의 전달이라는 이론적 문제의 해결을 통해 이해되어야 한다. 초파리의 눈 색깔 자료들은 한 개별적 사례에 적용되는 것이다. 하지만 초파리 눈 색깔과 관련된 자료들만 가지고 이론적 문제를 해결할 수는 없다. 그 이유는 단지 자료들이 집적된 일화적인 실험을 통해 해결책이 제시된 것도 아니었고, 따라서 실험에 의해 검증된 것도 아니었기 때문이다. 이는 사람들이 실험적 경로를 통해 문제가 접근될 만한 눈 색깔 — 혹은 옥수수에서 엽록소의 합성이나 뉴로스포라에서 비타민 B_6의 합성 — 보다 생리학적으로 더 중요한 형질을 고려해야 하기 때문이 아니다. 연구된 표현형적 형질이 생리학적으로 얼마나 중요한지는 여기서 부차적인 문제이며, 결함이 나타나는 것은 바로 접근방식에서다.

모건 유전학에서 실험적 자료들은 기원이자 결론이다(기원인 까닭은 문제를 제기하는 것이 실험 자료들이기 때문이며, 결론인 까닭은 실험 과정의 목적이 자료에 관한 설명이기 때문이다). 따라서 이 자료들 말고는 다른 아무것도 설 자리가 없다. 단지 자료들 사이를 연결하는 모델이 구축될 수 있을 뿐이다. 형식유전학이 시행한 전부는 다음과 같다. 즉 형식유전학은 잡종 교배의 결과와 세포학적 관찰에 대한 경험적 자료들을 연관 짓고 비교 검토했지만 그로부터 더 나아가지는 못했다. 형식유전학은 이론화되기보다는 모델화되었다(여기에 포함된 일부 이론적 요소들은 바이스만으로부터 왔다). 형식유전학은 지도를 만들었지만 그 지도는 생리학과 연결되어 있지 않았기 때문에 해부학이 아니었다.

  슈뢰딩거의 유전학에서는 문제가 이론적 관점에서 고려되었고, 그 해결책도 이론이 되어야 했다. 실험적 자료들은(실험적 자료들은 물리학적 질서의 전달을 나타내준다) 이론이 자신에게 되돌아올 지위를 실험에 부여하면서 설명해야만 할 지침에 불과하다. 이것이 보다 실험적인 과학을 포함하여 과학이 진행되는 정상적인 경로이다. 반면 형식유전학의 방법은 비정상적이거나 혹은 적어도 금방 빈약해지고 효력을 잃는 방법이다. 이 방법은 그 근거가 될 만한 어떠한 실험들(일부 표현형적 형질과 일부 염색체의 위치)을 넘어서는 설명을 창출해낼 수 없다.

  유전학이 해결해야 할 문제들을 올바로 제시하기 위해 가장 좋은 방법은 이미 존재하는 이론들을 참작하는 방법이다. 슈뢰딩거가 이 방법을 취했다. 그는 잡종 교배 실험과 그 결과에 대해서는 거의 관심이 없었고, 일관된 이론적 맥락, 즉 물리학적 맥락에서 유전 문제를 제기했다. 다시 말해서 그는 사물을 제자리에 돌려놓았고 상식적으로 문제를 재검토했다. 이는 신호들을 해석하는 방식이 아니라 이론적 문제들을 검토하는 방식이었다. 슈뢰딩거는 따라서 유전학의 방법을 전도시키지 못한 채 모건에 의해 교체되었던 드브리스 이전의 가설들을 다시 찾아나서야 했다. 즉 질서의 전달 같은 바이스만의 핵심적 유전이론을 다시 찾아야 했다. 하지만 슈뢰딩거는 물리학자였고 60년이 지난 이후에 연구했기 때문에 여기에 훌륭한 공식을 제공했고 비오포어 같은 판타지에 구애받지 않았다.

  여기에 선택된 물리학적 틀은 열역학이었다. 열역학과 생명의 관계 문제는 새로운 것이 아니었다. 문제의 핵심은 생명체 내에서 물리학적 질서의 유지와 전개가 일반적으로 그 통계적 해석을 통해 고려된 제 2원리와 양립될 수 있는가 하는 점이었다. 슈뢰딩거는 비활성 물질과 비교하여 생명체의 물질적 조성의 뚜렷한 비정상성에 주목한 도낭(F.-G. Donnan)[12]의 1918년과 1929년 두 논문을 인용했다.[13] 통계적 양상은

---

12) 〔역주〕 도낭(Frederick George Donnan FRS; 1870~1956)은 평형막(*membrane equilibria*) 연구와 세포 내 이온 수송을 설명하는 도낭 평형 개념을 통해 널리

특히 도낭의 1918년 글에서 강조되었다.

> 대다수의 생리학자와 생물학자들은 물리학 법칙들과 화학 법칙들로 살
> 아있는 세포가 구성되는 방식을 설명하기에 충분하다고 여긴다. 그러나
> 이 방식으로 이미 무수히 많은 진보가 이루어졌음에도 불구하고 많은 생
> 물학자는 이 관점에 무언가가 빠져 있다고 생각한다. 예컨대 살아있는
> 유기체와 살아있는 세포 등에 열역학 제 2법칙을 적용하는 일이 합당한
> 지에 관한 논의들이 이따금 등장한다. 많은 생물학자가 느끼는 이러한
> 생각은 이 논문에서 논의된 일련의 문제들과 매우 심층적으로 밀접하게
> 연관되어 있다. 〔…〕 살아있는 대상을 연구하는 과학의 근본적으로 "생
> 물학적인" 양태는 이 과학이 통계적 방식이 아니라 특정한 개별 단위체
> 들과 관련된 연속적인 현상들에 근원적으로 주목한다는 데 있다.
>
> 살아있는 세포가 무수히 많은 분자와 화학 원자들의 단순한 배치이
> 자 무질서한 집합체로 간주될 수 있다면, 여기에 열역학 제 2법칙과 더
> 불어 물리-화학의 통계 법칙이 틀림없이 적용될 것이다. 하지만 살아있
> 는 세포는 그와 같이 무질서한 집합체를 넘어선다. 이는 조직화된 개체
> 로서 진정한 생물학적 "분자"이다. 그렇다면 어떻게 오늘날 물리-화학
> 의 통계적 법칙이 특정한 생물학적 분자가 구성되는 방식을 완전하게
> 묘사하리라고 기대할 수 있겠는가? 예컨대, 벤젠 분자 역시 조직화된
> 개체이며, 이 개체에는 내부 원자의 조직화가 포함되어 있다. 하지만
> 벤젠의 특정한 분자와 관련된 현상들의 특정한 결과에 관해서는 거의
> 무지한 상태이다. 정해진 환경 조건에서 벤젠이 구성되는 방식을 표현

알려진 아일랜드 물리-화학자이다. 그는 주로 런던 칼리지 유니버시티에서 연구
했다. 콜롬보에서 태어난 도낭은 제 1차 세계대전 동안 군수부 자문위원이었고,
화학공학자 키낭(K. B. Quinan)과 함께 군수품 제조의 핵심적 합성물질과 질소
고정 식물에 관해 연구했다. 평형막에 관한 도낭의 논문은 이후 가죽과 아교 테크
놀로지에도 기여했지만 생명세포와 그 환경 사이의 물질 전달에 대한 이해에 더
크게 기여했다.

13) F. -G. Donnan, "La science physico-chimique décrit-elle d'une façon adéquate
les phénomènes biologiques?", *Scientia*, 1918, 24, pp. 282~288; "The Mystery
of Life", *Annual Report of the Board of Regents of the Smithsonian Institution*,
Washington, 1929, pp. 309~321.

하는 화학 방정식이 기술된다고 해도, 이것이 정해진 특정 분자가 구성
되는 방식에 적용된 듯 보이지만 이는 사실상 통계적 방법에 따른 공식
에 불과하다. 통계적 방법의 이면에는 개체와 관련된 법칙의 미개척 영
역이 광대하게 존재한다. 14)

물리학자와 화학자들은 대다수 생물학자 자신(바이스만, 해켈 등)에
비해 생물학적 과정과 물리-화학적 법칙 사이의 양립가능성에 대한 확신
이 훨씬 덜 했다.

이 점에서 사람들은 도낭이 물리-화학의 통계 법칙과 멘델적 접근 사
이를 비교한 사실에 주목할 것이다. 자신들의 원리와 이론의 통계적 양
상에 동시대의 열역학과 통계역학을 결합시켰던 유전학자들과 진화학자
들이 흔히 말하는 바와는 달리, 15) 이러한 비교는 상당히 뒤늦게 이루어
졌다. 물리학 분야의 이 모든 내용을 분명히 몰랐던 다윈, 골턴, 바이스
만 등에 있어서 이러한 비교는 전혀 나타나지 않는다. 유전학과 진화론
의 통계적 차원은 이 문제를 사회적 분야들로 접근했던 케틀레가 사용한
데서 비롯되었고 특히 골턴의 생물통계학에서 다시 차용되었다(우생학과
인종주의 이론가로 때로는 나치즘에 동조했던 골턴, 피어선, 피셔 등의 인물
들에 의거하기보다는 맥스웰, 볼츠만, 깁스에 의거하는 편이 훨씬 매력적인
것은 사실이다).

다시 슈뢰딩거로 돌아가자. 슈뢰딩거는 도낭의 관점을 광의로 받아들
여 스스로 다음과 같이 쓴다.

통계적 관점에서〔…〕, 살아있는 유기체의 주요 부위들의 구조는 〔…〕
우리 같은 물리학자와 화학자들은 실험실에서나 혹은 작업테이블 앞에
서 마음속으로라도 결코 취급해본 적이 없는 전적으로 다른 종류의 물
질 구조이다. 16)

14) F. -G. Donnan, "La science physico-chimique décrit-elle d'une façon adéquate
les phénomènes biologiques ?", op.cit., pp. 284~286.
15) F. Jacob, La logique du vivnat, op.cit., pp. 210~220가 그 예이다.

그에 따르면, 비활성 구조에서 거시적 질서는 원자들의 무질서로 인해 통계적으로 이해되지만 — 이 구조가 무수히 많은 원자로 이루어져 있음을 의미한다 — , 반면 생명 구조에서는 거시적 질서가 그와 같은 미시적 무질서로부터 유래된 것이 아니라 반대로 염색체 분자를 이루는 극소수의 원자 질서, 즉 선재(先在)하는 질서로부터 유래한다는 데 그 차이가 존재한다.

질서와 물리학에 관심이 있던 슈뢰딩거는 자신의 이론을 견고성 (*solidité*)이라는 주제로 집중시켰다. 견고성이란 원자들이 주어진 위치에서 "부동적"인 상태를 의미한다. 이 견고성 패러다임은 원자들의 질서가 매우 고정적이고 굳건하며 열에 동요하지 않고(열이 과하지만 않다면), 따라서 충분히 오랜 기간 지속하는 결정체이다.

보다 구체적으로 말하면, 슈뢰딩거는 질서의 관점에서 볼 때 고체, 결정체, 그리고 분자 — 이들의 원자들은 결정적인 형태로서 서로 "부동적"이다 — 사이에 대응성(*équivalence*)이 존재한다고 주장한다. 이는 액체, 가스, 혹은 비결정 상태와 반대되는 것으로, 액체, 가스, 혹은 비결정 상태의 원자들(혹은 분자들)은 그와 같이 "부동적"이지 않으며, 또한 비결정성〔어원적으로 "무형"(*sans forme*)〕고체의 경우 원자들은 결정된 질서를 따르지 않는다는 것이다.[17]

따라서 견고성이라는 주제는 서로 다른 두 가지 양상을 포함한다. 하나는 (분자나 결정체 내부에서) 다른 원자들에 비해 일부 원자들의 "부동성"에 의해 결정된 질서와 관계되고, 다른 하나는 저항성과 관계된다(이 질서는 영속성을 지니며 열에 동요되지 않는다). 이는 바이스만에서 이미 존재하고 있었던 이중적 양상이다. 바이스만의 생식질은 엄격히 결정되고 내구력이 강한 분자 구조로 특징지어져 있었다.[18] 슈뢰딩거는 정확

---

16) E. Schrödinger, *Qu'est-ce que la vie ?*, *op.cit.*, pp. 17~18.

17) *Ibid.*, pp. 103~107.

18) A. Weismann, *Essai sur l'hérédité et la sélection naturelle*, *op.cit.*, pp. 130, 166, 271 et *passim*.

히 이와 동일한 근거를 사용한다. 여러 세대를 거치면서 변함이 없는 유
전형질의 전달은 유전물질의 강한 내구성을 필요로 한다(그는 이 전달의
예로 수세기 전부터 왕가의 초상화에 충실히 재현된 "합스부르크가의 입술"을
든다). [19] 그는 돌연변이(바이스만 시대에는 돌연변이가 아직 이론적으로
정립되지 않고 있었다)가 지극히 드문 경우라고 가정하면서 한발 더 나아
간다. [20] 이 개념은 25년 뒤에 유전체의 견고성과 이를 교란시키는 돌연
변이의 우연적 성격을 강조한 자크 모노에게서 다시 등장한다. [21]

따라서 슈뢰딩거에 있어 유전학의 기초를 이루는 것은 질서와 내구성
이라는 두 가지 의미를 지닌 이 견고성 원리이다. 이는 결정체가 그에게
패러다임을 제공한 이유가 된다. 하지만 통상적인 결정체에서 질서는 주
기적이고 생명체의 조직화를 설명하기에는 지나치게 단순하기 때문에,
슈뢰딩거는 유전물질을 "비주기적 결정체", 즉 주기적 결정체의 반복적
질서보다 더 복잡하게 규정된 질서를 보이는 고체 구조로 상정했다. [22]
이 비주기적 결정체는 실제로 내구성이 강한 거대분자이다(다소 분명하
게 말하자면 단백질이다).

슈뢰딩거에 따르면, 이 비주기적 결정체로 된 유전물질은 그 원자들의
배열에 근거한 암호에 따라 생명체를 재생산하는 4차원 모델이다. 이 모
델의 세 차원은 공간에서 존재의 형태와 관련이 있고, 네 번째는 발생의
시간과 관련이 있다. [23] 이 모델은 수정란의 핵 속에 원래 위치하며, 발생
시 펼쳐진다. 그와 같이 이 모델은 생명체의 기획(plan)인 동시에 이 기
획을 실행하는 것이기도 하다.

유전프로그램 이론과 유전암호 이론은 DNA구조가 발견된 이후(그리
고 슈뢰딩거 저술의 재해석에 힘입어) 십여 년이 지나서야 등장했다. 하지

---

19) E. Schrödinger, *Qu'est-ce que la vie ?*, *op.cit.*, p. 85.

20) *Ibid.*, pp. 76~77.

21) J. Monod, *Le Hasard et la nécessité*, Seuil, Paris, 1970, p. 120.

22) E. Schrödinger, *Qu'est-ce que la vie ?*, *op.cit.*, pp. 107~108.

23) *Ibid.*, pp. 42~43.

만 1944년에는 유전에서 DNA의 구조뿐 아니라 역할도 모르는 가운데, 생명체의 4차원 모델은 이 이론들의 매우 정확한 예시(豫示)였던 셈이다.

계속해서 이 요소들 — 암호와 모델 — 을 각각 차례대로 살펴보자.

암호 문제는 단순한 편이다. 이를 검토하기 전에, 슈뢰딩거가 유전이 세대에서 세대로 전달되는 물질을 매개로 진행된다는 가설을 당연시하여 논의조차 하지 않았다는 점을 기억해두자. 1940년대에는 실제로 이 가설이 전면적으로 수용되었고, 그 기원(미셀-비오포어-판젠과 여기서 그 생식적 표본을 지칭하는 생식질-이디오플라즘으로 설명되는 생명물질의 입자 이론)은 아마도 더 이상 기억되지 않았을 가능성이 높다. 물질을 통한 전달이라는 가설이 받아들여지자 생명체와 그 유전물질 사이에 대응관계의 설정이 필요해졌다. 이들 구성요소의 본성과 이 구성요소들이 취하는 구조와 관련된 문제를 해결하기 위해서도 생명체와 유전물질 사이의 대응관계가 요구되었다. 두 가지 측면(구성요소와 구조)은 다분히 임의적인 구분이기는 하지만 중요하다.

실제로 유전물질을 더 이상 생명체의 다양한 구성 입자들로 된 생식적 표본으로 간주하지 않게 되면서(즉 유전물질이 더 이상 다양한 구성입자들로 된 생식적 표본도 아닐뿐더러 동일한 비오포어-판젠들로 이루어진 것도 아니라고 여겨지게 되면서), 이 유전물질은 생명체 구성요소의 본성을 어떤 방식으로든 결정해야 했다(핵으로부터 비오포어와 판젠들이 다양화되면서 세포질로 단순히 이동하는 것은 더 이상 문제시되지 않았다). 게다가 전성설이 폐기되자 유전물질 구조와 생명체 구조 사이의 대응관계를 더 이상 단순히 크기만 다르고 동일한 형태의 존재로 간주할 수 없었다(유전물질의 구조는 생명체 구조의 축소된 모델이 더 이상 아니었다). 이들 사이의 관계는 훨씬 복잡해야 하며, 단선적이지 않다.

구성요소의 본성과(유전물질의 구성요소는 비오포어와는 달리 생명물질의 구성요소가 아니다) 구성요소 집합체의 구조(유전물질의 구조는 생명체 구조의 축소 모델이 아니다)가 동시에 관련된 이 관계는 슈뢰딩거에 의해 "암호"로 간주되었고, 암호의 본성이 밝혀지게 될 때 슈뢰딩거의 이름은 보존될 것이다.

슈뢰딩거에 있어 이 암호는 매우 모호한 채로 남아있지만 그의 원리는 완벽하게 수립되었다. 암호가 모호한 이유는 이 암호가 생명체의 조직화와 유전물질의 원자 질서 사이의 일반적인 대응관계로 상정되고 있었기 때문이다(오늘날에는 유전적 암호가 DNA의 뉴클레오티드 질서와 단백질의 아미노산 질서 사이의 관계에 적용된다). 하지만 그렇다 해도 역시 그 원리는 명료하다. 제한된 수의 요소들의 조합에 의거하면서 슈뢰딩거는 어떤 유형의 원자들의 질서정연한 결합이 생명체 조직화에 대응될 만큼 충분한 양의 배열을 제공할 수 있다고 강조한다. 그는 단지 두 기호(점과 선)만으로 어떤 메시지든 전달할 수 있는 모스 부호를 예로 든다. 따라서,

> 유전자의 분자적 이미지가 등장하게 되면서 이제 축소된 암호는 매우 복잡하고 치밀한 발생 기획과 정확히 대응관계를 이루게 되었고 그와 동시에 이 축소된 암호에 발생과정을 실행하는 수단들이 포함된다는 사실이 더 이상 불가사의한 일이 아니게 되었다. 24)

1944년이 되자 그와 같이 유전 암호의 존재와 일반 원리가 가정되었다 (DNA가 유전의 전달자임을 알아내고 그 구조를 이해하기도 전에). 이 암호의 본성을 확실히 정립하는 일(핵산과 단백질 사이의 관계, 뉴클레오티드의 삼중체와 아미노산 사이의 대응관계를 밝히는 일)이 남아 있었지만, 길은 이미 제시되어 있었다. 하지만 슈뢰딩거가 제시한 암호는 우리가 아는 바와 같은 유전 암호보다 훨씬 야심적이었음을 깨닫게 될 것이다(이는 핵산과 단백질 사이의 관계뿐만 아니라 유전형과 표현형 사이의 보편적 관계와 연관되어 있었다). 생명체 모델로서의 비주기적 결정체 개념에서 사실상 이러한 특징이 다시 등장한다.

4차원 모델의 문제는 암호 문제보다 좀더 복잡하다. 이 모델은 유전프로그램의 초기 형태이다. 이는 17세기와 18세기 전성설과 함께 시작된

---

24) *Ibid.*, p. 109.

이론들의 발전에 완벽하게 새겨져 있었고, 바이스만의 구조화된 생식질을 통해 유지되었다. 이 동일한 사유 양식의 다양한 단계들은 다음과 같다. 즉 전성된 존재, 구조화된 생식질, 슈뢰딩거의 질서정연한 모델, 그리고 마지막으로 유전프로그램이다.

이 개념들 사이에는 명백히 유사성이 존재하기도 하지만, 또한 중요한 차이점들이 나타난다.

이미 앞에서 생식질 구조와 전성설 사이의 차이를 지적한 바 있다. 이는 다음과 같이 요약될 수 있다. 생식질은 생명체와 동일한 구성요소로 이루어져 있으며(비오포어들), 이 점에서 생식질은 이미 전성된 소 존재와 유사하다(따라서 생식질은 물질의 측면에서 성체의 물질과 동일하다). 반면, 전성된 소 존재는 성체와 동일한 형태지만(크기를 제외하고는), 생식질은 형성을 제어하는 생명체와 동일한 구조가 아니다. 따라서 전성설에서는 개념의 어떠한 통일성이 존재한다(전성된 존재가 성체로 발달하는 동안 구성요소와 구조가 유지된다). 이 통일성은 구조화된 생식질의 경우에서는 상실된다(발생 시에 구성요소는 유지되지만 구조는 유지되지 않는다). 바이스만의 알려지지 않은 용어를 사용하여 다시 말하자면, 생식질 구조와 성체 구조 사이에는 암호가 존재하는 반면, 이 생식질의 구성요소와 성체의 구성요소 사이에는 암호가 존재하지 않는다.

구조화된 생식질에서 슈뢰딩거의 모델로 이동하기 위해, 같은 경로로 계속 따라가 보자. "비주기적 결정체"는 그 형성을 제어하는 성체와 구조적으로 동일하지 않으며, 이 점은 생식질과 일치한다. 하지만 생식질에서 구성요소가 성체와 동일했던 것과 달리 비주기적 결정체는 성체와 동일한 구성요소로 이루어져 있지 않다(비오포어는 오래전에 사라졌다). 따라서 여기서 암호는 구조와 마찬가지로 구성요소와도 관련된다. 개념의 통일성이 복구된다. 사실상 구성요소와 구조 사이의 그 어떤 구분도 이제 더 이상 존재하지 않으며, 암호는 "비주기적 결정체"의 질서와 생명체의 질서 사이의 관계와 연관된다. 이 질서는 그들의 배열과 마찬가지로 구성요소의 본성에도 또한 적용된다.

1960년대 유전프로그램은 정확히 이 주제에 대한 슈뢰딩거의 모델을 다시 취하고 있었다. 이는 분자 메커니즘을 명확히 해주는 일에 국한되어 있었다. 하지만 또 다른 점에서는 서로 차이가 있었다.

바이스만과 마찬가지로 슈뢰딩거에 있어서 유전물질의 질서와 생명체의 질서 사이에는 대응관계가 존재한다. 이 대응관계는 암호화되었고, 바이스만보다 슈뢰딩거에서 더 훌륭하고 완전해졌다. 하지만 두 경우에서 이 대응관계는 엄격하고 견고하다. 여기서 분명 전성(*preformation*)은 찾아보기 힘들다. 유전물질의 구조와 생명체의 구조가 전적으로 동일하지는 않기 때문이다(이들 사이에는 암호가 존재한다). 하지만 이들 구조는 명확한 일대일 대응관계로 연결되며, 이 관계는 하나가 다른 하나의 원인이 되는 결정론적 관계이다. 25)

이 엄격함은 1960년대 유전프로그램 이론에서는 사라지게 된다. 일대일 대응관계는 유전자의 뉴클레오티드 질서와 단백질의 아미노산 질서에만 관련된다. 반면에 염색체 상의 유전자 질서와 생명체의 조직화는 일대일 대응관계가 성립하지 않는다. 1960년대에 지도제작 질서의 원리(슈뢰딩거가 고려하지 않았던) 26) 는 유지되었지만, 여기에는 여전히 생리학적 역할이 부재하고 있었다. 그래서 유전물질의 질서와 생명체의 조직화 사이의 대응관계가 유연해질 수밖에 없었다. 이미 언급했듯이 유전프

---

25) 전성설이 때로는 어느 정도 유연성을 지닌다는 점에 주목해야 한다. 예를 들어 보네에게 있어 소 존재는 난에 전성되어 있고 이는 정자를 통해 양분을 얻는다. 따라서 그 형태는 모계로부터 결정되지만 정자의 입자들이 그 "싹"(*mailles*) (그를 조성하는 고유한 입자들)에 주입되면서 영양을 공급한다. 이는 그 형태를 변형시킬 수 있고, 그와 같이 소 존재를 부계와 유사하게 만든다. 따라서 모계의 난에서 전성된다는 이론에 의혹이 제기되지 않은 채 양 부모의 자식들의 유사성이 설명될 수 있었다. 이와 관련하여 특히 보네는 수나귀와 암말 사이에서 태어난 수노새가 암말의 난에서 전성되었으면서도 부계인 수나귀를 닮을 수 있다고 설명했다(Ch. Bonnet, *Considération sur les corps organisés*, *op.cit.*, pp. 33~35).

26) 슈뢰딩거는 그의 이론에서 이 염색체 지도의 질서를 잊고 있었거나, 혹은 언젠가는 사람들이 그 기능을 찾아낼 수 있을 것이고 이 기능이 밝혀지면 유전물질의 질서가 생명체의 질서를 제어한다는 자신의 개념을 강화시킬 수밖에 없을 것이라 생각하면서 잠정적으로 이를 무시해도 좋으리라고 판단했을 수도 있다.

로그램은 "초-유전체적" 조절에 힘입어 실행되며, 여기에 더해 외부 환경 작용이 개입할 수 있다. 이는 기능 프로그램이지 연속적인 과정에 따라 읽힐 수 있는 일련의 질서를 포함하는 물리학적 구조가 아니다(뉴클레오티드 삼중체의 연속성이 단백질 합성 시 연속적인 방식으로 읽히는 방식과는 다르다). 그런 이유로 유전프로그램은 구조화된 생식질이나 그로부터 직접 유래한 슈뢰딩거의 "비주기적 결정체"보다 훨씬 유연하다.

골드슈미트가 "유전의 메커니즘"이라 불렀던 것(생식세포들을 경유한 형질들의 전달)에 해당하는 이 모든 측면은 슈뢰딩거에서 충분히 입증되었으며, 모건의 결과들을 폐기시키지 않고도 상식적으로 유전학을 그와 같이 바로잡았다고 볼 수 있다. 모건의 결과들은 이를 결함으로 만든 해석을 통해 보충되었다(모건의 결과들은 순전히 "형식적"이었다). 이제 골드슈미트가 "유전의 생리학" 혹은 "생리유전학"이라 불렀던 것, 즉 유전물질의 질서로부터 생명 조직화로의 발달과정을 연구하는 일이 남아있었다. 그리고 여기서 슈뢰딩거는 약간의 난관에 맞닥뜨렸다.

슈뢰딩거에게 이 문제는 사실상 명백히 드러나는 두 가지 물리학적 문제를 내포하고 있었다. 슈뢰딩거는 이 문제들을 회피하지 않았지만, 비판적 해석이 가해질 경우 항상 동의를 얻으려 애쓰기보다는 약간 서둘러 처리했다.

그 중 한 문제는 비주기적 결정체가 질서정연한 모델로서 유기적 생명체의 형성을 제어할 수 있는 방법에 관한 것이다. 여기서 단백질 합성을 기술하듯 배 발생이나 분자과정을 기술하는 것은 별 문제가 안 된다. 문제가 되는 것은 비주기적 결정체 같은 미시적 질서에서 생명체 같은 거시적 질서로 이행되는 과정의 물리학을 이해하는 일이다.

또 다른 문제는 앞의 문제에 대한 해결을 좌우하므로 앞의 문제에 논리적으로 뒤따른다. 이는 18세기의 물활론자와 생기론자들이 전성설을 제시한 데 대한 반론에 해당된다. 생명체의 형성을 설명하는 것만으로는 불충분하며, 어떻게 생명체 구조가 파괴되지 않고 유지되는지를 설명해

야 하는 문제이다(죽은 직후부터 파괴가 이루어진다). 즉 생물학적 조직화
(복잡화)의 전개에 대한 물리학적 가능성에 주목하기에 앞서, 이 조직화
가 파괴되지 않고 유지될 가능성에 주목해야 한다는 것이다. 27)

두 경우에서 — 생물학적 조직화의 유지와 발달에서 — , 슈뢰딩거는
"열역학적 평형상태를 향해 하강을 억제하도록 생명체가 보유한 탁월한
능력"을 생명체가 네거티브 엔트로피에서 양분을 얻고 외부환경의 질서
로부터 구분되는 것으로 설명했다. 28)

이는 완전히 고전적인 설명이다. 29) 하지만 이는 적어도 좀 성급했으
며, 나의 물리학적 식견이 부족하여 실수하는 것이 아니라면, 슈뢰딩거
는 생명체의 구조화와 유지가 물리학적 법칙에 위반되지 않는다고 주장
하는 데 그쳤고(생명체는 열린 구조이다), 이에 관해 진지하게 설명하지
는 않았던 것으로 보인다. 평범하게 말해서, 우리는 먹기 때문에 사는 것
이 사실이라고 말할 수 있지만, 살기 때문에 먹는다고는 보기 어려우며,
영양을 섭취하는 비활성 물체나 사체(死體)는 결코 본 적이 없다. 영양
섭취는 분명 생명에 필요한 조건이지만 충분조건은 아니며, 특히 영양섭
취가 단순히 양분의 수동적인 섭취(감자튀김을 곁들인 스테이크나 네거티
브 엔트로피와 관련된)만 포함하는 것은 아니다. 이는 열역학적 평형상태
를 향해 자연적 성향을 흔히 거스르는 능동적인 과정이다. 생명체만이
양분을 섭취한다는 점을 그들이 살아있다는 사실만 가지고 설명하기는
거의 불가능하다. 이 점은 슈뢰딩거의 (고전적) 설명이 순환적임을 보여
준다. 즉 생명체는 네거티브 엔트로피를 양분으로 하여 자신들의 조직화
를 유지하지만, 이들이 단지 살아있기 때문에(즉 이들이 자신들의 조직화
를 유지하고 있기 때문에) 그와 같이 영양을 섭취할 수 있다는 것이다.

첫 번째 제약은 바로 이 점이다. 두 번째는 여기에 이어서 오로지 유전

---

27) 한 해결책은 분명 발달이 파괴를 막는다는 사실을 제기하는 것이었을 테지만, 이
는 슈뢰딩거가 생각하고 있던 바가 아니었다.

28) E. Schrödinger, *Qu'est-ce que la vie ?*, *op.cit.*, pp. 121~131.

29) 도낭이 이미 1929년 이 관점을 발전시켰다("The Mystery of Life", *op.cit.*).

216

물질의 질서가 생명 조직화로 발달하는 방식만이 관련된다. 여기서 슈뢰딩거의 성급함은 좀 덜하다. 그는 여러 차례에 걸쳐 이 문제를 제기했고 특히 자신의 저서 마지막 장 전체를 이 문제에 할애했다. 그가 이 문제를 어떻게 해결하고자 했는지 살펴보기 전에 그 자신이 상황을 어떻게 요약했는지 보자.

생물학적 상황의 요약. 유기체의 생활주기에서 현상들이 전개되는 방식은 우리가 무기적 자연에서 마주치는 것과는 전적으로 다른 놀라운 질서와 규칙성을 나타낸다. 이는 원자 그룹을 통해 완전한 질서로 통제되고, 각 세포에서 전체 총량 가운데 극소 부분만 나타나는 것임이 확인된다. 또한 돌연변이 메커니즘으로 수용된 개념에서 출발한다면, 생식세포의 "주도적 원자"(*atomes directeurs*)에 속하는 일부 지극히 드문 원자 그룹이 해체되는 것만으로도 유기체에서 유전된 거시적 형질의 명확한 변화를 생성해내기에 충분하다는 결론으로 귀결된다. 〔…〕

"질서의 흐름"(*courant d'ordre*)을 자신에게 집결시킬 수 있고 원자적 카오스 상태로의 와해를 피할 수 있는 — 적절한 환경을 희생하여 질서를 취하는 — 유기체의 놀라운 능력은 "비주기적 고형물"(*solides apériodiques*)의 존재와 연관되어 있는 듯하다. 이 염색체 분자들은 여기에 작용하는 각 원자와 기의 개별적 역할을 통해 분명 우리에게 알려진 것보다 높은 수준으로 잘 정돈된 원자 결합 — 특히 통상적인 주기적 결정체보다 훨씬 더 잘 정돈된 배열 — 을 나타낸다. 〔…〕

물리학적 상황의 요약. 어쨌든 반복적으로 계속 주장되어야 할 점은 사물의 이러한 상태가 물리학자에게는 전혀 수긍될 수 없다는 점이다. 그와 정반대로 이는 선례가 없기 때문에 매우 흥미롭다. 일반적인 믿음과는 달리 물리학 법칙의 지배를 받는 현상이 일어나는 정상적인 과정은 결코 원자들의 질서정연한 형태로부터 나온 결과가 아니다. 이 원자의 형태가 주기적 결정체에서나 다수의 동일한 분자들로 구성된 액체 및 가스에서처럼 무수히 반복되지 않는 한 그렇다.

화학자들이 **실험실**에서(*in vitro*) 매우 복잡한 분자를 다룰 때도 늘 매우 많은 수의 유사한 분자들을 취급한다. 법칙들이 적용되는 것은 바로 이 분자들이다. 예컨대 화학자는 어떤 반응을 진행한 뒤 1분이 지나 분

자들의 절반이 반응하고, 2분이 지나 분자들의 4분의 3이 반응을 한다
고 말할 것이다. 하지만 특정 분자의 경로를 추적할 수 있다고 가정하면
서 이 분자가 반응한 분자에 속하는지 혹은 여전히 변화되지 않은 분자
에 속하는지를 점치기란 불가능하다. 이것이 바로 순수하게 우연적인
사건이다. 〔…〕

　생물학에서는 전혀 다른 상황에 직면하게 된다. 유일의 표본으로만
존재하는 한 원자 그룹이 외부 환경과 더불어 서로 훌륭하게 조화를 이
루는 질서정연한 현상들을 만들어내는데, 이는 경이롭도록 미묘한 법
칙의 힘이다. 〔…〕 규칙적이고 질서정연한 발달과정은 물리학의 "확률
메커니즘"(*mécanisme de probabilité*)과는 전적으로 다른 "메커니즘"에
의해 주도된다. 30)

　따라서 시작 단계에 수정란의 염색체에 위치했던 원자들의 질서정연
한 소규모 그룹이 어떻게 생명체의 전체 조직화를 제어할 수 있는지를 이
해하는 것이 관건이다. 이 원자들의 질서가 어떻게 생명체 전체의 질서로
확장되었는지를 이해해야 한다(여기서 문제가 되는 것은 배 발생과정의 설
명을 제시한다거나 단백질 합성 같은 분자적 과정을 밝혀내는 일이 아니라, 생
명체의 4차원 모델을 이루는 원자들의 질서를 통해 생물학적 질서의 발달과정
에 대한 물리학적 가능성을 이해하는 일만이 문제가 된다는 점에 주목하자).

　슈뢰딩거가 제시한 이 모든 설명은 나를 약간 당황하게 했는데, 일반
적으로 사람들이 이 설명을 조심성 있게 침묵으로 지나쳐왔음에 미루어
내가 당황한 원인이 나의 물리학 지식이 짧아서만은 분명 아닌 듯하다.
슈뢰딩거가 이 설명에서 생명체에 고유한 새로운 물리 법칙의 필요성을
상기시켜 준 것은 사실이며, 이 점은 모든 현대 생물학자들로 하여금 그
의 이름에 촉각을 세우도록 하기에 충분했다. 31) 하지만 이는 새로운 힘

---

30) E. Schrödinger, *Qu'est-ce que la vie ?*, *op.cit.*, pp. 133~138.
31) 1918년 도낭은 다음과 같이 기술했다. "생물학자들의 상위 목적, 궁극 목적을 달성
　　하는 데 도움이 되는 새로운 물리-화학의 발전을 기다려야 한다."("La science
　　physico-chimique décrit-elle d'une façon adéquate les phénomènes biologiques ?",
　　op.cit., p. 286.

(force) 이 아니라 새로운 법칙(lois) 을 내세우는 문제이므로 생기론과는 무관하다.

> 유기체에 대해 고려해야 할 새로운 법칙. 이 마지막 장에서 내가 명확히 밝히고 싶은 내용을 요약해보자면, 생명물질의 구조와 관련하여 우리가 내린 결론은 그 구조가 기능하는 방식이 물리학의 보편법칙으로 환원될 수 없다는 사실이다. 그 이유는 살아있는 유기체 내부에서 격리된 원자들의 반응을 조절하는 또 다른 발명품인 "새로운 힘"이 존재하기 때문이 아니라, 살아있는 구조(construction) 가 지금까지 물리학 실험실에서 검토한 모든 것과 다르다는 데 기인한다. 32)

이 문제는 약간 민감하다. 여기서 "구조"의 차이에만 주목하는 새로운 힘이나 새로운 법칙에 호소하지 않고 새로운 물리학적 법칙을 고려할 수 있을까? 슈뢰딩거가 제시한 사례 역시 더 설득력이 있어 보이지도 않는다.

> 간단하게 말해서, 오로지 증기기관에만 익숙한 한 엔지니어를 상상해보자. 전기모터의 구조를 검사한 뒤에 그는 모터가 자신이 아직 이해하지 못하는 원리로 작동한다는 사실을 받아들이게 될 것이다. 그는 보일러실에서 자신이 본 구리판이 여기서 코일로 매우 길게 감겨져 있는 철사의 형태로 사용되었다고 확신할 것이다. 변속기어를 통해 엔지니어에게 익숙한 철은 증기 기통과 막대 속에서 구리철사로 된 코일 내부를 채우고 있다. 구리도 철도 동일한 자연법칙을 따르리라는 점은 분명하며, 그는 이 점을 놓치지 않을 것이다. 구조의 차이만으로도 충분히 그는 기능이 전혀 다르다는 사실을 추측할 수 있다. 보일러나 증기기관 없이도 단지 연접기(conjoncteur) 를 돌리면서 모터를 작동시킬 수 있다는 이유로 그가 전기 모터가 유령에 의해 작동한다고 상상하지는 않을 것이다. 33)

---

32) E. Schrödinger, *Qu'est-ce que la vie ?*, *op.cit.*, p. 132.
33) *Ibid.*, pp. 132~133.

증기기관밖에 이해하지 못하는 엔지니어에게 전기가 "새로운 힘"(*nouvelle force*)이고 여기서 모터 구조의 단순한 차이가 문제 되지는 않는다는 점에 대해 사람들은 실제로 반박할 수 있다. 하지만 생명체에 고유한 새로운 구조에 내재된 새로운 법칙을 생각해보자. 그리고 그것이 어떨지 살펴보자. 슈뢰딩거는 이 문제를 약간 혼동했지만(적어도 내가 보기에), 그가 도달하고자 했던 지점이 어디인지는 거의 이해된다.

그는 질서가 형성되는 방식을 두 가지로 나누었다. 하나는 그가 물리학 법칙으로 설명하고자 했던 "무질서로부터 질서를 만들어내는 통계적 메커니즘"이었고, 생명에 고유한 다른 하나는 "질서로부터 질서의 창조"였다. 슈뢰딩거에 따르면, "전적으로 구분되는 이 두 메커니즘이 동일한 유형의 법칙에 부합될 수 있기만을 기대할 수밖에 없다."[34] 그럼에도 불구하고 "[질서로부터 창조된 질서에] 내재된 새로운 원리는 전적으로 물리학적 원리이며, 양자이론의 원리에 불과하다."[35]

슈뢰딩거는 따라서 거대한 규모의 현상들을 지배하는 통계 법칙들이 어떻게 원자나 분자들의 상호작용에 기인한 소규모 현상들을 지배하는 역학 법칙으로부터 유래했는지를 설명한 막스 플랑크의 논문 "역학법칙과 통계 법칙의 유형들"(Dynamische und statistische Gesetzmässigkeit)을 상기시킨다. 여기서 역학법칙은 그 자체가 통계적 과정에 의존하는 거대 규모의 기계적 현상들로 설명되었다(행성의 운동과 시계의 운동). 어떤 점에서 이는 미시적 수준에서 질서를 통한 질서의 과정(고전적인 기계적 역학 과정)에 우선권을 부여하는 셈이다.[36]

슈뢰딩거는 따라서 질서를 통해 창조된 질서라는 물리학적 사례로서 시계의 메커니즘을 소개한다. 이 시계가 통계적 법칙을 따르지 않으리라는 설명은 아니다. 단지 일상적인 기온에서 통계적 법칙의 결과들이 시계로서는 무시될 만하다는 것이다. 그러므로 시계는 대략 "고전 역학적"

---

34) E. Schrödinger, *Qu'est-ce que la vie ?*, *op.cit.*, p. 139.
35) *Ibid.*, p. 140.
36) *Ibid.*, pp. 141~142.

220

반응(통계적 반응과 반대되는 결정론) 으로 설명될 수 있다. 슈뢰딩거에 의
하면, 이러한 시계에서 "일상적인 기온은 실질적으로는 영(철저한 제로)
에 해당한다. 시계가 역학적으로 기능하는 근거는 이 점에 있다."[37]
    따라서 다음과 같이 이어진다.

> 이는 상투적인 말처럼 들리지만 내 생각으로는 여기에 강조점을 두어야
> 할 듯하다. 시계의 운동은 일상적인 기온에서 열이 무질서하게 동요되
> 지 않도록 상당히 강력한 런던-하이틀러의 힘[38]에 의해 형태가 유지되
> 는 고체로 구성되어 있기 때문에 "역학적으로" 기능할 수 있다.
>   이제 시계의 운동과 유기체 사이의 유사성을 밝히기 위해 몇 마디만
> 하면 될 듯하다. 유기체 역시 고체 ― 유전물질로 구성된 비주기적 결정
> 체 ― 로 되어 있어 열의 무질서한 동요로부터 대부분 벗어나 있다.[39]

따라서,

> 생명을 플랑크 논문에 내포된 의미의 "시계 운동" 같은 순수한 기계론에
> 근거하여 이해한다는 우스꽝스러운 결론에 도달하게 된다. 결론은 우
> 스꽝스럽지 않으며, 내 견해로는 전적으로 잘못된 것도 아니다. 이 결
> 론은 매우 흥미로운 문제로 취급되어야 한다.[40]

유전물질의 질서가 생명체의 조직화를 제어하는 방식을 설명하는 데
있어 슈뢰딩거의 곤경에 처한 입장을 설명하기 위해 텍스트를 길게 인용
했다. 그는 축약을 사용하여 자신의 논리를 흐리게 만들고 있다. 그렇지
만 그가 의도하는 바의 일반적인 의미는 알 수 있다.

---

37) *Ibid*., p. 146.
38) 〔역주〕하이틀러(Walter Heinrich Heitler; 1904~1981) 와 런던(Fritz Wolfgang
    London; 1900~1954) 은 양자역학에 의거하여 수소분자의 구조를 검토함으로써
    화학결합의 양자역학적 해석에 성공하여 1927년 하이틀러-런던 이론을 발표했다.
39) *Ibid*., p. 147.
40) *Ibid*., p. 142.

슈뢰딩거가 필요하다고 믿는 "새로운 법칙"에 힘입어 생명체는 일상적인 온도에서 시계의 운동에 비견되는 결정론적 역학에 따라 기능하고 따라서 열의 동요에 영향을 받지 않는다(혹은 적어도 동요가 무시될 수 있을 만큼 축소된다). 그와 같이 여기에서 생명체는 원자와 분자들이 완전히 결정론적인 방식으로 — 각각 제자리에서 적절한 근거로 계획된 질서에 따라 — 상호작용하는 톱니바퀴 시계에 비견된다(기계시계의 톱니바퀴 운동을 지배하는 법칙의 모델에 따라). 통계법칙은 그와 같이 전회(轉回)되었고, 엄격히 결정론적인 기능에 힘입어(네거티브 엔트로피를 흡수하여) 유전물질의 질서는 큰 손실 없이 생명체의 조직화를 제어할 수 있을 것이었다.

이 논리는 생명체의 준-고체화(quasi-solidification)에 다름 아니라는 이유로, 적어도 생명체를 분자들끼리 연결된 고체의 일종으로 간주하는 것과 다름없다는 이유로 반박되기도 한다(이 특별한 법칙의 새로움이란 것이 정확히 이 법칙에 힘입어 생명체가 실제로 그렇지는 않을 고체로 구성된다는 사실에 기인하는 것이 아닌 한). 앞서 살펴보았듯이 이 고체는 슈뢰딩거 유전학의 중심이다. 비록 그가 시계 메커니즘으로서의 생명체 개념이 "매우 흥미로운 문제"로 취급되어야 한다고 밝히기는 했지만, 여기서 이 고체의 역할에 약간의 과장이 있을 수 있다.

또한 시계에서 질서에 의한 질서의 창조가 살아있는 유기체에서 생성되는 질서에 전적으로 비교될 수는 없다고 생각할 수도 있다. 슈뢰딩거가 "비주기적 결정체"를 질서에 의한 질서의 창조를 설명하는 유일한 존재로 사용한 것은 남용으로 볼 수 있다. 이는 일면 마술과도 유사하다(이는 DNA에 모든 기적과도 같은 특성들을 부여하는 오랜 전통의 시작점이었다. 혹은 유전자가 아직 일개 단백질로 여겨졌으므로 효소편집증의 또 다른 아바타로 간주될 수도 있다).

이러한 제약에도 불구하고, 슈뢰딩거가 필요하다고 여겼던 "새로운 법칙"의 대체물이라 할 수 있는 분자유전학이 다소간 명확하게 상정되어가는 양상을 살펴보자.

만일 슈뢰딩거가 생명체의 4차원 모델을 이루는 질서정연한 고체인 "비주기적 결정체"의 전달에 의해 세대를 관통하는 조직화의 전달에 대한 해결책을 훌륭하게 초안해냈더라면, 4차원 모델의 질서가 어떻게 생명체의 조직화를 제어하는지를 진정 납득할 만한 방식으로 설명하지 못했을 것이다(여기서 문제가 되는 것은 분자 메커니즘의 서술이 아니라 그 과정의 물리학적 가능성이었다). 여기서 약간 곤란한 문제에 직면하게 되는데, 미시적 질서에서 거시적 질서로의 이행이 그 해결을 위해 제시된 핵심적 문제였기 때문이다. 이 해결책의 오류는 슈뢰딩거의 논제가 바이스만 논제의 사변적인 성격을 거의 개선하지 않은 채 새로운 형태로 표현된 데 불과해 보인다는 점이다.

이러한 사실이 슈뢰딩거의 논리가 잘못되었음을 의미하지는 않는다(게다가 이미 언급했듯이 분자유전학은 슈뢰딩거의 "새로운 법칙"의 대체물을 찾는 과정에서 출현했다. 이는 슈뢰딩거의 새로운 법칙이 사실상 필요했다는 점을 잘 드러내 준다). 반대로 이 점이 슈뢰딩거가 출발부터 자신의 가설에 오류를 담고 있었음을 의미할 수도 있다(허용하기 어려운 결과에 이르기까지 그는 이 가설을 토대로 정교한 논리를 구축했던 것이다). 더 정확히 말해서 오류는 그가 명확하게 정식화하는 데 있어서는 생략했지만 암암리에 받아들였던 가설 속에 존재했다. 즉 유전이 물질의 전달로 환원된다는 가설이다.

따라서 슈뢰딩거 연구에서 간과된 결론은 플라즈마-모델-프로그램의 전달을 통한 유전이 물리학적 관점에서 막다른 골목이었다는 점일 것이다(혹은 적어도 보충할 필요가 있다는 것이다. 하지만 무엇으로?). 여기서 유전학은 어쨌든 그러한 결론을 결코 도출해낼 수 없다. 그 이유는 분명 1950년대에 유전의 물리학적 해석에 관한 이 논제가 정보이론을 통해 재정립되었기 때문이다. 엄격함이라고는 찾아볼 수 없이 모든 양상이 얼버무려지면서 결론지어졌다. 모델의 미시적 질서는 유전정보가 되었고, 곧이어 이 유전정보는 생명체의 구조화를 제어하는 유전자를 의미하는 것으로 이해되었다. 유전프로그램 개념을 사용하여 우스꽝스러운 결론에 도달하기까지는 시간이 흐르면서 믿음이 생기고 미화된 데 불과했던 순전히 자의적인 설명이 온갖 것을 커버하는 진정한 설명이 되고 말았다.

이 문제로 다시 돌아가 보자. 지금으로서는 비록 슈뢰딩거의 이론 모두가 전적으로 납득할 만한 설명은 아니라 하더라도, 슈뢰딩거는 이론적 문제들을 제시하고 신호의 해석을 부차적인 것으로 재정비하면서 유전학을 바로잡는 위대한 업적을 남겼다. 이 점은 유전학자들로서는 금방 이해되지 않았을 것이다. 분명히 유전학자들은 슈뢰딩거가 생명체의 모델로 간주된 "비주기적 결정체"를 제시했다는 사실만을 알고 있었을 뿐이며, 그가 몇 가지 효소들을 조합시켜 모건의 염색체 이론을 보강하고 관례를 따른 점을 선호하고 있었다. DNA 구조가 발견되면서 슈뢰딩거의 개념이 분자유전학의 이론적 토대가 된 것은 그로부터 십여 년이 지나서였다.

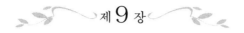

제 9 장

유전자와 분자생물학

(에이버리에서 현재까지)

　1944년에 에이버리, 맥클라우드, 그리고 맥카티는 폐렴균 S의 배지에서 DNA를 추출하여 폐렴균 R의 배양환경에 첨가하여 폐렴균 R을 폐렴균 S로 형질전환시키는 데 성공했다. [1] 이는 오늘날 역사 속에서 최초의 유전적 조작 사례로 간주된다. 이 연구를 살펴보자.

　사용된 두 종류의 폐렴균에서 매끈한 모양의 군체를 형성하는 S형 (S: smooth, 매끈한 모양) 은 독성 박테리아(폐렴) 를 생성하는 다당류 캡슐로 둘러싸여 있는데 이 캡슐이 R형 (R: rough, 울퉁불퉁한 모양) 에는 존재하지 않는다는 점에서 차이가 있다.

　1928년 그리피스(Frederik Griffith; 1877~1941) 는 비독성 폐렴균 R과 열을 가해 죽인 폐렴균 S를 생쥐에 주입하면, 이 생쥐가 죽고 여기서 살아 있는 S형이 발견된다는 사실을 관찰했다. 이 관찰은 죽은 박테리아 S의 다당류에서 R형이 캡슐을 합성할 수 있도록 일종의 양분을 제공해준다는

---

1) O. T. Avery, C. M. MacLeod and M. McCarty, "Studies on the Chemical Nature of the Substance Inducing Transformation of Pneumococcal Types", *Journal of Experimental Biology and Medicine*, 1944, 79, pp. 137~158.

가정으로 유도되면서, R형이 S형으로 형질전환된 것으로 해석되었다.

1931년 도슨(Martin H. Dawson)과 시아(Richard H. P. Sia)는 살아 있는 폐렴균 R과 열을 가해 죽인 S를 동일한 배양 환경에 놓아두어 실험실에서 형질전환에 성공했다. 따라서 생쥐를 이용하지 않고도 형질전환 과정의 연구와 조절을 용이하게 할 수 있게 되었다. 1933년 앨러웨이(J. Lionel Alloway)는 세포 잔존물이 제거된 S형의 용해성 추출물을 사용하여 실험실에서 동일한 형질전환에 성공했다.[2]

에이버리, 맥클라우드, 그리고 맥카티는 최대한의 형질전환 능력을 지닌 폐렴균 S의 추출물을 준비하고 분석하여 그 작동 원리를 연구했다. 이들의 실험은 다음의 박스 7에 요약되어 있다. 그 결과는 폐렴균의 형질 전환을 유도한 물질이 DNA라는 것이었다.

이 연구 이전에는 형질전환이 이해되지 않았다. 이 연구와 관련한 많은 논거가 등장하면서 사람들은 형질전환의 유전적 성격을 알게 되었다. 특히 폐렴균 S로 형질전환된 폐렴균 R이 폐렴균 S를 낳는다는 사실이 발견되었던 것이다(따라서 형질전환은 돌연변이처럼 유전적이었다).

사람들은 또한 R형에서 S형으로 전환한 것이 통상적이고 단순한 돌연 변이의 문제가 아님을 알게 되었다. R형은 분명 S형에서 유래했고, 다당 류 캡슐을 합성할 능력을 잃은 것은 S형이다. 이러한 유전적 소실은 돌연 변이에 기인하며, 때로는 돌연변이의 단순한 격세유전을 통해 R형으로 부터 S형을 다시 획득할 가능성이 있다. 하지만 형질전환 시 S_2 균주에서 유래한(돌연변이에 의해) 폐렴균 R을 형질전환시키기 위해 S_1 균주의 추출물을 사용한다면, 형질전환된 박테리아 R의 캡슐은 R이 돌연변이된

---

2) F. Griffith, J. Hyg., Cambridge, 1928, 27, 113. M. H. Dawson and R. H. P. Sia, "In Vitro Transformation of Pneumococcal Type", *Journal of Experimental Biology and Medicine*, 1931, 54, pp. 681~699. J. L. Alloway, "The Transformation in vitro of R Pneumococci into S Forms of Different Specific Types by the Use of Filtered Pneumococcus Extracts", *Journal of Experimental Biology and Medicine*, 1932, 55, pp. 91~99; "Further Observations on the Use of Pneumococcus Extracts in Effecting Transformation of Types in vitro", *ibid.*, 1933, 57, pp. 265~278.

형태로 존재하는 S_2 균주의 특성이 아니라 추출물인 S_1 균주의 특성을 지니게 될 것이다(따라서 단순한 격세유전이 아니다). 말하자면 격세유전은 자연발생적 과정인 반면 형질전환은 결코 자연발생적 과정이 아니며 실험의 프로토콜을 필요로 한다.[3]

7. 폐렴균의 형질전환

에이버리, 맥클라우드, 그리고 맥카티는 경험적 방식으로 R형에서 최대한의 형질전환 능력을 나타내는 폐렴균 S 추출물을 준비하고 정제하는 방법에 초점을 두었다. 또한 이들은 그 작동 원리를 알아내기 위해 이 추출물의 다양한 분석을 시도하고 다양한 처치를 하여 반응을 살폈다.

일단 추출물이 준비되고(특히 캡슐과 단백질에서 다당류를 제거하는 방식으로) 형질전환 능력이 시험되자 다양한 유형의 분석이 이루어졌다.

추출물을 다양한 특징적 반응으로 분석했다.

- 단백질 (결과는 네거티브였다)
- RNA (결과는 미약한 포지티브였다)
- DNA (결과는 포지티브였다)

추출물의 구성요소에서 탄소, 수소, 질소, 인의 비율이 측정되었고, 이는 DNA 구성요소의 비율과 비교되었는데, 이들의 비율은 DNA 구성요소 비율에 거의 부합되었다.

핵산의 특성과 비교될 수 있는 다양한 물리학적 특성들이 측정되었다(다양한 파장 길이의 U. V. 흡수 같은).

마지막으로, 추출물의 활성 원인을 파괴하기 쉬운 효소와 반응시켜 그 형질전환 능력이 시험되었다. 이 형질전환 능력은 트립신과 키모트립신(단 백질을 파괴하는)의 작용에 의해 변화되지 않았으며, 리보뉴클레이즈

[3] 오늘날에는 만일 사이클의 어떤 단계에서 첨가된 DNA 조각이 나타날 경우 이 DNA 조각이 교차에 의해 폐렴균의 유전체에 통합될 수 있다는 사실이 알려져 있다. 따라서 형질전환은 유전물질의 교환이다.

(RNA를 파괴하는) 의 작용에 의해서도 변화되지 않았다. 반면, DNA의 탈중합 작용을 한다고 알려진 다양한 효소에 의해 형질전환 능력은 소멸되었다.

결론적으로 폐렴균 S 추출물을 통해 폐렴균 R을 형질전환시키는 능력을 지닌 화학 물질은 DNA임이 분명할 것이었다.

형질전환 작용이 이루어지는 데 필요한 물질의 양을 측정하는 실험 등 또 다른 실험들도 시행되었다.

형질전환은 상대적으로 "지향성"(*dirigé*) 과정이다. 이는 자연발생적인 돌연변이가 아닐뿐더러 특별할 것이 없는 인공적인 돌연변이(*mutagenèse*) ─X선 조사 같은─ 는 더더욱 아니다. 우연한 표현형적 변이를 해석해야 하는 단순한 상황은 더 이상 아니었다. 그 과정을 제어할 수 있고(어떤 경우에는) 따라서 그 원인을 분석할 수 있기 때문이다. 따라서 연구의 방향은 유전형에서 표현형으로 진행되는 생리학적 의미에 대한 탐구로 되돌아왔다(돌연변이의 염색체 지도 연구는 표현형으로부터 유전형으로 진행되는 방식이었다).

이는 상황을 분명하게 만들어주었지만 모든 문제를 해결하기에는 부족했다. 따라서 에이버리, 맥클라우드, 그리고 맥카티는 DNA가 유전물질이라는 자신들의 연구에서 아무런 결론도 내리지 못했다. 이들은 다음과 같이 기술하는 데 그칠 수밖에 없었다.

형질전환 능력의 화학적 본성에 대한 이 연구 결과를 통해 확인된 사실은 핵산이 보유한 생물학적 특이성의 화학적 기초가 여전히 불투명하다는 점이다. 4)

이들이 신중한 표현을 한 것은 결론 내리기가 분명 어려웠기 때문이

---

4) O. T. Avery, C. M. Macleod and M. McCarty, "Studies on the Chemical Nature of the Substance Inducing Transformation of Pneumococcal Types", *op.cit.*, p. 155.

다.[5] 실제로 S 균주의 DNA 추출물이 R 균주로 형질전환되기 위해서는 이 DNA가 S형에 고유한 어떤 형질들을 지니는 모종의 생물학적 특이성을 함유하고 있어야 한다. 여기서 형질들은 박테리아 R로 전달되었던 형질이 S로 형질전환된 것이다. 당시에는 DNA가 단조로운 중합체로 여겨졌고〔1933년 등장한 레빈(Phœbus A. Levene)의 폴리테트라뉴클레오티드 이론〕, 따라서 한 종이 다른 종과 현저히 구분되는 차이를 드러내는 형질을 지닐 수 없다고 여겨졌기 때문에 DNA가 이러한 특이성을 지니리라고는 생각하기 어려웠다.

여기에 DNA가 유전물질이라는 결론을 학자들이 즉각 인지할 수 없는 간극, 동시대 학자들로서는 더더욱 수용할 수 없는 문턱이 존재하고 있었다. 게다가 핵산이 어떻게 작용할 수 있는지도 알려지지 않았고, 자연스럽게 단백질이 유전물질일 것으로 여겨지고 있었다〔단백질은 갖가지 형태의 형질과 다양한 효소적 특성들을 지닌다는 이유로 오래전부터 "모든 설명에 유리한 방편"(bonnes à tout expliquer)으로 이용되고 있었다〕.

1947년에 책으로 그 내용이 출간된 1945년 컨퍼런스의 발표에서 모건의 옛 동료였던 멀러는 유전자에 관한 지식을 요약 설명했다. 여기서 그는 에이버리의 연구를 언급했다(하지만 슈뢰딩거의 업적은 언급하지 않았다). 어쨌든 그는 "핵산이 할 수 있는 역할", 즉 에너지를 제공하는 존재라고 생각했던 역할(DNA의 핵산들 가운데 하나와 비슷한 분자로 구성된 ATP의 에너지원으로서의 역할이 발견된 이래 유행이 된 견해)에 관한 두 페이지(37페이지 가운데)를 가까스로 채웠다.[6] 같은 시기(1946년)에 노벨상 수상을 통해 유전학에서 멀러에게 권위가 주어졌다는 사실을 기억해두자.

DNA가 유전물질임을 확신하기까지는 그 이외에도 여러 장애물이 있었다. 어떤 이들은 형질전환 실험에서 DNA가 단백질에 의해 오염되어

---

5) 그리고 아마도 단백질을 유전물질로 간주하는 합의 내지 도그마에 반대되지 않도록 신중하고자 하는 의도였을 수도 있다.

6) H. J. Muller, "The Gene", *Proceedings of the Royal Society of Biology*, 1947, 134, pp. 1~37.

있었으리라고 주장하면서 단백질이 유전물질이리라는 신념을 지키려 들기도 했다. 수년 동안 타협안이 받아들여지고 있었고, 사람들은 유전자를 "핵산-단백질"(nucléo-protaines), 즉 단백질과 핵산의 결합체로 간주하기도 했다. 7)

사실 유전학자들은 핵산의 역할이 무엇인지, 에이버리의 연구가 무엇인지 전혀 알지 못했다. 이 점에 관해 그로스의 말을 들어보자.

> 생애 초창기에 나 자신도 이 시대를 체험했듯, 사람들은 2차 세계대전 막바지까지 유전이 단백질만이든 혹은 핵산과 결합되었든 단백질 조합 내의 화학적 유전물질로 이루어진다는 사실을 아무도 진지하게 의심하지 않았다고 주장할 수 있다. 이를 "개념적 제국주의"라고 말해도 과장이 아닐 것이다. 사람들은 핵산에 관심을 지닌 생화학자들이 필경 순수하게 "대사적" 역할을 하는(세포에 에너지를 제공하는 데 기여하는) 그리 중요하지 않은 분자들을 토대로 유전을 연구하지만, 이들은 분명 유전과는 전혀 무관한 물질을 연구하고 있다고 생각했다. 가장 유력한 유전물질이 단백질임을 암시해준 것은 효소학을 통해, 특히 세포의 촉매작용을 한다고 보고된 효소의 능력을 통해 이룩된 결과였음을 지적해야 한다. 〔…〕 버넷(Mac Farlane Bernet), 비들, 르보프(André Lwoff), 에이버리 같은 일부 학자들의 즉각적인 열광에도 불구하고 듀보는 "과학적 인종차별"이라 비난했지만, 단백질 연구에 대한 편애는 40여 년 동안 지속되었다. 이러한 상황이 유전물질의 발견을 저해하고 진정한 해명을 지연시켰음은 분명하다. 8)

그런 점에서 볼 때, 도그마를 취하고 배제할 내용을 뚜렷이 경계 짓는 유전학자들의 취향이나 이들에게 나타나는 일종의 지적 태만의 경향이

7) 예를 들면 K. G. Stern, "Nucleoproteins and Gene Structure", *Yale Journal of Biology and Medicine*, 1947, 19, pp. 937~949; "Problems in Nuclear Chemistry and Biology", *Experimental Cell Research*, 1952, Supplement 2, pp. 1~12를 보라.

8) F. Gros, *Les Secrets du gène*, O. Jacob/Points-Seuil, 수정된 새 판본, 1991, pp. 48~49.

오늘의 일만은 아니다(유전자의 단백질적 본성에 대한 아무런 증명도 이루어지지 않았고 따라서 유전학자들은 에이버리의 연구에 반대할 수도 있었을 것이다. 단백질이 유전물질이라는 생각이 차츰 정착되어가다가 갑자기 와해되어버렸다는 것은 단지 모호한 합의이자 편견에 불과했음을 드러내준다).

유전학자들에게 DNA가 유전물질임을 납득시키고 효소편집증을 잊게 하는 데는(효소편집증을 DNA편집증으로 대체시키는 데는) 전혀 다른 작업이 필요했다. 박테리아 형질전환에 대한 다른 방식의 연구였다. 다른 방식의 연구란, 주어진 유기체에서 단백질과 RNA의 양은 세포에 따라 매우 다양하지만, DNA의 양은 모든 체세포에서 동일하고 생식세포에서는 절반이 적다(이는 염색체 수에 해당된다)고 설명한 부아뱅(A. Boivin), 로저 벙드렐리(Roger Vendrely), 그리고 콜레트 벙드렐리(Colette Vendrely)의 연구 같은 다소 우회적인 접근이다.[9] 혹은 1952년 단백질과 DNA의 다양한 방사선 표식에 힘입어 박테리오파지 T4의 DNA만이 이들이 감염시킨 이콜리(E. Coli) 박테리아에 투과된다는(그리고 따라서 이 경우에만 기식자의 증식을 위해 유전물질을 제공한다는) 사실을 관찰한 허쉬(A. D. Hershey)와 체이스(M. Chase)의 연구가 있다.[10] 그리고 이후로 또 다른 연구들이 다양하게 진행되었다.

그런데 그 사이에(1953년) 왓슨(James D. Watson)과 크릭(Francis H. C. Crick)에 의해 DNA의 구조가 발견된 사실은 특히 중요하다.[11] 이 발견은 진정으로 유전학을 전복시키게 된다. 이 시기는 에이버리, 맥클라우드, 맥카티의 연구가 주가를 올리고 있었던 무렵이었다(에이버리

9) A. Boivin, R. et C. Vendrely, "L'acide déoxyribonucléique du noyau cellulaire dépositaire des caractères héréditaires; arguments d'ordre analytique", *Comptes Rendus de l'Académie des sciecnes*, 1948, 226, pp. 1061~1063.

10) A. D. Hershey and M. Chase, "Indipendent Functions of Viral Protein and Acid Nucleic in Growth of Bacteriophage", *Journal of General Physiology*, 1952, 36, pp. 39~56.

11) J. D. Watson and F. H. C. Crick, "Molecular Structure of Nucleic Acids", *Nature*, 1953, 171, pp. 737~738; "Genetical Implications of the Structure of Deoxyribonucleic Acid", *Nature*, 1953, pp. 171, 964.

는 사망했고, 그렇지 않았더라면 분명 받았을 노벨상을 그는 받지 못했다).
이는 또한 정확히 슈뢰딩거의 모델이 빛을 발하던 시기이자 분자유전학
이 비상하던 시기였다.

　이후로 모든 일이 순식간에 이루어졌다. 슈뢰딩거 이론이 다소간 공공
연하게 안내자 역할을 했다. 이 이론은 보편 구조, 즉 살이 덧붙여져야 할
골격을 제공해주었다. 에이버리, 맥클라우드, 맥카티의 연구를 통해 길이
열렸고, 이어서 왓슨과 크릭이 이 골격에 살을 붙이고 의미를 부여했다.
　DNA 구조의 발견에 더하여 유전체의 중요한 기능들의 발견이 급속도
로 이어졌다. 1953년에서 1963년 사이 십 년 동안 DNA 복제(*duplica-tion*) 메커니즘, 메신저(*messager*) RNA와 전달(*transfert*) RNA의 존재와
역할, 유전암호, 이 전체를 조절하는 일반 원리들이 정립되었다. 이 모
든 사실은 일반적으로 의기양양하게 무수히 많이 언급되어왔다. 따라서
여기서 이를 반복할 필요는 없겠다.[12]
　1960년대에 유전의 물리적 토대와 그 전달 양상의 개요가 밝혀졌다. 단
백질 합성과 동일시된 유전의 발현도 거의 밝혀졌다(적어도 사람들은 그렇
게 믿었다). 따라서 유전자는 단백질 합성을 주재하는 DNA 조각으로 여
겨졌다(서열과 조절). 비들과 테이텀은 1 유전자-1 효소라는 공식을 만들
고 이를 설명했다. 여기서도 또한 이 문제를 구체적으로 되풀이하는 일은
불필요할 것이다. 차라리 유전 개념의 영향들을 살펴보자.

　먼저, 분자생물학에서 새롭게 구축된 방법은 유전학 전체에 필수 불가
결해졌다. 동시에 통계적 방법, 염색체 지도법, 그리고 집단적 방법은
부차적인 것으로 밀려났다.
　당시까지 유전 연구는 집단유전학 이외에 두 가지 방식으로 접근되었

---

12) 여럿 가운데 예를 들어 F. Jacob, *La Logique du vivant*, *op.cit.* ; F. Gros, *Les Secrets du gène*, *op.cit.* ; M. Morange, *Histoire de la biologie moléculaire*, *op.cit.* 를 들 수 있다.

다. 하나는 바이스만이나 슈뢰딩거의 물리학적 설명이었다. 하지만 이는 매우 사변적이고 지극히 일반적인 방식이었다. 다른 하나는 "기호학적" 접근으로, 염색체 지도법은 큰 성공을 거두었지만 그 이점(利點)은 매우 제한적이었다(그 본성 자체 때문에). 기호학적 접근은 1909년 모건에 의해 이미 주지되었듯이(그가 멘델주의에 아직 완전히 동의하지 않았던 시기에), 위험한 경로로 유도된 접근이다. 즉 임시변통의(ad hoc) 유전자의 발명을 통해 유전의 형질전환을 보편적인 설명 양식으로 무엇이든지 모두 설명하는 방식이었다.

분자유전학은 이 선택의 기로에서 신뢰할 만한 해결책으로 여겨졌다. 분자유전학은 생리학적 접근을 되살려냈다. 분자유전학은 "정밀" 과학의 모양새를 갖추었고 이전의 다양한 유전자 개념들과 조화를 이루었다. DNA 조각이 된 유전자는 바이스만의 물리-화학적 유전의 맥락에 완전히 편입되었다. 이 유전자는 바이스만 이론을 현대화시키고 명확하게 하고 구체화시켰다. 이 유전자는 또한 모건의 염색체 유전의 맥락과도 매끄럽게 연관되었다. DNA 유전자는 슈뢰딩거에서 유래한 "정보이론적"(informationnelle) 해석에 훌륭하게 들어맞았다. 이 유전자는 개로드에 의해 고안된 "대사의 선천적 오류"(erreurs innées du métabolisme) 및 생리유전학을 설명해주었다. DNA로 간주된 유전자는 효소로 간주된 유전자 개념의 흔적을 보존하고 있었으며〔당시 사람들은 유전자의 복제와 전사-번역을 지칭하여 유전자의 자가촉매(autocatalytique)[13] 작용과 이형촉매(hétérocatalytique) 작용으로 설명했다〕, 위험스러울 만큼 비오포어에 기대고 있었다(DNA는 생명을 운반하는 분자와 다름없었고, 바이스만 시대의 비오포어와 유사한 지위를 차지했다).

유전학은 관례적 설명 도식을 보존하고 있었고(바이스만에서 유래한 도식), 그 도식에 이전의 모든 것을 종합한 최종적 해석을 제공해주었다.

---

13) 이 표현은 멀러가 이미 1922년에 사용했다. H. J. Muller, "Variation Due to Change in the Individual Gene", *American Naturalist*, 1922, 56, pp. 32~50; reproduit dans J. A. Peters, *Classic Papers in Genetics*, pp. 104~106.

234

"DNA 조각으로 간주된 유전자"는 그와 같이 비오포어(바이스만), 판젠 (드브리스), 계산 단위(요한센), 좌위(모건), 단백질(드브리스 이래 거의 모든 사람), 그리고 마지막으로 물리학적 질서(슈뢰딩거)로 이어져 내려 온 마지막 아바타였다. 1960년대의 유전자는 이와 같이 이어져 내려온 모든 이론의 종합이었다. 14)

분자유전학은 그와 같이 주춤거리고 무질서했지만 결국 풍부한 성과 를 낳은 한 세기 가까이 이루어진 연구의 결말이라고 주장될 수 있었다. 분자유전학만이 이전의 모든 이론들을 확장시키고 넘어서서 이들을 확증 하고 이들에게 의미를 (결국) 부여해주었다. 이론들에 부여된 의미는 당 시로서는 흔히 결함이 있었다(바이스만 유전학, 드브리스 유전학, 모건 유 전학, 슈뢰딩거 유전학 등은 귀납적인 방식의 연구결과일 따름이며, 이 이론 들의 일관된 논리를 진지하게 찾아내고 이 이론들이 의미를 갖게 된 것은 분 자유전학에 힘입어서였다. 왜냐하면 당시 이 이론들에는 항상 무언가가 — 유 전자의 본성과 기능이 — 결여되어 있었으며, 오늘날 사람들이 이 이론들을 분자이론의 서광으로 연결하는 바에 비하면 이 이론들은 설득력이 훨씬 떨어 지기 때문이다).

분자유전학에 대해 때로 반론이 제기되기도 했지만, 분자생물학은 앞 서 전개한 모든 연구에 근거를 제공해주는 것으로 보였다. 분자유전학은 모든 면에서 선행 연구들에 영예를 안겨주었다. 분자유전학은 선행 연구 들을 정당화하고 완성했다. 그렇게 해서 분자유전학은 성공을 거두었고 이 선행 연구들을 망각 속으로 밀어 넣었다.

생리유전학은 분자유전학으로 용해되었다. 사실 분자유전학은 세포 의 생리유전학[이는 일종의 "대사유전학"(génétique métabolique)이다]과 대 체로 혼동되며, 그 자체로서 다세포 생리유전학의 토대가 된다.

형식유전학과 집단유전학은 거의 사용되지 않는 부차적인 분야로 밀

---

14) 이에 대한 비판적 견해에 따르면 분명 이 유전자는 이질적인 정의들의 집합체였 다. 이 개념은 다양한 접근들이 수렴하는 표준적 지점으로 무한히 거슬러 올라간 다는 것이다.

려났다. 이 두 유전학은 유전학의 두 번째 시대(약 1910년에서 1955년 사이) 내내 무대의 전면에 자리하고 있었다. 하지만 유전학사의 세 번째 시대를 이루는 분자유전학은 첫 번째 시대의 바이스만 유전학을 부활시켰고, 그 결과 다른 성격을 지닌 형식유전학과 집단유전학은 바이스만에서 모노와 자콥(François Jacob)으로 이어지는 주류에 비해 주변부로 밀려났다. 형식유전학과 집단유전학은 이 주축의 일개 가지를 이루게 되었다. 이 가지는 죽지 않고 어느 정도 유용성이 보존되었지만 어쨌든 가지일 뿐이었다. 사람들은 여전히 이 두 유전학에 의거하기는 해도 그 유전 연구 방식을 따르는 것이 아니라 이 두 유전학을 단지 보조적 과학으로 간주할 따름이다. 이들의 유전 연구 방식은 분자유전학의 방식으로 대체되었다(염색체 지도와 가계 혹은 집단 연구는 흥미로운 것으로 남아있지만, 1960년대에 이 두 유전학은 유전 연구의 핵심적 지위에서 밀려났다. 유전 연구의 중심은 이제 유전프로그램과 그 발현에 집중되었다).15)

진화론 자체가(오랫동안 집단유전학의 모델화와 관련되어 있었던) 분자유전학으로 어느 정도 대체되어 있었다. 분자유전학은 진화론에 기능적 틀을 제공해주었고(여기서 우연과 필연은 유전프로그램을 만드는 데 중요한 역할을 했다), 사람들이 분자유전학에 요구하는 거의 모든 것(게다가 진화를 설명하는 이론: 고전적 종합설, 중립설, 단속평형설…, 혹은 그 이론들의 조합)을 만족시켜주었다.

그와 같이 1960년대와 70년대 분자유전학을 특징지었던(그리고 흔히 아직도 특징짓는) 승리의식은 분자유전학이 유전에 대한 이전의 접근들을 재정리하고 넘어선다는 점, 그리고 진화론을 병합한다는 점을 통해 쉽게 설명된다. 이 승리를 보다 강조하기 위해 분자유전학의 역사는 다시 쓰였다

---

15) 사회생물학처럼 약간 특이한 분야들만이 유전을 여전히 형식유전학이나 집단유전학과 유사한 접근법에 의거하여 설명하고 있었다. 하지만 일반적으로 이 분야들은 그리 좋은 평판을 얻고 있지 못하다. 그렇게 된 이유는 한편으로는 이러한 접근들을 오염시킨 이데올로기에 기인하며, 다른 한편으로는 이 분야의 관심이 제한적이고 따라서 신중하게 이용되어야 하기 때문이다("신호의 해석"은 사람들이 원하는 모든 것에 대응하는 유전자를 실제로 찾고자 한다).

〔스터트번트(Sthurtevant), 던(Dunn), 자콥 등과 같은 유전학자들 자신에 의해〕. 이 역사는 광명을 향한 긴 여정이자 중단 없는 연속적 진보의 과정, 다윈과 바이스만에서 출발하여 왓슨, 크릭, 모노, 그리고 자콥에 이르는 완벽한 경로로 그려졌다. 약간의 장애가 되었던 모든 것(의심스러운 기원, 답보상태, 우생학과 인종주의로의 표류 등)이 세심하게 제거된 채 과학성의 모델로 간주되었다.

이 분자유전학의 제국주의적 성격(*impérialisme*), 생물학의 다른 분야들을 휩쓸어버리고 아무것도 아닌 것으로 축소하거나 무시될 만한 것으로 간주하는 그 모든 경향은 분자유전학의 실제 역사를 인식할 때 충분히 설명될 수 있다. 사람들은 일반적으로 이런 경향이 "정밀과학"에 근접하고자 하는 그 방법의 효율성에서 유래한다고 생각한다. 이는 의심의 여지 없는 사실이다(그 효율성이 과대평가되었을지언정). 하지만 이는 불완전한(그리고 편파적인) 설명에 불과하다.

사실 이 제국주의적 성격은 특히 분자유전학이 스펜서, 바이스만, 해켈 등 19세기 말의 위대한 "물리학적-화학적-생물학" 이론들의 귀결이라는 점으로부터 유래한다. 이 이론들은 유전학의 초기 요람기 이론이었고 그 자체가 지극히 제국주의적이었다. 이 이론들은 조심성 있는 분과 연구들(계통분류학, 해부학, 생리학, 동물학, 식물학 등)의 저 높은 곳에서 생명체의 전체적(그리고 화학적) 설명으로 존재하기를 바라고 있었다. 진화론에 힘입어 이 이론들은 박테리아에서 인간에 이르기까지 생명을 총체적으로 설명하려는 야심을 확장시켰고, 이를 위해 장차 환원적 방식, 생물학적 방식, 그리고 다윈적 방식을 논의하게 될 심리학적 문제들과 사회적 문제들까지 포함시켰다〔예를 들어 스펜서의 《제1원리》(*Premiers Principes*), 《생물학 원리》(*Principes de biologie*), 《심리학 원리》(*Principes de psychologie*), 《사회학 원리》(*Principes de sociologie*), 《진화 윤리》(*La Morale évolutionniste*) 같은 여러 저술이나 혹은 해켈의 《자연법칙을 따르는 유기체의 창조사》(*l'Histoire de la création des êtres organisés d'après les lois naturelles*)를 보라〕.

이 이론들의 제국주의적 성격 — 이는 해켈의 경우 특히 두드러진다 —
은 마침내 이 이론들을 거의 종교적인 차원으로까지 이끌었다. 생명을
화학에 의해 설명하면서, 그리고 인간 종에 이르기까지 생명의 진화를
다윈주의에 의해 설명하면서 이 이론들은 과학 체계를 구축하고 그 체계
를 통해 자연을 설명하려는 열망을 보여주고 있었다. 실증적 지식이 당
시 이데올로기 안에서 인간의 궁극목적을 구축했듯이, 이 과학이 전체적
설명과 모든 진리의 근원이 된 그 순간부터 이 과학은 종교와 윤리를 대
체하게 되었다. 인용된 해켈의 저서 마지막 구절을 살펴보자〔여기서는
"혈통의 독트린"(doctrine généalogique)이라 불린다〕. 이 책은 진화론을 설
명한 책이지만 자연주의적이고 유물론적이며 범신론적이고 반교황파적
이자 과학주의적인(그리고 부수적으로 인종주의적이고 범게르만주의적인)
철학-신학의 일종인 일원론(monisme)에 힘을 싣는 진정한 설교로 끝맺음
된다.

인간 정신의 가장 숭고한 목적은 광대한 지식, 의식과 그로부터 귀결되
는 정신적 에너지의 충만한 발전이다. 〔…〕자연에 대한 완전한 지식,
그리고 무궁무진하게 드러나는 자연의 보고(寶庫)에 대한 완전한 지식
에 기초한 순수하게 자연적인 종교는 다양한 민족들의 종교적 도그마들
이 제공할 수 없었던 숭고함이라는 특징을 미래 인간의 진화에 각인시
킬 것이다. 종교적 도그마들은 성직자 계급에 의해 표명된 숨겨진 불가
사의와 신화적 계시에 대한 맹신에 근거하기 때문에 숭고함을 각인시킬
수 없다. 인간 지식의 가장 빛나는 결과, 즉 혈통의 독트린〔다윈주의 진
화론〕을 과학적으로 확립하는 영광이 부여된 우리 시대는 다가올 세기
들을 거치면서 일원론적 철학의 숭고하고 강력한 영향으로 인해 독선적
인 지배에 맞선 자유로운 연구의 승리로 특징지어지는 인류 진보를 위
한 새롭고 비옥한 시대의 개막으로 기념될 것이다. 16)

---

16) E. Haeckel, *Histoire de la création des êtres organisés d'après les lois natur-
elles*(1868), traduction de C. Létourneau, Reinwald, Paris, 1874, p. 650.

분자유전학은 이 이론들의 왕좌이며, 이 이론들은 분자유전학에서 완성된 형태로 구현된다. 분자유전학은 이 이론들의 프로그램(생명체를 모두 화학적으로 설명하는 방식으로 다윈주의를 통해 완성되었다)을 물려받았을 뿐 아니라 또한 제국주의적 경향과 과학주의 이데올로기도 물려받았다. 19세기 말의 이들 철학자들과 생물학자들을 사로잡은 내용과 거의 유사한 이야기가 분자유전학 전공자들의 글에서도 나타난다(모노의 지식윤리학17)은 헤켈의 일부 사상과 놀랄 만큼 닮아있으며, 크릭의 일부 명제들은 독일 인종 위생학 협회의 창시자였던 플뢰츠의 명제들18)에서 거의 그대로 가져왔다).

분자유전학 분야가 생물학 전체를 차츰차츰 점령할 수 있었던 이유는 분자적 방법의 효율성보다는 분명 훨씬 더, 혹은 적어도 동등한 정도로 바로 이 과거의 유산으로부터 찾을 수 있다. 사실이기는 하지만 약간 과대평가되었던 그 방법의 효율성은 "태생적인" 제국주의적 경향을 단지 강화시키는 역할을 했을 따름이며, 효율성이 제국주의적 경향을 만들어낸 것은 아니다. 방법의 효율성은 분자유전학의 담론들이 심지어 과학성의 범주를 넘어서는 경우에도 이 담론들을 신뢰할 만한 것으로 만들어주었고, 19세기 말의 위대한 선구자들이 행한 바에 비해 더 훌륭하게 그 주장들을 정당화시켜주었다(DNA 분자는 비오포어보다 훨씬 훌륭하게 제국주의적 경향을 강화시키는 역할을 해냈던 것이다).

---

17) 〔역주〕모노는 신-인간-자연의 수직적 관계를 전제한 근대 과학의 철학적 가정을 비판하고 자연과학은 신의 영광이나 인간의 목적성을 나타내기 위한 수단이 아니라 과학 그 자체가 목적이어야 한다고 주장하면서 객관적인 지식의 윤리를 내세운다. 인간은 이 우주를 필연적인 신의 섭리나 혹은 과학적 인과관계를 함축하고 있다고 여겨 이를 설명하고자 노력하지만, 모노의 지식윤리학에 따르면 이러한 노력은 비과학적일 뿐만 아니라 비윤리적일 수밖에 없다. 과학은 그 자체의 가치와 원리를 따라 자율적으로 전개되어야 하며 이때 객관성을 유지하는 가장 중요한 요소인 지식의 윤리가 존중되어야 한다는 것이다.

18) 〔역주〕독일 우생학의 보급에 앞장섰던 A. 플뢰츠는 1895년 유럽의 아리아인과 유대인을 인종 분류의 최정상에 위치시켰다. 그는 아리아인종과 유대인종이 다른 인종에 비해 우수하다는 견해의 근거를 유전적 우월성에서 찾고자 했다.

그렇다면 분자유전학에 의해 발전한 유전자 개념으로 다시 돌아가 보자. 앞서 말했듯이 여기서 유전자는 DNA 조각과 동일시되었다. 이 DNA 조각은 유전 암호를 통해 자신이 합성을 지배하는 한 단백질에 해당하는 것이었다. 확실히 이 이론으로 분자유전학은 대성공을 거두었고, 여기에 이의를 제기할 이유는 없다. 그렇지만 옥석을 가려내기 위해 앞서 언급했듯 과학에 속하는 것과 승리의식이나 제국주의적 성격을 기저에 담은 이데올로기에 속하는 것을 분석할 수는 있다.

이 분석에서 다음과 같이 제시되는 세 가지 측면이 주장될 것이다. 첫째는 엄밀한 의미에서의 유전자 개념에 대한 내용이다. 둘째는 이 개념의 이론적 원리들에 대한 것이다. 세 번째로는 분자유전학의 진보를 통해 현실적으로 맞닥뜨리게 되는 한계들을 다룰 것이다.

단백질 합성을 제어하는 DNA 조각으로서의 유전자 개념을 분석하기 위해서는 분자 메커니즘(DNA 복제와 단백질 합성)의 설명과 유전의 맥락에서 이루어진 이들에 대한 해석을 구분해야 할 것이다. 분자 메커니즘의 설명에 대해서는 이견의 여지가 없으며, 이 설명은 사람들이 여기에 부여하는 해석과는 별도로 고유의 가치를 지닌다. 따라서 사람들은 유전학자들의 설명이 옳다고(혹은 교정되어가는 과정이라고) 받아들이면서, 유전학자들이 유전을 설명하기 위해 분자적 과정을 해석하는 방식에 무엇보다도 관심을 가질 것이다.

DNA 복제가 모든 유전이론과 무관하게 염색체 복제의 분자적 기초임은 분명하다. DNA 복제는 바이스만을 비롯한 초기 유전학자들이 상상했던 유전물질의 중복과 정확히 일치하며, 초기 유전학자들이 제시한 메커니즘을 명확히 해준다. 하지만 유전이론의 관점에서 DNA 복제는 정보의 해석이라는 맥락을 제외하고는 전혀 새로울 것이 없다(다음을 보라).

단백질 합성은 새로움을 제공한다. 단백질 합성은 유전형의 표현형적 발현을 명확히 설명해준다. 발현의 문제는 생리유전학에 속하며 예전의 모든 이론에서 취약한 부분이었다. 예전 이론들에서 발현은 일관성이 부족한 설명들(핵의 비오포어가 세포질로 이동한다는 식)로 제시되었거나, 침묵으로 넘겨졌다(모건과 형식유전학). 여기서 또한 분자적 과정의 설명은 모든 유전이론과 독립적으로 고유의 가치를 지닌다. 반면 분자적 과정의 설명으로부터 어떤 이론을 추론해낼 수 있을지는 확실치 않다.

실제로 이 분자적 과정은 어떤 종류의 형질에 한해서는 유전, 즉 단백질의 아미노산 서열을 훌륭하게 설명해준다. 하지만 정해진 표현형적 형질을 설명하기에 충분할 만큼 단백질 작용이 알려진 일부 단순한 경우를 제외하고는 거의 더 이상 진전할 수 없을 것이다. 이 일부 경우 가운데 표현형을 설명하기 위해19) 우리는 합성된 단백질의 효소적 특성들에 막연하게 기대는 수밖에 없다. 이는 유전자가 단백질로 간주되고 유전이 유전자의 효소적 작용으로 설명되었던 시기에 이미 보았던 바와 같은 "효소만능주의" 방식이다. 단백질 자체 대신 유전자가 단백질의 합성을 조절한다는 점을 제외하면, 유전자는 여전히 예전과 마찬가지로 직접적으로 작용하는 것으로 간주되었다.

다시 말하면, 예전에는 표현형적 형질을 결정한다고 여겨졌던 효소적 작용이 부여된 단백질과 동일시된 유전자의 전달로 유전이 설명되었다. 분자유전학과 더불어 이제 유전은, 표현형적 형질을 결정한다고 간주된 효소적 작용이 부여된 단백질과 단선적으로 대응하는 DNA 서열과 동일시된 유전자의 전달로 설명된다.

보다 구체적으로 말해서 유전의 발현을 묘사하는 순서가 "유전자 - 효소 ⇒ 표현형적 형질"로부터 "유전자 -DNA → 효소 → 생리적-구조적 형질"로 대체되었다.

첫 번째 "유전자 - 효소" 개념은 이제 "유전자 -DNA → 효소"로 이원화되었다. 예전에 이해되지 못했던 유전자와 효소 사이의 관계가 이제 밝혀졌다. 유전자와 효소는 더 이상 혼합되지 않으며, 유전 암호를 경유하는 선형관계를 이루게 되었다.

---

19) 일반적으로 표현형적 형질은 유전적인 요인 못지않게 외부의 다양한 요인들이 섞여 복잡하게 결정된다.

그와 동시에 앞에서 유전형으로부터 표현형으로의 발현에 해당했던
⇒로 기호화된 관계는 사라졌고, 이제 유전의 발현을 나타내는 기호는
"유전자 -DNA → 효소" 관계가 되었다. 효소의 주둔지가 바뀌었다. 예
전의 첫 번째 개념에서는 효소가 유전자와 혼합되어 있었지만, 이제 두
번째 개념에서는 표현형적 형질과 혼합되었다.

두 번째 개념의 "표현형적 형질"은 따라서 "효소 → 생리적-구조적 형
질"로 이원화되었다. 표현형적 형질은 복잡한 집합체가 되었다. 이 복잡
한 집합체에서 현미경으로 관찰되는 생화학적 기초는 효소이고, 육안으
로 관찰되는 거시적 단위의 발현은 생명체의 생리적-구조적 형질을 구축
한다. 예전에 이 생리적-구조적 형질은 "유전자 -효소"의 표현형적 발현
으로 간주되고 있었다. 오늘날 이 형질은 언제나 효소 작용에 의한 거시
적 결과로 간주된다. 이 효소 작용은 더 이상 유전자가 아니라 "유전자
-DNA"에 의해 제어된 효소 자체이며, 표현형을 이루는 것은 효소 종합
체와 생리적-구조적 형질이다.

"효소 → 생리적-구조적 형질"의 관계(유전자가 효소로 간주되던 시대
유전의 발현에 해당되었던)는 유전학 영역에서 제거되었다. 이제 유전학
영역에서는 "유전자 -DNA → 효소"의 관계만이 연구된다. 그럼에도 사
람들은 효소와 생리적-구조적 형질 사이의 경로가 모두 존재한다는 점,
그리고 오늘날 효소가 표현형에 속한다는 말이 어느 정도 언어의 남용이
라는 점을 이해하고 있다(어원적으로 표현형은 "모습을 드러낸 것"을 지칭
한다. 따라서 이는 필연적으로 거시적이며, 생리적-구조적 형질만이 엄밀한
의미에서 표현형적이다). 이 문제는 유전형질과 획득형질 개념을 분석하
면서 다시 이야기하기로 하자(다음 장).

그렇다면 이제 분자유전학이 유전의 발현 메커니즘을 제시하기 위해
유전형에서 표현형으로 발현된다는 개념을 수정할 수밖에 없었던 점에
주목하자. "유전의 발현"이라 불리는 것은 예전에 그와 같이 불렸던 것과
일치하지 않는다. 야심이 어느 정도 축소되었다. 즉 생리유전학이 유전
자를 통해 표현형적 형질을 설명하고자 했다면(따라서 이 유전자는 단백

질과 동일시되었다), 분자유전학은 유전자를 통해 단백질의 합성을 설명
하는 데 그쳤다(이제 유전자는 DNA 조각과 동일시되었다). 이는 앞서 언
급한 슈뢰딩거 이론의 완화된 형태에 해당한다. 슈뢰딩거 이론은 유전물
질의 질서를 통해 생명체의 질서를 설명하고자 했으며, 분자유전학은
DNA의 뉴클레오티드 질서를 통해 단백질의 아미노산 질서를 설명하는
데 그쳤다. 이제 그와 같이 합성된 단백질과 엄밀한 의미의 표현형적 형
질인 생리적-구조적 형질 사이의 관계를 설명하는 일이 남아있다. 즉 예
전의 유전학에서 유전의 발현이라 불렸던 (유전자 -) 효소와 생리적-구조
적 형질 사이의 관계를 설명하는 일이 남아있는 것이다. 유전자와 효소
의 분리에 힘입어 문제가 이동되었지만 진정으로 해결된 것은 아니었다.
　　이와 같이 야심이 축소되었다는 사실은 유전형으로부터 표현형으로의
이행과 유전자로부터 단백질로의 이행이라는 두 경우에서 모두 "유전의
발현"이 거론된다는 사실로 인해 감추어졌다. 그리고 분자유전학을 통해
가해진 수정은 효소의 애매한 위상으로 인해 숨겨졌다.[20] 효소가 유전
형에서 표현형으로 이전되기는 했지만 직접적인 관계로 잘 정립된 유전
형(유전암호)과 강력히 결합한 채 남아있었으며, 효소가 생리적-구조적
형질(엄밀한 의미의 표현형)과 맺고 있던 관계는 직접적이지 않았고 밝혀
지지 않은 채 남아있었다(이 관계는 이제 유전학의 영역에서 밀려났다). 다
시 말해서, 효소가 더 이상 유전자와 혼용될 수는 없었지만 유전자와의
밀접한 의존적 관계를 유지하고 있었으며, 또한 효소가 이제 표현형의
일부이긴 하지만 예전에 유전자-효소가 표현형적 형질과 연관되어 있었
던 방식과 정확히 동일하게 생리적-구조적 형질들과 매우 모호한 방식으

---

[20] 만일 그러한 사실이 알려졌더라면, 유전자와 단백질의 동일화는 결코 정식화되지
않았을 것이다. 이는 정확히 효소편집증에 내재된 하나의 가정이자 수단에 불과
했으며, 그 결과 유전물질의 진정한 본성의 발견으로 인해 유전자와 단백질의 동
일화를 부인할 필요가 없었을 것이다. 따라서 유전형으로부터 표현형으로 효소의
이행이 부드럽게, 적어도 진보적으로, 그리고 공식적 이론에 대한 공격 없이 이루
어질 수 있었다(에이버리, 맥클라우드, 맥카티의 연구가 고려되고 DNA가 유전
물질이라는 증거로 이해되기까지 수년이 지나야 했던 만큼).

로 연관되어 있을 따름이었다.

단백질 합성에 관련된 분자적 과정의 설명에서 부인하기 어려운 이점(利點)이 무엇이든 간에 표현형적 형질이 단백질 내 아미노산의 질서로 환원되는 것이 아닌 한 여기서 유전의 발현에 관한 고려할 만한 설명은 존재하지 않는다. 사실 야심이 축소되고 유전 연구를 제외한 모든 양상의 물음들이 제거되면서 문제가 수정되었다. 이는 생리유전학에서 모건이 행했던 바와 어느 정도 흡사하다. [21]

요약하자면, 1960년대 이후 분자유전학은 단백질 일차 구조의 유전을 결국 훌륭하게 설명해주었지만, 그 뒤로 이어지는 모든 것의 유전(즉 거시적인 표현형적 형질의 유전)은 예전과 마찬가지로 "효소 만능주의"에 의한 대략적인 설명에 머물러 있다(이 효소는 더 이상 유전자가 아니다. 유전자는 효소의 합성을 제어하게 되었다).

분자유전학은 효소에 의거한 오래된 설명에 슈뢰딩거 모델을 접목시켰다(이는 오늘날 이 모델이 슈뢰딩거 자신이 했던 설명과 비교하여 "완화된" 형태로 나타나는 이유를 말해준다). 하지만 겉으로 드러나는 바와 달리 분자유전학이 이 모델에 의한 오래된 설명을 대체한 것은 아니다. 유전자-DNA는 단지 부가적 단계에 불과하다. 유전학은 필요한 보완물로서 예전과 마찬가지로 모호하게 남아있는, 효소에 의한 설명을 고려 대상에서 제외하면서 이제 유전자-DNA 단계를 유전학의 유일한 대상으로 삼았

---

21) 또한 모건 유전학이 돌연변이의 유전에 집착했던 것과 정확히 마찬가지로 분자 개념이 단백질 합성을 넘어서고자 하면서부터 이 개념은 병리적 유전을 거의 설명하지 못했다. 사람들이 그 정당성을 "증명하기" 위해 붙인 이름이 자연스럽게 병리적 유전이 되었다. 하지만 이미 지적했듯이 병리적 유전은 차이의 유전이며 완전한 유전이 아니다. 이는 표현형적 형질의 변성의 유전이며 형질 자체의 유전이 아니다. 차이의 유전을 완전한 유전으로 일반화하여 확대 적용할 수는 없다. 돌연변이의 유전은 변이된 형질의 유전을 필연적으로 나타내는 것이 아니다. 뮤코비시도스(mucoviscidose) 같은 질병의 유전을 설명하는 것은 질병이 영향을 미치는 생리적 형질의 유전을 설명하는 것이 아니다(단지 그들 증상의 유전을 설명할 뿐). 그리고 그들 증상의 유전과 유사한 많은 유전들에 의거해 그 형질들의 유전을 설명할 수 있을지는 전혀 증명된 바 없었다.

다. 이 모든 작업이 우리가 차후 "유전의 발현 문제의 수정"(*remaniement du problème de l'expression de l'hérédité*) 이라 부르게 될 내용이다.

DNA 복제와 단백질 합성의 엄격한 틀을 넘어서게 되면서 유전의 맥락에서 분자적 과정의 해석은 유전정보개념을 거치게 된다. 유전정보개념은 물리학적 관점의 개념이 지닌 만큼의 가치가 있었다. 이 대목이 바로 우리가 분석하려는 두 번째 주제이다. 즉 분자유전학에 의해 진전된 유전 개념에 근거한 이 정보개념의 가치에 대한 내용이다.

분자유전학이 슈뢰딩거 개념을 완화하고 어느 정도 불리하게 만들기는 했지만 분자유전학은 유전물질의 질서가 생명체의 질서를 제어한다는 슈뢰딩거의 개념을 받아들이고자 했다. 슈뢰딩거의 개념은 분자유전학의 이론적 토대가 되었지만, 분자유전학에서 슈뢰딩거의 개념은 완화되었고 그 물리학적 개념에 내재한 난점으로 인해 재형식화(*reformuler*) 할 수밖에 없었다. 유전정보개념의 기원은 바로 슈뢰딩거 이론을 섀넌(Shannon)의 소통 이론(*Théorie de la communication*)에서 차용한 용어들로 재형식화한 것이다.

불행히도 이 재형식화에서 섀넌이나 슈뢰딩거 이론에 내포된 엄격성은 소홀히 취급되었다. 그 이유는 한편으로 분자 메커니즘(DNA 구조와 복제, 유전암호, 단백질 합성)이 발견되고 이것이 슈뢰딩거에 의해 선험적으로 상상되었던 이론적 틀에 다소간 잘 들어맞음으로써 단점 못지않게 장점도 있었기 때문이다. 다른 한편으로 이 틀(그 자체로 매우 일반적인)이 그 상태대로 유지될 수는 없었음에도 이를 일관성 있게 변형시키는 일에는 전혀 관심이 없었기 때문이다. 분자적 과정이 발견됨에 따라 유전적 해석을 분자적 과정으로 제시하는 데 있어 사람들은 다소간 은유적인 방식을 사용하기를 선호했다.

슈뢰딩거 이론을 정보 용어로 재형식화함으로써 결국 용어의 모든 의미가 상당히 모호해졌다. 재형식화가 모호해진 것은 다음과 같은 이유에 기인한다. 유전정보는 유전물질의 질서에 해당하지만 상당히 불분명한 질서이다. 또한 이 재형식화가 그 어느 학자에 의해서도 명확하게 설명된 적이 결코 없었다는 점에서도 이 재형식화는 모호함을 드러낸다. 1947년 스턴(Kurt G. Stern)은 핵산 내에서 뉴클레오티드의 위치를 통해 유전형의 다양성을 설명할 것을 제안했다. [22] DNA의 명확한 구조가 발견된 이후 1954년에 물리학자 가모프(George Gamov; 1904~1968)는 DNA 뉴클레오티드의 상속과 단백질 아미노산의 상속 사이의 대응성을 제시했다. [23] 슈뢰딩거의 모델이 다시 취해진 것은 아니었지만 그 원리는 보존되었다. 이는 슈뢰딩거가 제안한 암호에 전적으로 비견될 만하다 (슈뢰딩거가 인용되지는 않았다). 유전정보개념은 이러한 토대에 의거하여 발전했지만 비공식적인 방식으로 이루어졌다. 이 개념에 대한 애매한 합의라든가 특히 유전학자들이 사고의 편리함과 언어의 용이함 때문에 취했던 관행들은 전혀 밝혀지지 않았다. [24]

이와 같이 불분명하게 드러나는 이유 말고도 유전정보의 모호한 성격에는 두 가지 원인이 존재한다. 하나는 이미 언급했듯이 이 개념이 슈뢰딩거 모델이 완화된 형태라는 점이며, 다른 하나는 모델 자체의 한계에 내재된 것이다. 이 두 원인을 차례로 살펴보자.

슈뢰딩거 모델의 이론적 기초에서는 표현형과 유전형 사이의 엄격한 대응관계가 성립되어야 했다. 그런데 유전자의 뉴클레오티드 질서와 단백질의 아미노산 질서 사이에는 그와 같은 대응관계가 성립하지 않았다. 따라서 생명체의 유전적 조직화의 모든 부위가 더 이상 유전형의 질서(여

22) K. G. Stern, "Nucleoproteins and Gene Structure", *op.cit.*
23) G. Gamov, "Possible Relation between Deoxyribonucleic Acid and Protein Structures", *Nature*, 1954, pp. 173, 318.
24) 아틀랑(H. Atlan)의 *L'Organisation biologique et la théorie de l'information* (Hermann, Paris, 1972) 같은 책은 진정한 이론화라기보다는 유전학자들의 정보개념 사용을 경험적으로 합리화시킨 시도에 가깝다. 더구나 이 책은 분자유전학이 성숙되었을 무렵 출간되었고, 따라서 분자유전학이 이 개념을 사용한 방식에 영향을 줄 수는 없었다. 이 책이 더 일찍 출간되었다 해도 그 어떤 영향을 주었을지는 확실치 않다. 합리성이나 엄격함이 전혀 없이 유전학자들이 유전정보를 필요로 한다는 막연하고 모호한 내용들로 채워져 있기 때문이다.

기서는 뉴클레오티드의 질서) 와 엄밀하게 대응되지 않았기 때문에 이론적 원리에 비해 볼 때 질서의 결함이 존재했다. 이 질서의 결함을 보완할 수 없었기 때문에 사람들은 이론적 원리를 완화시킨 형식을 받아들였고, 이 형식은 그러한 맥락에서 고려되었다.

　유전정보는 그와 같이 단백질의 아미노산 질서를 제어하는 DNA의 뉴클레오티드 질서로 이루어졌다. 여기에 사람들은 합성된 단백질을 통해 정렬된 표현형을 구성하도록 해주는 것으로 가정된 초-유전체 시스템 (*extra-génomique système*; 조절 및 기타 시스템) 의 질서를 덧붙였다 (대략 말해서 이는 예전에 유전학에서 배제되었던 "효소를 통한 설명"을 회복한 것이다). 질서의 결함은 이러한 덧붙임을 통해 상쇄되었다. 보다 정확히 말해서 이는 풍부해지고 완화된 형태의 유전정보로 물리학적 질서가 대체됨으로써 이론에 통합된 것이었다. 그 결과 유전물질의 질서가 표현형의 질서를 제어한다고 말해야 할 것을 (유전물질의 질서는 단백질의 아미노산 질서를 제어하는 것 이상이 아니다), 유전정보가 표현형을 제어한다고 말하게 되었다 (유전학에서 배제되어 있었던 모든 유의 "효소를 통한 설명"은 그와 같이 이 정보개념에 둘러싸여 은밀하게 유전학에 다시 도입되었다). 하지만 질서의 결함을 상쇄하는 초-유전체 시스템이란 실제로 전혀 알려지지 않았기 때문에 순전히 언어적 과정에 불과하다. 게다가 유전정보는 초-유전체적 과정 (조절, 효소 등) 에 의해 얻어진 질서이자 동시에 DNA의 질서에 해당되기도 하기 때문에, 초-유전체적인 이 질서는 유전에 결부된다. 여기서 이 유전은 유전체로 환원되므로 이 질서는 결국 유전체에 결부된다. 이는 판제네티즘에 기울어져 있다.

　결국 유전정보는 우선 슈뢰딩거 모델의 완화된 형태를 가리고 은폐하는 모호한 언어적 개념이며, 유전자의 뉴클레오티드 질서에 의거하는 단백질 일차 구조의 유전 방식을 거시적 형질에 확장시킨 개념이다. 하지만 그것만이 전부는 아니다. 이 개념은 또한 슈뢰딩거 이론이 지닌 물리학적 난점들과도 연결되어 있다. 이 난점들은 슈뢰딩거가 생명체에 적용되는 새로운 법칙들을 가정하면서 해결하고자 노력했던 문제들이었다.

직관적으로 그리고 은연중에 분자생물학은 이 새로운 법칙들의 대체물을 찾아내는 데 전념해왔다(이 새로운 법칙은 결코 정식화된 적이 없었다). 분자생물학은 유전물질의 미시적 질서가 생명체의 거시적 질서를 제어할 수 있으리라는 가정을 뒷받침하기 위해 슈뢰딩거가 제시했던 조건들을 충족시키려 노력했다. 즉 분자생물학은 생물학적 기능을 담당하는 거대분자들을 빠져나가지 못하게 하는 막, 소기관, 그리고 다양한 구조들에 힘입어 세포를 "고체화"(*solidifiant*) 시키면서 세포를 시계 메커니즘으로 환원시키는 데 주력했다. 분자생물학은 독립적이거나 결속된 거대분자들(막, 염색체, 리보솜, 색소체 및 기타 소기관들)을 거의 기계적인 모든 장치가 서로 맞물려 돌아가게 하는 시계의 톱니바퀴로 변형시키는 데 열중했다. 슈뢰딩거가 말하던 생명체에 고유한 새로운 물리학적 법칙의 결함에 대응하여 분자생물학은 결국 거대분자들이 마치 시계의 톱니바퀴처럼 작동하는 일종의 "화학적 역학"을 발명해냈다.

하지만 그와 같은 "화학적 역학"은 한계가 있었고, 그 한계 저편에서 분자생물학은 물리-화학에 속해있었다. 이는 메카노 게임[25]이 공학에 속해있었던 것과 마찬가지였다. 화학적 역학은 분명 어떠한 발견적 가치를 지닌다. 화학적 역학은 분자생물학 매뉴얼의 소규모 도식들 안에 존재할 뿐이다. 화학적 역학은 세포 안에도 시험관 내에도 분명 존재하지 않는다. 시험관 내에서 삼차원 구조가 지녔을 어떤 중요성을 띤 분자들은 결정론적 운동을 하는 맞물린 톱니바퀴처럼 작동하는 것이 아니라 분자들처럼(통계적 법칙에 따라) 작동한다.

생명 구조의 "고체화"(*rigidification*)는 질서의 소실을 최소화하는 데 분명 기여한다. 효소 자체가 질서를 생성할 수 있는 장치로 간주되었을 수도 있다. 그렇다 해도 세포가 통계적 법칙에서 벗어난 분자들로 만들어진 메커니즘으로 환원될 수는 없다. 따라서 "새로운 법칙"은 슈뢰딩거 이론의 또 다른 완화가 필요하다는 점에서 결함을 지닌다. 이 완화는 앞서

---

25) 〔역주〕 메카노는 금속 장난감 조립 부품의 상호이며, 메카노 게임은 일종의 레고 블록 쌓기와 유사한 게임이다.

언급한 완화와는 다르다. 새로운 완화는 이론의 적용이 아니라 이론 자체를 건드린다. 하지만 유전정보개념은 이전과 동일한 방식으로 새로운 완화를 감추었고 이들을 구분하지 않았다. 유전정보개념은 이를 은폐했고 해결 방안을 찾는 데 전혀 기여하지 않았다. 이 대목에서도 역시 순수한 언어적 과정이 드러난다. 즉 유전정보는 일개 용어, 혹은 기껏해야 애매하고 이질적인 개념일 뿐이며 과학적 개념은 아니다.

이렇게 말한다고 해서 이 분야에 부단히 종사하는 유전학자들을 과도하게 곤경에 빠뜨리는 것은 아니리라 여겨진다. 유전자의 뉴클레오티드 질서로 단백질의 아미노산 질서를 설명하는 것과 정확히 마찬가지로, 유전체 내에 표현형을 설명하는 정보가 존재한다고 말할 수 있을 것이다. 뉴클레오티드 질서는 유전정보의 원형이다. 단백질의 아미노산 질서의 유전(진정으로 해명된 유일한 유전)은 따라서 표현형적 형질 유전의 원형으로 간주되었다.

그 방법은 일반화되었고 사람들은 정보에서 프로그램으로 넘어갔다 (이러한 은유가 불가결했는데 이는 당시 정보과학과 컴퓨터가 등장하여 경이로운 발전을 이룬 시기였기 때문이다). 분명히 유전학자들은 유전정보를 이런저런 생물학적 과정을 제어하는 일종의 지시로 여기고 있었으며, 이 정보-지시를 재조직하고 조정할 필요가 있다고 여겼다. 재조직은 "유전 프로그램"으로 명명되었다. 이 프로그램은 결국 유전정보의 종합적이고 완화된 형태에 불과하다(유전정보 자체는 물리학적 질서의 완화된 형태이다). 이는 프로그램의 시간적 전개를 조절하는 "생물학적 시계"나 혹은 유전자의 작용 영역을 확장시키는 다양한 소인들(prédispositions)처럼, 유사한 종류의 다양한 부속체와 변이체들로 이루어져 있다(모든 획득형질은 생명체가 이를 획득할 만한 소인을 지니고 있기 때문에만 획득된다고 설명했던 바이스만의 오래된 원리에 따른 것이다).

유전프로그램은 눈 색깔에서부터 암과 알코올 중독, 그리고 사회적 행동에 이르기까지 모든 것을 설명하는 데 이용되어왔고, 또 계속해서 이용되고 있다. 간단히 말해서, 유전 프로그램이론을 신뢰하면서 순수한

형태에 대한 반론으로서만 이 견해에 대립적인 대다수 유전학자에게 생
명과 죽음은 단지 프로그램화의 문제일 따름이다. 26) 분자유전학은 "신
호의 해석"에 힘입어 모든 형질의 유전자를 찾아내고 이 방법을 통해 무
엇이든 가리지 않고 설명했던 20세기 초반 유전학이 비난받았던 과도함
으로 또 다른 경로를 통해 치달았다.

　유전정보개념의 완성되지 않은 모호한 성격, 해결 가능한 범위를 넘어
서는 문제들을 은폐하기 위한 그 개념의 사용, 이 모두는 결국 그와 정확
히 비례하여 분자유전학의 영향력을 확장시키게 되는 두 번째 근거를 이
룬다. 그 영향력은 분자유전학의 승리의식을 통해 과장되었다. 27)

　여기서 분석하려는 마지막 세 번째 측면은 슈뢰딩거가 유전이론에서
집중했던 "견고성"으로 다시 한 번 되돌아간다.

　1960년대의 분자유전학은 슈뢰딩거 모델에서 요구되었던 "화학적 역
학" 개념을 작동시키기 위해 세포 구조를 "견고하게" 만드는 데 주력했다.
하지만 이 분자유전학은 유전물질 자체의 "견고성"이라는 새로운 문제에
봉착해 있었다.

　살아있는 구조의 "견고성" 이전에 슈뢰딩거에게 중요했던 것은 유전물
질의 "견고한" 성질이었다(슈뢰딩거 이전에 바이스만에게 중요했고 슈뢰딩
거 이후에 모노에게 중요했듯이). 이 유전물질은 암호화된 형태로 질서를
부여한다고 여겨졌으며, 그러기 위해서는 유전물질 자체가 질서정연하
고 안정된 것이어야 했다(돌연변이를 제외하고는). 그래야만 유전물질을
생명체의 4차원 모델로 간주할 수 있을 것이었다.

　이 모델은 첫 번째 완화를 겪었다. 유전자의 내적 질서가 단백질의 질

---

26) 건강한 여성이 자신의 생명 프로그램의 끝까지 살았다는 사실을 통해 인류 최고의 연
　　장자였던 잔느 칼멍(Jeanne Calement)의 수명을 결코 설명할 수 없었던 유전 프로그
　　램 이론 지지자들은 시시덕거릴 기회를 잃었다.
　　〔역주〕잔느 칼멍은 128세까지 살았던 프랑스 여인으로 1997년 서거.
27) 그 첫 번째 근거는 표현형적 발현을 개정하여 이를 유일하게 단백질 합성으로 환
　　원시킨 것이다.

서에 대응되기는 했지만 염색체 상에 있는 유전자들의 질서가 생리적 역할을 수행하지는 않았기 때문이었다. 유전프로그램은 기능 프로그램이며, 생명체가 형성될 때 서열화되는 방식을 "읽어"내게 될 물리학적 구조에 대응하는 것(단백질 합성 시 뉴클레오티드의 질서처럼)이 아니다. 이는 다양한 유전자의 질서정연한 작용을 제어하는 초-유전체적인 다양한 조절 고리들을 포함한다(예를 들면 그들 가운데 유전자들 사이의 상호작용뿐만 아니라 외부 요인들의 간섭을 보여주는 연속적인 과정으로). 유전형적 질서에 엄격하게 대응되지 않는 생리적 질서를 수립하는 이 조절들에 힘입어 유전체는 슈뢰딩거 모델에서처럼 "견고하게" 남아 있었으며, 유전학자들은 여전히 유전체를 일종의 생명체 재현으로 여길 수 있었다(미시적 질서를 거시적 질서에 대응시켰다).

하지만 분자유전학이 발전하면서, 특히 분자유전학이 원핵생물 연구로부터 진핵생물 연구로 이동하면서 이 점이 의혹에 부쳐졌다. 따라서 유전자 자체의 내적 질서가 약간의 혼란에 휩싸였다. 이는 유전자 이외의 조절들(앞서 언급한 초-유전체적 조절 모델에 근거한)을 통해 보완되어야 했다.

실제로 진핵생물에서는 더 이상 뉴클레오티드 서열이 유전암호를 경유하여 단백질의 아미노산에 대응되는 방식으로 유전자를 단지 DNA의 서열로 간주할 수 없다는 사실이 급속히 밝혀졌다(1970년대의 분위기에서). 원핵생물에서는 상당히 일반적이지만 유전자와 단백질이 동일 선상에 놓이는 경우는 진핵생물에서는 특수한 진화의 결과로서 특정한 사례에 해당하는 듯 여겨진다. 진핵생물에서는(그리고 일부 원핵생물에서 역시) 상황이 훨씬 복잡하다. 유전자는 분할되어 나타난다. "암호화되지 않은" 상태로 나타나는 일부 부위("인트론")는 단백질의 아미노산 서열과 전혀 대응을 이루지 않는다. 따라서 이들이 번역되기 전에 전달 RNA의 교정과정(에피사지, "*épissages*")이 필요하다. 더구나 동일한 유전자가 다양한 단백질의 합성을 제어할 수 있음이 밝혀졌다(유전자와 단백질을 동일 선상에서 보는 입장이 비판되고 전달 RNA의 선택적 교정과정이 밝혀짐에 따라). 일반적으로 유전자와 유전체는 이제 훨씬 더 복잡해지고 훨씬 덜 엄격해졌으며, 뉴클레오티드로 정의된 단순한 연결보다 훨씬 다양한 주제로 개조되었다.[28] 1960년대의 유전자 개념(1 유전자 -1 효소)으로 만들어진 이론은 어느 정도 변형되었다.

이는 다음과 같은 프랑수아 그로(François Gros)의 말에서 확인된다.

> 오늘날 유전자에 대한 가장 훌륭한 규정은 DNA 수준의 물리학적이고 화학적인 물질성이 아니라(유전자를 DNA의 특정한 연속적 조각으로 보는 견해는 사실상 점점 줄어들고 있다), 유전자 작용 결과의 산물인 세포질의 전달 RNA와 단백질로 점점 기울어져 가고 있다.[29]

이는 유전자의 정의가 더 이상 구조적이 아니라 기능적이 되었음을 의미한다. 여기서 약간 난처한 문제가 제기되는데, 기능적(단백질 합성) 설명을 제공해준 것이 바로 구조적 정의(DNA 서열)였기 때문이다. 유전학은 구조의 전달로 유전을 설명하기를 원했고, 이 구조의 소실은 유전학자들을 걱정시킬 수밖에 없었다. 오늘날, 사람들에게 익숙해져 있는 "유전자"의 실체를 정의해주는 것은 기능이 되어야 하리라 여겨진다(유전자의 기능적 정의에는 유전자-구조에 의한 예전의 설명방식이 보존되고 있다). 유전자가 구조적으로 정확히 어디에 대응되어야 할지 더 이상 알 수 없기 때문이다.

그와 같이 사람들은 "반생리학적"(antiphysiologique) 방법으로 되돌아왔다. 반생리학적 방법에서는 유전자를 정의하기 위해 표현형적 형질(합성된 단백질)로부터 출발한다. 이는 입자로서의 판젠이 사라졌을 때 사람들이 판젠을 형질과 결합시켜 정의하는 방향으로 전회했던 것과 정확히 일치한다(여기서 구조로서의 유전자에 의한 단백질 합성이라는 일반적인 설명이 보존되었던 점, 그리고 표현형으로부터 유전형으로 역으로 "거슬러가는"

---

28) 일반적인 소개와 참고자료가 제시된 F. Gros, *Les Secrets du gène, op.cit.*, pp. 285∼386을 보라.
29) *Ibid.*, p. 297.

과정을 드러낸다는 점을 제외하고는 예전과 다른 내용이다). 다시 말해서, 적어도 슈뢰딩거 모델의 맥락에서 본다면 더 이상 일관된 설명은 존재하지 않는다.

"비주기적 결정체"가 유전프로그램으로 완화된 이후, 이제 "완화된" 것은 유전자 자체의 내적 질서이다. 그렇다면 슈뢰딩거가 유전물질의 기본적 특성으로 간주했던 "견고성"은 어떻게 되었는가? 이 물질은 완화된 나머지 "액화"되었거나, 적어도 물리학적 "견고성"을 잃지는 않았다고 하더라도 어쨌든 "비주기적 결정체"는 더 이상 아니며, 의미 있는 질서가 결여된 "무정형의" 결정체가 되었다.

이 "액화"(혹은 "무정형")는 다양한 조절을 통해 분명 교정이 가능하다. 이는 1960년대에 염색체의 구조에서, 혹은 적어도 유전프로그램의 기능에서 질서의 결함을 보완하기 위해 이미 시도된 적이 있다(초-유전체적인 이러한 조절들이 어디서 그 보완에 필요한 질서를 스스로 찾아나가는지를 정확히 알고 있지는 못했다). 여기서 사람들은 동일한 방식으로 엄밀한 의미의 유전자 구조에서든, 혹은 적어도 유전자 기능에서든 유전자 이외의 조절을 통해 유전자의 내적 질서를 다시 회복시킬 수 있었다. 그 결과 이 조절에 의해 "교정된" 유전자의 뉴클레오티드 서열은 단백질의 아미노산 질서를 지속적으로 보장하게 되었다. 이러한 "교정"을 덧붙일 필요가 고려되지는 않았지만 30년 전에도 이 질서는 유전자의 뉴클레오티드 서열이 유일하게 담당하는 것으로 가정되고 있었다.

하지만 조절에 의거하는 것은 두 가지 중요한 난점을 드러낸다.

먼저, 유전자 이외의 조절에 대한 근거가 제시되어야 한다(이 질서에서 유전자 이외의 조절들은 유전자가 공급해주지 않는 조절 능력을 제공해준다). 이 문제는 유전프로그램에 내재된 초-유전체적 조절 사례에서 이미 제시된 바 있지만 유전정보개념의 모호함을 통해 가려지고 은폐되어 있었다. 유전자의 내적 질서가 유지되고 있었던 만큼 사람들은 이러한 "근사치"를 허용할 수 있었다. 핵심은 다음과 같이 보존되었다. 즉 잘 정렬된 요소들 자체를 조정하는 것만이 문제시되었고 따라서 초-유전체적 조절은 어떠한 생리학적 필연성을 지니고 있었다(초-유전체적 조절은 유전체 이외의 작용을 고려하도록 해주었고 슈뢰딩거의 "비주기적 결정체"에서는 결여되어 있었던 유연함을 유전프로그램에 제공해주었다).

　유전자의 내적 질서 역시 조절이 요구된다는 점에서 재검토되었지만, 더 이상 예전과 동일하지 않았다. 이제부터 유전물질의 질서가 모든 문제의식을 점유할 것이었다. 이 유전물질의 질서만으로는 더 이상 충분하지 않고 여기에 초-유전체적 조절과 더불어 초-유전자적 조절이 큰 비중으로 보완되어야 한다면, 어디서 이 조절들이 스스로 그 "질서"를 유도해내는지를 질문해보아야 할 것이다. 그리고 이에 답하지 못한다면, 따라서 슈뢰딩거 이론을 받아들여야 할지의 문제가 제기된다. 질서의 운반물질 전달을 통한 유전이 여전히 존재할까? 유전에 그와 같은 조절이 부가적으로 필요하다면 DNA는 어떤 질서를 공급하는가? 이러한 조건 하에서 교정에 적합한 조절이 존재한다면 어떠한 뉴클레오티드 서열이든지 "생명체의 4차원 모델"만큼 훌륭하게 역할을 수행하지 못할까?

　두 번째 난점은 이론적이기보다는 방법론적인 성격을 띤다. 사실 어떤 한 생명체에서 신장(身長)을 제한하는 복잡한 모든 시스템은 필연적으로 고리들을 포함한다. 모든 고리는 조절로 해석될 수 있다. 하지만 이 방식에서 "고리화된" 시스템이 언제나 조절 시스템으로 이해되기는 했지만, 조절 고리의 축적은 더 이상 아무것도 설명할 수 없었으며 "간신히 체면 차리기"에 지나지 않았다. 이는 지구중심설의 천문학이 수 세기에 걸쳐 주전원들 위에 주전원들을 잔뜩 쌓아올리면서 천체의 운동을 그와 같이 어림잡아 설명하려 했지만 할 수 없었던 것과 같은 격이다. 마찬가지로 유전학에서도 "체면치레"를 위해, 그리고 선택된 이론적 틀로 유전을 설명하기 위해 조절 고리들 위에 조절 고리들을 잔뜩 쌓아놓을 수 있을 것이다. 하지만 또한 그런 방식에 힘입어 한 이론을 보존한다는 것이 진정으로 득이 되는 일인지를 질문해볼 수 있다(일반적으로 유전학은 쓸모없이 그토록 복잡해졌고, 혹은 그와 같이 되돌아가 어디에나 모두 적용되었다. 적절한 조절들을 덧붙이기만 하면 그만이었던 것이다).

　대다수 유전학자들은 그 원리를 뒷받침하는 토대를 건드리는 이 난점들에 신경 쓰지 않는다. 유전학자들은 1960년대 분자유전학이 얻은 승리의식을 간직하고 있다. 이 시기는 분명 어떤 한 유전 개념 — 생식질 이론과 함께 탄생한 — 이 절정에 달해 있었던 시기이다. 하지만 그 절정은 쇠락의 시작이었고 그 후 30년이 흘렀다. 그 30년에 걸쳐 분자유전학의 진보 자체가 근본적으로 의혹에 부쳐졌다.

　이 점은 1930년대의 상황에서도 약간 비쳐지는데, 30년대는 형식유전학의 대대적인 성공이 반복적인 습관처럼 되었던 시기이자, 유전학자들이 제자리걸음하며 처해있던 이론적 곤경이 이런저런 핑계를 통해 간신히 은폐되었던 시기이다. 사람들은 결국 염색체 지도와 위치추적으로 되돌아갔다(지금은 뉴클레오티드 서열로 다루어지고 있다). 또한 응용(의학적으로 선호되는), 혹은 적어도 응용에 대한 담론들로 다시 돌아갔다. 이 모두는 실제로 우리가 "유전자"라는 용어를 사용할 때 무엇을 말하고 있는지 알고 있다는 인상을 준다. 즉 위치가 정해지고 응용될 수 있는 그 무엇이 전적으로 쓸모없지만은 않으리라는 것이다. 30)

　일반적으로, 구조적인 실체로서의 유전자가 퇴색한 상황은(기능적인 실체로서의 유전자에 힘이 실리면서) 오늘날 유전학의 방향을 이론적 작업보다는 응용(실제 응용이든 가정된 응용이든) 위주로 이끌게 된다. 과학적

---

30) 1930년대에 염색체 지도가 그려진 종들은 얼마든지 있었으며, 인위적인 돌연변이 생성(X 레이를 통한)은 필요한 모든 돌연변이를 만들어냈다(모건은 초파리에서 4백여 종 이상의 염색체 지도를 만들었다. 그 가운데 무엇이 남아있는가?). 오늘날 사람들은 유전체를 해독하고 있는데 이 또한 수년 동안 좋은 생각이 떠오르지 않는 유전학자들이 소일하기에 부족함 없는 작업이다(오늘날 유전학자들은 인간의 5천종의 유전적 질병을 조사했고, 그에 해당하는 일부 돌연변이의 위치를 추적해놓았다). 1930년대 사람들은 우생학 같은 공중보건 분야에서 상상해낸 응용(당시 유전학자들은 유전적 치료에 관한 믿음에 있어서 오늘날 유전학자들과 거의 유사한 믿음을 지니고 있었다)이나, 혹은 체질의학(오늘날 "예방의학"(médecine prédictive)이라 불리는 것을 의미하는 용어이다 - 체질적이란 병원성 인자보다 개인의 체질, 즉 유전적 소인을 가장 중요하게 보기 때문에 붙은 말이다)을 내세웠다. 당시는 오늘날과 유사점이 매우 많았다.

대상으로서의 유전자는 기술적 대상이 되었으며, 유전자가 기술적 대상이 됨으로써 근거가 부족한 방식이 크게 활약하게 되었다. 20세기 전반(前半)의 유전학을 특징지었던 무차별적인 모든 형질의 유전자로 되돌아가 보자. 특히 이 시기는 퇴화나 소위 질병의 유전자[31]라 불리는 것에 집착하고 있었다. 하지만 유전을 심리학적 사회학적 문제들로 의심스럽게 확장시킨 점에 관해서는 말하지 않겠다.

유전공학은 오늘날 무대의 전면을 장악하고 있으며, 사람들은 유전공학과 그로부터 필연적으로 파생되는 귀결들(유전적 질병, 유전체 해독 등)을 통해 유전자의 존재가 보장되기를 바라고 있다. 마치 이론적 곤경에서 헤어날 능력이 없는 유전학자들이 이론이 맞닥뜨린 난점에도 불구하고 이론의 보존을 정당화해주는 실천적이고 구체적인 결과들을 통해 안정을 찾는 격이다. 사실 유전공학은 유전자의 존재와 본성을 보증해주지 않으며, 폐렴연쇄구균의 형질전환보다 더 대단한 무엇을 제공해주지도 않는다. 기술적으로 진보되기는 했지만 이론적인 문제들은 전혀 해결해주지 않는다.

대다수 유전학자는 그럼에도 만족해한다. 유전물질의 질서가 파기됨에 따라 제기되는 문제를 인식하는 일부 유전학자들만이 이를 해결하기 위해 노력했다. 이들의 제안에 사람들이 언제나 동의하지는 않지만, 난점이 존재한다는 사실을 문제시하고 강조한다는 점에서 상당한 가치가 있다. 이들은 두 부류로 나뉠 수 있다.

---

31) "질병의 유전자"라는 표현(근육병 유전자, 뮤코비시도스 유전자, 혈우병 유전자 등)은 적절하지 않지만 시사하는 바가 있다. 적절하지 않은 이유는, 최선으로 말하려면, 어떤 단백질의 합성을 담당하는 유전자가 존재하며 이 단백질 합성을 변성시킨 유전자의 변성이 기관의 정상적인 기능을 위해 단백질을 필요로 하는 기관들에서 나타나는 질병을 유도한다고 말해야하기 때문이다. 하지만 이 부적절한 표현이 시사하는 바가 큰 것은, 유전자의 정의(기능적)를 보장해야 하는 것이 질병이라면, 돌연변이가 유발하는 표현형적 변성을 통해 유전자를 명명한 모건 유전학("흰색 눈"의 유전자, "퇴화된 날개"의 유전자 등)에서와 동일한 경우의 양상이 발견되기 때문이다. 여기에는 차이의 유전과 완전한 유전이 혼재되어 있다.

  한 부류는 다윈의 원리를 생명체 내부로 도치시키면서 조절 문제를 해
결한다. 예컨대 퀴피(Jean-Jacques Kupiec)[32] 와 소니고(Pierre Sonigo)
는 유전체 발현을 설명함에 있어 지시론적(*instructionniste*) 모델이 아니
라 선택론적(*sélectionnist*) 모델을 적용할 것을 제안한다.[33] 실제로 선택
은 이전에 부여된 질서에 근거할 필요가 없는 일종의 경험적 조절로서 작
용한다(유전체가 더 이상 제공해줄 수 없는 질서). 이러한 다윈주의의 내재
화에 힘입어 이제 더 이상 유전자의 구조만이 아니라 기능 역시 우연과
선택에 의해 지배되는 것으로 설명되었다. 이는 무질서로부터 출발하여
질서의 물리학적 원리로의 회귀이며 슈뢰딩거 모델을 거의 포기하는 셈
이다(슈뢰딩거는 질서를 통한 질서의 원리를 근거로 유전학을 수립했다).
게다가 이 학자들이 분자생물학에 의해 가정된 결정론적이고 지시론적인
"화학적 역학"을 비판하고 분자들의 통계적 반응을 강조했다는 점은 놀랍
다. 이 양상은 무질서를 위해 필요하며, 이 무질서에서 선택을 통해 질서
가 생겨날 것이다.

  이러한 다윈주의의 "내재화"는 그 자체로 새로운 것은 아니다. 옛날식
응용(이 견해가 골턴에서 유래했고, 발생학자 빌헬름 루가 세포분화를 설명
하기 위해 이 견해를 광범위하게 사용했으며,[34] 바이스만 역시 이 견해를 사

32) [역주] 퀴피는 파리 에콜 노르말 슈페리외르(l'École normale supérieure)의 카
    바이에 센터(Centre Cavaillès INSERM) 연구원으로 분자생물학, 생물학의 철
    학, 인식론을 전공했다. 그는 유전결정론과 전일론의 대립을 해결하기 위해 일명
    '개체계통발생'(*ontophylogenèse*) 개념으로 불리는 세포 다윈주의를 발전시켰다.
33) J.-J. Kupiec, "A Probabilist Theory for Cell Differentiation, Embryonic
    Mortality and DNA C-Value Paradox", *Speculations in Science and Technology*,
    1983, vol. 6, n° 5, pp. 417~418; J.-J. Kuepiec et P. Sonigo, "Du génotype
    au phénotype: instruction ou sélection?", *M/S Médecine Sciences*, 1997, vol.
    13, n° 8-9 (Société française de génétique, p. I-VI); J.-J. Kupiec, "A
    Darwinian Theory for the Origin of Cellular Differentiation", *Molecular and
    General Genetics*, 1997, 255, pp. 201~208.
34) 이 견해는 또한 특별한 여러 현상들을 설명할 수 있게 해준다. 즉 뼈가 부담해야 할
    힘에 따라 섬유질을 유도한다. 그와 같은 방향으로 유도된 섬유질은 퇴화되는 다른
    섬유질에 비해 더 많이 일하고 더 많은 음식물을 받아들이며 그만큼 강화된다. 여기

용했다는 점은 앞에서 살펴보았다) 못지않게 현대적 응용〔장 피에르 샹즈
(Jean-Pierre Changeux)가 제시한 시냅스의 선택적 안정화〕35) 이 포함되어
있다.

20세기가 시작될 무렵에 이미 사람들은 이러한 "선택의 내재화"가 라
마르크주의적 과정을 다윈주의 용어로 정식화하게 하는 수사적 계략이라
고 비난했다. 36) 그와 같이 오늘날 시냅스의 선택적 안정화는 일을 수행
하는 기관(여기서는 시냅스)은 강화되는 반면 일을 행하지 않는 기관은
퇴화된다고 하는 라마르크주의 원리를 다윈주의적 표현으로 바꾸어 다시
취한 것이다. 수사적 공허함에 대한 비난까지 가지 않더라도 그 과정이
흔히 다윈주의와 결부되기도 하는 만큼 보편적 설명에 이르게 될 위험이
크다고 말할 수 있다. 생물학의 역사에는 이런 종류의 이론들이 무수히
많다. 그 가운데는 분명 이런저런 흥미롭고 생산적인 견해들도 존재한
다. 하지만 이미 꽤 사용한 낡은 도식들로 끊임없이 되돌아가는 일이 진
정 필요한 일일까?

두 번째 종류의 제안은 그와 반대로 유전에서 유전체 대신 조절의 중요
성을 강조하는 경향을 보인다. 그런 식으로 앙리 아틀랑은 유전체를 프
로그램으로 취급하는 개념을 재검토하고 "자료 은행"을 만들자는 제안을
한다. 세포 장치들은 프로그램의 주해자가 되는 대신에 DNA에 의해 제
공된 자료들을 처리하는 프로그램 자체가 될 것이다. 37)

서 퇴화는 경우에 따라 뼈의 골수관 형성을 설명해줄 수 있다(이 이론은 의심스럽게
느껴질 수 있지만, 그 구조는 시냅스의 선택적 안정화 구조만큼이나 정확하다).

35) J.-P. Changeux, P. Courrège and A. Danchin, "A Theory of the Epigenesis
of Neuronal Networks by Selective Stabilization of Synapses", *Proceedings of the
National Academy of Sciences of the USA*, 1973, vol. 70, n° 10, pp. 2974~2978 ;
J.-P. Changeux and A. Danchin, "Selective stabilisation of developing
synapses as a mechanism for the specification of neuronal networks", *Nature*,
1976, p. 264, pp. 705~712 ; J.-P. Changeux, *L'Homme neuronal*, Fayard,
Paris, 1983.

36) Y. Delage et M. Goldsmith, *Les Théories de l'évolution*, Flammarion, Paris,
1909, pp. 150~151.

　정보개념과 프로그램 이론을 엄격하게 사용하는 유전학자들과 그리 엄격하게 사용하지 않는 유전학자들이 차이가 있는지는 확실하지 않다. 하지만 아틀랑의 제안은 만능의 유전체에 대한 관심을 세포 장치들과 그 조절(이들이 없이 유전체는 아무것도 아니다)에 대한 관심으로 이동시킨 공적이 있다. 하지만 유전학자들이 이 경로를 따를까?

　사실 세포 장치로 관심이 이동한 데 대해 아틀랑은 다음과 같이 기술한다.

> 유기체의 유전적 특성들은 유전자 안에 포함되어 있지 않다. 〔…〕 유전자의 정태적 분자구조가 결정적인 역할을 하는 것은 분명하지만 이는 다른 분자들과도 관련된 과정의 일부이며, 특히 이 분자들 사이의 물리학적 화학적 형질전환 작용들의 총체이다.

　이 점에 동의할 수밖에 없지만 이는 리센코가 기술한 다음과 같은 내용을 상기시킨다.

> 이 이론〔유전의 염색체 이론〕의 토대는 근거 없는 논제이다. 이 논제에 따르면 염색체의 일부 물질이 정상적인 신체와 동일시될 수는 없지만, 이 물질만이 유일하게 유전된다. 유기체의 나머지 모든 부위는 유전되지 않는다. 〔…〕 반면 미추린의 독트린에 따르면 〔…〕 유전물질은 염색체에만 내재해 있는 것이 아니라 모든 신체 각 부위에 포함되어 있다. 38)

　게다가 아틀랑은 뉴클레오티드 서열로서의 유전체와 독립적으로 이루어지는 세포 장치나 그 운동과 연관된 유전을 "후성적 유전력"(héritabilité épigénétique)이라 명명하고 이에 관해 언급했다.

---

37) H. Atlan, "DNA: Program or Data(Genetics are not in the Gene)", *First International Congress of Medicine and Philosophy*, 1994. 불어본은 "ADN: programme ou données", *Transversales Science Culture*, n° 33, mai-juin 1995.

38) T. Lyssenko, *Critique de la théorie chromosomique de l'hérédité*, dans *Agrobiologie*, Editions en étrangères, Moscou, 1953, p. 495.

전달되는 것은 정태적인 분자 구조뿐만 아니라 기능적 작용의 상태, 즉 총체적인 세포 구조의 기능적 의미의 발현도 일부 전달될 수 있다. 오늘날 이 후성적 유전력의 현상들은 DNA 서열의 형태로 된 유전적 결정에 전적으로 기울어진 추세에서 비정상적이거나 예외적인 양상으로 간주된다. 이는 후성적 유전력과 관련된 연구가 거의 이루어지지 않았고 그 중요성이 과소평가되었기 때문이다.

이 후성적 유전력은 따라서 약간 특별한 세포질 유전에 속할 것이다. 세포질 유전은 더 이상 미토콘드리아 같은 일부 세포 내 소기관에만 해당되는 일화가 아니라, 모든 세포 장치나 그 운동과 관련된 훨씬 일반적인 과정일 것이다. 여기서 유전을 물질의 단순한 전달로 보는 입장을 거부하면서 유전의 능동적 양상을 중시했던 발생학자 히스를 떠올리게 된다. 또한 드브리스의 판젠은 그 자체가 살아있었고 따라서 "운동성"이 있었던 점에 미루어 드브리스가 유전을 물질의 단순한 전달로 보는 입장이었다는 비판은 약간 위조된 것임을 상기할 수 있다(유전에서 능동적 양상을 사라지게 한 것은 드브리스와 바이스만의 유전학이 아니라, 전적으로 형식적인 모건 유전학과 전적으로 구조적인 슈뢰딩거의 유전학이었다).

게다가 아틀랑의 이 "후성적 유전력"은 오래된 "획득형질의 유전"이 약간 완화되어 새로워진 형태에 가깝다. 퀴피와 소니고의 제안에 담긴 위장된 라마르크주의로 인해 후성적 유전력은 유전학에서 이론적으로 곤란한 상황에 처해졌다(이 상황은 DNA에 코를 박고 단편적인 작업에 몰두하는 대다수 유전학자들에게는 전혀 고민거리가 아니다).

일반적으로, 이 몇 가지 시도들은 재차 반복하건대 대체로 조용히 지나가고 마는 난점들을 적시하고 강조했다는 점에서 공적이 있기는 하지만, 별로 설득력이 없으며 과거의 이런저런 이론으로 되돌아가는 것과 거의 마찬가지이다. 그런 까닭에 해결되지 않은 문제들이 늘 재등장하게 되며, "묻혀"지기 전에 알려졌던 낡은 방법과 유사한 해결책을 시도하도록 부추기게 된다. 이들을 다시 취하여 발전시키기 위해 노력하는 작업이 무의미하지는 않겠지만, 지나친 환상은 금물이다. 당시에는 때로 성공적이기도 했던 해결책들이 폐기되고 잊혀진다는 것은 일반적으로 그 설명력이 한계를 드러냈기 때문이다.

이미 상당히 고갈된 이론들을 되살리기 위해 애쓰기보다는 문제를 그 근저로부터 회복시켜야 하며, 유전학의 객관적 자료들(세포학적 관찰, 분자적 과정에 대한 서술 등)을 보존할 수 있다면 낡아빠진 해설적 원리들은 폐기될 수밖에 없다는 사실을 받아들여야 할 것이다.

슈뢰딩거가 유전학이 해결해야 할 이론적 문제들을 제시하면서 유전학을 다시 일으켜 세우는 데 크게 공헌했다는 점은 이미 살펴보았다. 또한 그가 물질의 전달을 통한 유전의 일반적인 개념을 소리도 없이 다시 취했다는 사실도 알고 있다.

이 물질은 단지 질서의 전달자로서만 작용하는 반면, 이 물질의 기원은 생명체를 구성하는 살아있는 입자로 된 생식적 표본(미셀, 비오포어, 판겐) 역할을 했다. 플라즈마-표본에서 유전체-정보로의 이동은 결코 정당화된 적이 없고 분석된 적도 없다. 사람들은 두 개념 사이에 마치 연속성이 존재하는 듯 여겼다(사실 두 개념은 반세기 이상의 거리가 있었고, 그 사이 유전학은 유전물질의 본성에 대해 신중하게 침묵을 지키고 있었다).

슈뢰딩거 이론은 바로 이 토대 위에서 구축되었다. 이제 이 원리가 정확한지 알아보는 문제가 남아있다. 아틀랑의 제안이 시사해주듯 실제로 염색체 유전은 단지 유전의 일부분에 불과하다는 말이 그럴듯해 보인다. 유전은 한 물질(염색체 상의 물질이든 세포질의 물질이든, 질서정연하든 아니든)의 전달보다는 훨씬 복잡한 메커니즘을 나타내며, 당시까지 무시되었지만 능동적 양상을 내포하고 있을 것이다.

여기서 결말을 내리기 위해서는 어떻게 한 물질의 전달을 통한 유전 개념이 정착되었는지를 보다 구체적으로 연구해야 한다. 유전이 만일 획득된 형질이자 전달될 수 없는 형질에 반대되는, 소위 "유전적" 혹은 "선천적"이라 할 수 있는 이런저런 형질의 전달이라면, 먼저 유전이 무엇으로 이루어지는지를 밝혀내야 한다.

제 10 장

선천과 획득

앞서 보았듯이(제1장) 유전은 우선 소박한 형태로 이해되었다. 개는 개를 낳고 고양이는 고양이를 낳는다는 식이었다. 자식과 부모 사이에는 유사성이 존재한다. 일반적인 유사성은 이들이 동일 종(개는 개를 낳는다)에 속하는 데 기인하며, 보다 개별적인 유사성은 동일 종 내에서 아이들이 통상 다른 구성원들보다 그들 부모와 더 닮아있다는 데 기인한다(검은 개는 흔히 검은 개를 낳는다). 후자의 유사성은 절대적인 것이 아니다. 부모와 자식 사이에도 차이가 존재하기 때문이다. 하지만 그렇다고 해도 역시 유전이론은 유사성을 통해 뒷받침된다(유전이론은 또한 차이를 설명해줄 것이다).

유전 개념의 두 번째 형태는 단어의 기원적 의미를 통해 드러난다. 원래 "유전"은 라틴어 hereditas에서 유래한 단어로 한 사람이 죽은 뒤 남겨진 유산과 상속인에게 그 유산이 전달되는 과정(그리고 유산의 상속자를 위한 권리)을 지칭했다. 1820년 이후 이 단어는 부모로부터 자식에게로 전달된다고 가정된 형질과 태도, 그리고 또한 이 전달 자체를 일컫는 데 비유적으로 적용되었다(유전은 유전된 형질과 태도의 총체인 동시에 유전되는 과정이기도 했다). 경제적-법률적 용어에서 매우 일반적으로 확산된 이중적인 생물학적 의미를 유전학이 무비판적으로 형식화한 것에 지나지 않는다(cf. "유전형질"(*patrimoine génétique*) 이라는 용어).

생물학적 유전을 구분된 형질들로 분해하는 것은 비과학적인 일상적 분석에서 비롯되었다. 즉 아이는 그 아버지로부터 눈이나 머리카락 색깔, 코의 형태, 혹은 알코올 흡수 성향을 물려받는다는 것이었다. 이 초기 단계에 멘델주의 원리에 따른 유전의 "과학적" 분해가 접목되었고, 계속해서 드브리스에 이어서 모건에 의해 재개되었다. 이에 관해 몇 가지 문제를 제기해야 할 것이다.

이론이 그리 성숙되지 못했던 시기의 멘델에 있어서 과학적으로 분해된 분리 형질들과 일반적 의미의 형질은 거의 일치한다. 아이가 그 아버지로부터 눈 색깔을 물려받듯이 콩은 초록색 혹은 매끈한 형태를 물려받는다. 하지만 여기서 이미 차이의 유전 문제를 향하고 있다. 이 문제는 모건에서 실행될 것이었다.

멘델, 드브리스, 모건이 연구한 내용은 형질의 유전이라기보다는 돌연변이의 유전이었다. 돌연변이 유전의 관점에서 소위 형질은 완전한 방식으로가 아니라 그 형질의 변이를 통해 정의된다. 즉 어떤 완두콩이 "매끈한" 유전형질을 지녔다는 것은 그와 형질을 교배시킬 수 있는 다른 완두콩의 "주름진" 유전형질을 참고로 해서만 정의될 수 있다. 또한 어떤 초파리의 붉은색 눈을 참조할 때만이 다른 초파리가 "흰색 눈" 형질을 지닌다고 할 수 있다. 매끈한 형태에서 주름진 형태로 종자를 변형시키는 돌연변이가 존재하지 않는다면, 이 형태는 "유전형질"이라 명명되는 실체로 간주할 수 없을 것이다. 유전형질을 "과학적으로" 규정하여 "경계 짓기"를 가능하도록 해주는 것은 바로 형질의 변이이다(명확히 구분된 과학적 형질이 일반적인 의미의 형질과 통상 결합하기는 하지만, 이와 같이 구분하는 것은 단지 일반적인 형질이 명확히 인지되지 않거나 분명히 정의될 수 없기 때문이다).

그런데, 이미 말했듯이 차이의 유전은 완전한 유전과 혼동되어서는 안

되며, 돌연변이 유전은 결코 변이될 수 있는 형질의 전형적인 유전이 아니다. 변이될 수 있는 형질의 유전은 일반적으로 무수히 다양한 요인들을 포함하고 있다. 이론의 기원에서부터 돌연변이에 의해 정의된 유전형질이 상당히 모호했다는 점은 누구나 알고 있다. 예컨대 초파리의 "흰색 눈" 형질은 명확히 경계 지어진 유전형질이 아니다. 그와 같은 유전은 정의될 수 있는 정도가 다양한 여러 형질과 관련되어 있기 때문이다(가장 눈에 띄고 쉽게 포착되는 결과로 인해 "흰색 눈"이라 명명된 돌연변이의 영향은 초파리의 과격한 행동이나 수명 등에도 영향을 미친다).

그럼에도 사람들이 이 방법을 고수하는 까닭은 20세기 전반기에 유전의 연구방식이 표현형에서 유전형으로 진행되어 "형질"로부터 유전자로 거슬러 갔기 때문이다. 따라서 형질을 정의하는 일이 중요했다. 유전형에서 유전자로의 분해는 먼저 표현형에서 구분된 형질들로의 분해에서 시작되었으며, 이 분해는 돌연변이에 기초한 것이었다("신호의 해석"을 말한다). 이러한 상황 속에서 유전학자들은 유전을 열심히 연구했지만, 어떤 유전이 문제가 되는지 알아내지 못했다. 이들의 연구방식에서는 형질들의 차이만이 고려되었기 때문이다.

해결책은 분자유전학으로부터 구해졌다. 유전된 것은 어떤 "거시적인 형질"이 아니라 그 구조에 내재한 어떤 기능(효소적 기능이거나 형태적 기능)을 지닌 단백질의 일종이라는 것이다. 이는 유전자의 뉴클레오티드 서열에 의해 지배되는 아미노산 서열에 가장 크게 의존한다.

유전된 것은 그와 같이 밝혀졌지만 이를 표현형적 형질이라 부른다면 언어의 남용이다. 분자유전학은 생리적-구조적 형질들(눈 색깔 혹은 콩알의 주름진 형태 같은)과 더불어 효소를 표현형에 포함시켰다. 하지만 사실 효소와 형질들은 동일한 수준의 분석 대상이 아니다. 효소는 미시적(생화학 수준)인 반면 형질은 거시적(형태적이고 생리적 수준)이기 때문일 뿐만 아니라, 또한 이들은 동일한 성격이 아니기 때문이기도 하다.

실제로 단백질의 아미노산 서열이 유전된 형질임이 분명하다면, 이 형질은 유전된 것일 수밖에 없고 심지어 전적으로 유전의 결과일 수밖에 없

다. 외부 요인들은 엄밀한 의미에서 표현형적 형질에 작용하므로 아미노
산 서열에 영향을 미칠 수 없다(제일 우선순위를 차지하든 아니든 여기서
항체가 제외될 수 없다). 게다가 이 아미노산 서열은 동일한 성격의 다른
유전된 형질에 비교될 수 있는 형질(돌연변이된 어떤 단백질)이지만 획득
형질에 속하지는 않는다. 이는 획득되었다고 생각될 수 있는 생리적-구
조적 형질에서 일어난 과정과 전혀 다르다. 예를 들어 매끈하거나 주름
진 콩알의 유전적 형태는 습도나 양분 제공 등에 따라 획득된 매끈하거나
주름진 형태와 비교될 수 있다. 혹은 꽃의 유전적 색깔이 토양의 화학적
성분이나 일조시간에 따라 획득된 색깔과 비교되었을 수 있다. 단백질의
아미노산 서열들 사이에 유사성이란 존재하지 않는다. 아미노산 서열은
유전형질로서 획득형질과 비교 검토될 수 있는 형질이 아니다.

단백질은 생리적-구조적 형질로 이루어진 표현형에 속해 있었음에도
불구하고(대부분 시기에 걸쳐 사람들은 생리적-구조적 형질에 단백질을 연
결하는 구체적인 방식을 알지 못했다) 이러한 견해가 등장한 것은 단백질
이 유전자와 직접적으로 연관되어 있다는 생각(단백질의 아미노산 서열은
유전자의 뉴클레오티드 서열에 의해 조절된다)에서 비롯되었다. 이는 분자
유전학이 발현 문제를 유전형에서 표현형으로 수정한 결과였다. 즉 유전
된 것은 거시적 형질이 아니라 단백질이라는 것이었다(이는 유전된 것이
유전자-단백질이라는 예전 개념으로 되돌아간 것이다. 앞장 참조).

분리된 형질들로의 유전의 분해, 유전학에서 "B-A, BA"와 같은 분
해, 이 분해에는 멘델을 영예롭게 해주는 모든 매뉴얼이 포함된다. [1] 분
해는 50년 동안 유전자 개념의 토대를 이루고 있었고("1 유전자 -1 효소"
명제가 성립될 때까지를 일컫는데, 이 명제는 어느 단계에서 의혹에 부쳐졌
다). 이 분해는 간단히 말해서 "유효하지" 않았고, 어떤 경우에는 효소와
거시적 형질 사이의 단순한 선형적 관계가 존재한다고 상정되었다(그 결
과 "1 유전자 -1 효소" 관계는 "1 유전자 -1 형질"로 이해될 수 있었다). 다른

---

1) 유전학의 모든 개설서에 기술된 바와 달리, 완두에서 "매끄러운 종자"나 "주름진
종자"의 유전자는 분명 존재하지 않는다.

모든 경우(거의 모든) 유전학자들은 근사치를 가지고 끊임없이 재주를 부렸다. 유전에 대한 과학적 분석의 영예로운 초석을 쌓아올리지 못한 채 유전을 분리된 형질들로 분해한 것은 유전학 역사상 두 번째 시기의 잔재이다. 이 시기는 이러한 분해를 상식으로부터 매우 광범위하게 차용하고 있었다.

유전적인 표현형질을 정의하는 일이 어렵다면, 획득형질에 반대되는 것으로 설명한다면 어떨까? 이러한 "유전적-획득된"의 분리는 겨우 바이스만 시대부터 존재했음을 앞에서 살펴보았다(제 1장). 그 이전까지만 해도 획득된 것은 유전을 통해 전달된 것일 수 있었다. 그와 같이 다양한 범생설들은 유전된 것과 획득된 것을 구분하지 않았다. 범생설에서 유전된 것과 획득된 것은 모두 동일하게 유전될 수 있는 것이었다(물질적 유산의 상속과 정확히 동일한 의미였다). 이러한 구분을 도입한 것은 유전의 전달물질, 특히 체세포(*soma*)에서 분리된 물질인 생식질의 이론이었다.
　흔히 획득형질이 유전되지 않는다는 사실을 설명한 사람으로 바이스만이 거론된다. 이는 오류다. 그는 이 문제를 전혀 설명하지 않았으며 결코 주장한 적도 없다. 수세대에 걸쳐 쥐꼬리를 절단했지만 그래도 역시 정상적인 꼬리가 달린 쥐가 태어났다는 유명한 실험을 인용할 때 사람들은 일반적으로 바이스만이 이 실험에 전혀 중요성을 부여하지 않았다는 사실을 밝히는 것을 잊고 있다. 바이스만에 따르면 수천 년 전부터 포피 절제술을 시행한 민족들에서 아이들은 결코 포피가 절제된 상태로 태어나지 않는다. 따라서 3세대 동안 쥐 6마리의 꼬리를 절단하면서 무언가를 증명할 수는 없다.[2] 같은 종류의 또 다른 언급이 당시 유전학자들에게서 나타난다(쥐꼬리 문제에 대한 오늘날의 언급보다 분명 더 명쾌하다). 이들은 인류 종이 탄생한 이래 번식에 기여한 모든 여성의 처녀막이 한결같이 파괴되었지만 그렇다고 처녀막이 퇴화하지 않았음을 상기시켰다.[3]

---

[2] A. Weismann, "La prétendue transmission héréditaire des mutilations", dans *Essais sur l'hérédité et la sélection naturelle*, *op.cit.*, pp. 424~426.

바이스만은 획득형질 유전의 무수히 많은 "대중적 이야기들"의 사례(일반적으로 흉터의 전달)를 검증하는 데 있어서의 어려움을 토로하고, 따라서 유전학에서 그 사례들을 참작하기란 불가능함을 강조했다. 하지만 그는 획득형질이 유전되지 않음을 실험적으로 증명하는 일이 불가능하다고 판단했고[4] 그 주장은 근본적으로 이론적 논증의 결과였다(이론적 논증들은 매우 사변적인 성격을 지닌 그의 생식질 논제에 내재해 있었다).[5]

바이스만의 이론은 내적 일관성이 상당히 훌륭하게 갖추어져 있으며, 자신의 생식질 이론이 인정받으면서 동시에 차츰차츰 획득형질이 유전되지 않는다는 그의 견해가 인정받게 되었다(생식질 이론은 20세기 초 비오포어가 폐기되고 멘델주의에 맞추어지면서 다양하게 수정되었다). 그래도 역시 이 바이스만의 이론은 몇 가지 결함을 지니고 있다. 여기서 가장 중요한 결함이 분명 가장 주목을 덜 받았다. 유전적인 것과 획득된 것을 대립시킨 그의 견해는 원인과 결과의 기묘한 혼돈에 근거하고 있다. 말하자면 표현형의 결정론 — 다양한 규모의 유전학 — 과 표현형 자체 사이의 혼돈이다.[6] 이 결함은 현대유전학에까지 존속되었다.

단지 유전적으로만 결정되어 순수하게 유전적이라고 말할 수 있는 표현형적 형질은 존재하지 않는다. 또한 유전과 무관하게 순수하게 획득되었다고 말할 수 있는 형질 역시 존재하지 않는다. 표현형적 형질은 유전적 요인과 동시에 외부 환경의 작용에 의해 결정된 것이다. 따라서 "내적

---

3) Y. Delage, *L'Hérédité et les grands problèmes de la biologie générale*, *op.cit.*, p. 222.

4) 어떤 것의 비존재를 실험적으로 "보여줄" 수는 없으며 단지 존재를 "보여줄" 수 있다는 점에서 그는 옳았다.

5) 생애 마지막 무렵에 바이스만은 일종의 획득형질의 유전을 받아들이기도 했다. 이는 생식세포 내에 포함된 생식질에 가하는 체세포의 작용에 의해서가 아니라 체세포에 작용하는 외부환경이 생식세포와 생식질에도 동일한 방식으로 작용할 수 있음을 고려했기 때문이다. 따라서 그는 골턴이 1875년 《유전이론》에서 표명한 견해를 다시 받아들였다.

6) 유전형과 표현형이라는 용어는 1909년 요한센에 의해 고안되었으므로 바이스만의 용어가 아니다. 하지만 여기서 바이스만의 용어인 생식세포(*germen*)와 체세포(*soma*) 대신 이 용어를 사용한다 해도 무리가 없을 것이다.

-외적" 양태의 두 결정론을 대립시킬 수는 있지만, 표현형적 형질의 생성에 협력하는 "유전-획득" 양태를 대립시킬 수는 없다. 유전적이라는 명칭은 전적으로 유전형에만 적용되는 반면(실제로 전달되는 생식질이나 유전체), 획득된 것은 표현형으로밖에 존재하지 않는다. 따라서 유전적인 것(오로지 유전형)과 획득된 것(오로지 표현형)을 정의하는 수준에서 간극이 존재한다.

이 간극은 이들 사이의 대립을 어렵게 한다(비교될 수 있는 용어들만이 대립할 수 있다). 바이스만은 "획득형질"이라는 표현을 생명체가 그 형질을 획득하는 유전적 소인을 지님으로 인해서만 획득된 것으로 제안하면서 이 문제를 해결하고자 했다.[7] 현대 유전학은 이 해결책을 수용했다. 그와 같이 소인은 유전적인 것과 획득된 것 사이를 병합시켰을 뿐 아니라 또한 유전형과 표현형으로 정의된 것들을 병합시켰다. 유전적인 것과 획득된 것 사이의 병합은 그 형질에 부분적으로 유전적이고 부분적으로 획득될 수 있는 소인이 존재하기 때문에 가능하다. 이 소인은 유전적 결정론과 환경결정론을 혼합시키는 임무를 맡았다. 유전형과 표현형 사이의 병합은 이 혼합이 유전형에서 표현형으로의 발현을 통해 이루어지기 때문에 가능하다. 매우 애매하고 "양극화된"(유전-획득) 소인 개념에서 사람들이 어느 한쪽 "극단"을 주장하는가에 따라 모든 표현형적 형질이 유전적이거나 획득되었다고 이야기될 수 있을 것이다(전 세계 사람들이 모든 표현형적 형질은 유전적인 동시에 획득되었다고 말할 것이다. 이는 아무 흥미도 유발하지 못한다. 특히 이 영역에서는 그 어떤 수량화도 불가능하다는 점을 고려해 볼 때).

여기서 이론적 속임수의 경향, 바이스만 저술에 존재했던 바와 같은 추론의 오류가 문제 된다. 이는 **유전적**이라는 수식어가 표현형적 형질을 결정하는 유전적 요인에 적용되는 것과 마찬가지로 표현형적 형질에도

---

7) A. Weismann, "La continuité du plasma germinatif comme base d'une théorie de l'hérédité", dans *Essais sur l'hérédité et la sélection naturelle, op.cit.*, pp. 167~168. 사람들은 쓸데없이 비오포어 이론의 맥락에서 이러한 명제를 설명하려 든다.

역시 적용된다는 사실에 근거하고 있다(이들 서로는 생명체가 그 형질을 유전적으로 물려받았다는 점에서 생명체에 고유하게 속해있기 때문이다). 반면 획득된 이라는 수식어는 표현형적 형질에만 적용되었고(생명체가 그 형질을 획득했다는 맥락에서 생명체에 고유하게 속해있다) 형질을 결정하는 외부 요인에는 적용되지 않았다(외부 요인은 생명체 외부에 존재하고 따라서 생명체에 의해 획득되었다고 말할 수 없다). 표현형적 형질(결과)과 유전적인 요인에 의해 결정된 형질(원인)은 유전적이라는 명칭으로 그와 같이 혼합될 수 있었다. 반면 획득된 이라는 명칭에는 표현형적 형질(결과)과 외부 요인에 의해 결정된 형질(원인) 사이의 혼합이 허용되지 않았다. 혼합이 동등하게 이루어졌다면 원인과 결과의 혼돈이 용인되었겠지만(적어도 수사적 표현으로서), 여기에서 혼합은 절름발이였고 따라서 부정확했다.

  "유전형질"과 "획득된 형질"이라는 표현은 언어의 남용이다. 사람들은 이를 대수롭지 않다고 여길 수 있겠지만 이러한 남용은 갖가지 매우 의심스러운 탈선의 우려가 있다. 이 표현은 순수하게 유전적 결정론(외적인 것과 별도의)이나 혹은 적어도 표현형과 유전형(외부 환경과 별도의) 사이의 직접적인 단선 관계가 성립되는 경우에만 의미를 지닌다. 그런데 단백질의 1차 구조(이는 해당 유전자와 직접적인 관계가 있다)[8]를 제외하면 그런 경우는 매우 드물다. 그런 경우는 육안으로 관찰되는 수준에서는 거의 존재하지 않는다. 그래서 사실상 유전적이라는 개념과 획득이라는 개념은 표현형적 형질에 거의 적용될 수 없다. 그럼에도 그와 같은 개념이 계속해서 적용되고 있다.

  사람들은 그것이 구체적인(유전체와 표현형을 구체적으로 지시하는) 용어인데다가 경험적인 자료라고 쉽게 상상한다. 실제로 그것은 원리적으로 대립하는 절름발이 이론의 맥락에서만 작동하는 추상적인 개념이다. 이후로 유전적인 것과 획득된 것을 정의하는 이론적 맥락이 전적으로 대

---

8) 우선 개략적으로 보더라도 진핵생물에서 유전자의 구조는 너무 복잡해서 그와 같이 직접적인 관계가 부인될 수 있기 때문이다.

립했기 때문에 획득형질의 유전을 상정하는 것이 실제로 무의미해졌다. 게다가 "획득형질의 유전"이라는 표현은 그러한 유전의 불가능함이 지적되면서 발명되었다. 약간 "과장된" 그 성격은 그 이론이 이러한 반론을 통합하면서 구축되었다는 사실에 기인한다. 그 이론은 "검은색 물체와 구분되는 흰색"("흰색"과 "검은색"이 대립을 통해서만 정의되리라고 가정하면서) 이라는 말과 거의 같은 의미를 지닌다.

여기서 그 어떤 "획득형질의 유전"이 존재함을 주장하려는 것은 아니다. 단지 이 이론이 실질적인 아무 의미도 없으며 문제가 잘못 제기되었음을 주장하려는 것이다. 현대 유전학에서 유전은 단백질의 일차 구조(아미노산 서열)에 머물러 있다. 모든 것이 나중에 알려졌지만, 모든 표현형이란 엄밀히 말해서 내적 요인(여기에는 이 단백질의 일차 구조가 포함된다)과 외적 요인이 뒤얽혀 수량화하기 어렵게 혼합되어 있었다. 여기에 "유전형질"과 "획득형질" 같은 개념이 들어설 자리는 없다.

그렇다면 오늘날 우위를 점하는 분자유전학이 왜 이 개념을 보존하고 있는지 질문해볼 수 있다. 분자유전학은 "1 유전자 -1 형질"이 아니라 "1 유전자 -1 효소"설에 의해 작동하기 때문에 이 개념 없이도 충분히 꾸려갈 수 있는데 말이다. 이 낙후된 개념이 보존되어 온 데는 분명 몇 가지 이유가 있다.

먼저 유전학자들은 인식론적 분석에 거의 관심을 두지 않으며, 그들 이론의 일관성에 대해서도 거의 주목하지 않는다. 또 다른 이유로는 지적 태만과 언어의 편의성을 들 수 있다. 비록 오늘날에는 곁가지에 불과하게 되었지만 유전 연구의 한 단계를 점하는 멘델-모건주의 유전학은 계속해서 교육되고 있다. 왜냐하면 이 유전학은 염색체 유전이 무엇인지 명백하게 설명해주며, 차이의 유전과 완전한 유전이라는 미묘한 문제로 진입하는 것보다 어떤 형질(완두의 주름진 형태나 초파리의 눈 색깔)의 유전자를 이야기하면서 더 쉽게 연구할 수 있기 때문이다.

결국 이러한 언어의 편의성과 개략적 설명의 경향은 정보개념이나 프로그램개념을 통해 유전적 발현에 관한 문제의 개조를 은폐하게 된다. 또한 생리적-구조적 형질의 유전과 같은 다른 유형의 유전은 전혀 설명하지 못한 채(이러한 유전에는 아무 의미도 부여되지 않는다) 단백질 일차 구조의 유전만을 설명한다는 사실을 은폐하는 데 주력하게 된다. 모호하고 개략적인 담론은 유전학자들이 실제로 아는 것보다 훨씬 더 과장된 확언을 가능하게 해주고 유전학자들의 작업을 완전한 것으로 만들어준다.

요컨대 유전학자들은 유전을 부모로부터 자식으로 형질이 전달되는 것으로 정의하기 때문에 이들은 유전형질(획득형질과 대립시키면서)이라는 용어로 이러한 전달을 설명해야만 한다. 그렇지 않으면 이들 이론의 결함과 부적절성이 명백하게 드러나게 된다.

"획득형질의 유전"(일반적으로 "라마르크주의"로 규정된)에 대한 상투적인 논쟁도 동일한 논리에 포함되며, 연막의 커튼으로 이용된다. 이 논쟁은 타고난 형질과 획득된 형질 사이의 대립을 강화시키고 두 개념이 이 대립을 넘어서는 의미를 지니지 못한다는 사실을 은폐한다. "획득형질의 유전"이라는 표현은 그 자체로 모순적인데 그에 대한 부정은 동어반복일 수밖에 없다. 이 동어반복(필연적으로 사실이라는 점에서)은 그것이 연결하는 용어들의 진실성을 함축하는 듯 보인다. 그와 같이 두 용어는 서로의 관계를 통해 정의되고, 그 대립을 통한 정의가 아닌 다른 정의에는 전혀 관심을 두지 않는다.

오늘날 유전학에는 두 담론이 혼합되어 있다. 유전형질과 획득형질 개념이 더 이상 타당성을 지니지 못하는 분자유전학 담론과 이 두 개념이 의미를 인정받았던 유전학의 두 번째 시기(1910~1950)로부터 물려받은 담론이다(오늘날에는 더 이상 인정받지 못하지만). 첫 번째 담론은 두 번째 담론에 과학적 보증을 제공해주었고, 이 모두는 소위 유전의 설명에 혼합되었다.

부적절한 점은 이 이중적이고 중복적인 담론이 수많은 대중에게뿐만 아니라, 다양한 사이비 과학들(사회생물학, 행동유전학 등)에 의해서도 진지하게 받아들여졌다는 점이다. 이 사이비 과학들은 1930년대 유전학에서 직접적으로 영향을 받은 방법을 동원하여 (그 "수학적 포장"만이 유일하게 현대적이었다) 전술한 형질의 유전을 연구하면서, 이들이 전달하는 방법과 개념들이 오늘날 무효가 되어버렸다는 점은 고려하지 않는다. 이 부적절함과 그에 내재한 위험성은 유전자를 정의하는 데서 맞닥뜨리는 어려움에 이어서 분자유전학 자체가 병리적 유전에서 차용한 사례들을 이용하거나 가정된 "질병 유전자"를 상기시키기를 주저하지 않는다는 사실로 인해 증대되었다. 질병 유전자 같은 용어는 유전형질 개념을 강화시킨다.

앞장에서 구조적 실체로서의 유전자 정의가 사라져가는 경향이 있음을 보았다. 이를 유전형의 폐기로 가정해보자 (초-유전체적 조절에 유리하도록). 여기서 유전형질은 결코 그 자체로서 존재한 적이 없고 오로지 가정된 획득형질에 대한 기이한 대립을 통해서만 존재했다는 점을 알 수 있다. 혹은 이를 표현형의 폐기로 가정해보자. 생명체가 일부는 유전적이고 다른 일부는 획득되었다고 정의된 형질들로 분해되는 것일 수 없다면, 그리고 유전체가 구조적으로 정의된 실체인 유전자들로 더 이상 분해되는 것일 수 없다면, 이러한 조건에서 유전학은 그 근거를 어디서 찾아야 할 것인가? 유전을 여전히 부모로부터 자식으로의 형질 전달로 간주할 수 있는가? 혹은 상식에서 벗어나는 정의를 찾아야만 하는가?

이러한 상황을 명백히 밝히기 위해서는 생물학적 설명에서 유전이 점하는 위치를 연구해야 한다. 사실 많은 문제에 대한 해결책은 분명 생물학이 두 유형의 설명, 즉 물리-화학적 설명과 역사적 설명 (진화)을 연결해야 한다는 평범한 사실에서 찾을 수 있다. 유전이 개입하는 것은 두 가지 설명의 연결지점에서이며, 인식론적인 어려움 못지않게 과학적으로 그 모든 어려움을 유발하는 것은 그 역할 (역사적 설명과 물리-화학적 설명)의 이질성이다. 다음 장에서 이 점을 논의할 것이다.

제11장

유전과 진화

유전이론과 진화이론은 동일한 기원을 지니며 그 기원은 어느 쪽이 먼저 인지 분명치 않을뿐더러 직접적인 양상들과 상식을 "동원하여"(*grattant*) 찾아내야 한다. 약간만 생각해보면 사실상 이 두 이론 모두 그런 의미에서 많은 노력을 했음에도 불구하고 생명체를, 특히 생명체의 형성을 물리학 적 법칙의 실제 작용만으로 설명하는 데 이르지 못하고 있음을 알 수 있다 (내가 말하려는 "물리학적 법칙의 실제 작용"이란 예컨대 포화상태의 용액에 서 소금 결정이 상대적으로 짧은 시간에 형성되는 것이다). 생명체에 대해 그러한 설명이 불가능하다는 점을 이해하기 위해서는 17세기로 거슬러 가야 한다.

데카르트의 생물학 논제와 더불어 기계론자들은 다음과 같은 문제에 직 면했다. 즉 기계적 법칙은 생명체를 자동장치로 생각할 수 있게 해준다. 그런데 생명체의 기능은 그와 같이 설명할 수 있지만 그 형성은 설명하지 못한다. 데카르트는 발생학의 초안을 훌륭하게 구상했는데, 그의 발생학 에서 생명체는 종자의 입자들을 동요시키는 열(*chaleur*)의 효능만으로 차 츰차츰 구성되고, 따라서 그들의 물리학적 특성의 작용으로 스스로를 조직화하며 새로운 생명체를 형성한다. 그는 다음과 같이 결론지었다.

> 만일 사람들이 예컨대 인간 같은 어떤 특정한 동물 종에서 종자의 모든
> 부위를 잘 알고 있다면, 그것만으로도 그 구성원 각각의 모든 모습과 구
> 조를 전적으로 수학적인 근거와 그 어떤 근거에 의해 추론할 수 있을 것
> 이다. 또한 역으로 이 구조의 여러 특성을 알고 있다면 종자가 무엇인지
> 추론할 수 있다. 1)

   하지만 제 2장에서 보았듯이 데카르트의 기계론적 계승자들은 이 견해
를 수용하지 않았다. 그들에게는 열의 단순한 동요가 생명체만큼 복잡한
어떤 것을 형성시키기에는 부족해 보였을 것이다. 따라서 그들은 전성설
이나 배아접합체설 (*l'emboîtement des germes*) 2) 과 같은 다양한 이론들을
고안해냈다. 이 이론들은 17세기와 18세기에 지배적이던 철학과 신학에
온전히 부합되면서 생명체의 형성 문제를 해결해주었다. 이 이론들은 또
한 동물-기계론과 동시에 신의 창조론을 구원해주었다 (동물-기계론 지지
자들은 무신론자가 아니었기 때문이다. 말브랑슈는 라메트리보다 훨씬 더 이
점을 잘 드러내 주었다). 또한 이 이론들은 수많은 비판에도 불구하고 특
히 생기론자들의 비판에도 불구하고 19세기 초까지 다소간 정도의 차이
는 있지만 보존되었다.
   생기론은 생명체의 기원을 신에 두기보다는 자연적으로 설명하는 쪽
을 선호했다. 전성설의 입장에서 생기론자들은 조직화가 차츰차츰 구축
된다는 후성설에 반대하고 열의 동요만으로 이루어진다는 데카르트의 이

---

1) Descartes, *Description du corps humain*, *op.cit.*, p. 277.
2) 〔역주〕 배아접합체설 (*l'Emboîtement des germes*) 은 생명체들이 세대를 이어 생성
   되는 방식을 한 개체가 다른 개체를 담고 있는 양상으로 설명하는 가설이다. 마치
   러시아 인형처럼 한 개체 내에 다른 개체가 작은 크기의 배아 속에 담겨 있고, 이
   배아 속에는 또 다른 개체를 담은 배아가 담겨 있고, 그와 같은 방식으로 계속 이
   어진다는 것이다. 보네는 배아가 단순히 서로 끼워 맞추어진 작은 상자가 아니라
   신의 손에 의해 직접 만들어진 최초의 생명체를 담고 있다고 말한다〔Bonnet,
   Lett. div. *Oeuvres*, t. XII, p. 337〕.

론을 거부하면서 생기적 원리의 작용〔형성력(*force formative*), 본질적인 힘(*vis essentialis*), 생장력(*force végétative*), 혹은 이름을 지니지 않은 힘〕을 받아들였다. 생기론자들은 신체가 기계의 기능으로 간주된 생리학에 따라 "기능하는" 것이 아니라, 생기적 원리에 힘입어 물리-화학적 법칙에 의해 분해되지 않도록 저항하면서 조직화를 유지한다는 개념을 철저하게 선호했다.

발생학이든 생리학이든 모든 경우에서 생기적 원리는 상당히 왜곡되어 정의되었다. 심지어 그 효과가 상반되는 물리학적 원리들이 서로 중첩되는 경우에도 역시 "자연적"인 것으로 받아들여지고 있었다(생기적 원리를 영혼과 동일시한 슈탈을 제외하고는). 그와 같이 물리학적 힘과 생명의 힘이라는 두 종류의 자연적 "힘"이 존재하고 있었으며 이들은 생명체 내부에서 서로 대립하고 있었다. 생명체가 자연과학의 대상이 되는 데 장애가 될 것은 아무것도 없었으며, 가장 유명한 생기론자 비샤(Xavier Bichat; 1771~1802)는 뉴턴이 중력에 근거하여 물리학을 구축했듯이 "생기적 특성들"(*propriétés vitales*)에 근거하여 생리학을 구축하고자 했다. 이 "생기적 특성들"은 중력에 비해 더 신비스러운 것도 덜 자연적인 것도 아니었다. 중력과 마찬가지로 생기적 특성들은 그 자체로서 이해될 수 없었고, 비샤 이후로 그 영향이 관찰될 수 있게 됨으로써 존재가 보증될 수 있었다.[3] 뉴턴과의 이러한 비교가 타당성을 지니든 아니든 간에 18세기 대다수 생기론자들은 신의 개입에 호소하지 않고 생명체를 자연적으로 설명하는 이론을 지지했다. 이들은 과학적으로 근대적이었고(그 이유는 근대성이란 뉴턴의 물리학이었지, 한 세기 이전의 철학적 공상으로 규정되는 데카르트의 기계론은 아니었기 때문이다), 백과전서파와 유사한 철학적 "진보주의자"였다. 18세기 생기론자들을 유심론적이고 반동적인 생

---

3) X. Bichat, "Anatomie générale appliquée à la physiologie et à la méde-cine"(1801), dans *Recherches physiologiques sur la vie et la mort, et autres texts*(présentation et notes par A. Pichot), GF-Flammarion, Paris, 1995, pp. 217~238.

물학으로 그려내는 전설은 실제를 정반대로 왜곡하는 셈이다. 4)

　종 진화론의 최초 고안자는 동물-기계론 지지자들이 아니라 18세기의 생기론자들과 후성설 지지자들이었다. 동물-기계론 지지자들은 다소간 정도의 차이는 있지만 단번에 모든 것이 부여된 조직화를 통해 생명체를 신이 창조했다고 가정하는 전성설에 전반적으로 동조하고 있었다(게다가 이 점에서 늘 일관적이지도 않았다). 예컨대 다윈에게 영향을 준 모페르튀5) 같은 후성론자나 라마르크에서 재발견되는 일부 논제들을 다루었던 디드로6) 같은 생기론자를 들 수 있다(이 "선구자들"은 흔히 브누아 드 마이에나 에라스무스, 다윈 같은 다분히 공상적인 문인들과 동일한 수준으로 다루어진다. 하지만 진정한 사상가인 이 선구자들을 공상적인 문인들과 구분할 필요가 있다).

　결국 18세기는 동물-기계론과 생기적 원리의 대립, 그리고 전성설과 후성설의 대립이라는 이중적 대립을 드러낸다(여기에 더하여 고정설과 진화론 사이의 초기 대립을 첨부할 수 있다. 이 논쟁은 아직은 진정으로 개시되지 않고 있었다). 이 문제는 라마르크에 의해 전적으로 기계론적일 뿐 아니라 진화론적인 관점으로 해결되었거나 혹은 적어도 밝혀졌다. 사람들이 흔히 잊고 있지만 이 문제로 인해 진화론이 그 필요성을 획득했기 때문이다.

　라마르크의 개념은 일반적으로 그의 책들을 전혀 읽어본 적이 없는 사람들에 의해 다소간 정도의 차이는 있지만 악의적으로 크게 왜곡되었다. 라마르크는 18세기 말에서 19세기 초의 위대한 자연학자였고, 그의 업적이 "라마르크주의 유전"으로 환원될 수는 없으며(라마르크주의 유전은 19세기 말에 발명된 신화이다), 그의 《동물철학》이 아니더라도 그는 무척추

---

4) 생기론이 유심론적 색채를 벗어나 생명체의 화학적 개념(라부아지에의 호흡에 관한 연구 결과)에 대립하기 위해 슈탈의 애니미즘과 가까워진 것은 19세기이다.

5) Maupertuis, Vénus physique (1752), op.cit. ; Système de la nature (1756), op.cit.

6) Diderot, "Le rêve de D'Alembert" (1769), in Œuvres philosophiques, Garnier, Paris, 1964.

동물 분류의 창시자(무척추동물은 동물종의 거의 80%를 차지한다)이자 "생물학" 용어의 고안자로 기려졌어야 했다. 하지만 일반적으로 사람들은 라마르크를 진화론의 애매한 선구자, "목적 달성에 실패한" 선구자로 간주한다. 사실 본래의 맥락 속에 다시 놓인 그의 업적은 매우 중요하며, 오늘날 생물학자들이 소홀히 여기고 있기는 하지만 그들 견해의 상당 부분이 라마르크로부터 유래했다. 그의 진화 개념의 요지는 다음과 같다.

라마르크는 생명체를 무기물질과 엄격히 다른 것으로 간주했지만, 생명체를 물리학적 법칙만으로 설명하고자 했다. 이를 위해 그는 동물-기계론을 폐기했다. 동물-기계론을 폐기한 것이 그가 생기론자임을 의미하는 것은 결코 아니다. 반대로 그는 진정한 기계론인 데카르트 발생학의 기계론으로 되돌아갔다(제2장 참조).

라마르크에 따르면 가장 단순한 생명체(그는 이를 "적충류"(infusoire)라 불렀다)는 적절한 환경에서 열의 동요에 의해 생성된 자연발생을 통해 출현했다. 즉 이들은 물리법칙의 독립적인 작용만으로 형성되며, 이러한 형성이 가능한 것은 이들 조직화가 단순하기 때문이다. 따라서 형성의 문제가 제기된 것은 자연발생으로 출현하기에는 너무 복잡한 조직화를 지닌 생명체에 국한되었다. 복잡한 생명체는 "적충류"에서 유래한 것으로 설명되어야 했다. 적충류는 자신들보다 약간 더 복잡한 생명체를 생성시키고, 약간 더 복잡한 생명체는 자신들보다 약간 더 복잡한 다른 생명체를 생성시키며, 포유류와 인간만큼 복잡한 생명체가 만들어질 때까지 그와 같은 방식으로 계속된다는 것이다.

라마르크는 생명체에 고유한 조직화를 통해 이러한 복잡화 과정을 설명한다. 이 조직화는 오늘날 "자기촉매적"(autocatalytique)으로 규정된다(이는 "자기-조직화" 항목으로 분류되는 모든 것들의 원형이다). 이 복잡화 과정은 고형부위를 형성하는 조직이라든가 움직이는 유체 같은 17세기와 18세기 기계론적 생물학의 전통적 요소들을 포함한다. 라마르크에 있어서 새로운 것은 이미 존재하는 관에서 유체운동이 일어나는 것이 아니라 유체운동으로 인해(먼저 열이 작용한 결과이다) 본래 미분화된 조직이 분화된 기관들로 조직화한다는 점이다. 그 대신 이 조직화는 유체운동을 수월하게 해주고 활성화시킨다. 이 활성화는 기관들의 분화와 조직화를 촉진하며, 그와 같은 과정이 계속 이어진다〔여기에 더하여 동물에서 형성체(organisateur) 운동을 강화시키는 조직(tissu)의 자극성이 첨부된다〕.

이러한 순환적 조직화가 초기 "적충류"에서 자연적으로 형성된 이래, 복잡화되는 과정에 시동이 걸리고 이는 유전, 특히 우리가 "획득형질의 유전"이라 부르는 유전에 힘입어 세대를 관통하여 이어진다(획득형질의 유전에 라마르크는 이름을 부여하지 않았다). 게다가 본래 선형적으로 이어지는 생명체 형태의 이 "자기촉매적" 복잡화는 외부 환경의 다양성에 맞닥뜨리게 된다. 이러한 환경의 영향은 다소간 정도의 차이는 있지만 생명체의 변형과정을 불규칙적인 다양한 가지들로 뻗어나가게 한다. 따라서 종의 다양성이 나타난다.[7]

라마르크의 진화론은 핵심적으로 세대를 관통하는 데카르트주의 발생학의 연장선이다. 데카르트주의 발생학에서는 열의 동요가 종자의 입자들을 차츰차츰 복잡해지는 구조로 조직화하는 것이었다. 하지만 이 복잡화는 개체에 국한되어 있었고 조직화의 가능성이 쇠퇴한 성체시기에는 중단되는 것이었다. 라마르크는 전적으로 물리학적인 생명체의 이 복잡화가 특별한 조직화("자기촉매적")로 강화되고 이 조직화는 유전에 힘입어 세대로 이어진다고 보았다. 즉 자식은 부모의 복잡화로부터 영향을 받고 부모는 조부모로부터 영향을 받았으며 그와 같이 이어져 왔다. "획득형질의 유전"은 따라서 필수불가결하다. 왜냐하면 이 유전은 "적충류"

---

7) Lamarck, *Philosophie zoologique* (1809) (présentation et notes par A. Pichot), GF-Flammarion, Paris, 1994(국내 발췌 번역본: 《동물철학》, 이정희 옮김, 지만지, 2009). 라마르크의 책은 이해를 저해하는 구성상의 결함이 있다. 생명체에 고유한 조직화의 묘사와 라마르크의 일반생물학 원리들은 이 책의 제1부에 제시된 점진적 진화론(transformisme)의 이해에 필수불가결함에도 불구하고 책의 제2부에 제시되었다. 일반적으로 제2부는 무시되었기 때문에(재판에서 제2부는 때로 누락되기도 했다) 제1부만을 읽은 독자들은 따라서 점진적 진화론을 잘못된 시각으로 제시했고, 이 잘못된 시각은 교정되지 않았다. 그 결과 라마르크의 업적은 일반적으로 잘못 이해되었고 이러한 몰이해는 오늘날에도 여전히 지속되고 있다.

에서 인간에 이르기까지 복잡화의 연속성을 보증하기 때문이다. 하지만 라마르크는 이에 관한 아무 이론도 제시하지 않았다. 그에게 획득형질의 유전은 당시 모든 사람이 생각하고 있던 바와 마찬가지로 당연한 현상이었다. 오늘날 획득형질의 유전은 라마르크 논제의 취약점으로 여겨진다. 하지만 이 이론이 기초로 삼았던 환경에 대한 능동적 적응과 복잡화를 특히 비판하는 사람들은 라마르크 시대 사람들이나 그보다 두 세대 이후 사람들에게는(여기에는 다윈도 포함된다) 분명 가장 덜 비난받았던 이론을 비판하는 셈이다(그들은 라마르크가 설명하는 능동적 적응과 복잡화를 생명체 의지의 결과로 보았고, 라마르크 자신이 제시했던 메커니즘을 이해하지 못하고 있었다).

라마르크의 진화론 체계에서 초기 "적충류"는 전적으로 물리학적 방식으로 출현되었으며, 또한 전적으로 물리학적 방식으로 복잡화되고 다양화된 형태였다. 결국 라마르크는 복잡한 생명체를 오로지 물리법칙만으로 설명하고자 했다. 이 물리법칙들이 매우 오랜 시기에 걸쳐(한 개체의 생존보다 더 긴 시간) 특별한 조직화에 적용되리라는 사실만으로도 매우 복잡한 생명체를 설명하기에 충분할 것이었다.

창조자로서의 신에도 생기적 원리에도 의거할 필요 없이 복잡한 생명체에 전적으로 자연적인 설명을 제공하도록 해주는 것은 바로 매우 긴 시간을 필요로 하는 이 역사적인 양상이다. 복잡한 생명체는 매우 오랜 역사의 산물이며, 생명체를 물리법칙으로 이해하기 위해서는 특별한 조직화에 물리학적 법칙들이 작용하는 이 모든 오랜 역사〔포화용액에서 어떤 순간에 형성되는 소금 결정의 사례처럼 단순히 이들의 **현시적**(現時的) 작용뿐만 아니라〕를 고려해야만 한다.

라마르크의 진화론은 이 점에 기여했다. 즉 역사적 설명에 의해 생명체를 무기적 자연에 병합시키면서 생물학을 물리학에 연결했다. 결국 라마르크의 진화론은 고생물학적 잔재, 해부학적 선조, 계통분류학적 논거, 혹은 이 분야의 또 다른 경험적 고찰이 아니라 이론적 필요성에 관심을 둔다. 그런데 이러한 이론적 관심은 라마르크에게 도움이 되기보다는 그를 난처하게 만들었다.

이 라마르크주의 진화가 비샤의 기획에 대한 응답이었음은 매우 명백하다. 비샤는 생기론적 생리학(뉴턴의 물리학을 모델로 한) 프로젝트에 막 착수하던 참이었다. 라마르크는 이 생리학에 生物학을 대립시켰다. 생물학(*biologie*, 라마르크가 그 용어를 고안했다) 은 어원〔생명 (*vie*) 을 뜻하는 βιος, 그리고 이성 (*raison*), 담론 (*discours*) 을 뜻하는 λόγος〕이 나타내주듯이, 그리고 라마르크 자신이 언급했듯이 생명체의 특수성을 이해하는 과학이지만 어떤 생기적 힘에도 의거하지 않는 "기계론적"인 과학이었다. 실제로 라마르크가 제시한 생기력은 물리학적 힘과 특별히 다르지 않으며, 생명체에 고유한 조직화를 통해 물리학적 힘이 "수합되어 배치된"(*canalisation*) 결과이다. 그리고 이 특별한 조직화를 설명하기 위해, 혹은 적어도 그 복잡한 형태를 설명하기 위해서는 시간과 역사에 의거할 수밖에 없었다. 역사의 흐름과 더불어 형태가 자리 잡고 복잡화가 이루어졌기 때문이다. 계통분류학, 고생물학, 비교해부학은 역사적이고 진화적인 양상을 확인시켜주었다. 하지만 고정설의 비판은 라마르크가 기획한 "추진점"(*élément moteur*) 이 아니라 부차적인 작업에 불과했다.

라마르크의 논제는 매우 왜곡되어 이해되었고 거의 수용되지 않다가 차츰 나아진 듯하다. 종의 변이에 대한 견해 이외에는 거의 받아들여지지 않았는데, 사실 점진적 진화론은 훨씬 광범위한 그의 생물학 프로젝트에서 극히 일부에 지나지 않는 것이었다. 심지어 종의 점진적 진화론은 바이스만 이후 소위 "라마르크주의 유전"으로 왜곡되어 수용되었다. 이와 같이 라마르크의 논제가 오해받고 약화된 데는 몇 가지 이유가 있다.

먼저, 라마르크의 텍스트가 늘 명확하지는 않았기 때문이다. [8] 그가 제시한 견해들은 어려운데다가 필시 적절한 설명 수단이 동원되지 않았

---

8) 그의 기획을 제대로 이해하려면 《동물철학》 이외에도 《무척추동물의 자연학》 (*l'Histoire naturelle des animaux sans vertèbres*), Déterville, Paris, 1815~ 1822 (7 vol.) 의 긴 서문을 읽어야 한다.

다. 틀림없이 이 견해들은 그 자체로 라마르크의 생각 속에서도 약간 혼동되고 있었던 것 같다. 게다가 라마르크는 18세기 인물에 머물러 있었다(1809년 그가 《동물철학》을 출간했을 당시 그의 나이는 65세였다). 유체운동으로 설명된 그의 생명체 개념은 17세기와 18세기 기계론적 생물학의 특징이었으며, 19세기 초에는 통용되지 않던 낡은 개념이었다. 라마르크가 사용한 수력 모델은 라부아지에의 호흡 연구의 영향을 받아 19세기에는 생명체의 화학 개념으로 대체되었다[9] (라마르크는 게다가 라부아지에의 화학에 반대했다). 마지막으로, 특히 퀴비에와의 논쟁으로 인해 라마르크의 다른 이론들은 무시되고 종의 고정이나 혹은 변이의 문제가 강조되었다. 이는 순수한 생물학적 양상(생명체 이론) 대신 계통분류학의 문제로 라마르크의 관심을 집중시켰다.

계통분류학의 문제들은 분명 중요하다. 라마르크가 무척추동물 — 이들의 형태는 늘 쉽게 특징지어지는 것이 아니며 종들이 그리 명확하게 구분되지도 않는다 — 에 주목했던 사실은 의심의 여지 없이 그의 유명론적 종개념,[10] 그리고 생명체 형태의 연속성 및 진보적 변이 개념에 일정 정도 역할을 했다. 마찬가지로 퀴비에가 척추동물 — 이들의 형태는 쉽게 특징지어지고 종이 더 쉽게 구분된다 — 에 주목했던 사실은 그가 고정설을 택하는 데 기여했다. 그럼에도 불구하고 라마르크 이론은 단순한 계통분류적 양상을 훨씬 넘어서 있었음이 사실인데, 퀴비에와의 논쟁으로 인해 종의 고정이나 비-고정의 문제에만 주목하게 하여 진화의 이론적 필요성을 부차적으로 밀어내게 되었던 것이다.

하지만 널리 알려진 견해와 달리 라마르크의 개념은 잊혀지지도 무시되지도 않았다. 라마르크 이론은 단순한 점진적 진화론으로 치부되었고, 퀴비에의 고정설과 대립한 것도 이 점진적 진화론이었다. 척추동물 연구

9) Lavoisier et Séquin, *Mémoires sur la respiration et la transpiration des animaux* (1777~1790), réédition Gauthier-Villars, 1920. Lavoisier et Laplace, *Mémoire sur la chaleur* (1780), réédition Gauthier-Villars, 1920.
10) 이 책 113쪽 각주 48을 보라.

에서 직접적으로 얻어낸 퀴비에의 논거들 — 특히 형태들의 상관관계 원리 (*le principe de corrélation des formes*) — 은 라마르크의 사변보다 훨씬 훌륭하게 구성되었고 훨씬 널리 수용되었다. 하지만 라마르크 역시 지지자가 있었다. 널리 확산되어 있는 또 다른 통념과는 달리, 1859년 다윈의 《종의 기원》이 종의 고정설이 일반화되어 있던 상황에서 출현했다는 견해는 사실이 아니다.

실제로 점진적 진화론은 이미 상당히 확산되어 있었고 퀴비에의 사망 (1832) 과 지질학적 변동에 대한 퀴비에의 이론을 전복시킨 라이엘의 《지질학 원리》(*Principes de géologie*; 1833) 가 출간된 이후 점차 더 확산되었다. 11) 라마르크 이론이 주류가 아니었던 것은 아마도 그의 이론이 절대적인 종교심을 지닌 일부 사람들을 제외하고는 대단한 스캔들이 될 만한 무엇이 전혀 아니었기 때문이었을 것이다. 따라서 도르비니 (Charles d'Orbigny) 12) 가 기획한 《자연학 백과사전》(*Dictionnaire universel d'histoire naturelle*) — 19세기 중반 자연학 분야의 훌륭한 사전 — 에서 도르비니는 "종"이라는 항목에서 고정설 논제와 점진적 진화론 논제를 비교하고 점진적 진화론에 유리하게 결론 내렸다(다윈의 《종의 기원》이 출간되기 15년 전인 1844년이었다).

종의 불멸성을 지지하거나 조직화된 생명체가 단 한 차례의 분출로 창조되어 약 6천 년 전부터 변함없이 지속해왔다고 보는 자연학자들의 견해를 나는 도저히 이해할 수가 없다. 모든 지질학적 증거가 그들의 견해

11) C. Lyell, *Principales of Geology, being an Attempt to Explain the Former Changes of the Earth's Surface, by Reference to Causes Now in Operation*, London 1830~1833 (*Principes de Géologie*, traduction de la 10e édition par M. -J. Ginestou, Garnier, Paris, 1873).

12) 〔역주〕 도르비니(Alcide Charles Victor Marie Dessalines d'Orbigny; 1802~1857)는 동물학, 연체동물학, 고생물학, 지질학, 고고학, 그리고 인류학을 포함하여 다양한 분야에 기여한 프랑스 자연학자이다. 선박 의사이자 아마추어 자연학자로 활동한 그는 지질학자 코르디에(Pierre Louis Antoine Cordier; 1777~1861) 와 퀴비에(Georges Cuvier) 의 제자가 되었고, 일생 동안 라마르크주의에 반대하면서 퀴비에의 지지자로 활약했다.

에 반대되는데 그들이 어떻게 자신들이 기록하고 연구한 사실들을 토대로 그와 같은 견해를 지지할 수 있는지 모르겠다. 동물이든 식물이든 모든 생명체는 우리가 시도하는 모든 방식을 벗어나는 듯 변덕스러워 보이는 진화의 법칙을 따라서 원초적 모델이 무한히 변이되고 모든 형태로 개조되면서 가장 단순한 형태에서 복잡한 형태로 증가해왔다는 사실을 보여준다. 13)

이 항목은 라마르크 지지자〔프레데릭 제라르(Frédéric Gérard)〕가 집필했음이 분명하다. 이는 당시에 라마르크를 지지하는 생물학자가 존재했을 뿐 아니라 전적으로 "제도권적인"(institutionnell) 사전〔아라고(Arago), 브로니아르(Brongniart), 뒤마(Dumas), 플루렁스(Flourens), 이시도르 조프루아 생틸레르(I. Geoffroy Saint-Hilaire), 훔볼트(Humboldt), 쥐시외(Jusieu) 등 박물관과 연구소의 정예위원들이 집필했다〕의 중요한 항목들의 작성을 이들에게 의뢰할 만큼 이들이 충분히 고려되고 있었음을 보여준다. 1859년, 비록 주류가 아니었다고는 해도 종의 점진적 진화론은 그와 같이 널리 알려져 있었고 게다가 상당히 유행했다. 하지만 종의 점진적 진화론에 기여한 라마르크의 역할은 잊혀졌다. 라마르크의 "생물학" 프로젝트는 오로지 계통분류학적 양상만으로 축소되었다.

한편, 다윈은 물리학과 생물학을 연결하는 문제를 전혀 이해하지 못하고 있었으며, 그에게 진화의 이론적 필요성은 전혀 고려 대상이 아니었다. 그는 18세기 자연신학, 특히 뒤늦게 다윈의 영국인 지지자 중 한 사람이 된 윌리엄 페일리(William Paley; 1743~1805)의 자연신학을 전도시키는 데 국한되어 있었다. 페일리는 흔히 다윈 이전 생물학의 대표적 인물로 그려지지만 이는 전적으로 부당하다. 14) 자연신학은 갈레노스(기

---

13) C. d'Orbigny (sous la dir. de), *Dictionnaire universel d'histoire naturelle*, Langlois, Leclercq, Fortin, Masson et Cie, 1842~1849, article "Espèce", t. V (1844), pp. 428~452 (여기서 인용은 p. 432).

14) 페일리는 생물학자가 아니라 신학자였으며, 1809년 라마르크의 《동물철학》이 출

원전 2세기) 의 견해를 다시 취한 것이었다. 갈레노스에 따르면 신의 섭리
가 생명체의 기능에 적응된 기관들을 부여하면서 생명체를 만들었다. 다
윈은 이 견해를 역전시키면서 자연선택이 생존경쟁을 통해 더 잘 적응된
생명체를 보존한다는 이론을 제시했다. 여기에 더하여 그는 이어지는 다
윈주의에서는 사라지게 될 상당히 이질적인 논제들을 첨가했다. 여기에
는 획득형질의 유전설(범생설)도 포함된다.

《종의 기원》은 그와 같이 진화론을 넘어서 적응적 다양화 이론(*la théorie
d'une diversification adaptative*)을 제시했다. "진화"(*évolution*) 라는 용어는
그 책의 마지막 버전인 제 6판에만 등장하며, 15) 진화론은 월리스(Alfred

간되고 다윈이 태어나기도 전인 1805년에 사망했다. 그가 18세기 말 영국에서 유
명했던 것은 분명하지만, 50년 전 프랑스의 플뤼슈(Pluche) 신부가 동일한 종류
의 사상으로 유명했던 것과 마찬가지였다(자연학은 기독교 호교론에 봉사했다).
그가 1850년 생물학의 대표적 인물로 간주될 수 있을지는 의문이다(예를 들어 F.
Jacob, *Le Jeu des possibles*, Fayard, Paris, 1981, p. 31 de l'édition de poche를
보라). 이는 틀림없이 다윈이 젊은 시절 그를 매우 찬미했다고 썼던 데서 기인했
을 것이다(Darwin, *Autobiographie*, trad. J.-M. Goux, Belin, Paris, 1985,
p. 79). 이 점에서 다윈이 약간 시대에 뒤진 지식을 참조했거나 — 페일리는 이미
영국의 동시대 청년이었던 토머스 드 킨세이(Thomas de Quincey) 에 의해 "시대
에 뒤처진 인물(*tare du siècle*)"로 그려지고 있었다 — 혹은 다윈 이전 생물학의 특
징인 신학적 고정론을 소개한 것으로 결론지을 수 있다. 전자가 더 개연성이 있지
만 사람들은 후자를 선호할 것이다.

15) Ch. Darwin, *L'Origine des espèces, op.cit.*. "진화"라는 용어는 제 6판(traduc-
tion Barbier, 1882) 의 270쪽과 271쪽에서 발견된다. 이 용어가 라마르크의 《동
물철학》(1909)에서는 전혀 등장하지 않지만, 이 용어의 부재가 동일한 효력을 지
닌 것은 아니었다. 왜냐하면 "진화"(*évolution*) 라는 용어는 드러난 형태로 전성된
배아의 발달을 의미했기 때문이다. 오히려 이 용어는 다윈 설명 도식이나 그 이전
에도 이미 현대적 의미를 지니고 있었다(*Dictionnaire universel d'histoire naturelle*
255쪽에 제시된 인용구 참조). 그런 까닭에 라마르크에 있어 명명되지 않았지만
이 이론은 이미 한 용어로서(전성설의 소멸로 인해 사용되지 않은 채 남겨진 용
어) 상당히 확산되어 있었다. 《자연학 백과사전》에 1840년부터 "진화"라는 용어
에 현대적 의미가 부여되었다는 제라르(F. Gérard) 의 글이 그럴듯해 보인다. 어
쨌든 "진화론"(*évolusionnisme*) 이라는 용어는 바이스만에서도 "전성"의 의미로 사
용되었고(*The Germ-Plasm, op.cit.*, p. XIII-XIV), 20세기 초 들라주(Delage)
에 있어서도 여전히 "전성설"의 의미로 사용되었다(Y. Delage, *L'Hérédité et les*

R. Wallace)의 이론과 결합하여《종이 변종을 형성하는 경향에 관하여:
자연선택 방법에 의한 변종과 종의 영속화에 관하여》(*On the Tendency of
Species to Form Varieties*; *and on the Perpetuation of Varieties and Species by
Natural Means of Selection*) 라는 명시적인 제목으로 1858년 처음 출판되
었다. 16)

실제로 그의 주요 저서의 제목이 지적해주듯이 다윈은 종의 기원(다양
한 종들이 존재한다는 사실)을 설명하는 데 있어, 종을 창조하고 다양하게
만들고 적응시킨 신이 아니라(그가 신학적 도식에 사로잡힌 것은 신학적 도
식에 반대하기 위해 이를 역전시킬 줄밖에 몰랐던 데 기인하며, 이는 신학적
도식을 보존시키는 결과를 낳았다), 종들의 환경 적응, 그리고 환경의 작
용으로 인한 종들의 다양화에 의거했다. 17) 하지만 다윈에게는 라마르크
에 비견되는 진화론적 문제의식의 흔적이 나타나지 않는다. 다윈은 생물
학에서 역사적 설명의 필요성도 역할도 이해하지 못했다.

라마르크 이론과 마찬가지로 다윈의 이론 역시 종이 한 종에서 다른 종
으로 전해져 내려오는 것으로 간주되는 계통이론이었다. 하지만 여기서
계통학은 단지 종의 기원, 다양성, 그리고 적응을 설명하는 데만 도움을
주었을 뿐이며, 생물학과 물리학을 연결하는 문제에는 전혀 반영되지 않
았다. 이는 다윈이 그러한 문제가 존재하는지 생각조차 하지 않았기 때
문이었다.

라마르크는 보르되(Bordeu), 바르테즈(Barthez), 그리고 비샤와 동시
대인이었다. 따라서 그는 이 문제가 과장된 형태로 제시되었던 생기론 시
대의 한복판에 놓여 있었다. 사람들이 생명과 대립시켰던 물리학은 생명
체와 같은 대상을 설명하기엔 턱없이 불가능해 보이는 시계모델이나 수력

grande problèmes de la biologie générale, *op.cit.*, p. 432).

16) *Journal of the Proceedings of Linnean Society* (*Zoology*), 1858, 3, pp. 45~62.
17) 다윈 자신이《인간의 유래와 성 선택》(*La Descendance de l'homme et la sélection
sexuelle*), traduction J. -J. Moulinié, Reinwald, Paris, 1872, t. I, p. 164에서
이 점을 설명했다.

장치모델을 동원한 고전역학이었다(그렇기 때문에 갈릴레오-데카르트주의
역학에 뉴턴의 인력이 첨가되었던 것처럼 물리학적 법칙에 첨가된 특별한 힘에
의거했다).

　　다윈 시대에 이 물리학적 맥락은 화학으로 대체되었다. 화학에서는 어
려움이 더 이상 그와 같이 명료하게 드러나지 않았다. 유기화학은 이미
매우 복잡한 분자들〔"생명물질"(matière vivante)에 비견되는〕을 인위적으
로 합성할 수 있었기 때문이다. 18) 따라서 다윈이 생명과 무기적 성질의
연결을 문제로 제기한다는 생각을 전혀 하지 않았다는 사실은 결코 놀라
운 일이 아니다. 그가 생명과 무기적 성질이 연관되어 있다는 점을 의심
했더라도 그는 아주 쉽게 그 해결책을 미래의 진보된 화학으로 돌릴 수
있었을 것이다. 19)

　　진화의 이론적 필요성에 대한 이러한 몰이해는《종의 기원》에 규정하
기가 상당히 까다로운 특별한 양상을 제공했다. 다윈 이론과 라마르크
이론 사이의 차이를 모건 유전학과 슈뢰딩거 유전학 사이에서 드러난 차
이와 비교해볼 수 있다. 모건 유전학은 눈 색깔 같은 형질의 전달에 주목
했던 반면, 슈뢰딩거 유전학은 물리학적 질서가 부여된 물질의 전달을
통한 생물학적 조직화의 전달이라는 이론적 문제를 제시했다. 다윈 이론
이 종의 기원, 다양성, 적응을 설명하고자 했다면(예컨대 다양한 동물 종
이 서식하는 갈라파고스 군도의 동물상, 각 군도마다의 동물 다양성, 이들 종
과 남아메리카 종들과의 유사점 및 차이점), 20) 라마르크 이론은 생명체를

---

18) M. Berthelot, *Leçons sur les méthodes générales de synthèse en chimie organique,
professées en 1864 au Cillège de France*, Gauthier-Villars, Paris, 1864 ; *La Synthèse
chimique*, Baillière, Paris, 1883 (5ᵉ éd.).

19) 이 문제는 생명이 열역학적 맥락에서 검토되면서야 명백히 다시 나타났다. 하지
만 그렇다고 해도 생물학에서 그 역할은 부차적인 것에 지나지 않았다. 이 문제는
환경에 근거하여 생명체를 보는 시도로 여겨지면서 잘못 이해되었기 때문이다(게
다가 슈뢰딩거에 이르기까지 이 문제는 유전학으로부터 "분리되어" 있었다).

20) C. Darwin, *De la variation des animaux et des plantes*, op.cit., pp. 10~15 ;
Voyage d'un naturaliste autour du monde, traduction E. Barbier, Reinwald,
Paris, 1875, p. 407.

물리학의 맥락에서 설명하고자 했다. 모건 유전학과 다윈 이론이 "일화적인" 양상이었다면 그에 비해 슈뢰딩거와 라마르크가 제기한 문제는 훨씬 근본적이었다(각각 자신의 영역과 수준은 달랐지만).

앞서 보았듯이 모건 유전학은 이론화였다기보다는 모델화였다. 모건 유전학은 실험적 자료들(교배의 결과 및 세포학적 관찰) 사이의 관계를 밝혀냈지만 이 맥락을 벗어나지 못했다(모건 유전학이 진정 이론적으로 포함하고 있던 것은 사실 바이스만에서 유래한 것으로 다만 생식질을 염색체로 대체했을 따름이었다). 반대로 슈뢰딩거 유전학은 근본적인 이론적 문제를 단번에 제시했다. 다윈의 개념은 모건 유전학과 동일한 결함을 지닌다. 이는 경험적 수준에서 거의 빠져나오지 못했고 이론화였다기보다는 모델화였다. 그의 모델들은 "일화적 시나리오"(scénarios historiques)의 형태로 표현되었다. 다윈이 제시한 개념은 변이, 경쟁, 선택, 지리적 격리 등과 같은 요소들의 종합이었다. 이 요소들은 설명해야 할 상황에 대한 설명으로 간주된 "일화"(petite histoire)를 구축하기 위해 일부가 선택되어 연결된 양상이었다. 하지만 이 "일화들"(histoires)은 생명체를 무기적 성질에 병합시켜 역사적으로 설명한 라마르크의 개념과는 전혀 무관하다. 이 이야기들에는 이론적 근거라고는 전혀 없으며, 가정된 존재들을 매우 단순한 몇 가지 원리들(변이, 선택 등)에 의해 실제 상황으로 추론하는 방식으로 과거의 사건들을 추적하는 시나리오이자 "일화적인"(anecdotiques) 소화(小話)들이다. 여기서 과거의 사건들은 사람들이 설명하기를 원하는 실제 사실의 기원처럼 표현되고 있다.

발전 가능성이 매우 제한되어 있는 모건 유전학과 마찬가지로(모건 유전학은 염색체 지도에서 멈춘다), 다윈 이론은 그러한 시나리오들, 즉 역사적 모델화를 제조하는 데나 적합할 듯하다. 극단적으로 풍자한다면 기본적인 시나리오는 다음과 같다. "어떤 형질이 우연히 출현했다. 이것이 유리하게 나타났고 선택에 의해 보존되었다." 이를 토대로 하여 더 복잡한 구성으로 성장했지만 여기서 그 본질과 설명적 가치는 동일한 수준에 머물러 있다. 집단유전학(살펴보았듯이 이는 20세기 상반기 진화론을 지탱시켰다) 은 이를 정교화했다. 때로는 수학을 동원하여 보다 정교한 모델들을 제시해주었지만 이는 이론이 아닌 모델일 따름이었다 (다른 여러 가능성 가운데). 유일하게 시간적 관점만이 집단유전학이 진정한 설명적 가치를 지닌다는 믿음을 줄 수 있었다. [21]

요약하면, 라마르크에게는 물리학의 맥락으로 **생물학** (살아있는 존재로서의 생명체의 과학) 을 구축하는 일이 중요했다. 라마르크의 시도는 종의 변이와 더불어 역사적 차원을 필요로 했고, 퀴비에의 고정설과 충돌했다. 다윈에게는 페일리의 자연신학에 반대하여 서로 다른 종의 기원과 적응을 설명하는 일이 중요했다. 생기론에 대한 비판이 사라졌고 퀴비에의 고정설에 대한 비판은 창조설에 대한 비판으로 대체되었다. 그리고 역사적 설명의 역할은 더 이상 이해되지 못했다.

라마르크에 비해 이론적 퇴행이었음에도 다윈의 《종의 기원》은 진화이론에 관한 책으로 읽혔다. [22] 드물게 몇몇 생물학자들만이 훨씬 정확하게 다윈의 이론을 적응이론으로 읽었다. [23] 이는 분명 반세기 전 라마르크의 문제의식이 "좁혀진" 결과로서, 진화는 이제 단순히 종의 비고정적인 계통분류의 문제로 축소되었다. 당시 이데올로기에 정확히 부합되었던 자연선택은 이 비고정성을 설명하는 이론으로 여겨졌고, 진화론은 다윈주의라는 이름으로 급속히 성공을 거두었다. 따라서 진화는 적응의 맥락으로 해석되었으며, 라마르크가 생명체의 물리적 설명을 통해 진화론에 제

---

21) 이 측면에서 라마르크 이론의 가능성을 평가하기는 어렵다. 라마르크 이론은 전혀 발전되지 않았으며 18세기 기계론적 생물학자들의 지극히 단순한 물리학적 용어들로 정식화되었기 때문이다.

22) 《종의 기원》에는 진화라는 용어도 사상도 나타나있지 않음에도 1862년 불어 번역본 서문에서 클레망스 루아이에는 다윈 이론을 진화론으로 이야기한다. 루아이에는 "진보적으로 상승하는 진화" (*évolution ascendante et progressive*) 처럼 다윈의 책에는 나타나지 않는 진보적 암시를 드러내는 몇 가지 형용구도 첨부한다 (*De l'origine des espèces*, traduction et préface de C. Royer, réédition Flammarion, Paris, 1918, préface, p. IX).

23) 예를 들면, 퀴비에 학파의 반다윈주의자 카트르파지 (A. Quatrefages) 의 *Darwin et ses précurseurs français*, Alcan, Paris, 1892, 2e éd., p. 104를 들 수 있다.

공한 역할은 — 사람들이 예전부터 알고 있었던 것으로 가정되면서 — 말끔히 잊혀졌다. 물리적 법칙의 "현시적" 작용에 더하여 역사적 차원이 첨부되어야 할 필요성은 더 이상 이해되지 않았다. [24)]

다윈과 더불어, 그리고 그보다 한참 이후까지, 적응적 가치는 물리학적 설명을 대신하여 설명적 가치가 되었다. 물리학과 생물학의 관계 문제, 그리고 이 관계 문제에서 진화가 차지하는 역할은 사라져버렸고 대신 환경에 대한 생명체의 적응과 생존 문제에 자리를 내어주었다. 그렇게 해서 진화는 이론적 필요성을 상실했다.

흔히 동어반복이라 평가되는 우연과 선택 원리에 의거하는 다윈주의 체계는 사태를 악화시켰고, 그 결과 진화에서 이제 이론적 필요성이 사라졌을 뿐 아니라 진화를 우연적 사건으로 치부하게 되었다〔우연성은 생물학의 목적론을 피할 수 있는 "예방접종"(vacciner)으로 간주되고 있었다〕. 다윈주의 체계는 계통분류, 고생물학, 비교해부학을 통해 경험적 자료들을 해석하는 방식 이상이 아니었다(이는 라마르크에게는 부차적인 것이었다). 그런데 이 경험적 자료들은 늘 이론(異論)의 여지가 있으며 다양한 해석과 심지어 정반대의 해석이 부여될 수 있다. [25)] 여기서 편견에 의존하는(ad hominen) 논거를 배제하고 판단해야 한다.

그럼에도 다윈주의의 **표준적 해석**(vulgate)은 진화의 "경험적 증거들"을 인내심 있게 축적한 다윈에게 영예를 부여했다(그를 반목적론적 입장으로 간주하면서 우연성에 의거한 데 대해 영예를 부여한 것과 마찬가지로). 이러한 찬미는 부당하다. 《종의 기원》에는 자연선택에 힘입은 진화의 실제 사례들이 전혀 언급되어 있지 않으며, 게다가 계통분류학, 고생물학, 그

---

24) 이 역사적 차원은 훨씬 뒤에 유전프로그램을 대체하는 일화의 형태로 다시 등장했지만, 생명과 물리학의 연결 문제와 분리되었거나 혹은 잘못 연결되었다(뒤에서 이 문제가 정보개념에 의해 어떻게 다시 제기되는지, 그리고 해결하지 못하는지 살펴볼 것이다).

25) 다윈보다 훨씬 훌륭한 계통분류학자이자 고생물학자이자 해부학자였던 퀴비에 역시 이들 과학에서 취한 경험적 자료들을 사용했지만 이 자료들을 통해 고정설을 정당화했다.

리고 비교해부학적 측면에서 예전의 지식과 비교될 수 없을 만큼 독창적
으로 종 변이를 설명해주는 경험적 논거들도 존재하지 않기 때문이다.
기껏해야 다윈은 경험적 논거들에 더하여 종의 지질학적 분포를 첨부했
을 뿐이다. 이 지질학적 관점(예전에 강조되었던 것이 오히려 체계적이고
역사적인 논거들에 기반하고 있었다)은 게다가 생명체의 물리학적 설명에
필요한 역사적 차원의 진화보다는 종의 다양성과 이들의 환경 적응을 설
명하는 진화 쪽으로 기울어져 있다.

사람들은 흔히 다윈이 진화의 "경험적 증거들"을 제공해주었다면 라마
르크는 진화를 사변적으로 설명하는 데 만족하고 있었다고 믿는다(이 점
은 예를 들어 드브리스가 주장했던 바이다). 26) 이러한 경향은 내세워진 경
험적 자료들의 양과 질에서 중요한 차이를 간과한 채 제시된 논제의 성격
만을 보도록 만든다. 라마르크는 진화를 설명하는 데 무엇보다도 이론적
필요성이 중요하다고 보았고(이는 더 이상 받아들여지지 않고 있다), 다윈
은 진화가 경험적 증거들을 해석하는 데 도움을 제공하고 따라서 가장 중
요한 위치를 차지한다고 보았다. 27)

이 모든 논의의 귀결은 이론적 필요성이 부재하는 다윈주의 진화론이
경험적 자료조차 다르게 해석하는 창조론과의 경쟁 속에서 제기된 이론
에 지나지 않는 것으로 드러난다는 사실이다. 오늘날까지도 사람들이 훨
씬 흥미로운 다른 관점들을 무시한 채 문제를 "진화-창조"의 대립으로 축
소하는 까닭이 바로 여기에 있다.

또한 창조론 — 이는 언제나 매우 지엽적이고 순전히 앵글로색슨적인
것이었음에도 사람들은 오늘날까지도 생물학을 괴롭히는 보편적인 위협

---

26) H. De Vries, *Espèces et variétés*, *op.cit.*, p. 1.

27) 여기에 더하여 이러한 해석이 "변이-선택" 원리에 근거하듯이 또한 앵글로색슨 경
    험주의의 기초가 되는 "시험-오류" 원리와 강력하게 결부되어 나타난다. 여기서
    다윈주의는 결국 필연적으로 훼손된 형태가 될 수밖에 없다. 이 경험주의적 적응
    주의는 "모든 생명은 문제의 해결이다"라는 포퍼류의 명제들에 이른다. 이 명제에
    서는 원인과 결과가 혼동된다(K. Popper, *Toute vie est résolution de problèmes*,
    traduction de C. Duverney, Actes Sud, Arles, 1997).

으로 창조론을 들이대고 있다 — 은 그 자체가 다윈주의의 부산물임을 언급해야 할 것이다. 진화의 이론적 필요성을 상실한 다윈주의가 인정받을 수 있었던 것은 어리석고 극단적인 어떤 의도에 높은 가치를 부여하면서 반대자가 양산되는 상황에 개의치 않고 다윈주의에 반대했던 창조론을 통해서였다. 반대자가 아니었더라면 다윈주의는 별로 주목받지 못했을 것이다.

소위 창조론은 페일리(1805년에 죽은)의 낡은 자연신학에 불과했다. 다윈은 페일리의 자연신학의 상황을 변화시켰고 자신의 입장을 변호하기 위해 페일리의 자연신학을 생물학 이론으로 승격시켜 소생시켰다.

이 같은 입장 변호를 통해(그리고 과학자 집단을 대표하는 것은 분명 아닌 옥스퍼드 주교 자신과 아마도 영국 국교회만을 대표하는 발언이었을 옥스퍼드 주교의 유명한 언급에 힘입어) 28) 사람들은 라마르크가 1809년 수립한 원숭이류를 인간의 기원으로 보는 견해를 다윈의 견해로 보았다. 29) 라마르크는 매우 독실한 린네(Linné, 1707~1778)에 의해 시작된 운동을 논리적으로 이어감으로써 그와 같은 견해를 수립했다. 린네는 교회의 망설임에도 불구하고 18세기 중반에 그의 동물 분류체계에 인간을 포함하고 영장류의 질서 속에서 인간을 원숭이의 이웃이나 사촌으로 규정하기를 주저하지 않았다. 30) 비교해부학 역시 동일한 방향으로 발전되었다. 캄퍼(Petrus Camper; 1722~1789) 31)는 인간과 동물 사이의 차이를 유지

---

28) 옥스퍼드 주교는 다윈의 친구이자 지지자였던 토머스 헉슬리에게 그가 원숭이의 자손이라면 그 원숭이는 할머니 쪽인지 할아버지 쪽인지를 물었다.

29) Lamarck, *Philosophie zoologique*, *op.cit.*, pp. 301~304.

30) Linné, *Systema Naturae per Regna Tria Naturae secundum Classes, Ordinez, Genera, Species cum characteribus, differentiis, synonymis, loci*, Salvius, Stockholm, 1758 (10ᵉ éd.).

31) 〔역주〕네덜란드의 계통분류학자이자 두개골계측학자인 캄퍼는 1770년 논문에서 다양한 종들 가운데 지능이 뛰어난 종을 규정하는 방법으로 안면각 개념을 제시했다. 턱이 돌출하고 후퇴한 정도를 나타내는 캄퍼각(Camper's angle), 콧등 양옆의 하단과 바깥쪽 귀 돌기의 상연을 연결하는 캄퍼선(Camper's line), 콧등 양옆의 하연과 양측 귓구멍의 상연을 연결한 가상적인 평면인 캄퍼평면(Camper's

하기는 했지만, 영장류에서 지능을 안면각에 연결하고 꼬리 달린 원숭이로부터 오랑우탄, 흑인, 칼마키아인을 거쳐 균형 잡힌 인간(*Apollon*)에 이르기까지 안면각의 증가를 나타내주는 유명한 그림을 통해 자신의 논제를 설명했다. 32) 이 그림은 그에 못지않게 유명한 또 다른 그림, 즉 원숭이가 점차 인간으로 변형되는 다윈주의 진화를 표현한 것으로 간주된 그림의 예고였다.

다윈의 미화된 전기에서 어떻게 주장되든 간에 다윈은 그 무리 속에서 결코 모험적이지 않았다. 그는 《종의 기원》에서 인간을 거론하지 않는다. 1871년에야 《인간의 유래와 성 선택》(*La Descendance de l'homme et la sélection sexuelle*)에서 위험을 무릅쓰고 인간을 이야기하지만 실상 모든 사람이 이미 이 문제에 대해 숨 가쁘게 주석을 달고 있었다. 이는 다윈이 모든 계산 끝에 남아메리카 여행에서 보았던 무시무시한 야만족보다 점잖은 원숭이의 자손을 선호하고 있었음을 보여준다. 33)

다윈이 실제로 어떻게 말했든지 간에 "인간은 원숭이에서 유래했다"는 명제가 다윈주의를 상징하게 된 이유는 과학적 관점에서 예컨대 도마뱀과 공룡 사이의 유사성보다 이데올로기의 관점에서 인간과 원숭이의 유사성이 훨씬 인상적이기 때문이다. 그리고 이 명제가 내세워진 것은 이 이데올로기적 가치에 기인한다(여기에는 오류가 있다).

사람들이 옥스퍼드 주교의 어리석은 발언을 신물 나도록 반복해서 이야기하는 이유는 이 발언에 주워 담을 것이라고는 없는 그 스타일 이외에

---

plane) 등이 중요한 평가 도구로 사용되었다. 캄퍼는 그와 같은 정보를 과학적으로 분류하는 수학적 능력이 인류의 진화를 연구하는 새로운 도구를 제공해주었다고 주장했다.

32) P. Camper, *Dissertations sut les variétés naturelles qui caractérisent la physionomie des hommes de divers climats*, Utrecht et Paris, 1791 et 1792. 캄퍼 이후 안면각은 꼬리 달린 원숭이에서 42도, 오랑우탄 58도, 젊은 흑인과 칼마키아인 70도, 유럽인 80∼90도, 고대 그리스인 100도에 이르렀다. 이러한 점진성은 19세기 말의 이론들에 수용되어 인종 분류를 수립하고 "진화론적 인종주의"를 뒷받침하는 데 이용되었다.

33) C. Darwin, *La Descendance de l'homme et la sélection sexuelle*, *op.cit.*, t. II, p. 426.

다른 무엇이 거의 없기 때문이며, 이는 위대한 과학자들에게서 나온 견해가 분명 아니었다. 34) 왜냐하면 전기에 서술된 바와 달리 창조론은 다윈 이전에는 존재하지 않았으며, 적어도 "과학적" 독트린으로 구축된 창조론은 존재하지 않았기 때문이다. 창조론은 《종의 기원》에 대한 빅토리아 사회의 가장 뒤처진 사람들의 반응으로 탄생했다(게다가 뒤처진 사람들은 다윈이 언급하지 않았던 내용, 특히 인간의 기원을 이 책에서 다윈이 말한 것으로 굳건히 믿었다).

18세기에 린네는 속과 종의 형성을 설명하기 위해 신의 창조에 분명히 의거했다(분류의 다른 범주들은 인위적인 것으로 간주되었다). 또한 당시 창조라는 도그마는 전성설 논제에 안락한 배경을 공급해주었다. 하지만 창조론이 그에 대립되었던 점진적 진화론과 같은 차원의 이론으로 구축된 것은 결코 아니었다(게다가 창조론은 매우 초보적인 단계였다). 과학자들에게 창조론은 그들이 다룰 수 없는 일부 문제들로부터 해방시켜주는 적절한 방법이었다. 이 방법은 게다가 종교와 조화를 이룬다는 이점이 있었다. 과학자들은 자신들의 논제를 지지하기 위한 논거를 신학으로부터 찾지 않았던 데 비해 신학자들은 훨씬 더 과학에 의거했는데, 특히 동물-기계론이나 우주-시계론(위대한 시계공의 필요에 의한 창조라는 도그마를 정당화하기 위해)에 의거했다.

라마르크 이후 점진적 진화론이 시작됨에 따라 19세기에는 고정설이 독트린을 구성했다(고정설은 모든 사람, 혹은 거의 모든 사람이 수용하고 있었던 보편적인 견해에 지나지 않았고 진정한 반대자가 없었던 만큼 독트린이 될 수 없는 일이었다). 35) 하지만 이 고정설은 엄밀하게 말해서 창조론

---

34) 콩리는 자신의 저서 《19세기 프랑스에서 다윈주의의 도입》(l'Introduction du darwinisme en France au XIXᵉ siècle) (Vrin, Paris, 1974) 부록에 "일화 모음집"(sottisier)을 제시한다. 특히 프랑스처럼 반다윈주의적인 국가에서 그 내용은 놀랍도록 빈곤하며, 위대한 과학자의 이름은 전혀 포함되어 있지 않다(op.cit., pp. 429~433).

35) 여기에 더하여 종개념이 오랫동안 잘못 정의되고 있었음을 덧붙여야 할 것이다 (18세기 중반에 가서야 종개념이 구체화되었다). 따라서 종개념이 매우 결정적

294

이 아니었다. 고정설의 옹호자는 퀴비에였는데, 그의 논거는 종교적이
아니라 과학적이었다. 이 논거들은 퀴비에의 계통분류학, 고생물학, 그
리고 비교해부학 연구에 내재해 있었다. 퀴비에는 동물계를 분지들로 나
누었는데, 각각의 분지는 다른 조직화 플랜으로의 환원이 불가능한 조직
화 플랜으로 특징지어졌으며, 따라서 점진적인 변형을 통해 변화될 수
없을 것이었다. 다른 한편, 퀴비에의 형태들의 상관관계 원리(*principe de
corrélation des formes*) 는 한 유기체의 변형(*transformation*) 을 설명하기 어
렵다. 왜냐하면 이 원리는 전체로서의 유기체를 상정하고 있기 때문이
다. 이 전체 안에서 각 부위는 상호의존적이고 따라서 일정한 한계 내에
서만 변형될 수 있으며, 여기서 내부 부위들은 유기체의 기능적 단위로
보존되어 있다. 이 원리에 따르면 생명체에서 생리학적으로 중요한 부위
를 제외한 그리 중요하지 않은 기관들만이 변형될 수 있고, 계통분류학
적 관점에서 종 내부에만 변이가 형성될 수 있다. 36) 이는 생명체의 진화
에 대한 라마르크적 견해에 대항한 강력한 두 가지 장애물이었다.

게다가 널리 알려져 있는 견해와 반대로, 퀴비에가 그의 《지표면 혁명
에 관한 서설》(*Discours sur les révolution de la surface du globe*) 에서 지질학
적 격변(노아의 대홍수 같은) 을 통해 화석 종들의 소실이 훌륭하게 설명
된다고 주장한 것은 이 격변 이후에 나타난 새로운 종의 출현을 설명하는
데 신의 창조에 의거하지 않았음을 의미한다. 그는 이에 관한 설명을 제
시하지 않았다. 37) 신의 창조에 의거하는 것은 주해자나 반대자, 혹은 결

___

인 고정설의 독트린을 야기할 수는 없었을 것이다. 사람들은 고정설을 아리스토
텔레스로 거슬러가야 한다고 주장하면서 잊고 있는 점이 있다. 종개념 자체가 밝
혀지지 않았다는 점에서 아리스토텔레스에게서 종의 고정성을 제대로 정의한 이
론을 찾아볼 수는 없다는 것이다. 기껏해야 생명 형태의 불변성에 대한 모호한 믿
음이 존재했을 뿐 고정설의 도그마는 분명 아니었다(오랫동안 사람들은 모든 종
류의 이종적 교배 가능성, 적어도 번식력을 믿고 있었다. 그 교배는 계통분류학
적 그룹들 사이의 범주를 상대적으로 만들었다).

36) G. Cuvier, *Leçons d'anatomie comparée* (recueillies par C. Duméril), Baudouin,
Paris, An VIII, t. I, pp. 6, 45 sq., 58 sq.
37) G. Cuvier, *Discours sur les révolutions de la surface du globe* (1825), Bourgeois,

국에는 모두 지나치게 열성적인 퀴비에 지지자가 된 사람들이 덧붙인 것
이다(그와 같이 알시드 도르비니는 스물일곱 번의 연속적인 창조와 더불어
다윈 이전 창조론의 전격적인 대표자가 될 수 있었던 것이다. 아무도 이를 진
지하게 받아들이지는 않았지만).

그와 같은 기적에 의거하지 않고서는 새로운 종이 어떻게 출현할 수 있
었는지 사람들은 분명 잘 알 수 없었을 것이다. 퀴비에는 이 점을 인식하
고 있었던 듯하다. 하지만 거기서 퀴비에 이론의 불충분함이 드러난다.
불충분한 이유는 그것을 해결할 수 없었기 때문이며, 이는 그의 생명체
개념이 거의 "구조주의적"이었던 데 기인한다. 게다가 "균형을 이루어"
그는 생식 과정에서 배아의 형성이 신의 창조에 의거하지 않고서는 자연
을 통해 이해될 수 없으리라 여겼다.[38] 퀴비에의 생물학은 그가 생명체
의 구조를 이해하는 데 도움을 주었지만, 계통발생에서든 개체발생에서
든 번지수가 정립된 방법은 아니었다. 이는 역동성에 우선성을 부여하는
라마르크의 사상과 정확히 반대되었다.

신교도로서 독일에서 교육을 받고 라이프니츠를 찬미했던 퀴비에가
자연신학으로 기울어질 수 있었기는 하지만, 그의 고정설이 근본적으로
종교적인 동기를 포함하고 있었다거나 퀴비에가 그로부터 창조론을 수립
하려 했다고 주장할 수는 없다(성서에서 반복되었던 창조는 언급되지 않으
며, 퀴비에는 지질학적 현상이나 생물학적 현상에 종교적 해석을 제시하기보
다는 오히려 노아의 홍수에 지질학적 해석을 제공하려 했다). 퀴비에는 분명
고정론자였지만, 어리석은 사람은 아니었다.

라마르크의 점진적 진화론은 퀴비에의 과학적 비판들을 이끌어냈지만
종교적인 대립을 유발하지는 않은 듯하다. 라마르크는 프랑스 혁명기 사

Paris, 1985. 제1판(1812)은 다음과 같은 원래의 제목으로 재출간되었다.
Recherches sur les ossements fossiles de quadrupèdes, Discours préliminaire, GF-
Flammarion, Paris, 1992.

[38] G. Cuvier, *Leçons d'anatomie comparée*, op.cit., t. I, p. 7; *Le Règne animal*,
Déterville, Paris, 1817, t. I, p. 45.

람들이 그랬던 것과 마찬가지로 이신론자였다. 39) 그는 신에 대한 상당히
모호한 신앙을 공공연히 (아마도 진지하게) 표명했다. 1809년 프랑스의 풍
토에서는 종교심이 크게 두드러지지 않았다. 게다가 《동물철학》은 읽기
가 어려웠으며, 전문가들 이외에는 거의 흥미를 느끼지 못했을 것이고,
그로부터 50년 뒤에 《종의 기원》이 이룬 성공에 비해 대중적인 성공을 거
두지 못했다. 《동물철학》에서 인간의 기원에 대한 설명은 가설로 제시되
었고, 라마르크는 다음과 같이 기술하면서 종교적 대립을 사전에 어느 정
도 해결했다.

> 혹자는〔70년 전 린네를 지칭〕각각의 종이 불변적이며 자연만큼이나 오
> 래된 것이고, 종을 모든 존재의 창조자가 개별적으로 만들어낸 작품으로
> 생각했다. 분명 모든 존재의 탁월한 창조자의 의지에 따르지 않고는 아
> 무것도 존재하지 않았을 것이다. 그렇다면 우리는 창조자의 의지가 실행
> 되는 규칙을 설정하고, 그가 따랐던 방법을 규명해낼 수 있을까? 우리가
> 아는 모든 존재, 우리가 알지 못하더라도 존재하는 모든 것을 연속적으
> 로 부여하는 사물의 질서(ordre de choses)를 창조할 수 있었던 것은 창조
> 자의 무한한 능력에 의한 것이 아닐까? 그의 의지가 무엇이었던 간에 틀
> 림없이 그 능력의 무한함은 언제나 똑같다. 이 최상의 의지를 실행시켰
> 을 어떤 방식이 지니는 권위는 그 무엇에 의해서도 훼손될 수 없다.〔…〕
> 　사물들이 존재했던 상태대로 창조자가 만족했더라면, 모든 것의 제 1
> 원인의 위대한 능력이 그토록 크게 느껴지지 않았을 것이다. 창조자의
> 의도는 모든 개별적인 창조, 모든 변이, 모든 발생과 성숙, 모든 파괴 및
> 다시 새로워짐, 한마디로 말해서, 존재하는 사물들에서 보편적으로 실

---

39) 〔역주〕프랑스 계몽사상에서 교회 비판은 일반적이었지만 기독교 자체에 대한 부
　　정은 아니었다. 하지만 혁명기에는 교회와 성직자에 대한 공격뿐 아니라 기독교
　　자체를 다른 무엇으로 대체하려는 시도가 등장한다. 봉건제가 폐지되면서 십일조
　　수취가 금지되고 교회의 토지가 몰수되면서 성직자들에게 국가 봉급제, 선거제가
　　도입되었으며, 성직자시민헌장과 헌법에 대한 충성서약이 강제되었다. 많은 성
　　직자들이 서약을 거부하고 투옥, 처형, 추방되면서 탈기독교화 정책이 시도되었
　　다. 하지만 이로 인한 종교적 갈등을 우려한 지도자들은 무신론 대신 새로운 이신
　　론적 종교를 만들어냈다.

행되는 모든 변화(*mutations*)를 지속적으로, 그리고 구체적으로 형성해 왔고 지금도 형성해 가도록 만들어 주고 있다.

말하자면 나는 자연이 우리가 자연으로부터 감탄하는 것을 그 자체로 형성하는 데 필요한 수단과 능력을 지니고 있음을 증명하고자 한다.[40]

페일리와 동시대인이었기는 해도 라마르크는 자연신학을 받아들이지 않았다(유럽 대륙에서 자연신학의 전성기는 린네 시대인 18세기 중엽으로 거슬러 간다). 라마르크는 자연적 질서를 믿었지만 이를 시간적 질서로 규정했고 이 자연적 질서를 이용하여 신의 존재를 설명하지는 않았다. 그에게 자연적 질서는 특히 지식의 필요조건이었다. 즉 과학은 불변의 법칙이나 혹은 그와 같은 법칙에 내재된 어떠한 자연적 질서를 가정하는 경우에만 가능하다는 것이다. 앞서 기술한 메커니즘에 따르면, 종의 복잡화는 결정론적이고 질서정연하며 자연법칙에서 벗어나지 않는 과정이며, 그 과정에서 우연은 단선적인 움직임을 교란시키는 외부 조건에 의해서만 개입한다(그 결과 분류에서 불규칙성이 나타나며, 여기서 복잡성은 연속적인 단선성을 따라 증가하지 않게 된다).

어떤 면에서 라마르크는 시간의 흐름에 따라 생명체들을 점차적으로 형성시키는 역할을 자연에 부여하면서 신의 역할은 이 자연의 법칙을 고정시키는 영역만으로 축소시켜 제시함으로써 신의 창조 문제를 제거했다고 말할 수 있다. 라마르크는 이 점에서 상당히 데카르트적이다. 반면 "물질-정신" 이원론과 관련해서는 데카르트적 성격이 훨씬 덜하다. 왜냐하면 《동물철학》제3부 전체가 데카르트 유형의 그 어떤 생각하는 실체에 의거한 설명이 아니라 사유에 대한 기계적 설명으로 이루어져 있기 때문이다. 이 점으로 보아 그의 이신론의 진정성에 어떤 의혹을 제기할 수도 있다. 그는 어쨌든 다윈주의가 50년 뒤에 그랬던 것과는 달리 결코 공공연하게 반종교적이지는 않았다.

퀴비에가 라마르크에 반대했던 논거들은 다윈의 논거에도 명백히 대

---

40) Lamarck, *Philosophie zoologique*, *op.cit.*, pp. 102 et 109~110.

298

립되었다. 이 대립은 퀴비에의 원리에 지속적으로 의거했던 고정론적 계통분류학자들에 의해 이루어졌다. 41) 하지만 먼저 알아두어야 할 것은 고정설이 퀴비에가 죽고 라이엘의 지질학 연구서가 출간된(1833) 이후 퇴조했다는 점이다. 두 번째로 알아야 할 것은 계통분류학 자체가 부차적인 과학이 되었다는 점이다〔계통분류학의 전성기는 린네에서 퀴비에로 전승되었다. 1830년경 분류의 개요가 정착되었으며, 라마르크(1829), 퀴비에(1832), 조프루아 생틸레르(1844)가 사망하면서 계통분류학 원리의 거장들이 사라지고 말았다〕. 19세기 서술적인 생물학 분야들(계통분류학, 비교해부학 등)은 점차 화학적 접근과 기능 연구(생리학, 세포설, 생화학 등)에 우선권을 내주었다. 그렇기 때문에 다윈주의가 불러일으킨 스캔들을 1860년대에 고정설(퇴화된 이론)의 지지자였던 분류학자들(부차적인 과학자들)과의 대립으로 설명하기에는 불충분하다.

게다가 다윈주의는 고정설을 지지하는 계통분류학자들의 "퀴비에주의" 논거에 응답하지 않았다(그리고 여전히 응답하지 않은 상태이다). 다윈주의는 자신들의 논거가 옥스퍼드 주교의 논거에 비견될 수 있다고 믿는 체하면서 그 반대자들의 위신을 실추시키는 데 그쳤다(이는 마치 19세기 말의 주류 과학자들이 상상적이고 있지도 않는 성서적 분류학의 이론을 거부했음이 사실인 것처럼 보이게 했다). 42) 달리 말하면, 다윈주의는 퀴비

41) 이 논거에서 형태들의 상관관계 원리가 근본적으로 중요하다. 이 원리는 예를 들어 초식성 이빨을 가진 동물은 또한 초식성 위장을 지녔다고 하는 것이다(그리고 보다 일반적으로 식물에 적응된 소화계를 가진 동물은 또한 간접적으로 발톱보다는 발굽을 지니며 초식성 상태에 고유한 여타의 특징들을 지닌다). 이 원리는 퀴비에가 일부 조각들을 가지고 화석들을 규명하는 데 도움을 주었다(어떤 뼈는 그 형태에 따라 어떤 속에 속하는 동물 뼈로 간주되었다). 다윈주의와의 논쟁에서 형태들의 상관관계 원리는 예를 들어 초식성이 육식성으로 변화되기 위해서는 그의 이빨이 육식성 이빨로, 그의 소화계가 육식성 소화계로 등과 같이 조직화된 변형이 필요했으리라는 점을 강조했다. 그런데 다윈주의는 이런저런 기관들의 임의적이고 눈에 띄지 않는 작은 변이들만을 받아들이고 있었다. 퀴비에의 고정설 지지자들에게는 다윈주의가 한 종에서 다른 종으로의 변형에 요구되는 조직화된 많은 변형들을 전혀 설명할 수 없는 것으로 보였다. 종교는 이 논쟁에서 전적으로 부차적이었다.

에 학파의 과학적 고정설에 응답하지 않기 위해 창조론이라는 허수아비
— 즉 18세기 신학의 고유한 특징이었던 종교적 고정설 — 를 흔들었다.
바로 이러한 태도로부터 엉뚱한 견해(뛰어난 유전학자들과 진화학자들에
의해 오늘날에도 여전히 교사되는)가 나타났고, 그 견해에 따라 페일리의
자연신학은 1850~1860년 사이 생물학의 전형이 되었다.

　계통분류학 이외의 다른 분야들에서 연구하는 생물학자들의 경우를
살펴보자. 이들은 일종의 무관심으로 일관했던 것 같다. 클로드 베르나
르나 루이 파스퇴르는 다윈주의를 거의 언급하지 않았다. 필경 이 문제
는 그들과 직접적으로 연관되어 있지 않았고 그들의 과학 활동에 있어 부
차적이었기 때문이다. 19세기 말 생물학은 이미 분과 영역들로 전문화되
어 있었다. 종의 고정성이나 비고정성 문제는 당시 생리학이 전혀 관심
을 두지 않던 주제였다. 생리학 분야는 고유의 문제들과 고유의 연구방
식을 가지고 있었고, 클로드 베르나르가 고민한 문제는 오로지 이 점뿐
이었다. 자연발생을 연구한 파스퇴르는 종의 고정성이나 비고정성 문제
와 좀더 관련되어 있었으리라 생각될 수도 있지만, 그렇지 않았다. 파스
퇴르 역시 자신의 분야(그가 발명한 미생물학)의 문제들에 열중해 있었기
때문이다. 세포학자, 생화학자, 신경학자 및 다른 전문가들[게다가 "유전
학자의 원조"(*proto-généticiens*) 격인 멘델은 1866년 자신의 유명한 논문에서
종의 고정성이나 비고정성 문제를 언급하지 않았다]에 관해서도 똑같이 이
야기할 수 있다. 계통분류학자들 이외에 유일하게 이 문제를 진지하게 연
구할 수 있었던 유일한 사람들은 고생물학자들이었다. 하지만 분류학과
마찬가지로 고생물학은 부차적인 분야였다(가장 권위를 누리던 베르나르의
생리학이나 파스퇴르의 미생물학 및 위생학과 비교해볼 때).

　당시 종의 고정성이나 변이성 문제는 생물학의 주요한 과학적 목적이
결코 아니었다. 이 문제는 라마르크와 퀴비에의 계통분류학 전성기 시절
만큼 중요한 문제가 더 이상 아니었으며, 19세기 말과 20세기 동안 차지

---

42) 교회가 유달리 권위적이었던 17세기에 갈릴레이의 유죄판결은 물리학의 진보를
　　거의 방해하지 않았다.

하게 될 중요한 위치(이 시기에 종의 고정성이나 변이성 문제는 더 이상 단지 계통분류학의 문제가 아니게 되었다)를 아직 점유하지 못하고 있었다.

또 다른 과학자 집단이 남아있다. 이들은 다윈주의와 동시대에 그와 구분되는 범주로 등장했다. 보다 정확히 말해서 이들은 다윈주의를 발명했다. 이들은 우리가 이미 앞에서 언급했던 위대한 화학적 생물학 이론의 창시자들이다. 스펜서, 해켈, 골턴, 바이스만, 드브리스 등은 초기에 모두 각자의 전공분야가 있었지만(철학자, 동물학자, 식물학자, 수학자 등이거나 때로는 "부유한 호사가"), 이후로 "일반생물학자"(*biologistes généralistes*)가 되었다. 이들은 진화를 생물학의 중심적인 문제로 이슈화했을 뿐만 아니라 사회, 윤리, 종교, 정치 등의 문제로 부각시키면서 다윈을 "띄웠다". 간단히 말해서 이들은 스캔들 앞에서 물러서지 않고 문제를 제기했다.

이들이 다윈주의를 발명한 것은 이들이 종의 정의나 기원에 특별히 관심이 있어서가 아니라(계통분류학과 고생물학같이 유행에 뒤진 분야들은 이들의 저술에 거의 등장하지 않는다), 이들이 생명체를 물리학적 법칙으로 설명하는 라마르크주의의 문제의식을 가지고 있었기 때문이다. 생명체를 물리학적 법칙으로 설명하기 위해 라마르크는 "생물학" 용어를 창시했고 이러한 설명을 다윈은 전혀 이해하지 못했다. 게다가 해켈이 다윈에만 의거한 것이 아니라 라마르크에도 의거했다고 하는 까닭은 그가 획득형질의 유전을 믿었다는 점(획득형질의 유전은 다윈도 라마르크만큼, 혹은 다윈이 라마르크보다 더 믿었다)에 기인한 것이 아니라 해켈이 생명을 순수하게 물리학적으로 설명하는 라마르크의 프로젝트를 취했기 때문이다. 라마르크에 대한 바이스만의 대립에 관해 말하자면(이 대립은 라마르크주의 유전 신화의 기원에 대한 대립이었다), 이 대립은 바이스만이 라마르크와 동일한 영역에 놓여 있었고 경쟁적 이론을 제시했기 때문이라고밖에 이해할 수 없다. 게다가 라마르크와 바이스만은 공통적으로 사변과 체계들을 표명하는 취향을 지니고 있었다(놀랍게도 두 사람 모두 시력을 잃고 장님인 상태로 사망했다).

해켈과 바이스만 둘 다 종의 변이 메커니즘에 관해서는 명백히 다윈을
원용(援用)했지만("다윈주의"라는 이름으로), 이들의 중심 기획(물리학적
법칙을 통한 생명체의 설명)은 다윈에게는 전혀 나타나지 않는 라마르크
의 기획이었다. 해켈과 바이스만은 이 기획에 새로운 형태를 부여했다.
이는 생명체를 "화학적으로" 설명하는 특정 이론으로(스펜서의 생리적 단
위체, 해켈의 플라스티듈, 바이스만의 비오포어, 드브리스의 판젠 등에 힘입
어), 가장 단순한 생명체에서 인간에 이르기까지 생명체의 연속성을 주
장한 다윈의 설명을 통해 완성된 이론이다(진화는 라마르크에서처럼 새롭
게 복잡화되었으며, 반면 다윈은 이 문제에 훨씬 유보적이었다). [43]

스펜서, 골턴, 바이스만, 드브리스 등은 그와 같이 현대 생물학의 선
구자요 영웅이 되었다. 어떤 사람들은 여전히 이들을 그렇게 간주한다.
이는 그들이 라마르크의 기획을 어설프게 되풀이한 데 불과하며, 다른
한편으로 당시에 그들이 과학적인 관점에서 언제나 호평을 받은 것도 아
니라는 사실을 잊은 처사이다. 결국 이는 모건 유전학이 거의 반세기 동
안 스펜서, 골턴, 바이스만, 드브리스 등에 대해 그들의 이론을 괄호 안
에 넣는 데 열중할 정도 수준의 견해를 지니고 있었다는 사실을 잊은 결
과이다.

어쨌든 종의 비고정성의 계통분류학적 문제 이상으로 "다윈주의" 스캔
들을 불러일으킨 것은 바로 이와 같은 라마르크 기획(대개 극단적인 형태
로)의 되풀이였다.

1859년 빅토리아 시대의 영국은 프랑스보다 훨씬 더 종교적이었다. 지
식의 진보는 프랑스 대혁명과 연결된 대륙의 사상들(라마르크 사상은 공
화국에 경도되어 있었다)의 유입을 금지시킴에 따라 족쇄가 채워져 있었
다. 다윈의 책은 인간에 관해 이야기하고 있지 않았지만 초기 독자들에

---

43) Darwin, *L'Origine des espèces*, *op.cit.*, pp. 412~413. 이 복잡화는 즉시 다윈의
　　이론에 연결되었고, 일반적으로 당시 특징적으로 나타났던 진보 이데올로기의 맥
　　락에 포함되었다[이 점은 《종의 기원》 불어본 번역자인 루아이에(C. Royer)의
　　서문에서 거의 왜곡된 양상으로 때 이르게 언급되었다(1862)].

의해 즉각 인간으로 확장되었다(영국에서 라마르크 사상의 유입이 금지되었다고는 해도 초기 독자들은 라마르크를 분명 기억하고 있었을 것이다). 이는 주변의 청교도주의에 충격을 주었을 수 있다(옥스퍼드 주교의 언급을 상기해보라).

다른 한편, 다윈의 책은 신속히 대중화되었다(또한 국제적인 저술이 되었다). 그 결과 다윈의 이론은 엄격한 과학적 환경에서 벗어났다. 인간에 적용하여 충격을 주었던 것은 우연보다는 생존경쟁과 자연선택이론이었음이 분명하다(우연은 다윈 자신의 이론에서 명시적인 요인이 아니었다). 생존경쟁과 자연선택 이론은 게다가 《종의 기원》의 불어본 번역서 서문에서 기독교와 민주주의에 반대하는 논거로 이를 이용한 클레망스 루아이에와, 진화와 윤리의 양립 불가능성을 표명한 토머스 헉슬리에 의해 강조되었다. 44)

고정론적 계통분류학자들에 의해 거부되고, 전문화되어 그 분야 연구만을 행하는 다른 생물학자들에 의해 무시된 다윈의 논제는 전술된 학자들에 의해 이내 독점되었다. 다윈과 달리(이 점에서 다윈은 매우 신중했지만 사태에 대처하지 못하고 끌려갔다), 그들은 주로 분명히 반종교적인 시각을 견지했다. 그들의 이론은 생명의 유물론적 설명을 시도한 것으로 부각되었는데, 그들은 이 유물론적 설명을 인간 사유에 확장시킬 것을 제안했다. 45) 이 이론들의 일부는 인간과 그 윤리적 가치를 설명하는 기능을 통해 심지어 종교를 대체하려는 의도에 겨냥되어 있었음이 분명하다(헤켈의 일원론은 마침내 거의 종교적인 색채를 취할 정도였다). 46) 또한

---

44) T. H. Huxley, *Evolution and Ethics, and Other Essays*, Macmillan, Londres, 1894. 반세기가 지나고 나서 그의 손자인 줄리안 헉슬리(이후 유네스코 의장이 되었다)는 《진화윤리》(*Evolutionary Ethics*)(University Press, Oxford, 1943)에서 윤리와 진화를 결합시키기 위해 노력했다. 일반적으로 이 문제, 특히 자연선택과 이타주의(윤리의 근거로 간주된)의 양립가능성은 월리스로부터 오늘날에 이르기까지 스펜서, 헤켈, 크로폿킨을 비롯한 여러 사람들을 거쳐 광범위하게 전개된 사회생물학 문헌들에 자양분을 제공해주었다.

45) 이 점에서 그들은 라마르크의 전례를 따랐다. 《동물철학》의 제3부는 완전히 기계론적 심리학으로 구성되어 있다.

이 이론들에 대한 사회적, 정치적 적용이 즉각 고려되었다.

종교적, 윤리적, 그리고 정치적인 가치들을 대체하기 위해 이 이론들이 찬양한 가치들은 때로 위험천만한 경우도 있었다. 골턴이 우생학을 발명하고 이를 이용하는 법률을 제정하고자 힘썼던 시기가 그랬다. 이는 해켈이 식민주의적이고 자연발생적이며 본질주의적인 주변의 인종주의(여기서 다양한 인종들은 서로 다른 본질을 드러낸다고 간주되었다)를 덜 진화한 인종(원숭이에 가깝다고 간주된 흑인)에서부터 가장 진화된 인종(인도-게르만족, 즉 독일인, 앵글로색슨인, 스칸디나비아인)에 이르기까지 위계적으로 서열화한 "과학적" 인종주의로 변형시키면서 인종의 "진화적" 단계를 제시했던 시대이다. 47)

얼마 뒤 골턴, 해켈, 그리고 바이스만이 독일 인종위생협회에 등장한다. 코렌스와 체르마크(멘델법칙의 재발견자들)는 이 협회 기관지인 〈인종 및 사회생물학 아카이브〉(*Archiv für Rassen und Gesellschaftsbiologie*)를 발간했다. 바인베르크(하디-바인베르크 법칙의 공동 발견자) 역시 마찬가지로 슈투트가르트 인종위생협회를 창립했다. 데번포트(미국 우생학의 개척자)는 미국에 우생학 법률(1907년에 최초로 제정)과 인종주의 법률이

---

46) 이 경우에 해당되는 사람은 해켈만이 아니다. 클레망스 루아이에는 다윈주의를 "실패한 종교"(기독교)를 대체하는 진보적 종교라고 말했다. 이 학자들은 거의 주술처럼 다윈에 매달리는 습성이 있었으며, 광신적으로든 혹은 적어도 《종의 기원》의 가르침을 개인적으로 숭배하든 간에 다윈이 쓴 내용과는 전혀 다른, 심지어 정반대의 사상들이 문제되는 경우에조차 다윈을 거론하기도 했다(이후에 사람들이 《붉은 소책자》(*Petit Livre rouge*)를 깃발삼아 "마오쩌둥 사상"에 매달렸듯이 일종의 "다윈 사상"에 매달렸다). 특히 우생학의 지지자들은 흔히 이 독트린을 종교로 규정했다. 따라서 이후 1941년, 나치가 정신질환자들을 가스실로 몰아넣었음에도 불구하고 여전히 줄리안 헉슬리는 다윈의 진화론과 결부되어 있었던 우생학이 "미래 종교의 통합당"이라고 기술했다(J. Huxley, *L'Homme, cet être unique* (1941), traduction J. Castier, La Press française et étrangère, Paris, pp. 52~53). 분자유전학은 우생학의 기본적인 가르침을 "도그마"로 삼아 이 종교적 양상들을 되찾아내었다.

47) E. Haeckel, *Histoire de la création des êtres organisès d'après les lois naturelles*, *op.cit.*, pp. 560~650.

제정되도록 기반을 마련했다. 피어선(골턴의 후계자)은 나치즘의 동조자로 생을 마감했다. 이와 같은 사례들이 계속되었다. 당시 대다수의 위대한 다윈주의 생물학자들과 장래의 많은 유전학자들이 우생학협회와 운동에 동참하게 된다.[48]

초기 다윈주의에 속하는 이 이론들은 결국 빅토리아 시대의 영국보다 덜 편협한 국가들에서조차 필연적으로 종교적(그리고 정치적) 대립을 초래했다. 하지만 사람들은 거기서도 역시 다윈주의에 대한 대립을 퀴비에 학파의 계통분류학자들과 옥스퍼드 주교, 그리고 동시에 창조론과 반진보주의적 반응의 범주로 정리했다.

여러 학자들이 라마르크의 기획을 다시 취했던 것은 그들이 라마르크의 기획을 제대로 이해하지 못했기 때문임을 덧붙여야겠다. 즉, "입자이론"(théorie particulaire)은 역사적 설명을 통해 완성될 필요가 결코 없었으며, 다윈주의 이론은 역사적 설명에 인위적으로 들러붙어 있었다.

라마르크에게 역사적 차원은 기본적으로 중요한 문제였다. 그는 생명체(자연발생에 의해 출현된 "적충류"를 제외하고)를 매우 오랜 기간에 걸쳐 특별한 조직화를 형성하는 물리학적 법칙의 역할로 설명했다. 그의 논제는 논리적으로 일관성이 있었다. 그의 논제는 지나칠 정도로 단순한 물리학적 개념들에 근거하고 있었지만(시대를 감안하더라도), 그 개념들을 이용하는 데 있어 오류를 범하지는 않았다.[49]

19세기 말에는 이 화학적 생물학 이론들이 더 이상 유효하지 않았다. 물리학과 화학은 상당히 복잡해져 있었고 이제 전문가들 이외에는 이를 파악

---

48) 이들 가운데 2세대에 속하는 일부학자들은 2차 세계대전 이후로도 오랫동안 이러한 견해들을 고수하고 있었다. 1960년대 모건의 옛 동료였던 멀러(H. J. Muller)는 자신이 1930년대에 이미 스탈린에게 "팔아넘기려"했던 사상을 다시 취했으며(멀러는 공산주의자였고 구소련에서 일하고 있었다), 미국에서 생식세포 선택을 위한 재단(노벨상 수상자 및 여타 우수한 인재들의 정자 은행) 프로젝트에 착수했다. 이 재단은 실제로 그의 사후에 창립되었다.
49) 라마르크는 젊은 시절 빗나간 화학이론들(라부아지에에 반대되는)을 제시했지만, 이 이론들을 《동물철학》에 포함시키지는 않았다.

하기 어려웠다. 우리가 언급했던 학자들은 물리학과 화학 전문가가 아니었다. 그 결과 어느 정도 비일관성이 나타나게 되었다.

화학, 특히 유기물을 대상으로 하는 화학이 더 이상 생물학자들에 의해 파악되기 어렵게 되면서 갖가지 상상력이 동원되었다. 예컨대 생명체를 화학적 조성에 의해 그 자체가 살아있는 것으로 간주된 "기본 입자들"(*particules élémentaires*)을 통해 설명했던 것이다. 그 결과 생명의 특이성 문제나 물리학과 생명의 관계 문제는 더 이상 진지하게 제기되지 않았다. 이 문제는 해결되지 않은 채 마술에 의해 제거되었다(라마르크가 비판했던 생기론에 "가까운" 마술이었다).

따라서 조직화 문제는 화학적 조성의 문제에 밀려 부차적이 되었다. 화학적 조성은 시간을 초월한 것이었고, "적충류"의 경우를 제외한 나머지 동물에서 라마르크의 조직화를 특징짓는 역사적 차원을 배제시켰다. 이 문제는 드브리스와 바이스만이 판젠-비오포어에 역사적 성격을 부여함으로써 다시 제기되었지만, 이내 완전히 사라지게 되었다. 그와 같이 역사는 제거되었고, 그 결과 다윈 자신의 이론에서와 마찬가지로 드브리스와 바이스만에 의해 완성된 다윈주의에서 진화는 이론을 필요로 하지 않았다. 다윈에서처럼 진화는 경험적 자료들의 해석으로 환원되었다.

고유한 이론을 필요로 하지 않았던 다윈주의는 기댈 곳을 외부에서 찾아야 했다. 예컨대 유전학 같은 분야나(다윈주의는 발전되는 과정에서 유전학의 요구에 적응되어야 할 입장에 처하여 유전학에 종속되었다) 혹은 2차 세계대전까지 그랬듯이 다윈주의로부터 과학적 담보를 제공받았다고 여겨진 의심스러운 이데올로기(사실 다윈주의 토대의 부실을 상쇄시켜준 것은 그 이데올로기였지만)에 기대었다. 다윈주의의 지속적인 위기의 원인이자 140년 전부터 끊임없이 논쟁의 대상이 된 주요 원인은 바로 그 점이었다. 즉, 진화의 이론적 필요성에 대한 망각이다. 이 망각은 견고하지 못한 경험적 토대들로 인해, 그리고 "잘못 시도된"(*essais-erreurs*) 경험적 원리의 단순한 복사본 이론(돌연변이-선택), 그것도 하나가 아닌 여러 이론들에 의해 가중되었다(박스 8).

8. 다윈주의의 위기

다윈주의의 위기라는 주제는 주기적으로 다시 등장하곤 했다. 더 정확히 말해서 다윈의 《종의 기원》(1859)이 출간된 이후 오늘에 이르기까지 140년 동안 다윈주의가 위기를 맞지 않은 적은 사실상 한 순간도 없었다.

다윈주의는 엄밀히 말해서 다윈의 이론에서 그리 중요하지 않은 여러 요소들을 통합하고 최소한 그만큼을 다윈의 이론에서 제거해버리면서 1859년에서 1910년 사이에 차츰차츰 구축되었다. 이 모두에는 많은 난점들과 논쟁들이 뒤얽혀 있었다. 왜냐하면 다윈주의와 양립되었어야 할 논제들이 때로는 다윈에 반대되기도 했기 때문이다(골턴, 바이스만, 드브리스, 요한센 등). 결국 다윈주의의 마지막 방점은 드브리스의 돌연변이설에 의해 제공되었다. 그렇지만 드브리스의 돌연변이 이론은 당시 반다윈주의로 간주되고 있었던 만큼, 진화에서와 마찬가지로 유전과 종의 정의에서도 거의 모든 면에서 다윈이 주장한 바와 반대되었다(제5장 참조). 따라서 1859년에서 1910년까지 50년의 성숙기간 동안 다윈주의는 지속적인 위기를 겪고 있었던 셈이다.

1910년(대략) 이후로 다윈주의는 유전학의 지원으로 도움을 받는다. 유전학의 기초들은 폐기된 이론으로부터 유래되었다(바이스만의 생식질 논제를 수정하여 완성시킨 멘델법칙의 재발견, 돌연변이 이론, 요한센의 원리, 하디-바인베르크 법칙, 그리고 이어서 모건의 염색체 지도). 그럼에도 이 유전학은 아직 성숙되지 못했고, "종합설"이 유전학과 진화론의 결합을 명확하게 정식화한 것은 1930년대가 되어서였다.

이 모든 기간 동안 유전자는 물리학적 성질이 알려지지 않은 매우 모호한 실체였으며, 진화를 집단 내의 다양한 유전자들이 차지하는 비율의 변이로 이해하면서 진화론을 지탱시켜준 것은 집단유전학이었다. 집단유전학의 대상은 집단 내 유전자 비율을 연구하는 일이었다. 하지만 통계적 방법이 완성과정에서 늘 그렇게 타당성이 있는 것은 아니었다(게다가 유전학은 피어슨이 지속시키려 했던 생물통계학과 충돌되었다). 결국 이 시기 역시 다윈주의에 있어 불확실성의 시기였다. 게다가 진화론과 집단유전학은 인종주의 논제와 우생학 논제 같은 매우 심각한 이데올로기적 보완물로

혼잡해졌다. 이 점은 다윈주의가 다양한 나라들에 수용되는 데 있어 난항을 겪는 속에서, 그리고 진화 생물학의 어떤 "위기" 속에서 무시될 수 없는 일이었다(프랑스에서는 라마르크주의가 선호되었고, 구소련에서는 리센코 사건과 연결되었다).

1950년대를 거치면서 분자유전학은 2차 대전 이전의 유전학적 방법을 부차적인 것으로 밀어내었고, 진화론에 병합되어 틀을 제공해주는 역할은 이제 분자유전학의 담당이 되었다. 분자유전학은 당연히 진화론적이었지만, 집단유전학이 다윈주의를 지지했던 것만큼 분자유전학은 다윈주의를 지지해주지 않았다. 집단유전학은 진화론의 도움으로 방법을 정초했고 진화론과 더불어 몸체를 형성했다. 분자유전학이 다윈주의를 지지한 것은 다윈주의의 방법과 논거들을 가져오기 위해서라기보다는 다윈주의가 필요했기 때문이었다(다윈주의는 분자유전학이 연구하는 유전프로그램 이론을 적당한 자리에 배치시켜주어야 했다).

분자유전학의 대성공은 다윈주의의 대성공을 가져다주었다. 이는 분자유전학의 연구를 통해 다윈주의의 진실성이 증명되었기 때문이 아니라, 분자유전학이 그 작동의 뼈대가 되는 다윈주의가 없이는 진행될 수 없기 때문이다. 분자유전학이 작동하는 뼈대로서 다윈주의는 분자유전학을 난처하게 만들 수도 있는 문제들을 제거해주었고 결국 분자유전학이 눈부신 결과들을 얻을 수 있도록 도움을 준다. 그 대신 분자유전학의 눈부신 결과들은 다윈주의 고유의 영역에서, 즉 진화를 설명하는 데 있어서 비견될 만한 성공을 누릴 정도까지는 아니더라도 분자유전학의 결과들을 가능하게 해준 다윈주의를 공고히 만든다. 불편한 상황은 그로부터 만들어진다.

분자유전학처럼 제국주의적인 분야와의 동맹은 양보를 필요로 했다. 분자유전학의 진보는 다윈주의의 일부 양상들에 의혹을 제기하게 만들었고 다윈주의의 개량이 요구되었다. 예컨대 유전적 다형현상(*polymorphisme génétique*)의 발견은 중립설을 유도했는데, 중립설에서의 돌연변이와 선택은 종합설에서 설명하고자 했던 역할들과 달랐다. 그 결과 진화론에 새로운 종류의 어려움이 등장하게 되었다.

마지막으로, 현재 분자유전학의 이론적 위기는(바이오테크놀로지를 향

한 방향전환이 그 징후의 하나로 나타난다) 분자유전학의 주요 지지대 역할
을 하는 다윈주의에 필연적으로 영향을 줄 것이다.

1859년에서부터 오늘에 이르기까지 다윈주의 진화론은 그와 같이 거의
언제나 위기에 처해 있었으며, 위기가 멈춘 시기는 잠시뿐이었다. 어떤 점
에서 본다면 이 지속적인 위기가 나타나는 것은 정상이다. 다윈주의는 진
화에서 이론적 필요성을 전혀 야기할 수 없었고 다윈주의 고유의 근거들로
부터 마련된 논거들은 매우 취약한 상태로 외부의 준거들에 늘 의존해왔기
때문이다.

이 긴 여담은 우리의 주제에서 약간 빗나가 있다. 하지만 물리-화학적
설명과 역사적 설명이 결합된 유전 개념을 정초하고자 한다면 진화이론
들의 물리-화학적 과정과 역사적 과정을 명확히 보여주어야 한다(물리-
화학적 설명은 잘 정립된 과학적 근거에 기초하고 있다는 점에서 덜 의심스럽
다는 사실을 받아들이면서). 이를 통해 우리는 유전으로 되돌아갈 수 있
고, 유전이 라마르크와 바이스만의 진화와 맞물리는 지점에 대해 흥미를
갖게 될 것이다(바이스만은 논리적으로 가장 일관적인 화학적 생물학 이론
의 제창자이자 엄밀한 의미의 다윈주의를 처음으로 사용한 사람이며 그로부
터 유전학이 등장했기 때문이다).

진화 역학과 관련하여 라마르크 이론이 드러내는 몇 가지 불충분한 점
이 있기는 하지만, 이 이론은 생명체의 현시적 물리-화학적 설명을 보충
하는 데 있어 역사적 설명의 필요성을 완벽하게 알려준다. 그 필요성은
다윈주의에서 적응을 설명적 가치로 사용함으로써 은폐되었다. 라마르
크의 이론은 또한 유전의 역할을 명확히 밝혀준다.

사람들은 라마르크에게 유전이론은 존재하지 않으며, 라마르크는 우
리가 시대착오적으로 "획득형질의 유전"이라 부르는 것에 대한 단순한 신
념(당시에 보편적이던)을 지니고 있었다고 이야기한다. 그럼에도 불구하
고 사람들은 라마르크의 진화개념에서 유전이 수행하는 역할을 즉각적으
로 이해한다(그리고 이는 사람들이 라마르크 진화개념에서 유전의 역할을

"획득형질 유전"의 원형으로 간주하는 이유가 된다). 라마르크주의 진화는
물리학적 법칙이 단순히 한 세대가 아니라 그보다 훨씬 오랜 시간에 걸쳐
특별한 조직화에 사용되는 과정이다. 여기서 유전의 필요성이 직접적으
로 생겨난다. 세대 간의 물리학적 연속성을 보장하는 것은 유전이기 때
문이다. 이 연속성은 역사적 설명에 필연적이다.[50]

　다윈에게 있어서 역사적 설명을 통한 생물학과 물리학 사이의 연결 문
제는 제거되어 있고, 진화는 적응의 맥락으로 이해된다. 따라서 유전은
더 이상 세대 간의 물리적 연속성으로 이루어지지 않으며, 유전이 보장
하는 것은 적응적 형질의 전달이다(다윈의 선천적 혹은 적응적 형질들이 다
윈주의에서는 단지 획득된 형질로 이해된다).

　"라마르크주의" 유전(물리적 연속성)에서 "다윈주의" 유전(적응적 형질
의 전달)으로의 이행은 라마르크주의 진화가 다윈주의 진화로 대체된 것
과 분명 연관이 있다. 하지만 이 두 가지 변화가 동시에 이루어진 것이 바
이스만에 의해서였던 만큼, 라마르크 주의 진화론에서 다윈주의 진화론
으로의 이와 같은 전환이 유전 형태의 전환으로부터 영향을 받은 것이 아
니었음은 매우 놀라운 일이다(바이스만은 유전학과 다윈주의의 중요한 기
원이다).

　따라서 적응적 형질(선천적이든 획득되었든)의 전달에 의한 "다윈주의
유전"은 이 형질들을 "운반하는" 물질의 전달을 통한 유전(바이스만의 유
전)과 혼동된다. "획득형질의 유전"이 폐기된(그리고 "라마르크주의"로 부
당하게 규정된) 것은 바로 이 지점에서다.

　첫 번째 시기에는 문제의 유전물질이 유전형질을 운반하는 것으로 여
겨지고 있었다. 생명의 기본 입자들인 생식적 표본을 유전물질로 간주했
기 때문이다. 즉 형질은 입자로 물화되어 있었고, 그 전달은 입자의 전달
을 통해 보장되는 것이었다. 훨씬 지나서야 슈뢰딩거에 이어서 분자생물

---

50) 이러한 "라마르크주의 유전"은 히스(W. His)나 베르나르(Cl. Bernard) 같은 발생
학자들의 동적 유전(*L'hérédité dynamique*)과 크게 다르지 않다. 아틀랑(H. Atlan)
의 제안 역시 마찬가지로 이와 같은 관점에서 라마르크주의로 규정될 수 있다.

학과 더불어 유전물질이 "정보"를 담고 있는 것으로 여겨졌기 때문에(이 이론의 나머지는 거의 보존된 상태로) 이 유전물질이 유전형질을 전달한다고 설명되었다. 동일한 설명 도식에 대한 두 가지 해석 사이에는 40년이라는 모건 시대가 놓여있다. 이 기간 동안 유전물질이 어떻게 형질을 운반하는지는 밝혀지지 않았고 유전자는 막연하게 효소와 동일시되었다.

결국 이 분야에서 개념들의 역사는 단순하지 않으며 거의 뒤엉켜 풀어내기 어려운 많은 노선들이 뒤섞여있었다. 일부 노선은 대혼잡 속에서 어떻게, 왜, 그리고 무엇으로 진전되었는지 알려지지 않은 채 전혀 갈피를 잡지 못하고 완전히 실종되었다(예컨대 입자설은 "살아있는 물질"의 경우에서 완전히 자취를 감추었지만, 차츰 유전자-입자가 유전자-분자로 대체되면서 오로지 유전물질만이 보존되었다). 다른 노선들은 사라졌다가 다소간 변형되어 다시 등장했다(예컨대 핵산의 역할). 몇몇 노선들은 정당화시킬 방법을 찾지 못했음에도 불구하고 영속되었다(예컨대 구분된 형질들로 유전을 분해한 경우). 이에 관한 몇 가지 사항들을 보다 구체적으로 살펴보자.

라마르크에 있어서 역사적 설명(진화)은 시간 속에서(세대를 관통하여) 펼쳐진 물리적 설명이며, 여기서 현시적인 물리적 설명은 역사적 설명으로 연장된다(현 세대까지). 이러한 물리적이고 역사적인 설명은 동일한 성격을 지니며(다윈주의에서는 이 설명들이 이질적인 데 반해), 이들 사이에 연속성이 존재한다. 이들은 적절하게 연결되어 있고, 더 정확히 말해서 만일 라마르크가 유전이론을 제시했더라면 그 역시 연결되어 있었을 것이다. 라마르크 개념의 결함은 유전이론이 결여되어 있었다는 점이다.

이 유전은 필연적으로 "획득형질의 유전"이 될 수밖에 없다. 이는 유전이 생식개체의 어느 한쪽에서 획득한 어느 특정한 형질을 자손에게 전달한다는 의미가 아니라, 세대를 관통하면서 복잡화를 향한 운동의 연속성을 유전이 담보해준다는 의미이다[환경의 작용에 의해 획득한 이런저런 특정 형질의 유전은 이 복잡화 과정의 단선성(*linéarité*)에 교란이 이루어진 것에 불과하다. 이는 사람들이 흔히 믿고 있는 바와 달리, 라마르크 진화론의 핵심적 요소가 아니다].

　다윈주의에 의해 폐기된 것은 이런저런 특정한 획득형질의 유전이 아니라 세대를 관통하는 물리적 과정의 연속성이었다.[51] 또한 바이스만이 생식질 연속성으로 대체시킨 내용도 바로 이 물리적 과정의 연속성이었다. 물질의 연속성은 물리적 과정의 연속성보다 훨씬 쉽게 구상될 수 있다. 이는 바이스만이 물질의 연속성을 받아들인 중요한 이유로 작용했음이 분명하다(비록 그가 이 점을 시인하지는 않았지만). 그럼에도 드브리스와 마찬가지로 바이스만에게 있어 그 방식은 약간 "위조"되었다.

　실제로 생식질은 생명이 있다고 가정된 입자들(비오포어)로 구성되어 있으며, 그 내부에 생명 입자들을 작동시키고 성장시키고 증식시키는 "동적인" 어떤 성질들을 포함하고 있다. 여기서 유전은 연속적인 물리적 과정을 통해서보다는 물질의 전달에 의해 실행되지만, 전달된 물질은 그 자체가 물리적 과정의 중심이다. 생식질에 의한 바이스만 유전의 구조적 양상(생식질의 "견고하고 단단한" 질서를 말하며 이는 슈뢰딩거에서 다시 나타난다)은 결국 비오포어의 동적이고 살아있는 양상을 통해 완성되었다. 따라서 라마르크와 바이스만의 해결책은 이 점에서 거의 유사하다.

　이 문제에서 바이스만과 라마르크를 대립시키면서 흔히 사람들은 비오포어-판젠의 "생명"(그리고 내재적인 운동성)을 망각한다. 하지만 이 "생명"은 입자설이 소멸하게 되면서, 즉 20세기 초 요한센(1909)과 그의 계산 단위(*unité de calcul*)로서의 유전자 개념, 그리고 특히 모건(1910∼1915)과 그의 유전자-좌위 개념과 더불어 비로소 유전학에서 사라졌다(바이스만은 1914년에 사망했고, 따라서 이와 같은 양상의 유전학은 실제로 알려지지 않았다).

　명백성에 있어 정도의 차이는 있지만 유전자가 단백질과 동일시되고 있었던 무렵, 유전의 "동적" 양상은 암암리에 효소적 특성에 근거하는 것으로 이해되고 있었다. 이어서 사람들이 효소적 촉매를 더 잘 이해하게

---

51) 다윈에게서 이러한 연속성이 폐기된 것은 그가 "획득형질의 유전"을 폐기했기 때문이 아니라 복잡화 과정을 거부했기 때문이었다.

됨에 따라 유전은 단지 물리-화학적 특성들과 동일시되면서 용해되어 사라지고 말았다. 이 문제는 유전자가 DNA 단편으로 간주되면서 유전자의 기능이 그의 어떤 작용에 내재된 것이 아니라 그 구조에 내재되어 있으리라고 여겨졌을 때는 더 이상 제기되지도 않았다(유전자의 작용은 유전프로그램을 "읽는" 세포의 장치에만 부여되었다). 이렇게 유전의 동적 양상에 관한 모든 문제는 사라져버렸다. 문제가 해결되었다기보다는 증발된 것이었다.

모건 유전학의 지배는 40년이 넘도록 유전의 물리-화학적 차원을 괄호 안에 넣어둠으로써 문제를 증발시키는 데 일조했다. 하지만 바이스만의 이론에서는 문제가 완전하게 존재하고 있었다. 현대적 개념의 필터를 통해 그의 논제를 읽어서는 안 된다. 바이스만의 유전이론이 어떻게 기능하는지, 어떤 점에서 라마르크주의와 대립되는지, 어떻게 다윈주의와 연결되는지, 어떻게 사람들은 이 이론으로부터 순수하게 구조적인 유전에 도달했는지(슈뢰딩거에 의해)를 이해하고자 한다면 그 점을 기억해야 한다. 유전학은 자신의 과학성을 주장하기 위해 이와 같은 구조적 양상("바이스만주의"로 여겨진)을 흔히 내세워왔다. 따라서 유전학의 설명적 가치를 평가하기 위해서는 이 구조적 양상이 어떻게 배치되어 있었는지를 알아내는 일이 관건이다.

라마르크에 있어서, 물리적 법칙의 독립적인 **현시적** 실행(포화용액에 나타나는 소금 결정에서처럼)만으로 생명체를(적충류를 제외한) 설명하는 일의 불가능성은 매우 오랜 시간에 걸쳐 특정한 조직화에 이 물리적 법칙이 사용된다는 역사적 설명을 통해 상쇄되었다. 하지만 세대를 관통하여 이 물리적 법칙이 연속적으로 실행된다고 하는 유전은 명확히 설명되지 않았다.

바이스만의 유전[52]에서는 생명체의 형성을 제어하는 물리적 구조체

---

52) 지금부터 우리가 "바이스만주의 유전"이라 부르는 것은 바이스만 자신의 이론뿐만 아니라 보다 광의로 물질의 전달을 토대로 하는 유전, 특히 분자유전학을 통해 구

(오늘날 유전체라 불리는 생식질)가 존재한다. 이 유전은 따라서 제어하는 구조체를 중첩시킴으로써 물리적 법칙의 독립적인 현시적 실행만으로 설명하는 데서 오는 불충분함을 보완한다. 바이스만의 유전에서 물리적 법칙의 실행은 결정체가 형성되는 경우에서처럼 더 이상 독립적이지 않다. 생기론적 발생학에서처럼 여기에 무엇인가가 덧붙여졌다. 하지만 이는 그 어떤 생기(生氣)도 상정되지 않은 물리-화학적으로 제어하는 구조체이다.

이 제어하는 구조체가 종의 진화에 초점이 맞추어져 있다고 여겨졌다는 점에서 이 구조체는 역사적 차원을 포함하는 셈이다. 이를 잘못이라고 말할 수는 없겠지만, 좀더 가까이 들여다보면 이 역사적 차원이 크게 변형되어 있음을 알 수 있다.

실제로 라마르크에 있어서 생명체는 역사의 산물이었다. 이 역사는 세대 간의 분리를 "획득형질의 유전"에 의해 넘어선다는 점에서 연속적이다. 바이스만주의 유전학에서는 이 세대 간의 분리가 존중될 뿐만 아니라, 연속성이 단지 유전물질(생식질 혹은 유전체)만의 연속성으로 환원되면서 세대 간의 분리가 강조된다. 바이스만의 유전학은 그와 같이 역사적 차원을 기억으로 대체시켰다. 바이스만 유전학에서 역사는 현시적인 물리적 구조(유전물질)로 물화되었다.

생명체의 설명은 그와 같이 한 세대 내부, 심지어 한 개체의 내부로 한정되었다. 진화를 통한 설명(원시적인 "적충류"를 제외하고 이후로 등장한 생물체에서는 세대 간에 연속적인 계승이 이루어진다는 설명)은 발생(수정란으로부터 이어지는 한 세대)을 통한 설명으로 대체되었다. 53) 오랜 시간을 거친 "자기촉매적"(autocatalytique) 조직화에서(세대를 관통하는 연속성을 설명하면서 이론은 부재했다) 물리적 법칙의 실행(잘못 이해된)은 이

___
상된 유전을 총칭한다(플라즈마-생식적 표본-비오포어의 전달을 대신하여 유전체-운반자-정보의 전달이 여기에 포함된다).
53) 해켈 이론에서 중요한 재연설이 여기에 덧붙여졌다. 재연설에서는 개체발생이 계통발생의 요약으로 설명된다.

법칙의 현시적 실행으로 대체되었다. 이 현시적 실행은 현재의 물리적 형태(생명체에 존재하는 특별한 물질)를 포함하는 유전을 통해 제어되는 것이었다. 19세기 말의 생물학이 추구하고 있었던 바에 비추어, 그리고 현대과학이 추구하는 바에 비추어, 그 설명은 진정으로 그리고 전적으로 물리적인 듯 보인다.

어쨌든 이러한 상황에서 유전이 일종의 기억이고(종 진화의 기억), 따라서 역사의 흔적을 보존한다는 점은 그리 중요하지 않았다. 왜냐하면 이 유전은 현시적인 측면만을 문제시하기 때문이다. 역설적이게도 바이스만 유전학에서 유전의 특징 ― 과거와의 관계, 혹은 역사와의 관계 ― 은 그렇지 않았다. 유전을 제어 구조로 상정하고, 유전이 역사를 통해 이루어졌다는 사실이 유전의 기능에 아무 역할도 하지 않는다는 명제는 바이스만 유전학과는 거리가 있다.54) 생명체는 전적으로 현재에 놓여있다. 생명체에게 과거는 더 이상 전례로 작용하는(현재는 과거의 결과) 것이 아니라, 특별한 구조 속에 기억되어 있을 따름이다(즉 이 구조에 의해, 그리고 이 구조 내에 "재현된" 형태로).

물리학은 역사를 다룰 수 없다. 물리학이 오랜 기간에 걸쳐 특정한 조직화에 작용하는 물리학 고유의 법칙의 실행을 고려하기는 매우 어렵다(특히 이 조직화가 복잡하고 "자기촉매적"이라면 더욱 어렵다).55) 생물학은 물리적인 것을 추구하지만, 생물학은 물리학이 다룰 수 없는 생물학의 역사적 차원을 제거할 수 없다. 따라서 생물학은 물리적 법칙의 현시적(비시간적) 실행밖에는 고려하지 못하고 기억에 힘입어 역사를 현재에 둔다.

요약하자면, 라마르크의 진화론은 역사적 차원을 도입하면서 생명체

---

54) 이 점은 유전공학이 유전체를 변형시켜 개체의 특이적인 역사를 뛰어넘을 수 있다고 믿는 이유이다. 여기서 생명체는 역사의 산물이 아니라 기억을 "읽는" 장치의 결과로 간주된다. 혹은 이 역사가 "기억"으로, 나아가 변형될 수 있는 물리적 기억으로 환원될 수 있다고 간주된다.

55) 오랜 기간에 걸친 태양계의 안정성 같은 문제는 물리학으로 거의 해결할 수 없지만, 고려할 수 있는 범위 이상의 무한한 요인들을 포함하고 있는 생명체의 경우에 비교하면 지극히 "단순한" 문제이다.

에 대한 물리적 설명의 가능성을 제공해주었다. 바이스만의 유전은 역사를 기억으로 압축시키면서 이 역사적 차원을 현시적 요인으로 바꾸어 놓았다. 또한 역사를 물질의 형태로 물화시킨 것은 그 설명이 전적으로 현시적이라는 이유로, 단지 그 이유만으로 진정 물리적이라는 인상을 준다. 이는 잘못된 추론이다.

사실 한편으로, 사람들은 물리적 법칙의 **현시적** 실행만으로 생명체를 설명(결정체를 설명하듯이) 하기에는 부족함을 인식하고 있었고, 그런 이유로 그 부족함에 대처하기 위해 제어 구조를 덧붙였다. 다른 한편으로 사람들은 이 제어 구조가 그 본성과 기능에서 엄밀하게 물리적이며, 현시적이지 않은 그 무엇에도 도움을 청하지 않는다고 주장했다(생명체는 그와 같이 오로지 물리적 법칙의 현시적 실행만의 결과라는 주장이다). 여기에는 정보이론에 의거함으로써 다소간 교묘히 은폐된 모순이 존재한다.

그러한 의거는 최선의 경우 다음과 같은 은유로 표현된다. 즉 유전은 물리학 법칙의 실행을 안내하는 프로그램과 정보로 설명되었지만(유전자와 효소를 통해), 그 물리적 양상이 진정으로 고려되지는 않았다. 다시 말해서 이 정보에 열역학적 가치가 부여되지는 않았다. 이러한 상황에서 사람들은 사실상 그 논제를 과학적 설명으로, 혹은 적어도 발견에 도움이 되는 은유로서 받아들일 수 있었다. 반면, 물리적으로 입증할 수 없는 생명체의 구조와 형성, 그리고 생명체가 환경에 둘러싸여 자신을 보존하는 양상을 설명하기 위해 이 유전정보에 어느 정도 네겐트로피적 (*néguentropique*) 56) 가치를 부여할 수밖에 없었다. 57)

---

56) 〔역주〕 19세기 물리학자 브리우앵(Léon Brillouin)은 정보를 "네겐트로피"(*né-guentropie*)로 표현했다. 브리우앵은 섀넌의 정보이론과 열역학 법칙 그리고 특히 물리학 체계를 측정하는 수단을 대조하여 이 개념을 설명한다. 생물학에서 네겐트로피 개념은 슈뢰딩거의 《생명이란 무엇인가?》(*What is Life?*)에 처음 제시되었다. 그는 이 책에서 생명의 두 가지 핵심 개념으로 네겐트로피와 코드를 든다. 네겐트로피는 물리학 체계이지만, 사람들은 경우에 따라 사회와 인간에 있어서 조직화의 한 요인을 의미하는 용어로 사용했다. 이 개념은 탈조직화를 향하는 자연적 경향인 엔트로피에 반대되는 개념이다. 즉 네겐트로피는 음(-)의 엔트로피로서 정보에 해당하며, 엔트로피는 열역학 제 2법칙에서 닫힌계의 자연발생적

316

생물학이 이 문제와 관련하여 생명체가 물리적으로 가능하다고 말하는
것으로 그치는 이유가 바로 거기에 있다(열역학 제 2법칙은 열린계이므로
생명체는 이 법칙에 위반되지 않는다). 하지만 어떤 구조가 물리적으로 가
능하다고 말하는 것과 물리적으로 그것을 설명하는 것은 다른 문제이다.
살아있는 구조, 그 구성, 그리고 그 보존이 언제나 물리적으로 만족스러
운 설명을 제공해주지는 않았다는 점을 분명히 확인해둘 필요가 있다.

이 말이 생기적 원리에 의거할 필요가 있음을 의미하는 것은 아니다.
단지 모든 문제들이 해결되기에는 아직 멀었으며 해결하기 위해 사용된
이론적 토대가 확실하지 못하다는 의미이다. 세대 간의 불연속성을 강력
하게 주장하면서, 그리고 세대 간의 연속성을 강조하는 모든 주장은 전
적으로 "라마르크주의 유전"으로 돌리면서, 이 이론적 토대는 오히려 생
명체의 물리적 설명을 방해하고 있었다. 왜냐하면 생명체의 물리적 설명
은 더 이상 구조적인 시각만이 아니라 동적인 시각을 통해 유전 문제를
회복시킬 필요가 있을 것이었기 때문이다(라마르크의 순수하게 역사적이
고 동적인 관점과 바이스만 혹은 슈뢰딩거 유전학의 순수하게 구조적이고 비
역사적인 관점 사이의 중간노선이 분명 존재해야 한다). 58)

인 증가로 규정된다. 이러한 조건에서 네겐트로피 개념은 필연적으로 시공간적 제
한을 나타내며 열린계에만 적용된다. 열역학적 기원의 네겐트로피는 시스템공학
에서 응집력과 동의어로 사용된다. 노버트 위너(Norbert Wiener)는 이를 정보의
물리학적 해석으로 설명한다. 자연학자 자크 모노(Jacques Lucien Monod)는 자
신의 저서 《우연과 필연》(Le hasard et la nécessité)에서 생명과 생명체의 과정들
이 어떻게 정보와 같은 네겐트로피의 성격을 지니는지를 설명했다.

57) 이는 오랜 전통으로부터 이어져 내려왔다. 18세기에 슈탈은 신체가 만들어지고
부패되지 않도록 물리적 법칙의 실행을 제어하는 것은 정신이라고 주장했고, 생
기론자들은 분명 자연적이지만 수수께끼 같은 생기적 원리라고 주장했다. 19세
기에 클로드 베르나르는 이 역할을 "형이상학적 형태발생의 힘"(force morphogé-
nétique métaphysique)에 부여했다(베르나르의 거의 생기론적인 측면은 약간 오
해되었다). 오늘날 사람들은 유전 정보에 이 역할을 부여한다. 분명 진보되었다.
하지만 이 설명을 지나치게 물리적인 양상으로 간주해서는 안 된다. 사람들은 유
전정보이론 역시 과거에 효력을 지녔던 설명들과 마찬가지로 "마술적"임을 재빨
리 인식할 것이기 때문이다.

58) 바이스만 자신에게 있어 생식질의 구조적 양상은 생식질을 구성하는 비오포어의

"라마르크의" 입장은 적어도 다음과 같은 점에 기초한다. 즉 유전이 적응적 형질의 전달이라기보다는 세대 간의 물리적 연속성을 보장해준다는 점이다. 세대 간의 물리적 연속성은 생명체의 역사적 설명과 이 역사적 설명을 물리-화학적 설명에 연결하는 데 필요하다.

유전은 유전형질의 보존인 동시에 운동의 지속이기도 하다. 즉 과거는 현재 안에서 기억 속에 "재현된" 것으로서만이 아니라 전례로서 기능한다. 과거에 어떤 사건이 일어났고 현재는 과거의 결과인 것이다. 전례로 기능하는 유전에서 현재는 과거의 모든 "재현"과 독립적으로, 즉 특정 구조체(DNA 분자나 기타) 내에 암호 형태로 기입된 모든 기억작용과 독립적으로 과거의 흔적을 운반한다. 역사와 기억은 그 본질에서든 영향에서든 혼동될 수 없다(정보의 은유만이 그렇지 않을 수 있다. 컴퓨터는 역사가 아니라 기억일 뿐이기 때문이다).

따라서 문제는 프로그램의 운반자로 간주되는 물질의 전달보다 물리-화학적으로 훨씬 복잡하다. 나아가 이 점이 인지되기 위해서는 분자생물학의 전제들 중 하나, 즉 모든 기능이 적절한 구조를 지닌 분자에 힘입어(시계에서 각 기능을 하는 톱니바퀴가 있고, 각 톱니바퀴는 자신의 기능을 지니는 것처럼) 실행되리라고 설명하는 일종의 "화학적 메카노"(*Meccano chimique*)로 지나치게 쉽사리 넘어가서는 안 된다. 물리-화학적 설명은 그와 같이 환원될 수 없다.

이러한 "메카노"는 유전을 한 분자와 필연적으로 결합시켜야 한다. 여기서 분자는 역사를 다소간 명확하게 기억으로 물화시킨다(현행되고 있는 정보 은유에 따르면). 하지만 역사의 차원을 DNA의 중요한 기능으로 알려진 "기억"만으로 환원시킬 수 있을지에 대해서는 여전히 의구심이 남는다. 이제 이 기억이 유전의 맥락에서 어떻게 해석되고 있는지 살펴보자.

분명 매우 어려운 문제이기는 하다. 하지만 적어도 문제를 해결하려 한다면 문제를 제기할 수밖에 없다. 그런데 유전학은 이 문제의 제기를

"생명"을 통해 완성되었다. 비오포어의 생명은 이전 세대 비오포어의 생명이 지속된 것이었다.

조심스레 피해갔다. 유전학은 진화의 경우에서 이미 사용했던 방식으로 이 문제를 교묘히 왜곡시켰다. 즉, 유전학에서는 적응적 가치가 설명적 가치의 역할을 하게 되고, 유전학이 제시해야 했던 물리적 설명은 환경적 적응으로 대체된다.

유전을 물리적으로 이해하는 데 있어서의 어려움으로 인해 유전학은 물리적 설명을 적응적 형질의 전달로 환원시켰다. 환경에 둘러싸여 있는 생명체의 경우에서 제시되는 물리적 문제는 생명체의 적응과 생존 문제로 대체되었고, 이는 유전된 적응적 형질을 통해 "해결"되었다(유전된 적응적 형질 자체가 진화의 우연과 필연으로 "설명된" 것이었다). 59) 물리적으로 정의되지 않은 생명개념에 속하는 목적론적 개념인 생존과 적응은 물리적 이론들로 대체되었지만, 이 물리학 이론들이 그와 같이 복잡한 생명계에서 어떻게 사용될 수 있을지는 알 수 없으며, 인식론적으로 적절한 자격을 지니지도 않는다.

그 결과 소위 유전형질들이 급증하게 되었다(이 점을 설명한 앞장을 보라). 한편으로, 어떤 형질(돌연변이에 의해 출현되고 자연선택에 의해 보존된 형질을 말한다. 이는 돌연변이나 자연선택이 다분히 몽상적인 생존경쟁을 통해 개체에 부여하는 가상적인 이득을 고려한 것이다)을 발명해낸 것은 그 모든 어려움을 제거하는 손쉬운 수단이었기 때문이다. 다른 한편으로, 물리학이 적응적 가치로 대체되자 사람들은 생물학적 형질뿐만 아니라 심리적, 지적, 혹은 사회적 형질 역시 적응 기제로 간주할 수 있으므로 유전된다고 여길 수 있었기 때문이다. 여기서 그 모든 지류들이 허용되었다. 사람들은 유전자가 무엇인지 더 이상 제대로 알지 못하지만, 매일매일 새로운 유전자를 발견해내고 매체를 통해 외쳐댄다. 이것이 유전자가 존재한다는 확실한 증거인 셈이다. 유전학은 더 이상 유전자를 지탱시킬 수 없음에도, 유전자는 유전학자들을 안심시키고 이들을 사로잡고 있다.

---

59) 오늘날까지 다윈주의가 관심을 끄는 측면은 바로 이 점이다. 이 한 가지 사실 때문에 또한 "호도된" 이론이 보존되고 있다. 이런 식으로 다윈주의는 분자유전학이 다루지 않은 문제들을 흡수해버렸고 분자유전학이 "작동하도록" 해주었다.

결 론

　오늘날 유전 이론은 어느 때보다도 더 최상의 설명으로 진전되었다. 생물학에서 유전은 다윈주의와 결합하여 큰 반향을 일으키고 있을 뿐만 아니라 심리학이나 게다가 사회학에서도 마찬가지이다. 그에 반해 사람들은 결코 이 유전 개념의 기원을 연구하려 들지 않으며, 생물학적 설명에서 유전의 역할을 명확히 하려 하지도 않는다. 사람들은 유전을 마치 늘 존재해왔고 본래 용도가 있는 명백한 자연적 근거인 것처럼 여긴다. 앞서 보았듯이 유전 개념은 단순하게 보이지만 사실 매우 복잡한 개념이며, 유전학자들이 밝히기를 꺼려하는 모호함을 이용하여 때에 따라 이런저런 의미로 사용된, 잘못 정의되고 상당히 "위조된" 개념이다.

　유전자의 무분별한 증가나 선천성과 획득성에 대한 다양한 논쟁들(획득형질의 유전, 유전적 병리, 지능의 유전, 심리적 형질 등)은 이 분야의 이론적 붕괴를 은폐하고 핵심으로의 접근을 회피하도록 만드는 연막과도 같다. 핵심은 유전 개념이 무엇을 의미하는지, 이 개념이 어디에 사용되는지, 생물학에서 이 개념이 어떻게 기능하는지의 문제이다.

　이 문제들에 대한 명확한 답이 존재하지 않기 때문에 위에 언급한 바와

320

같은 논쟁들은 별 의미가 없으며, 유전공학적 시도들은 단순한 수선〈bricolages〉으로 남을 수밖에 없다(그 원리는 암중모색하여 얻어진 몇 가지 기술적 성공을 통해 유효해진 것에 불과하다).

유전공학에서 이야기되는 응용에 대한 믿음을 주고자 원하는 매체의 과장과는 달리 실제 유전학은 이론적 관점에서 볼 때 몰락한 분야이다. 아무도 이 점을 염려하지는 않는 듯하다. 하지만 유전학자들이 바이스만의 생식질을 영구적으로 취할 수는 없을 것이다. 그동안 비오포어는 판젠으로, 판젠은 계산의 단위로, 계산의 단위는 좌위로, 좌위는 단백질로, 단백질은 정보로, 정보는 DNA의 질서정연한 서열로, DNA 서열은 덜 질서정연하지만 조절에 의해 교정된 서열로 등과 같이 대체되면서 시대적 흐름에 의해 바뀌어 왔다. 유전학자들이 응용을 앞세운 유전공학의 경험적 수선을 고도의 테크놀로지인 양 위장하면서 이론적 문제들을 회피하고 있지만, 그 회피를 영구적으로 지속할 수는 없을 것이다.

오늘날 무수히 많은 생물학자들이 이렇게 이론적 난점을 회피해가면서 연구하고 있는 것은 사실이다. 이들 가운데 얼마나 많은 학자들이 어떤 식이든(혹은 가능한 한도 내에서) 변화를 바라고 있는지는 확실치 않다. 또한 프랑수아 뤼르사(François Lurça)의 다음과 같은 역설적인 이야기도 사실이다.

> 만일 이론이든 독트린이든 실천이든 이 영역의 많은 연구자들을 양산해내고 제도적으로 검증이 가능한 단순한 기준들을 충족시킬 수만 있다면(심의를 거친 잡지, 국제회의, 외국 기관의 초청), 이들은 의심할 여지 없이 과학적이다. [1]

따라서 가까운 미래에 어떤 변화가 나타날 가능성은 거의 없어 보인다.

---

1) François Lurçat, "L'âge de la science", Le Banquet, 1997, 10, pp. 149~160 (p. 159).

앙드레 피쇼는 누구인가?

이 책의 저자 앙드레 피쇼는 현재 프랑스 스트라스부르의 국립과학연구소(CNRS) "과학사 및 인식론" 분과 연구원이다. 조르주 캉기엠의 제자였던 그는 1990년대 말 유전학과 관련된 주제에 대한 비판적 저술, 특히 현대 생물학이 우생학적 이데올로기에 미친 영향에 관한 저서들을 통해 널리 알려지게 되었다. 그는 고대에서 현대에 이르기까지 과학사의 굵직한 주제들을 다룬 무게 있는 저서들을 펴냈다.

《유전자 개념의 역사》이외에 다음과 같은 저서들이 있다.

- 《생물학 이론의 기본 원리》(*Éléments pour une théorie de la biologie*), éd. Maloine, 1980.
- 《과학의 탄생》(*La Naissance de la science*), Tome I. Mésopotamie, Égypte, Tome II. Grèce présocratique, éd. Gallimard, coll. Folio/Essai nos 154 et 155, 1991.
- 《인식의 현상학》(*Petite Phénoménologie de la connaissance*), éd. Aubier, 1991.
- 《생명개념의 역사》(*Histoire de la notion de vie*), éd. Gallimard, coll. TEL, 1993.
- 《우생학, 박애주의에 경도된 유전학자들》(*L'Eugénisme, ou les généticiens saisis par la philanthropie*), éd. Hatier, coll. Optiques, 1995 (이정희

옮김, 《우생학, 유전학의 숨겨진 역사》, 아침이슬, 2009).

- 《순계 사회, 다윈에서 히틀러까지》(*La Société pure*: *de Darwin à Hitler*), éd. Flammarion, 2000 (coll. Champ, 2001).

- 《인종 이론의 기원: 성서에서 다윈까지》(*Aux origines des théories raciales. de la Bible à Darwin*), éd. Flammarion, 2008.

뿐만 아니라 피쇼는 갈레노스의 《의학 저작 선집》, 라마르크의 《동물 철학》, 파스퇴르의 《과학적·의학적 저작들》, 비샤의 《생명과 죽음에 관한 생리학적 연구 및 그 외의 텍스트들》과 같은 과학사의 대표적인 고 전들을 심도 있게 분석하여 현대적으로 재해석한 해설을 첨부하여 재출 간함으로써 피상적으로만 알려져 있던 과학사 고전들을 새롭게 자리매김 하는 데 기여해왔다. 그는 일간지 〈르몽드〉나 잡지 〈에스프리〉를 통해서 도 자신의 입장들을 피력해오고 있다.

생물학과 관련하여 피쇼는 일반적으로 알려져 있는 역사에 상당히 비 판적인 태도를 보인다. 특히 이 잘못된 역사가 오늘날 많은 대중들에게 여전히 교육되고 전달되고 있다는 사실에 대해 비판적이다. 그는 자신의 저술들을 통해 인종주의, 우생학, 그리고 유전적 조작에 대한 일부 생물 학자들의 "모호한" 태도를 비판하면서 현대 역사가들이 누락, 오류, 왜곡 시켰다고 여기는 내용들을 철저히 파헤친다.

그는 현대 생물학의 "이론적 곤경"이 매체와 테크놀로지의 무분별한 작 용에 의해 은폐되어왔음을 지적한다. 프란시스 크릭을 비롯하여 생명체 를 일종의 기계로 간주하는 대다수 생물학자들은 신다윈주의와 분자유전 학이라는 두 도그마를 신봉해왔고, 이들의 우세는 그 범주를 벗어나는 모든 시도들을 거의 제거해버렸다. 피쇼에 따르면, 생명체에 대한 이러 한 기계론적 유비는 17세기로 거슬러 올라가지만 당시 이는 보편적 은유에 불과했다. 17세기와 달리 오늘날 기계는 학자들이 생명체를 이해하는 배타적인 모델이 되고 있다. 피쇼는 이같이 배타적 모델이 되어버린 기계적 생명개념을 강력히 비판한다.

피쇼는 특히 그의 대작 《생명개념의 역사》를 통해 고대로부터 현대 생물학의 여명기에 이르기까지 이어져 내려온 생명이론들을 면밀하게 연구했다. 이 책에서 그는 생명이론들이 형성된 각 시대의 지적·사상적 맥락 속에서 그 이론들의 의미를 복구해냈다. 고대 아리스토텔레스의 생명이론부터 갈레노스, 데카르트, 그리고 근대 생명이론을 대표하는 라마르크, 다윈, 클로드 베르나르에 이어 다윈주의 창시자들의 이론이 이 책에서 분석되었다. 이러한 생명의 개념사 연구는 계속해서 유전자 개념사 연구로 이어진다.

유전학사의 재구성

《유전자 개념의 역사》에서 피쇼는 지난 한 세기에 걸쳐 생명과학의 여러 분야에서 중심주제로 굳건히 자리를 지켜왔던 유전자 개념이 역사 속에서 많은 학자들에 의해 어떻게 제련되어왔는지, 또 그 설명이 지니는 의미는 무엇인지를 분석하고 있다. 최근 수십 년 사이 유전자에 관한 많은 실증적 연구들에 더하여 그와 관련된 철학적 역사적 사회적 연구 의제들이 다양하게 쏟아져 나왔다. 하지만 이 유전자가 생명연구의 핵심적 개념으로 자리해왔다는 사실이 무색하리만큼, 정작 생명과학의 여러 분과학문들 내부에서 유전자에 대한 개념적 합의는 이루어지지 않고 있다.

이 책은 오늘날 다양한 의미와 해석이 난무하는 유전자 개념에 대한 역사적 인식론적 분석을 시도하고 있다.

하지만 유전자 개념의 역사라는 제목의 이 책에서 저자가 의도하는 바는 역사적 접근을 통해 단지 유전자 개념 자체의 문제들을 밝혀내는 데 머물러 있지 않다. 판제네틱 이론들로부터 멘델의 유전법칙, 바이스만의 생식질 이론, 드브리스의 돌연변이 이론, 스펜서의 생리적 단위체 이론, 네겔리의 이디오플라즘, 골턴의 혈통이론, 모건의 염색체 유전학, 우생학, 슈뢰딩거의 정보이론, 생리유전학과 분자유전학, 라마르크와 다윈 이론 들을 차례로 분석하면서, 피쇼는 오늘날 인문학과 사회과학으로까지 확장되어 나가고 있는 생물학적 이데올로기의 동어 반복적이고 순환적인 논쟁들이 그 내적 논리들을 구성하고 있는 개념들을 왜곡함으로써 보다 근원적인 성찰을 결여하고 있는 데 대해 일침을 가하고, 실제 생물학 내부의 논의들이 전개되어 온 여정 속에서 이 논쟁적 이론들이 어떻게 오도되어 왔는지를 보여준다.

따라서 이 책은 오늘날 유전공학이 드러내는 문제점들과 더불어 숨 가쁘게 진행되고 있는 숱한 생물학 관련 논쟁들이 유전자 개념의 역사적 분석을 통해 재해석될 수 있는 여지를 확보해주고 있다. 유전자 개념은 비오포어(biopore)에서 판젠(pangène)으로, 판젠에서 계산의 단위(unité de calcul)로, 계산의 단위에서 좌위(loci)로, 좌위에서 단백질로, 단백질에서 정보로, 정보에서 DNA의 질서정연한 서열로, DNA 서열에서 다시 조절에 의해 교정된 서열로 대체되면서 시대적 흐름에 따라 바뀌어왔다. 여기서 핵심은 각 시대마다 서로 다르게 이해되어 온 유전 개념들이 무엇을 담고 있는지, 이 개념들이 어디에 사용되었는지, 생물학에서 이 개념들이 어떻게 기능해왔는지의 문제로 귀착된다. 이러한 작업은 특정 개념들이 어떤 대상과 관련되는지를 묻는 일을 넘어 각 시대마다 주어진 상황에서 이 개념들이 어떻게 작동하는지를 묻는 담론 분석 전통의 개념사 연구 사례로 자리매김 될 수 있다.

피쇼는 이 책에서 유전학사를 세 시기로 구분한다. 첫 번째 시기는 약

1870년에서 1910년까지로, 현대적 의미의 유전자 개념이 실질적인 근거를 지니게 된 다윈의 범생설, 바이스만의 생식질 이론, 드브리스의 세포 내 판제네스 이론처럼 유전의 입자론이 지배적이던 시대이다. 두 번째 시기는 약 1910년부터 1955년경까지로, 이전의 복잡한 이론들을 말끔하게 정리하여 종합한 모건의 형식유전학 시대이다. 세 번째 시기는 1960년대 이후 오늘날까지 현대 유전학을 이루는 분자유전학의 시대이다.

먼저, 책 서문에서 피쇼는 유전자 개념을 정의내리는 데 있어서의 어려움을 지적한다. 이 개념은 초기 유전학에서부터 오늘에 이르기까지 무수히 많은 사변과 추론들로부터 파생된 잡다한 주제들의 혼합 양상으로 전개되어 왔다. 피쇼는 20세기 유전학자들이 초기 유전이론들의 불충분하고 사변적인 성격을 바로잡기보다는 이들을 재해석하여 구시대 이론을 새로운 자료들에 끼워 맞추는 데 기여했다고 평가한다. 예컨대, 사람들은 흔히 바이스만의 생식질과 현대의 유전체를 흡사한 것으로 여기지만, 실제로 이들은 서로 비교될 수 없는 전혀 다른 과학에 속해있었으며, 20세기 유전학이 표면적으로는 주로 실험적인 외양으로 나타났지만 실제로는 초기 텍스트들에 대한 끊임없는 재해석 작업이었고 이러한 양상이 여전히 지속되고 있다는 것이다. 이 점은 이 책에 서술된 유전자 개념의 역사가 단선적일 수 없는 이유로 지목된다.

1장에서 피쇼는 유전에 대한 초기의 소박한 개념들을 설명한다. 개는 개를 낳고 고양이는 고양이를 낳는다는 식의 불변적 종개념과 획득형질의 유전이 일반적으로 수용되고 있던 19세기 말까지는 사실상 유전이 제대로 이해되지 못했다. 피쇼는 유전에 대한 설명이 축조되어온 원형을 히포크라테스에서 찾는다. 획득된 형질과 획득된 것이 아닌 형질을 구분하지 않았던 그의 체액설은 바이스만 이전 시대까지 수용되었다. 이후 모페르튀는 히포크라테스 논제를 18세기 화학에 접목시켜 히포크라테스의 체액을 입자로 대체시킨다. 다윈의 유전 이론은 바로 모페르튀의 이론에 세포설을 접맥시킨 설명이었다. 다윈은 세포들이 방출하는 제뮬이라는 미세한 입자들을 통해 생물학적 과정을 설명했는데, 이 제뮬은 세포들의 기본 구성체가 아니라는 점에서 이전 이론들과 구분되는 것이었다. 다윈은 제뮬을 통해 생식에 참여하는 주체가 신체 전부라는 의미에서 자신의 유전이론을 "범생설"이라 불렀는데, 이 이론에서는 유전형질과 획득형질이 구분되지 않는다. 이와 같이 다윈은 획득형질의 유전을 받아들였고 이를 설명하고자 노력했다. 반면 널리 알려진 바와 달리 라마르크는 유전이론을 제시한 적이 없고, 단지 당시의 모든 사람들이 그랬듯이 "획득형질의 유전"을 믿었을 따름이다. 따라서 피쇼는 "획득형질의 유전"으로 대변되는 라마르크주의 유전과 다윈주의 유전 사이의 대립은 19세기 말 바이스만과 신라마르크주의자들 사이의 대립을 통해 만들어진 일종의 전설에 불과하며, 이는 라마르크 이론을 축소 및 왜곡시키는 결과를 낳았다고 주장한다.

2장에서는 데카르트의 이론이 다루어진다. 데카르트 생물학은 두 가지 영역으로 구분된다. 동물-기계론으로 널리 알려진 기계론적 생리학이 그 첫 번째이고, 두 번째는 동물기계의 형성 및 발달 양상을 설명한 발생학이다. 이어지는 세기에 이 두 영역은 각기 전성설과 후성설로 진전되었다. 데카르트의 기계론적 생리학이 성공을 거두면서 이를 바탕으로 전성설은 기계론적 생물학의 패러다임을 형성하게 되었다. 그렇다면 기계론적 생물학에서 이미 전성된 것으로 간주된 동물기계는 어떻게 형성되는가? 데카르트는 자신의 후성적 발생학을 통해 이를 설명하고자 했지만, 기계적인 생리현상과 후성적인 발생과정 사이의 연결고리를 찾지 못한 채 생리학과 발생학을 이원적으로 분리시켜 놓았다. 이후 그의 후성적 발생학은 잊혀진다. 하지만 피쇼는 데카르트의 동물-기계 생리학이 불완전한 기계주의에 지나지 않으며, 비록 초안에 불과하긴 해도 생명체의 형성을 설명한 데카르트의 발생학이야말로 진정한 기계론적 생물학이었다고 평가한다. 전성설은 이후 여러 학자들에 의해 동물-기계 생리학의 불충분함을 보완하면서 결국 배아조립체설 (*La théorie de l'emboîtement*)을 통해 완성되었다. 이 이론에 따르면 생명은 신에 의해 최초로 창조된 생명체로부터 오늘에 이르기까지 마치 러시아 인형처럼 한 생명체가 다른 생명체를 담고 있는 방식으로 이어져 내려왔다. 이러한 설명은 데카르트 동물-기계 생리학의 불충분함을 보완할 수 있었다.

　피쇼는 전성설과 배아조립체설이 성공을 이룰 수 있었던 배경으로 이 이론들이 인간을 신의 섭리에 따라 의도된 기관들로 만들어졌다고 보는 갈레노스 생리학과 데카르트의 동물-기계론을 동시에 계승하면서 논리적 일관성을 갖추고 있었을 뿐 아니라, 이 이론의 발전에 유용한 철학적 신학적 배경이 있었기 때문이라고 설명한다. 이 이론들은 당시 말브랑슈나 라이프니츠의 철학과 결합되었고 17세기 자연신학과도 연결될 수 있었던 것이다. 또한 피쇼는 이 전성설과 배아조립체설에서는 자식을 만들어내는 것이 부모가 아니라 신으로 간주된다는 점에서 유전과는 반대되는 이론임에도 불구하고, 전성설이 바이스만의 생식질 개념을 통해 유전이론에 등장하고 계속해서 현대생물학으로 이어지게 되는 아이러니를 지적해낸다.

　3장에서는 드브리스, 코렌스, 체르마크에 의해 재발견된 멘델의 법칙이 설명된다. 멘델의 접근은 통계적이고 현상적이었다. 피쇼는 이미 오래전부터 유행하고 있던 잡종연구를 멘델이 수량화했다는 점에서 멘델의 독창성을 찾는다. 하지만 현상적이고 통계적인 관점은 멘델법칙이 오랫동안 잊혀졌던 이유로 작용했다. 멘델법칙이 의미를 갖게 된 것은 바이스만과 드브리스 연구가 등장하면서부터이다. 피쇼는 멘델법칙의 망각과 재발견 경위를 상세히 분석한다. 또한 멘델이 자신의 이론적 전제에 부합되도록 실험 결과의 수치들을 조작했다는 일부 학자들의 견해에 대해 피쇼는 조작 사실 여부와 무관하게 더 중요한 측면은 멘델 자신도 언급했듯이 멘델이 자신의 실험에서 적합한 식물과 형질들을 특별히 선택했다는 사실이라고 지적한다. 즉, 멘델은 자신 이론의 한계 및 이론과 실험과의 관계에 담긴 성격을 명확히 이해하고 있었다는 것이다.

멘델은 통상적인 과학 실험의 절차를 따른 것이 아니라, 자신의 실험 결과로부터 명백한 규칙성을 드러내는 결과들만을 추려내어 법칙을 완성했다. 멘델의 방법은 결코 보편적인 과학적 설명 양식이 아니었고 결국 이를 못마땅하게 여긴 모건에 의해 비판되었다. 피쇼는 멘델의 방법이 낳은 문제점들이 이후 유전학이 전개되는 과정에서 지속적으로 드러나게 됨을 지적한다. 매 단계 사용된 방법과 도출된 결과들은 제대로 수립된 이론적 전개를 통해 규명되지 못했고, 이론이 발명된 순간에는 알 수 없었던 의미를 차후에 부여받게 되면서 재수용되고 재해석되었다는 것이다.

이어서 4장과 5장에서는 각각 바이스만과 드브리스의 이론이 다루어진다. 이들의 연구는 거의 동시대에 이루어졌고 부분적으로 일치하거나 보완적이기도 하다. 바이스만의 핵심 이론은 생식질 이론으로 같은 시기 드브리스의 세포 내 판제네스 이론과 비교된다. 바이스만의 생식질을 구성하는 비오포어와 드브리스의 판젠은 유전의 전달자인 동시에 생명물질의 구성 입자들이며, 이들은 스펜서가 창시했던 생리적 단위체 이론을 이어받아 생명의 "원자주의"와 유전의 "입자론"을 부활시켰다. 피쇼는 이 입자론을 라마르크의 조직화 이론에 대립하는 것으로 분석한다. 피쇼에 따르면, 생명의 입자론은 생명 분자들 자체가 살아있는 것으로 이 분자들을 통해 생명체 현상을 설명한다는 것은 동어반복이 된다. 반면 조직화 이론에서는 생명체를 이루는 무기 분자들이 특정한 조직화를 형성함으로써 생명을 획득하므로 입자론적 유전과는 거리가 있다. 유전의 전달 자이자 생명의 기본 입자로서의 비오포어나 판젠은 흔히 오늘날 우리가 생각하는 유전자의 전신으로 간주되기도 한다. 하지만 피쇼는 이들이 실제로는 오늘날의 유전자와 전혀 다른 개념이었다고 주장한다.

한편, 드브리스의 후반기 이론인 돌연변이설과 관련하여 피쇼는 이 이론이 유전의 연구방식을 완전히 역전시켜 놓았다고 말한다. 바이스만이 형질의 유전을 설명하기 위해 물리적 구조로부터 출발하여 사색했다면, 드브리스의 돌연변이 이론은 관찰된 돌연변이에서 출발하여 이 변이를 판젠이라는 숨겨진 실체를 드러내는 신호로 해석했고, 따라서 물리적 결정론의 설명은 신호의 해석학으로 전이되었다. 돌연변이와 멘델주의 형질들은 심리적, 사회적 형질을 포함한 모든 형질에 확대 적용되어 유전의 대상을 지능과 행동 등으로까지 확장하게 되었고, 오늘날 판제네스 이론은 사라졌지만 모든 것을 유전자로 설명하려는 판제네티즘은 생물학, 심리학, 그리고 사회학까지도 휩쓸게 되었다. 피쇼에 따르면 이 모든 현상은 유전자의 물리적 본성과 기능을 이해하기 어렵다는 점으로 인해 더욱 강화되었고, 사람들은 유전자에 관해 알지 못할수록 도처에 유전자가 작용한다고 여기게 되었다는 것이다. 게다가 이 돌연변이설은 다윈주의의 선택이론과 결합하여 가공할 우생학적 강박증으로 이어지게 된다. 바이스만과 드브리스 이론은 그 비과학적 성격으로 인해 모건의 공인된 유전학이 등장하면서 모습을 감추게 되었지만, 완전히 폐기되지 않고 괄호 안에 묶인 채 은밀하게 잔재하면서 1950년대 이후에 이루어질 모건 유전학에 대한 복수를 꿈꾸고 있었다.

바이스만과 드브리스에서 현대적 의미의 유전자 개념이 실질적인 근거를 지니게 되었다면, 모건은 이를 종합했다. 6장에서는 초파리 연구를 통해 유전 개념을 성공적으로 정초한 모건 유전학을 분석한다. 모건은 멘델 유전학을 재해석하여 1915년 《멘델 유전의 메커니즘》, 1926년 《유전자 이론》을 저술했다. 이 절에서 피쇼는 《멘델 유전의 메커니즘》을 중심으로 분석해나간다. 피쇼는 오늘날 우리가 멘델법칙을 이해하는 방식이 모건에서 유래한 것임을 지적하면서, 모건이 자신의 해석을 마치 멘델의 해석인 양 소개하는 데 대해 못마땅해 한다. 모건의 유전자 좌위 개념은 유전자가 어떤 염색체의 한 지점에 위치한다는 식으로 정의되는 한 장소를 나타낸다. 피쇼는 이에 관해 유전자의 본성과 기능을 밝혀내려는 노력을 중단한 모건 유전학의 불충분함이 유전자의 위치규정을 통해 은폐되었다고 비판한다. 무엇보다도 모건의 유전자는 물리-화학적 측면이 배제된 지형학적 존재에 불과하다는 지적이다. 피쇼는 모건 유전학을 사변적이었던 바이스만과 초기 드브리스의 생리유전학이나 동시대 집단유전학과는 전혀 다른 형식유전학이라는 독특한 범주로 분류하면서, 유전학의 두 번째 시기에 포함시킨다. 이 시기는 형식유전학, 집단유전학, 다윈의 진화론이 일관성을 이루면서 1930년대 말 "종합설"을 형성하여 군림하던 시기이다. 이 지점에서 피쇼는 유전학의 두 번째 시기가 우생학이 꽃피던 시기였다는 사실을 놓치지 않는다. 모건이 우생학에 직접 연루되지는 않았다 하더라도 그의 형식유전학, 그리고 골턴의 생물통계학에서 영향을 받은 집단유전학이 우생학의 독트린과 법률제정의 주요 원동력으로 작용했다는 것이다. 이 주제는 유전학자들이 우생학에 기여한 바를 다룬 피쇼의 저서 《우생학》에서 보다 면밀하게 분석되었다.

피쇼는 모건의 공로가 유전학적 설명 틀을 새로이 발명한 데 있는 것이 아니라 예전에 만들어진 틀을 깨끗하게 정리한 데 있다고 말한다. 유전의 염색체 이론을 발전시킨 모건과 동료들은 19세기 말까지 유전에 대한 이해를 어지럽히던 모든 복잡한 물리-화학적 이론들을 말끔히 청소하고, 이론의 수학화를 통해 유전학이 더 과학적이고 당당한 면모를 갖추는 데

기여했다. 여기서 물리-화학적 이론들을 말끔히 청소했다는 표현은 유
전자의 본질과 기능 같은 연구해야 할 핵심을 포기했다는 의미이다.

　1950년대를 거치면서 이 형식유전학은 오늘날의 유전학을 형성한 분
자유전학에 의해 뒷자리로 밀려나게 된다.

　모건의 형식유전학을 분석하면서 유전자의 본성과 기능을 밝혀내는
생리유전학의 부재를 아쉬워했던 피쇼는 7장에서 생리유전학의 역사를
추적한다. 그는 유전자와 효소를 연결시킨 개로드와 케노를 언급하면서,
당시의 기술적·윤리적 문제 등으로 인한 대사경로 연구의 어려움을 추
정한다. 이러한 어려움들은 골드슈미트에 의해 해결의 실마리가 풀릴 것
이었다. 골드슈미트는 유전학을 광범위하게 정의하여, 유전 단위체로서
의 유전자 개념에 반대하고 이를 염색체로 대체하는 전일론적 개념을 채
택했다. 발생 중의 배아나 유생에 인위적으로 환경조건을 변화시켜 돌연
변이를 얻어내는 골드슈미트의 "표현형 모사" 방법을 비롯하여 많은 정교
한 실험과 가설들이 존재했지만, 이는 당시의 유전이론과 대립되었기에
이론적·기술적으로 큰 결함이 없었음에도 성공에 이르지 못했다. 골드
슈미트는 답해야 할 생리유전학적 문제들을 제시했지만, 이 문제들은 이
후 비들과 테이텀의 탁월한 연구에도 불구하고 해결되지 못했다. 피쇼는
생리유전학의 발전이 제한될 수밖에 없었던 이유가 단지 생화학적 분석
방법의 취약성 때문이 아니라, 적절한 의미 속에서 적절한 문제를 제기
하는 이론이 부재했기 때문이라며 그 책임을 당시 유전학의 왕좌에 있던
형식유전학에 돌린다. 물론 1940년대에는 세기 초에 비해 유전적 질병들
이 더 많이 알려져 있었다. 하지만 유전의 본성과 기능은 여전히 이해될
수 없었으며, 형식유전학과 생리유전학 모두 이론의 결핍과 실험의 과잉
으로 인한 혼란만 가중되었다는 것이다.

　8장에서 피쇼는 슈뢰딩거의 유전정보 개념을 분석한다. 생물학에 대

해 간접적인 지식밖에 없었던 물리학자 슈뢰딩거는 효소를 잊고 염색체 지도를 건너뛰었으며, 오랫동안 묻혀 있던 바이스만의 생식질 구조로 되돌아가 유전을 한 질서의 전달로 간주하게 된다. 이 점에 대해 피쇼는 슈뢰딩거가 생물학의 문제를 상식적인 선으로 되돌려 놓았다고 평가한다. 당시 모건의 형식유전학은 생물학에서 예찬되고 있었던 과학성을 나타내는 최상의 기준으로 여겨졌던 실험적 성격을 띠고 있었지만, 여기에는 이론의 부실이라는 근본적인 결함이 내재되어 있었다는 것이다. 따라서 모건 유전학이 눈 색깔 같은 형질들이 어떻게 세대를 이어 전달되는지 이해하고자 하는 일화적인 것이었다면, 슈뢰딩거의 이론은 물리학적 맥락에서 생물학적 조직화의 전달 문제를 제시하는 본질적인 것이었다고 피쇼는 강조한다. 슈뢰딩거는 생명체의 4차원 모델을 이루는 질서정연한 고체, 즉 "비주기적 결정체"의 전달에 의해 세대를 관통하는 조직화의 전달로 유전을 설명했다. 이는 생물학을 물리학적으로 설명할 수 있는 가능성을 제시해 준 것이었다. 물론 슈뢰딩거의 이론 모두가 전적으로 납득할 만한 설명은 아니더라도, 피쇼는 슈뢰딩거가 이론적 문제들을 제시하고 신호의 해석을 부차적인 것으로 재정비하면서 유전학을 바로잡는 위대한 업적을 남겼으며, 그의 개념은 분자유전학의 이론적 토대로 작용했다고 결론짓는다.

9장은 에이버리, 맥클라우드, 그리고 맥카티의 형질전환 연구에서 현재에 이르기까지 분자유전학의 발전을 다룬다. 유전학자들의 효소편집증을 일소하고 DNA가 유전물질임을 납득시킨 일련의 연구, 왓슨과 크릭의 DNA구조 발견 등은 유전 연구방식을 다시 한 번 전복시킨다. 당시까지 지배적이던 통계적이고 집단적인 집단유전학, 슈뢰딩거의 물리학적 설명, 기호학적인 염색체 이론 등은 분자유전학에 의해 밀려나게 되었고, 정밀과학의 형태를 띤 분자유전학은 생리학적 접근을 되살려내었다. 피쇼는 분자유전학이 모든 선행 연구들을 정당화해주고 완성시킴으로써 성공을 거두었고, 그 과정에서 이 선행 연구들을 망각 속으로 밀어넣었다고 말한다. 생리유전학은 분자유전학으로 용해되었고 형식유전학과 집단유전학은 부차적인 영역으로 밀려났으며, 진화론 자체도 분자유전학에 의해 대체되어 있었다는 것이다. 이와 같이 유전에 대한 이전의 접근들을 재정리하고 넘어서며 진화론을 합병한 분자유전학의 "제국주의적" 경향을 피쇼는 "과대 포장된" 분자적 방법의 효율성에서 찾기보다는, 분자유전학이 스펜서, 바이스만, 헤켈 등에 의해 제시된 19세기 말의 위대한 물리학적-화학적-생물학 이론의 제국주의적 성격으로부터 영향을 받은 데 기인한다고 설명한다. DNA 조각과 동일시된 유전자 이론으로 분자유전학이 대성공을 거두었지만, 이 이론에서 과학적 담론을 벗어난 승리의식이나 제국주의적 성격을 기저에 담고 있는 이데올로기를 또한 찾을 수 있다는 것이다.

계속해서 피쇼는 분자유전학이 발전하면서 DNA 조각으로서의 유전자 이론은 그 자체의 내적 질서가 혼란에 휩싸이게 되었고 유전자 이외의 조절들, 즉 초-유전체적 조절들의 보완이 필요하게 되었음을 지적한다. 유전자의 정의는 더 이상 구조적이 아니라 기능적이 되었고, 반생리학적 방법으로 되돌아왔다는 것이다. 피쇼는 조절에 의거한 설명에 드러나는 몇 가지 난점을 열거하면서 유전학자들은 이 점에 신경 쓰지 않고 1960년대 분자유전학이 얻은 승리의식을 간직하고 있다고 비판한다. 게다가 피쇼는 구조적 실체로서의 유전자 개념이 퇴색함으로써 오늘날 유전학의 방향이 이론보다는 응용 위주로 유도되는 상황에 대해 안타까워한다. 이 상황은 "DNA에 코를 박고 단편적인 작업에 몰두하는 대다수 유전학자들에게는 전혀 고민거리가 아니"라는 것이다.

앞장에서 분석한 문제들에 대한 결말을 위해 마지막 10장과 11장 두 장

에 걸쳐 피쇼는 보다 근원적인 문제들, 즉 유전이 무엇으로 이루어지는
지, 생물학적 설명에서 유전이 어느 지점에 위치하는지를 설명한다. 그에
따르면 유전형질, 획득형질이라는 표현은 언어의 남용이며, 획득형질의
유전에 대한 상투적인 논쟁은 부적절하다. 오늘날 우위를 점하는 분자유
전학이 이 낙후된 개념을 보존하고 있는 이유를 피쇼는 학자들의 지적 태
만과 언어의 편의성 때문이라고 설명한다. 오늘날 더 이상 유전학의 주류
가 아니게 된 멘델이나 모건 이론들을 계속해서 교육하고 있으며, 잘못된
교육을 통해 그 이론들의 불완전함을 은폐하고 있다는 것이다.

　한편 피쇼는 동일한 기원을 지니는 유전이론과 진화이론이 생명체의
형성을 물리학적 법칙으로 설명하는 데 이르지 못하고 있음을 지적한다.
캉기엠의 제자였던 피쇼는 종 진화론이 최초로 고안된 것이 데카르트 생
리학의 동물-기계론 지지자들에 의해서가 아니라 생기론자들과 후성설
지지자들에 의해서였다는 스승의 이론을 받아들인다. 피쇼에 따르면 18
세기는 동물-기계론과 생기적 원리의 대립, 그리고 전성설과 후성설의
대립이라는 이중적 대립을 드러낸다. 동물-기계론의 지지자들은 신이
단번에 모든 조직화를 부여함으로써 생명체를 창조했다고 가정하는 전성
설에 동조했기 때문에 종이 점진적으로 진화한다는 사상과는 거리가 있
었다. 반면 모페르튀 같은 후성론자는 다윈에게 영향을 주었고, 라마르
크에서 재발견되는 일부 논제들을 다루었던 디드로 같은 생기론자 역시
진화론의 형성에 기여했다고 평가된다.

　피쇼는 또한 라마르크와 다윈의 역할을 재평가한다. 획득형질의 유전
이론을 완성한 사람은 라마르크가 아니라 다윈이며, 진정한 진화론을 구
축한 사람은 다윈이 아니라 라마르크라는 것이다. 피쇼에 따르면, 다윈
은 사실 자신의 저서 제목에서도 드러나 있듯이 자연선택에 의한 종의 기
원 혹은 생존경쟁에서 유리한 종의 보존을 통해 종이 분화되는 메커니즘

을 수립한 데 불과했다. 나아가 피쇼는 다윈 자신의 이론과 다윈주의가 분리되어야 함을 강조한다. 오늘날 일반적으로 널리 수용되고 있는 다윈주의는 그 창시자인 바이스만의 이론이며, 따라서 이는 독창적인 바이스만주의로 간주되어야 한다는 것이다.

라마르크주의와 관련하여 피쇼는 라마르크의 개념이 일반적으로 그의 책들을 전혀 읽어본 적이 없는 사람들에 의해 악의적으로 왜곡되어 왔음을 지적한다. 라마르크는 18세기 말에서 19세기 초의 위대한 자연학자였고, 그의 업적이 "라마르크주의 유전"으로 환원될 수는 없으며, 이 라마르크주의 유전은 19세기 말에 발명된 신화라는 것이다. 라마르크는 《동물철학》의 저자라는 타이틀을 넘어 "생물학" 용어의 고안자이자 동물 종의 무려 80%를 차지하는 무척추동물 분류의 창시자로 기려졌어야 했다. 하지만 일반적으로 사람들은 라마르크를 진화론의 애매한 선구자, "목적 달성에 실패한" 선구자로 간주한다는 것이다. 게다가 오늘날 생물학자들이 소홀히 여기고 있기는 하지만 그들 견해의 상당 부분이 라마르크로부터 유래했다고 피쇼는 역설한다. 라마르크의 진화론은 역사적 차원을 도입하면서 생명체에 대한 물리학적 설명의 가능성을 제공해주었던 반면, 바이스만의 유전은 역사를 기억으로 압축시키면서 이 역사적 요인을 현시적 요인으로 바꾸어 놓았다. 바이스만의 영향을 받은 유전프로그램은 이 현시적 요인을 정보와 기억으로 간주했다. 하지만 피쇼는 역사의 차원을 DNA의 중요한 기능으로 알려진 "기억"만으로 환원시킬 수 있을지 의혹의 시선을 던진다. 결국, 사람들은 유전자가 무엇인지 더 이상 제대로 알지 못하면서, 매일 새로운 유전자를 발견해내고 매체를 통해 외쳐댐으로써 이를 유전자가 존재한다는 증거로 삼는다는 것이다. 피쇼는 유전자가 유전학자들을 안심시키는 도구일 뿐이며, 유전학은 더 이상 유전자를 지탱시킬 수 없는 상황이 되었다고 평가한다.

　이와 같이 유전자 개념의 기원과 전개 양상을 분석하면서, 피쇼는 단순해 보이는 이 개념이 사실은 매우 복잡한 개념이며, 모호함을 이용하여 경우에 따라 자의적으로 사용되어 온 왜곡된 개념임을 주장한다. 유전자가 무분별하게 증가하고 다양한 논쟁들이 난무하는 상황은 문제의 핵심을 은폐하는 연막과도 같으며, 이를 상쇄시키려는 유전공학적 시도들은 단순한 수선(bricolages)에 불과하다는 것이다. 따라서 피쇼는 유전공학적 응용에 대한 믿음을 무분별하게 전파하는 매체의 과장과 달리 실제 유전학은 이론적 관점에서 볼 때 몰락한 분야라고 결론짓는다. 응용을 앞세우고 유전공학의 경험적 수선을 고도의 테크놀로지인 양 위장하면서 유전학자들이 이론적 문제들을 영구적으로 회피해나갈 수는 없으리라는 일종의 경고인 셈이다.

　사실상 대다수 유전학자들이 오늘날 이렇게 우회적이고 도구적인 유전학의 맥락으로 연구하고 있으며, 피쇼는 이에 대해 끊임없이 체계적이고 면밀한 비판을 지속해왔다. 하지만 그는 책의 말미에서 "이론이든 독트린이든 실천이든 이 영역의 많은 연구자들을 양산해내고 제도적으로 검증이 가능한 단순한 기준들을 충족시킬 수만 있다면, 이들은 의심할 여지 없이 과학적"이라는 프랑수아 뤼르사(François Lurça)의 말을 인용하면서, "따라서 가까운 미래에 어떤 변화가 나타날 가능성은 거의 없어 보인다"는 체념어린 이야기로 끝을 맺는다. 이 끝말은 자본과 제도권 과학의 거대한 권력 앞에서 한 역사학자의 무력함을 호소하기라도 하는 듯, 일면 절망감이 엿보이기도 한다. 하지만 이 말 속에는 피쇼가 줄곧 비판해왔던 현실 과학 저편 어딘가에 이상적인 진리를 향한 그 어떤 올곧은 과학이 존재하리라는 그의 믿음이 담겨있다. 그 올곧은 과학이란 결국 시대적 사회적 제도의 뒷받침과 밀접하게 맞물려 있다는 점을 피쇼의 글 속에서 읽어낼 수 있다.

ALLEN Garland E., "Opposition to the Mendelian-Chromosome Theory: The Physiological and Developmental Genetics of Richard Goldschmidt", *Journal of the History of Biology*, 1974, 7 (n° 1), 49~92.

ALLOWAY J. Lionel, "The Transformation In Vitro of R Pneumococci into S Forms of Different Specific Types by the Use of Filtered Pneumococcus Extracts", *Journal of Experimental Biology and Medicine*, 1932, 55, 91~99; "Further Observations on the Use of Pneumococcus Extracts in Effecting Transformation of Types in vitro", *ibid.*, 1933, 57, 265~278.

ALTMANN R., "Über Nucleinsaüre", *Archiv für Anatomie und Physiologie*, 1889, p. 524.

ARISTOTE, *De la génération des animaux*, texte établi et traduit par P. Louis, Les Belles Lettres, Paris, 1961.

ATLAN Henri, *L'Organisation biologique et la théorie de l'information*, Hermann, Paris, 1972.

ATLAN Henri, "DNA: Program or Data (Genetics Are Not in the Gene)", *First International Congress of Medicine and Philosophy*, 1994. Version française: "ADN: programme ou données", *Transversales Science Culture* n° 33, mai-juin 1995.

AVERY Oswald T., MACLEOD Colin M. and MCCARTY Maclyn, "Studies on the Chemical Nature of the Substance Inducing Transformation of Pneumococcal Types", *Journal of Experimental Biology and Medicine*, 1944, 79, 137~158.

BATESON W., *Mendel's Principles of Heredity: A Defence*, University Press,

338

Cambridge, 1902.

BATESON W., *Mendel's Principles of Heredity*, University Press, Cambridge, 1909.

BATESON W., SAUNDERS E. R. and PUNNETT R. C., "Experimental Studies in the Physiology of Heredity", *Report to the Evolution Committee of the Royal Society*, II, III, IV, Londres, 1905, 1906, 1908.

BEADLE George W. and TATUM Edward L., "Genetic Control of Biochemical Reactions in Neurospora", *Proceedings the National Academy of Sciences of the USA*, 1941, 27, 499~506.

BEADLE George W. and TATUM Edward L., "Genetic Control of Developmental Reactions", *American Naturalist*, 1941, 75, 107~116.

BEADLE George W., "The Genetic Control of Biochemical Reactions", *Harvey Lectures*, 1944~1945, series XL, 179~194

BEADLE George W., "Physiological Aspects of Genetics", *Annual Review of Physiology*, 1939, 1, 41~62.

BENEDEN Édouard van, et JULIN Charles, "La spermatogenèse chez l'Ascaride mégalocéphale", *Bulletins de l'Académie royale des sciences, des lettres et des beaux-arts de* Belgique, 3ᵉ série, t. 7, 312~342.

BENEDEN Édouard van, "Recherches sur la maturation de l'œuf et la fécondation (*Ascaris megalocephala*), *Archives de biologie*, 1883, 4, 265~640.

BERNARD Claude, *De la physiologie générale* (1872), réédition en fac-similé Culture et Civilisation, Bruxelles, 1965.

BERNARD Claude, *Introduction à l'étude de la médecine expérimentale* (1865), Garnier-Flammarion, Paris, 1966.

BERNARD Claude, *Leçons sur les phénomènes de la vie communs aux animaux et aux végétaux* (2 vol.), Librairie Baillière, Paris, 1878 (le premier tome a été réimprimé en fac-similé d'après la 2ᵉ édition (1885), avec une préface de Georges Canguilhem, Vrin, Paris, 1966).

BERTALANFFY Ludwig van, *Les Problèmes de la vie, essai sur la pensée biologique moderne*, traduction M. Deutsch, Gallimard, Paris, 1961.

BERTHELOT Marcelin, *Leçons sur les méthodes générales de synthèse en chimie organique professées en 1864 au Collège de France*, Gauthier-Villars, Paris, 1864.

BERTHELOT Marcelin, *La Synthèse chimique*, Baillière, Paris, 1883 (5ᵉ éd.).

BICHAT Xavier, *Recherches physiologiques sur la vie et la mort (première partie) et autres textes*, GF-Flammarion, Paris, 1994.

BLARINGHEM Louis, *Origine des espèces, mutations ou hybrides*, dans *Hérédité, mutation et évolution, L'œuvre de Hugo De Vries*, Masson, Paris, 1937.

BOIVIN A., VENDRELY R. et C., "L'acide désoxyribonucéique du noyau cellulaire dépositaire des caractères héréditaires; arguments d'ordre analytique", *Comptes rendus de l'Académie des sciences*, 1948, 226, 1061~1063.

BONNET Charles, *Considérations sur les corps organisés* (1762), Fayard, Paris, 1985.

BOVERI Theodor, "Ein geschlechtlich erzeugter Organismus ohne mütterliche Eigenschaften", *Sitzungsberichte der Gesellschaft für Morphologie und Physiologie in München*, 1889, 5, 73~80.

BOVERI Theodor, "Über mehrpolige Mitosen als Mittel zur Analyse des Zellkerns", *Verhandlungen der Physikalischen-Medizinischen Gesellschaft zu Würzburg*, 1902, 35, 67~90 (traduction anglaise: "On Multipolar Mitosis as a Means of Analysis of the Cell Nucleus", dans B. H. Willier and J. M. Oppenheimer (éds.), *Foundations of Experimental Embryology*, Prentice-Hall, Englewood Cliffs, N, J., 1964).

BOYER Samuel H. (éd.), *Papers on Human Genetics*, Prentice-Hall, Englewood Cliffs, N, J., 1963.

BUFFON, Georges, *Histoire des animaux* (1749), dans *Œuvres complètes*, t. V, Imprimerie et Librairie générale de France, Paris, s. d. (vraisemblablement vers 1860).

CALLOT Émile, *La Philosophie de la vie au XVIIIe siècle*, Rivière, Paris, 1965.

CAMPER Petrus, *Dissertations sur les variétés naturelles qui caractérisent la physionomie des hommes de divers climats···*, Utrecht et Paris, 1791 et 1792.

CANGUILHEM. Georges, LAPASSADE Georges, PIQUEMAL Jacques et ULMANN Jacques, *Du développement à l'évolution au XIXe siècle*, PUF, Paris, 1985 (2e édition).

CANNON W., "A Cytological Basis for the Mendelian Laws", *Bulletin of the Torrey Botanical Club*, 1902, 29.

CARLSON Elof Axel, *The Gene: A Critical History*, Saunders, Philadelphie

340

et Londres, 1966.

CARLSON Elof Axel, "The Drosophila Group: The Transition from the Mendelian Unit to the Individual Gene", *Journal of the History of Biology*, 1974, 7 (n° 1), 31~48.

CAROL Anne, *Histoire de l'eugénisme en France*, Seuil, Paris, 1995.

CHANGEUX Jean-Pierre, COURRÈGE Philippe et DANCHIN Antoine, "A Theory of the Epigenesis of Neuronal Networks by Selective Stabilization of Synapses", *Proceedings of the National Academy of Sciences of the USA*, 1973, vol. 70, n° 10, 2974~2978.

CHANGEUX Jean-Pierre and DANCHIN Antoine, "Selective stabilization of developing synapses as a mechanism for the specification of neuronal networks", *Nature*, 1976, 264, 705~712.

CHANGEUX Jean-Pierre, *L'Homme neuronal*, Fayard, Paris, 1983.

CHURCHILL Frederick B., "William Johannsen and the Genotype Concept", *Journal of the History of Biology*, 1974, 7 (n° 1), 5~30.

COLEMAN William, "Cell, Nucleus and Inheritance", *Proceedings of the American Philosophical Society*, 1965, 109 (n° 3), 124~158.

COLLECTIF, *Le Concept d'information dans la science contemporaine*, Cahiers de Royaumont, Minuit-Gauthier-Villars, Paris, 1965.

CONRY Yvette, *L'Introduction du darwinisme en France au XIXe siècle*, Vrin, Paris, 1974.

CORRENS Carl, "G. Mendel's Regel über das Verhalten der Nachkommen-schaft der Rassenbastarde", *Berichte der Deutschen Botanischen Gesell-schaft*, 1900, 18, 158~168.

CUÉNOT Lucien, "La loi de Mendel et l'hérédité de la pigmentation chez la souris", *Archives de zoologie expérimentale et générale, notes et revues*, 1902, 1903, 1904, 1905, 1907.

CUVIER Georges, *Leçons d'anatomie comparée* (recueillies par C. Duméril) (5 vol.), Baudouin, Paris, An VIII.

CUVIER Georges, *Le Règne animal* (4 vol.), Déterville, Paris, 1817.

CUVIER Georges, *Discours sur les révolutions de la surface du globe* (1825), Bourgois, Paris, 1985. La première version (1812) a été rééditée sous son titre original: *Recherches sur les ossements fossiles de quadrupèdes, Discours préliminaire*, GF-Flammarion, Paris, 1992.

DARLINGTON Cyril D., *Chromosome et acide nucléique* (traduction E.

Benoist), Conférences du Palais de la Découverte (20 mai 1947), Paris, 1950.

DARWIN Charles et WALLACE Alfred R., "On the Tendency of Species to form Varieties; and on the Perpetuation of Varieties and Species by Natural Means of Selection", *Journal of the Proceedings of the Linnean Society (Zoology)*, 1858, 3, 45~62.

DARWIN Charles, *De l'origine des espèces par la sélection naturelle, ou Des lois de transformation des êtres organisés*, traduction de C. Royer (1862), Marpon et Flammarion, Paris, 1918.

DARWIN Charles, *De la variation des animaux et des plantes sous l'action de la domestication*, traduction française par J.-J. Moulinié, Reinwald, Paris, 1868.

DARWIN Charles, *L'Origine des espèces au moyen de la sélection naturelle ou La lutte pour l'existence dans la nature*, traduction sur l'édition anglaise définitive par E. Barbier, Reinwald, Paris, 1882.

DARWIN Charles, *On the Origin of Species*, a facsimile of the first edition, with an introduction by Ernst Mayr, Harvard University Press, Cambridge, Massachussetts, 1964; tradutcion de Daniel Becquemont, présentation par Jean-Marc Drouin, GF-Flammarion, Paris, 1992.

DARWIN Charles, *Voyage d'un naturaliste autour du monde*, traduction E. Barbier, Reinwald, Paris, 1875.

DARWIN Charles, *Autobiographie*, traduction de J.-M. Goux, Belin, Paris, 1985.

DAWSON Martin H. and SIA Richard H.P., "In Vitro Transformation Pneumococcal Types", *Journal of Experimental Biology and Medicine*, 1931, 54, 681~699.

DE VRIES Hugo, *Intracellular Pangenesis*, traduction de C.S. Gager, Open Court, Chicago, 1910 (*Imracelluläre Pangenesis*, Fischer, Iéna, 1889). Partiellement traduit en français dans LENAY Charles, *La Découverte des lois de l'hérédité*, une anthologie, Presses Pocket, Paris, 1990.

DE VRIES Hugo, "Sur la loi de disjonction des hybrides", (*Comptes rendus hebdomadaires des séances de l'Académie des sciences*, 1900, 130, 845~847 (reproduit dans LENAY Charles, *La Découverte des lois de l'hérédité, une anthologie*, Presses Pocket, Paris, 1990)).

DE VRIES Hugo, "Das Spaltungsgesetz der Bastarde", *Berichte der Deutschen*

Botanischen Gesellschaft, 1900, 18, 83~90.

DE VRIES Hugo, "Sur les unites des caractères spécifiques, et leur application à l'étude des hybrides", *Revue générale de botanique*, 1900, 12, 259~271 (reproduit dans LENAY Ch. , *La Découverte des lois de l'hérédité, une anthologie*, Presses Pocket, Paris, 1990).

DE VRIES Hugo, *The Mutation Theory, Experiments and Observations on the Origin of Species in the Vegetable Kingdom*, translated by J. B. Farmer and A. D. Darbishire (2 vol.), The Open Court Publishing Company, Chicago 1909~1911 (réédition en fac-similé Kraus Reprint, New York 1969) (traduction anglaise de *Die Mutationstbeorie*, Leipzig 1901~1903).

DE VRIES Hugo, *Espèces et variétés, leur naissance par mutations* (recueil de conférences faites en 1904 à l'université de Californie, Berkeley), traduit de l'anglais par L. Blaringhem, Alean, Paris, 1909.

DELAGE Yves et GOLDSMITH M. , *Les Théories de l'evolution*, Flammarion, Paris, 1909.

DELAGE Yves, *L'Hérédité et les grands problèmes de la biologie générale*, Schleicher et Cie, Paris, 1909 (2e édition).

DEMEREC M. , "What is a Gene?", *Journal of Heredity*, 1933, 24, 368~378.

DEMEREC M. , "What is a Gene? —Twenty Years Later", *American Naturalist*, 1955, 89, 5~20.

DESCARTES, *Œuvres complètes*, édition Adam-Tannery, Vrin, Paris, 1984.

DESCARTES, *Premières Pensees sur la génération des animaux*, traduit du latin par Victor Cousin, dans *Œuvres de Descartes*, t. XI, Levrault, Paris-Strasbourg 1824~1826.

DIDEROT Denis, "Le rêve de D'Alembert" (1769), dans *Œuvres philosophiques*, Garnier, Paris, 1964.

DONNAN F. -G. , "La science physico-chimique décrit-elle d'une façon adéquate les phénomènes biologiques?", *Scientia*, 1918, 24, 282~288.

DONNAN F. -G. , "The Mystery of Life", *Annual Report of the Board of Regents of the Smithsonian Institution*, Washington, 1929, 309~321.

DROUIN Jean-Marc et LENAY Charles, *Théories de l'évolution, une anthologie*, Presses Pocket, Paris, 1990.

DUCHESNE Antoine-Nicolas, *Histoire naturelle des fraisiers*, Didot le Jeune,

Paris, 1766.

DUNN Leslie Clarence, *A Short History of Genetics*, McGraw-Hill, New York, 1965.

ELSBERG Louis, "Regeneration, or The Preservation of Organic Molecules: a Contribution to the Doctrine of Evolution", *Proceedings of the American Association for the Advancement of Science*, 1874, 23 (Ⅱ), 87~103.

ELSBERG Louis, "On the Plastidule Hypothesis", *Proceedings of the American Association for the Advancement of Science*, 1877, 25, 178~186.

FISCHER Jean-Louis, *La Naissance de la vie, une anthologie*, Presses Pocket, Paris, 1991.

FLEMMING Walther, "Beiträge zur Kenntniss der Zelle und ihrer Lebens- erscheinungen", *Archiv für Mikroskopische Anatomie und Entwicklungs- mekanik*, 1879, 16, 302~436; 1880, 18, 152~259; 1881, 20, 1~86.

FLEMMING Walther, *Zellsubstanz, Kern und Zelltheilung*, Vogel, Leipzig 1882.

FLEMMING Walther, "Neue Beiträge zur Kenntniss der Zelle", *Archiv für Mikroskopische Anatomie und Entwicklungsmekanik*, 1887, 29, 389~463.

FLORKIN Marcel, *A History of Biochemistry* (volumes 30-33 de *Comprehen- sive Biochemistry*), Elsevier, Amsterdam-Oxford-New York, 1975.

FOL Hermann, "Sur les phénomènes intimes de la division cellulaire", *Comptes rendus de l'Académie des sciences*, 1876, 83, 667~669.

FOL Hermann, "Sur les phénomènes intimes de la fécondation", *Comptes rendus de l'Académie des sciences*, 1877, 84, 268~271.

GALIEN, *Œuvres médicales choisies* (2 vol.), présentation et notes par A. Pichot, Gallimard, Paris, 1994,

GALL H. and PUTSCHAR E. (éds.), *Selected Readings in Biology for Natural Sciences*, University of Chicago Press, 1955.

GALTON Francis, "Experiments in Pangenesis by Breeding from Rabbits of a pure Variety, into whose Circulation Blood Taken from other Varieties Had previously Been largely Transfused", *Proceedings of the Royal Society of London*, 1871, 19, 393~410.

GALTON Francis, "A Theory of Heredity", *Contemporary Review*, 1875, 27, 80~95, Traduction française: "Théorie de l'hérédité", *Revue scientifique*, 1876, 10, 198~205,

GALTON Francis, *Natural Inheritance*, MacMillan, Londres-New York,

1889.

GAMOV George, "Possible Relation between Deoxyribonucléic Acid and Protein Structures", *Nature*, 1954, 173, 318.

GARROD Aschibald E., "A Contribution to the Study of Alkaptonuria", *Med. Chir. Trans.*, 1899, 82, 369~394.

GARROD Archibald E,, "About Alkaptonuria", *Lancet*, 1901, 2, 1484~1486; "The Incidence of Alkaptonuria: a Study in Chemical Individuality", *Lancet*, 1902, 2, 1616~1620; "Inborn Errors of Metabolism", *Croonian Lectures to the Royal Academy of Medicine*, *Lancet*, 1908, 2, 1~7, 142~148, 173~179, 214~220.

GARROD Archibald E., *Inborn Errors of Metabolism*, Frowde and Holder and Stroughton, Londres, 1909 (H. Harris, *Garrod's Inborn Errors of Metabolism*, Oxford University Press, 1963).

GARTNER Carl Friedrich von, *Versuche und Beobachtungen über die Bastarderzeugung im Pflanzenreich*, Hering, Stuttgart, 1849.

GAYON Jean, *Darwin et l'après-Darwin*, Kimé, Paris, 1992.

GÉRARD Frédéric, article "Espèce", dans le *Dictionnaire universel d'histoire naturelle* (sous la dir. de C. d'Orbigny), Langlois, Leclercq, Fortin, Masson et Cie, Paris, 1842~1849. t. V (1844), pp. 428~452.

GILLIPSIE C. C. (éd.), *Dictionary of Scientific Biography*, Scribener and Sons, New York, 1974.

GILSON Étienne, *D'Aristote à Darwin et retour*, Vrin, Paris, 1971.

GLASS Bentley, "The Long Neglect of Genetic Discoveries and the Criterion of Prematurity", *Journal of the History of Biology*, 1974, 7 (n° 1), 101~110.

GOLDSCHMIDT Richard, "Genetic Factors and Enzyme Reactions", *Science*, 1916, 43, 98~100.

GOLDSCHMIDT Richard, *Physiological Genetics*, McGraw-Hill, New York, 1938.

GRIFFITH Frederik, *J. Hyg.*, *Cambridge*, 1928, 27, 113.

GROS François, *Les Secrets du gène*, O. Jacob/Points-Seuil, nouvelle édition revue et augmentée, Paris, 1991.

GRUBER August, "Über künstliche Theilung bei Infusorien", *Biologische Centralblatt*, 1885, 4, 717~722.

GRUBER August, "Beiträge zur Kenntniss der Physiologie und Biologie der

Protozoën", *Berichte der Naturforschenden Gesellschaft zu Freiburg im Breisgau*, 1886, 1, 33~56.

GULICK Addison, "What are the Genes: I. The Genetic and Evolutionary Picture - II. The Physico-chemical Picture, Conclusion", *Quarterly Review of Biology*, 1938, vol. 13, n° 1, 1~18 et 140~168.

HABERLANDT Gottlieb, *Über die Beziehungen zwischen Function und Lage des Zellkernes bei den Pflanzen*, Fischer, Iéna, 1887.

HAECKEL Ernst, *Generelle Morphologie der Organismen, allgemeine Grundzüge der organischen Formenwissenschaft, mechanisch begründet durch die von Charles Darwin reformiste Descendenztheorie*, G. Reimer, Berlin, 1866.

HAECKEL Ernst, *Histoire de la création des êtres organises d'après les lois naturelles* (1868), traduction C. Létourneau, Reinwald, Paris, 1874.

HAECKEL Ernst, *Die Perigenesis der Plastidule, oder Die Wellenzeugung der Lebenstheilchen, Ein Versuch zur Mechanischen Erklärung der Elementaren Entwickelungs-Vorgänge*, Reiner, Berlin, 1876.

HALDANE J. B. S., "Contribution de la génétique à la solution de quelques problèmes physiologiques", *Comptes rendus de la réunion plénière de la Société de biologie, séance du 7 juin 1935*, 1935, 1481~1496.

HARDy G. H., "Mendelian Proportions in a Mixed Population", *Science*, 1908, 28, 49~50.

HERSHEY A. D. and CHASE M., "Independent Fonctions of Viral Protein and Acid Nucleic in Growth of Bacteriophage", *Journal of General Physiology*, 1952, 36, 39~56.

HERTWIG Oscar, "Beiträge zur Kenntniss des Bildung, Befruchtung und Theilung des thierischen Eies", *Morphologisches fahrbuch*, 1876, 1, 347~434.

HERTWTG Oscar, "Das Problem der Befruchtung und der Isotropie des Eies", *Jenaische Zeitschrift für Naturwissenschaft*, 1885, 18, 276~318.

HIPPOCRATE, *Œuvres complètes*, traduction Émile Littré, Baillière, Paris, 1839~1861.

HIS Wilhelm, *Unsere Körperform und das physiologische Problem ihrer Entstehung*, Vogel, Leipzig, 1874.

HUXLEY Julian S., *Evolutionary Ethics*, University Press, Oxford, 1943.

HUXLEY Julian S., *L'Homme, cet être unique* (1941), traduction J. Castier,

La Presse Française et Étrangère, Paris, 1947.

HUXLEY Julian S., *La Génétique soviétique et la science mondiale*, traduction J. Castier, Stock, Paris, 1950.

HUXLEY Thomas H., *Evolution and Ethics, and Other Essays*, MacMillan, Londres, 1894.

JACOB François, *La Logique du vivant, une histoire de l'hérédité*, Gallimard, Paris, 1970.

JACOB François, *Le Jeu des possibles*, Fayard, Paris, 1981.

JÄGER Gustav, "Physiologische Briefe I, Il. Über Vererbung", *Kosmos*, 1877, 1, 17~25, 306~317.

JÄGER Gustav, "Zur Pangenesis", *Kosmos*, 1878~79, 4, 377~385.

JANSSENS F. A., "La théorie de la chiasmatypie, nouvelle interprétation des cinèses de maturation", *La Cellule*, 1909, 25, 387~412.

JOHANNSEN Wilhelm Ludvig, *Über Erblichkeit in Populationen und in reinen Linien*, Fischer, Iéna, 1903 (traduction anglaise partielle dans J. A. Peters, *Classic Papers in Genetics*, Prentice-Hall, Englewood Cliffs, N. J., 1959, 20~26, et dans H. Gall and E. Putschar, *Selected Readings in Biology for Naturel Sciences* (vol. 3), University of Chicago Press, 1955, 172~215).

JOHANNSEN Wilhelm Ludvig, *Elemente der Exakten Erblichkeitslehre*, Fischer, Iéna 1909 (1re édition) et 1926 (3e édition).

KEVLES Daniel J., *Au nom de l'eugénisme, génétique et politique dans le monde anglo-saxon*, traduction de M. Blanc, PUF, Paris, 1995.

KÖLLIKER Albert, *Über die Darwin'sche Schöpfungstheorie*, Engelmann, Leipzig, 1864.

KOLTZOFF Nikolai Konstantinovitch, "Physikalisch-chemische Grundlage der Morphologie", *Biologische Zentralblatt*, 1928, 48, 345~369.

KOLTZOFF Nikolai Konstantinovitch, "Physiologie du développement et génétique", *Actualités scientifiques et indusntrielles* n° 254, Hermann, Paris, 1935.

KOLTZOFF Nikolai Konstantinovitch, "Les Molécules héréditaires", *Actualités scientifiques et industrielles* n° 776, Hermann, Paris, 1939.

KORSCHINSKY S., "Heterogenesis und evolution", *Naturwissenschaftliche Wochenschrift*, 1899, vol. XIV, n° 24.

KÜHNE Wilhelm, "Über das Verhalten verschiedener organisirter und sog.

ungeformter Fermente", "Über das Trypsin (Enzym des Pankreas)", *Verhandlungen des natur-historisch-medizinischen Vereins zu Heidelberg* (Neue Folge), 1877, 1, 190~193, 194~198.

KUPIEC Jean-Jacques, "Théorie probabiliste de la différenciation cellulaire", 12e *Rencontre de biologie de Méribel*, 1981, 161~163.

KUPIEC Jean-Jacques, "A Probabilist Theory for Cell Differentiation, Embryonic Mortality and DNA C-Value Paradox", *Speculations in Science and Technology*, 1983, vol. 6, n° 5, 471~478.

KUPIEC Jean-Jacques, "A Darwinian Theory for the Origin of Cellular Differentiation", Molecular and General Genetics, 1997, 255, 201~208.

KUPIEC Jean-Jacques et SONIGO Pierre, "Du génotype au phénotype : instruction ou sélection?", *M/S Médecine Sciences*, 1997, vol. 13, n° 8-9 (Société française de génétique, I-VI).

LAMARCK, *Philosophie zoologique* (1809), présentation et notes par A. Pichot, GF-Flammarion, Paris, 1994.

LAMARCK, *Histoire naturelle des animaux sans vertèbres*, Déterville, Paris, 1815~1822 (7 vol.).

LAVOISIER Antoine Laurent de, *Mémoires sur la respiration et la transpiration des animaux*, réédition Gauthier-Villars, Paris, 1920. Cet ouvrage est un recueil comprenant les mémoires suivants : LAVOISIER, *Expériences sur la respiration des animaux et sur les changements qui arrivent à l'air en passant par leur poumon* (1777) ; LAVOISIER, *Altérations qu'éprouve l'air respiré* (1785) ; LAVOISIER et SEGUIN, *Premier Mémoire sur la respiration des animaux* (1789) ; LAVOISIER et SEGUIN, *Premier Mémoire sur la transpiration des animaux* (1790).

LAVOISIER Antoine Laurent de, et LAPLACE Pierre Simon de, *Mémoire sur la chaleur* (1780), réédition Gauthier-Villars, Paris, 1920.

LEIBNIZ, *Tentamen Anagogicum, Essai anagogique sur la recherche des causes* (1697), dans *Système nouveau de la nature et de la communication des substances, et autres textes*, GF-Flammarion, Paris, 1994.

LENAY Charles, *La Découverte des lois de l'hérédité, une anthologie*, Presses Pocket, Paris, 1990.

LINNÉ Carl, *Systema Naturae per Regna Tria Naturae secundum Classes, Ordinez, Genera, Species cum characteribus, differentiis, synonymis, loci*, Salvius, Stockholm 1758 (10e ed.)

348

LWOFF André, *L'Ordre biologique*, Laffont, Paris, 1969.

LURÇAT François, "L'âge de la science", *Le Banquet*, 1997, 10, 149~160.

LYELL Charles, *Principles of Geology, being an Attempt to Explain the Former Changes of the Earth's Surface, by Reference to Causes Now in Operation*, Londres, 1830~1833 (*Principes de Géologie*, traduction de la 10ᵉ édition par M. J. Ginestou, Garnier, Paris, 1873).

LYSSENKO Trofim, *Agrobiologie, génétique, sélection et production des semences*, Éditions en langues étrangères, Moscou, 1953.

MACELROY W. D and GLASS B. (éds.), *A Symposium on the Chemical Basis of Heredity*, Johns Hopkins University Press, Baltimore, 1957.

MALEBRANCHE, *La Recherche de la vérité*, dans *Œuvres I*, édition établie par G. Rodis-Lewis et G. Malbreil, La Pléiade, Gallimard, Paris, 1979.

MANGELSDORF P. C. and FRAPS G. S., "A Direct Quantitative Relationship between Vitamin A and the Number of Genes for Yellow Pigmentation", *Science*, 1931, 73, 241~242.

MASSIN Benoit, WEINDLING Paul et WEINGART Peter, *L'Hygiène de la race, hygiène raciale et eugénisme médical en Allemagne* (2 vol.), La Découverte, Paris, 1998~1999.

MAUPERTUIS, *Système de la nature* (1756), Vrin, Paris, 1984.

MAUPERTUIS, *Vénus physique* (1752), Aubier-Montaigne, Paris, 1980.

MAYR Ernst, *Histoire de la biologie*, traduction de Marcel Blanc, Fayard, Paris, 1989.

MENDEL Johann (Frère Gregor-), "Versuche über Pflanzen-Hybriden", *Verhandlungen des nauturforschenden Vereins in Brünn*, 1866, IV, 3~47 ("Recherches sur des hybrides végétaux", traduction de A. Chappellier, *Bulletin scientifique de la France et de la Belgique*, 1907, 41, 371~419; reprise par C. LENAY, *La Découverte des lois de l'hérédité, une anthologie*, Presses Pocket, Paris, 1990, pp. 51~102).

MIESCHER Friedrech, , "Über die Chemische Zuzammensetzung der Eiterzellen", *F. Hoppe-Seyler's Medisch-chemische Untersuchungen*, Berlin, 1871, 4, 441~460.

MIESCHER Friedrich, "Die Spermatozoen einiger Wirbelthiere. Ein Beitrag zur Histochemie", *Verhandlungen der Naturforschenden Gesellschaft in Basel*, 1874 Band 6, Heft 1, 138~208 (N. B. : ce volume de 1874 est daté par erreur de 1878).

MIRSKY Alfred E., "The Discovery of DNA", *Scientific American*, 1968, vol. 218, n° 6, 78~88.

MOHL Hugo von, "Über die Saftbewegung im Innern der Zellen", *Botanische Zeitung*, 1846, 4, 73~78 et 89~94.

MONOD Jacques, *Le Hasard et la nécessité*, Seuil, Paris, 1970.

MONTGOMERY T. H. (Jr.), "A Study of the Chromosomes of the Germ-Cells of Metazoa", *Transactions of the American Philosophical Society*, 1901, 20.

MORANGE Michel, *Histoire de la biologie moléculaire*, La Découverte, Paris, 1994.

MORGAN Thomas H., STURTEVANT A. H., MULLER H. J. and BRIDGES C. B., *The Mechanism of Mendelian Heredity* (1915), Johnson Reprint Corporation, New York-Londres, 1972.

MORGAN Thomas H., *The Theory of the Gene* (1926), Yale University Press, New Haven, 1928 (2ᵉ édition).

MORGAN Thomas H., *Embryologie et Génétique* (1934), traduction de J. Rostand, Gallimard, Paris, 1936.

MULDER G. J., "Sur la composition de quelques substances animales", *Bulletin des sciences physiques el naturelles de Néerlande*, 1838, 105~119.

MULLER Hermann J., "Variation Due to Change in the Individual Gene", *American Naturalist*, 1922, 56, 32~50 (reproduit dans J. A. Peters, *Classic Papers in Genetics*, pp. 104~116).

MULLER Hermann J., *Hors de la nuit, vues d'un biologiste sur l'avenir* (1935), traduction J. Rostand, Gallimard, Paris, 1938.

MULLER Hermann J., "The Gene", *Proceedings of the Royal Society of Biology*, 1947, 134, 1~37.

NÄGELI Karl Wilhelm von, *Mechanisch-physiologische Theorie des Abstammungs-lehre*, Oldenbourg, Munich et Leipzig, 1884.

NAUDIN Charles, "Nouvelles recherches sur l'hybridité des végétaux", *Annales des sciences naturelles, botanique*, 1863, 4ᵉ série, 19 (repris par Ch. Lenay, *La Découverte des lois de l'hérédité*, pp. 24~49).

NEWPORT George, "On the Impregnation of the Ovum in the Amphibia"; "On the Impregnation of the Ovum in the Amphibia, and on the Direct Agency of the Spermatozoon"; "Researches on the Impregnation of the

Ovum in the Amphibia, and on the Early Stages of Development of the Embryo", *Philosophical Transactions of The Royal Society*, 1851, 141, 169~242; 1853, 143, 233~280; 1854, 144, 229~244.

NIEUWENTYT Bernard, *L'existence de Dieu démontrée par les merveilles de la nature, en trois parties où l'on traite de la structure du corps de l'homme, des éléments, des astres et de leurs divers effets*, Vincent, Paris, 1725.

NUSSBAUM Moritz, "Die Differenzierung des Geschlechts im Thierreich", *Archiv für Mikroskopische Anatomie*, 1880, 18, 1~121.

NUSSBAUUM Moritz, "Über die Theilbarkeit der lebendigen Materie", *Archiv für Mikroskopische Anatomie*, 1886, 26, 485~539.

OLBY Robert C., *Origins of Mendelism*, Constable, Londres, 1966.

OLBY Robert C., "The Origins of Molecular Genetics", *Journal of the History of Biology*, 1974, 7 (n° 1), 93~100.

ORBIGNY Charles d' (sous la dir. de), *Dictionnaire universel d'histoire naturelle*, Langlois, Leclercq, Fortin, Masson et Cie, Paris, 1842~1849.

OREL Vitezslav, *Mendel, un inconnu célèbre*, traduction F. Robert, Belin, Paris, 1985.

PAINTER T. S., "A New Method for the Study of Chromosome Rearrangements and the Plotting of Chromosome Maps", *Science*, 1933, 78, 585~586 (reproduit dans J. A. Peters, *Classic Papers in Genetics*, pp. 161~163).

PAINTER T. S., "Salivary Chromosomes and the Attack on the Gene", *Journal of Heredity*, 1934, 25, 464~476.

PALEY William, *Natural Theology, Or Evidences of the Existence Attributes of the Deity, Collected from the Appearances of Nature*, R. Fauldner, Londres, 1802 (*Théologie naturelle*, traduction de C. Pictet, Genève, 1804).

PAYEN Anselme et PERSOZ Jean-François, "Mémoire sur la Diastase, les principaux produits de ses réactions, et leurs applications aux arts industriels", *Annales de chimie et de physique*, 1833, 53, 73~92.

PETERS James A. (éd.), *Classic Papers in Genetics*, Prentice-Hall, Englewood Cliffs, N. J., 1959.

PETIT Claudine et PRÉVOST Georges, *Génétique et évolution*, Hermann, Paris, 1967.

PFLÜGER Eduard, "Über die Physiologische Verbrennung in den lebenden Organismen", *Pflügers Archiv für die Gesammte Physiologie des Menschen und der Tiere*, 1875, 10, 251~367.

PICHOT André, *Histoire de la notion de vie*, Gallimard, Paris, 1993.

PICHOT André, *L'eugénisme, ou les généticiens saisis par la philanthropie*, Hatier, Paris, 1995.

PLUCHE Noël-Antoine, *Le Spectacle de la nature* (9 vol.), Les Frères Estienne, Paris, 1732~1750.

POPPER Karl, *Toute vie est résolution de problèmes*, traduction de C. Duverney, Actes Sud, Arles, 1997.

PROVINE William B, *The Origins of Theoretical Population Genetics*, University of Chicago Press, 1971.

QUATREFAGES Armand de, *Darwin et ses précurseurs français*, Alcan, Paris, 1892 (2e édition).

QUÉTELÊT Adolphe, *Sur l'homme et le développement de ses facultés, ou Essai de physique sociale*, Bachelier, 1835 (réédition Fayard, Paris, 1991).

QUÉTELÊT Adolphe, *Anthropométrie, ou mesure des différentes facultés de l'homme*, Bruxelles et Paris, 1871.

ROBERTS H. F., *Plant Hybridization before Mendel*, Princeton University Press, 1929.

ROGER Jacques, *Buffon*, Fayard, Paris, 1989.

ROGER Jacques, *Les Sciences de la vie dans la pensée française du XVIIIe siècle. La génération des animaux de Descartes à l'Encyclopédiue*, Albin Michel, Paris, 1993 (3e éd.).

ROSTAND Jean, *Esquisse d'une histoire de la biologie*, Gallimard, Paris, 1945.

ROSTAND Jean, *L'Évolution des espèces, histoire des idées transformistes*, Hachette, Paris, 1932.

ROSTAND Jean, *La Formation de l'être, histoire des idées sur la génération*, Hachette, Paris, 1930.

ROSTAND Jean, *La Genèse de la vie, histoire des idées sur la génération spontanée*, Hachette, Paris, 1943.

ROSTAND Jean, *Les Origines de la biologie expérimentale et l'abbé Spallanzani*, Fasquelle, Paris, 1951.

352

Roux Wilhelm, *Der Kampf der Theile im Organismus*, Engelmann, Leipzig 1881 (*Gesammelte Abhandlungen über Entwickelungsmechanik der Organismen*, 2 vol. , Engelmann, Leipzig, 1895, t. 1, pp. 135~437).

Roux Wilhelm, *Über die Bedeutung der Kerntheilungsfiguren. Eine hypothetische Erörterung*, Engelmann, Leipzig, 1883 (*Gesammelte Abhandlungen über Entwickelungsmechanik der Organismen*, 2 vol. , Engelmann, Leipzig, 1895, t. 2, pp. 125~143)

ROYER Clémence, Préface à sa traduction (1862) de *L'Origine des espèces* de Darwin, dans la réédition de cet ouvrage publiée en 1918 par Flammarion (Paris).

SCHMITZ Fr. , "Beobachtungen über die vielkernigen Zellen der Siphonocladiaceen", *Festschrift zur Feier des Hundertjährigen Bestehens der Naturforschenden Gesellschaft in Halle A/S*, 1879, 273~320.

SCHRÖDINGER Erwin, *Qu'est-ce que la vie? L'aspect physique de la cellule vivante* (1944), traduction de Léon Keffler, Éditions de la Paix, Bruxelles-Genève, 1951.

SCHÜTZENBERGER P. , *Les Fermentations* (1875), Alcan, Paris, 1896 (6e éd.).

SCOTT-MONCRIEFF Rose, "A Biochemical Survey of sorne Mendelian Factors for Flower Colour", *Journal of Genetics*, 1936, 32, 117~170.

SHANNON Claude E. , "A Mathematical Theory of Communication", *Bell System Technical Journal*, 1948, 27, 379~423, 623~656.

SHANNON Claude E. and Weaver Warren, *The Mathematical Theory of Communication*, University of lllinois Press, Urbana, 1949 (*Théorie mathématique de la communication*, traduction française de J. Cosnier, G. Dahan et S. Economidès, Retz-C. E. P. L. , Paris, 1975).

SINDING Christiane, *La Formation du concept de gène au XIXe siècle*, De Vries et Weùmann, Mémoire de maîtrise (dactylographié), Université Paris I, 1982.

SONIGO Pierre, "Pour une biologie moléculaire darwinienne", *La Recherche*, 1997, 296, 125~126.

SPENCER Herbert, *Les Premiers Principes* (1862), traduction de M. Guymiot, Costes, Paris, 1930.

SPENCER Herbert, *Principes de biologie* (1864), traduction de M. E. Cazelles, Alcan, Paris, 1888 (6e édition, 1910).

STADLER L. J. , "The Gene", *Science*, 1954, 120, 811~819 (reproduit dans

J. A. Peters, *Classic Papers in Genetics*, pp. 244~259).

STERN Kurt G., "Nucleoproteins and Gene Structure", *Yale Journal of Biology and Medicine*, 1947, 19, 937~949.

STERN Kurt G., "Problems in Nuclear Chemistry and Biology", *Experimental Cell Research*, 1952, Supplement 2, 1~12.

STRASBURGER Eduard, *Über Zellbildung und Zelltheilung*, Dabis, Iéna, 1875

STRASBURGER Eduard, *Über Befruchtung und Zelltheilung*, Dufft, Iéna, 1877 (Dabis, Iéna, 1878).

STRASBURGER Eduard, "Über den Theilungsvorgang der Zellkerne und das Verhältniss der Kerntheilung", *Archiv für Mikroskopische Anatomie*, 1882, 21, 476~590.

STURTEVANT Alfred H., *A History of Genetics*, McGraw-Hill, New York, 1965.

SUTTER Jean, *L'Eugénique, problème, méthodes, résultats*, Cahier n° 11 de l'Institut national d'études démographique, PUF, Paris 1950,

SUTTON Walter S., "On the Morphology of the Chromosome Group of Brachystola magna", *Biological Bulletin*, 1902, vol. 4, n° 1, 24~39,

SUTTON Walter S., "The Chromosomes in Herediry", *Biological Bulletin*, 1903, vol. 4 n° 5, 231~251 (reproduit dans J. A. Peters, *Classic Papers in Genetics*, pp. 27~41).

TSCHERMAK VON SEYSENEGG Erich, "Über künstliche Kreuzung bei *Pisum sativum*", *Berichte der Deutschen Botanischen Gesellschaft*, 1900, 18, 232~239.

WALDEYER Wilhelm, "Über Karyokinese und ihre Beziehungen zu den Befruchtungsvorgängen", *Archiv für Mikroskopische Anatomie*, 1888, 32, 1~122.

WATSON James D. and CRICK Francis H. C., "Molecular Structure of Nucleic Acids", *Nature*, 1953, 171, 737~738.

WATSON James D. and CRICK Francis H. C., "Genetical implications of the Structure of Deoxyribonucleic Acid", *Nature*, 1953, 171, 964.

WEINBERG Wilhelm, "Über den Nachweis der Vererbung beim Menschen", *Jahreshefte des Vereins für Vaterlandische Naturkunde in Württemberg*, Stuttgart, 1908, 64, 368~382 (traduction anglaise: "On the Demonstration of Heredity in Man" dans S. H. Boyer (éd.),

354

Papers on Human Genetics, Prentice-Hall, Englewood Cliffs, N. J., 1963).

WEISMANN August, *Essais sur l'hérédité et la sélection naturelle*, traduction de H. de Varigny, Reinwald, Paris, 1892.

WEISMANN August, *The Germ-Plasm, a Theory of Heredity* (1892), traduction de W. Newton Parker et Harriet Rönnfeldt, Walter Scott Ltd., Londres, 1893.

WILLIER Benjamin H. and OPPENHEIMER Jane M. (éds.), *Foundations of Experimental Embryology*, Prentice-Hall, Englewood Cliff, N. J., 1964.

WILSON Edmund B., *The Cell in Development and Inheritance* (1896), Johnson Reprint Corporation, New York et Londres, 1966 (avec une introduction de H. J. Muller).

WILSON Edmund B., "Mendel's Principles of Heredity and the Maturation of the Germ-Cells", *Science*, 1902, 16, 991~993.

WOLFF Kaspar-Friedrich, *Theoria generationis*, Halle 1759 (2e édition, en allemand: *Theorie von der Generation*, Birnstiel Berlin, 1764).

WOLKOW M. und BAUMANN E., "Über das Wesen der Alkaptonurie", *Zeitschrift für Physiologische Chemie*, 1891, 15, 228~285.

WRIGHT Sewall, "The Physiology of the Gene", *Physiological Review*, 1941, 21, 487~527.

ZIRKLE C., "The Early History of the Idea of the Inheritance of Acquired Characters and of Pangenesis", *Transactions of the American Philosophical Society*, 1946, N. S. 35, 91~151.

찾아보기
(인명)

─ 지 은 이 약 력 ─

앙드레 피쇼 (André Pichot, 1950~)

1950년생. 프랑스 국립과학연구소(CNRS: Centre national de la recherche scientifique) 과학사 및 인식론 분과 연구원이며 낭시2대학 교수로 재직 중이다.

최근 논문으로 "Qu'est-ce que le comportement?"(2010), "La santé et la vie"(2008) 등이 있으며, 주요 저서로 *Aux origines des théories raciales. De la Bible à Darwin*(Flammarion, Paris, 2008), *La Société pure, de Darwin à Hitler*(Flammarion, Paris, 2000), *Histoire de la notion de vie* (Gallimard, Tel, Paris, 1993), *L'eugénisme, ou les généticiens saisis par la philanthropie*(Hatier, Paris, 1995), *La naissance de la science*(Gallimard, Paris, 1991) 등이 있다.

─ 옮 긴 이 약 력 ─

이 정 희

현재 연세대학교 미디어아트연구소 HK연구원으로 재직 중이다. 프랑스 파리8대학 철학과에서 과학사 및 과학철학 전공으로 박사학위를 받고 국내 여러 대학에서 과학사 관련 강의를 해왔다. 최근 논문으로 "인종연구에서 사진 이미지의 역할"(2009), "근대과학에서 시각적 재현의 의미"(2009), "근대적 생명인식에 나타난 기계의 메타포"(2008), "19세기 생물학적 조직화개념의 재조명"(2005) 등이 있고, 주요 역서로 《우생학: 유전학의 숨겨진 역사》(아침이슬, 2009), 《동물철학》(박영률출판사, 2009), 《현대생물학의 사회적 의미》(뿌리와 이파리, 2008, 공역), 《이기적인 성》(웅진출판, 2006), 《분자생물학, 실험과 사유의 역사》(몸과 마음, 2002, 공역), 《파리, 생쥐, 그리고 인간》(궁리출판사, 1999) 등이 있다.